# Grundriss der Physik

nach dem

# neuesten Stande der Wissenschaft.

Zum Gebrauch an höheren Lehranstalten
und zum Selbststudium.

Von

**Dr. K. F. Jordan.**

*Mit 142 in den Text gedruckten Abbildungen.*

Berlin.
Verlag von Julius Springer.
1898.

ISBN-13:978-3-642-89908-9        e-ISBN-13:978-3-642-91765-3
DOI: 10.1007/978-3-642-91765-3

Softcover reprint of the hardcover 1st edition 1898

Zweite, sehr vermehrte und verbesserte Auflage
des „Physikalischen Theils" der „Schule der Pharmacie".

# Vorwort.

Im Jahre 1893 veröffentlichte ich als dritten Theil eines grösseren Werkes, der „Schule der Pharmacie", einen Grundriss der Physik, der gewisse Eigenheiten in sich vereinigte, in Folge deren von befreundeter Seite mehrfach die Aufforderung an mich erging, die zweite Auflage des Buches einem grösseren Publikum zugänglich zu machen. Dies ist hiermit geschehen.

Was die Eigenart des Buches anbetrifft, die es rechtfertigt, dass dasselbe den Versuch macht, sich innerhalb der grossen Fülle physikalischer Lehrbücher, die der Büchermarkt aufweist, auch seinerseits noch einen Platz zu erobern, so handelt es sich um folgende Gesichtspunkte, die bei der Abfassung des Buches, besonders in seiner jetzigen, gegenüber der ersten Auflage stark erweiterten Gestalt, maassgebend waren:

1. In heutiger Zeit, wo die Technik, vor Allem auf dem Gebiete der Elektricität, so ausserordentliche Fortschritte macht, Entdeckung auf Entdeckung zeitigt und in unser Leben umgestaltend einwirkt, muss ein Buch, das den Leser mit der Welt der physikalischen Erscheinungen vertraut machen will, überall auf das Technische und Praktische, soweit es zur Physik in Beziehung steht, Rücksicht nehmen, statt sich darauf zu beschränken, altehrwürdige Schulversuche zu beschreiben und Schulanschauungen vorzutragen.

2. Will aber ein Physikbuch nicht nur Techniker unterweisen, sondern eine allgemeine physikalische Bildung gewähren, so muss es in noch höherem Maasse einem zweiten Erforderniss genügen: es muss die Erscheinungen, die es bespricht, erklären, auf ihr inneres Wesen eingehen, ihren tieferen Zusammenhang aufzudecken suchen. Erst dann steht der Leser und Lernende nicht mehr vor einer blossen Menge von Thatsachen, sondern es wird

ihm der Sinn des physikalischen Geschehens, der gesammten physikalischen Erscheinungswelt klar. Die Vertiefung in die wissenschaftliche Theorie halte ich gerade in unserem Zeitalter für **besonders** wichtig und nothwendig, **weil** eben die Technik sich so ausserordentlich entwickelt hat und voraussichtlich weiter entwickelt, dass die Gefahr der Veräusserlichung naheliegt.

In beiderlei Beziehung sucht der vorliegende Grundriss den Bedürfnissen in höherem Maasse, als es Seitens anderer Lehrbücher geschieht, zu genügen, und zwar

3. in knapper Form und in der Weise, dass er die Gesetze überall nach Möglichkeit aus der Beobachtung und dem Versuch abzuleiten und dem gefundenen Gesetz den kürzesten und schärfsten Ausdruck zu geben bestrebt ist.

Dass er dabei die modernen Forschungen bis in die neueste Zeit berücksichtigt, darf besonders hervorgehoben werden.

Das Verständniss des Textes wird

4. durch zahlreiche Abbildungen unterstützt, die zwar nicht künstlerisch ausgeführt, ihrer Einfachheit und Deutlichkeit wegen aber hoffentlich um so instruktiver sind.

Möge dem Buche eine günstige Aufnahme zu Theil werden!

Berlin, Juli 1898.

**Karl Friedr. Jordan.**

# Inhaltsverzeichniss.

|  | Seite |
|---|---|
| 1. Kapitel: Materie und Kraft; Trägheit und Reibung | 1 |
| 2. Kapitel: Allgemeine Eigenschaften der Körper | 7 |
| 3. Kapitel: Krystallographie (Lehre von den Krystallformen) | 21 |
| 4. Kapitel: Wirkungen der Schwerkraft auf alle Arten von Körpern (Allgemeine Mechanik) | 32 |
| 5. Kapitel: Wirkungen der Schwerkraft auf feste Körper (Mechanik der festen Körper) | 51 |
| 6. Kapitel: Wirkungen der Schwerkraft auf flüssige Körper (Mechanik der flüssigen Körper) | 64 |
| 7. Kapitel: Wirkungen der Schwerkraft auf luftförmige Körper (Mechanik der luftförmigen Körper) | 83 |
| 8. Kapitel: Stoss elastischer Körper und Wellenbewegung | 103 |
| 9. Kapitel: Die Lehre vom Schall (Akustik) | 108 |
| 10. Kapitel: Die Lehre vom Licht (Optik) | 114 |
| 11. Kapitel: Wärmelehre | 156 |
| 12. Kapitel: Reibungselektricität | 187 |
| 13. Kapitel: Magnetismus | 202 |
| 14. Kapitel: Galvanismus | 208 |
| 15. Kapitel: Elektromagnetismus und Magnetoelektricität; Elektrodynamik und Dynamoelektricität; Thermo- und Pyroelektricität | 232 |
| 16. Kapitel: Elektrische Wellen und Strahlen | 247 |

## 1. Materie und Kraft; Trägheit und Reibung.

**Physik.** Die Physik ist die Lehre von den allgemeinen Eigenschaften und Bewegungs-Erscheinungen der Materie und den sie bewirkenden Kräften.

Hierin liegt ausgesprochen, dass eine Betrachtung der besonderen Bewegungs-Erscheinungen, wie wir sie im Gebiete der belebten Natur antreffen (z. B. der Wachsthumsvorgänge, der Bewegungen von Pflanzentheilen unter dem Einflusse des Lichts u. dgl. m.), nicht zu den Aufgaben der Physik gehört. Aber auch mit denjenigen Vorgängen im Bereiche des Unorganischen hat es die Physik nicht zu thun, bei denen es sich um stoffliche Veränderungen der Körper handelt; sie gehören ins Gebiet der Chemie, die übrigens eine der Physik nahe verwandte Wissenschaft und nicht immer leicht von ihr zu trennen ist.

**Materie.** Die Materie (oder der Stoff) ist durch drei Grundeigenschaften gekennzeichnet; diese sind: 1. die Raumerfüllung (Ausdehnung), 2. die Undurchdringlichkeit seitens anderer Materie und 3. die Fähigkeit einer Änderung der räumlichen Lage (die Bewegungsfähigkeit).

**Kraft.** Mit dem Worte Kraft bezeichnet man die Ursache einer Änderung des Bewegungszustandes eines Körpers. — Als Bewegungszustand ist nicht nur eine Bewegung irgend welcher Art, sondern auch die Ruhe — als Abwesenheit jeglicher Bewegung (Geschwindigkeit = 0, vgl. S. 3) — aufzufassen. Ein Körper (im physikalischen Sinne) ist ein bestimmter Mengentheil der gesammten Materie, der als ein in gewissem Maasse einheitliches Wesen — als Individuum — erscheint.

Zu der Annahme von Kräften sind wir durch unsere Kausalanschauung genöthigt. Da unser Denken nämlich (gemäss dieser Anschauung) für jedes Geschehniss ein anderes verlangt, durch welches es hervorgerufen wird, sowie ein weiteres, das eine Folge von ihm ist — oder kürzer: da wir uns keine Wirkung ohne Ursache und keine Ursache ohne Wirkung denken können,[1]) so muss auch jede Änderung (und damit Neugestaltung) des Bewegungszustandes, den ein Körper hat, durch irgend etwas verursacht werden; dieses Etwas nennt man Kraft. Damit ist über das Wesen, über die innere Natur der Kräfte nichts entschieden. Man wird gut thun, dies festzuhalten und sich nicht vorschnell metaphysischen Vorstellungen von dem Wesen der Kräfte hinzugeben. —

**Trägheit oder Beharrungsvermögen der Körper.** Wie einerseits durch die Einwirkung einer Kraft auf einen Körper eine Änderung in dem Bewegungszustande des letzteren hervorgebracht wird, so verharrt andererseits ein Körper, auf den keine Kraft einwirkt, unverändert in dem Bewegungszustande, den er gerade hat. — Es ist dies nur die andere Seite der soeben angegebenen Folgerung aus dem Grundsatze der Kausalität. Trotzdem bezeichnet man die Eigenschaft der Körper, ohne die Einwirkung einer ändernden Kraft in ihrem jeweiligen Bewegungszustande zu verharren (da sie vielfach von besonderer Bedeutung ist), mit einem eigenen Namen: nämlich als das Beharrungsvermögen oder die Trägheit der Körper, und man spricht demgemäss von einem Beharrungs- oder Trägheitsgesetz — als einem Grundgesetz der Physik. — Dasselbe wurde von Galilei, einem italienischen Physiker, im Jahre 1638 aufgestellt. Erst auf Grund dieses Gesetzes ist eine richtige Erklärung des freien Falls, der Schwungkraft, der Pendelschwingungen, der Planetenbewegung u. s. w. möglich.

Wir können demselben folgende Fassung geben:

(Beharrungs- oder Trägheitsgesetz.) Jeder Körper behält den Bewegungszustand, den er in irgend einem Momente hat, nach Richtung und Geschwindigkeit unverändert bei, so lange keine äussere Kraft (ändernd) auf ihn einwirkt.

Man kann dies Gesetz in zwei Theile zerlegen:

a) Jeder in Ruhe befindliche Körper bleibt so lange in Ruhe, bis er durch eine äussere Kraft in Bewegung gesetzt wird;

b) jeder in Bewegung befindliche Körper behält seine Bewegung nach Richtung und Geschwindigkeit so lange unverändert bei, bis eine äussere Kraft ihn daran hindert.

---

[1]) Das vollständige Kausalgesetz sagt noch etwas mehr aus, nämlich, dass jede Wirkung eine bestimmte Ursache hat, mit der sie nothwendig verbunden ist, sodass auf dieselbe keine andere Wirkung folgen kann. Der Physiker und Philosoph Fechner hat dem Kausalgesetz folgende Fassung gegeben: Unter gleichen Bedingungen treten jedes Mal gleiche Folgen ein, unter abgeänderten Bedingungen abgeänderte Folgen.

**Geschwindigkeit.** Hier ist der Ausdruck Geschwindigkeit zu erklären. Die Geschwindigkeit ist der Weg, den ein bewegter Körper in der Zeiteinheit (Sekunde, Minute, Stunde u. s. w.) zurücklegt.

**Arten der Bewegung.** Je nachdem, ob die Geschwindigkeit eines bewegten Körpers eine Anzahl von Zeiteinheiten hindurch fortwährend die gleiche ist oder ob sie sich ändert, unterscheidet man zwei Arten der Bewegung: die gleichförmige und die ungleichförmige Bewegung. Die letztere nennt man beschleunigte Bewegung, wenn die Geschwindigkeit fortwährend zunimmt, verzögerte Bewegung, wenn die Geschwindigkeit fortwährend abnimmt. Die Zunahme der Geschwindigkeit in der Zeiteinheit (gewöhnlich: in der Sekunde) heisst Beschleunigung, die Abnahme Verzögerung (negative Beschleunigung). Ist die Beschleunigung oder Verzögerung in jeder Zeiteinheit dieselbe, so bezeichnet man die Bewegung als gleichmässig beschleunigte oder gleichmässig verzögerte.

Der Weg, den ein gleichförmig bewegter Körper zurücklegt, ändert sich genau entsprechend der Zeit, in der er durchlaufen wird: Ist die Zeit 2, 3, 4 . . . xmal so lang, so ist auch der Weg 2, 3, 4 . . . xmal so gross. Anders ausgedrückt: Bei der gleichförmigen Bewegung ist der Weg proportional der Zeit.

Bezeichnet man den Weg, der in $t$ Sekunden zurückgelegt wird, mit $s$, die Geschwindigkeit (in der Sekunde) mit $v$, so ist:

$$s = v \cdot t \quad (1).$$

Die Gesetze der gleichmässig beschleunigten Bewegung werden bei der Betrachtung des freien Falls der Körper (als des hervorragendsten Beispiels einer solchen Bewegung) besprochen werden. (Vergl. Kapitel 4: „Wirkungen der Schwerkraft auf alle Arten von Körpern.")

**Beschleunigungswiderstand.** Nach der Ansicht mancher Physiker setzt dem Trägheitsgesetze zufolge ein Körper jeder Kraft, welche seinen Bewegungszustand zu ändern strebt, einen Widerstand entgegen. Das Beharrungsvermögen oder die Trägheit der Körper würde dann auf diesem Widerstande beruhen oder gar in ihm bestehen. Da nun die Änderung des Bewegungszustandes sich in einer Zunahme oder Abnahme der Geschwindigkeit, d. h. also einer Beschleunigung oder Verzögerung oder: einer positiven oder negativen Beschleunigung zeigt, während gegen eine gleichförmige Bewegung seitens der Trägheit kein Widerstand ausgeübt wird, so hat man den Trägheitswiderstand zum Unterschiede von anderen Widerständen (z. B. dem Luftwiderstande, den ein fallender Körper erfährt, oder der Reibung, die an der Grenze zweier sich gegeneinander bewegender Körper auftritt) auch Beschleunigungswiderstand genannt. — Aber ein solcher Widerstand, der nur zeitweise in der

Materie wirksam sein soll, nämlich nur dann, wenn äussere Kräfte auf sie einwirken, ist nicht annehmbar. Zudem müsste ein Widerstand, der doch einer **Kraft entgegenwirkt**, selbst eine Kraft sein; wir würden also mit dem Trägheitswiderstande von vornherein eine Kraft in der Materie annehmen, ehe wir noch durch unsere **Kausalanschauung** zu einer Annahme von Kräften genöthigt wären.

**Wirkungen des Beharrungsvermögens.** a) Wird ein mit Wasser gefülltes Glas plötzlich und schnell in wagerechter Richtung fortbewegt, so schwappt das Wasser in der entgegengesetzten Richtung über den Rand des Glases (indem es an dem zuvor von ihm im Raume eingenommenen Platze zu verharren strebt). Rückt ein Wagen plötzlich an, so fallen oder kippen die darin befindlichen Personen nach hinten zurück; das Gleiche geschieht, wenn ein Boot, worin jemand steht, vom Lande abstösst. Festklopfen eines Hammerstiels auf die Weise, dass man den Hammer mit dem Kopf nach unten hält und auf das obere Ende des Stiels kurze Schläge führt. Entfernen der Asche von einer Cigarre durch kurzes Daraufklopfen mit dem Finger. — Das Ausgleiten (insbesondere beim Schlittschuhlaufen, wenn man angerannt wird); hierbei erhalten die Füsse plötzlich eine schnellere Bewegung als der Oberkörper, so dass dieser zurückbleibt, sich nicht mehr im Gleichgewicht über den Füssen befindet und ein Hinfallen möglich ist. Ein sich in Bewegung setzender Eisenbahnzug erlangt seine Fahrgeschwindigkeit nicht sofort, sondern erst nach und nach. Ähnliches gilt von dem Schwungrad einer Maschine, das erst still stand und nun in Umdrehung versetzt wird.

b) Wird ein mit Wasser gefülltes, gleichförmig fortbewegtes Glas plötzlich angehalten, so schwappt das Wasser in der Richtung über den Rand des Glases, in welcher letzteres zuvor bewegt wurde (es setzt das Wasser die innegehabte Bewegung fort). Hält ein Wagen plötzlich an oder stösst ein Boot ans Ufer, so fallen die darin befindlichen Personen entweder ganz oder nur mit dem Oberkörper vorwärts. Festklopfen eines Hammerstiels auf die Weise, dass man den Kopf des Hammers nach oben hält und das Ende des Stiels auf eine feste Unterlage mehrmals kräftig aufstösst. Abschleudern der Asche von einer Cigarre. — Ein Schlittschuhläufer, der auf eine Sandstelle geräth, fällt nach vorn. Das Stolpern. Das Hinfallen beim Abspringen von einem in der Fahrt befindlichen Pferdeeisenbahnwagen (die Füsse werden, sowie sie den ruhenden Erdboden berühren, festgehalten, während der Oberkörper die innegehabte Bewegung fortsetzt; läuft man ein Stück mit dem Wagen mit oder biegt man den Oberkörper nachdrücklich nach hinten über, so kann man das Hinfallen vermeiden). — Wenn ein Eisenbahnzug in einen Bahnhof einfährt und daselbst anhalten soll, so unterbricht man die Arbeit der Lokomotive schon eine Strecke vor dem Bahnhof, weil die Bewegung des Zuges (auch ohne die Thätigkeit der Lokomotive) noch eine Weile andauert; und schliesslich muss der Zug gebremst werden, um vollständig zum Stillstand zu kommen. Das Schwungrad einer Maschine setzt seine Umdrehung noch eine Weile fort, nachdem die Kraft, welche die Maschine treibt, zu wirken aufgehört hat. — Auf einen Pfeil, den man aus einer Armbrust abschiesst, wirkt die Sehne, auf das Geschoss einer Feuerwaffe die Kraft

### 1. Materie und Kraft; Trägheit und Reibung.

der Pulvergase nur kurze Zeit; aber Pfeil und Geschoss beharren in der Bewegung, die ihnen mitgetheilt ist, noch längere Zeit nachher.

Damit einem Körper eine Bewegung mitgetheilt oder genommen werde, ist eine gewisse Zeit erforderlich, während welcher die den Bewegungszustand ändernde äussere Kraft auf den Körper einwirkt. Aus diesem Grunde muss z. B. das in Ruhe befindliche Glas mit Wasser plötzlich in Bewegung gesetzt werden, wenn das Wasser überschwappen soll; weil sonst die Bewegung des Glases sich auf das Wasser übertragen würde, sodass dieses die Bewegung des Glases mitzumachen im Stande wäre. Es kommt hierbei noch eine andere Art von Umständen in Betracht, die aber erst an späterer Stelle verständlich gemacht werden kann. — Aus dem Gesagten geht hervor, dass es, streng genommen, keine momentan oder augenblicklich wirkende Kraft giebt. Trotzdem wird von momentanen Kräften gesprochen; es werden darunter solche Kräfte verstanden, die nicht eine Anzahl von Zeiteinheiten hindurch in stets der gleichen Weise auf einen Körper einwirken. (Siehe Kapitel 4, Abschnitt: „Arten der Kräfte".)

**Erlöschen der Bewegungen.** Die Thatsache, dass alle Bewegungen auf der Erde schliesslich doch ein Ende nehmen, erklärt sich daraus, dass ihnen die (schon erwähnten) Kräfte der Reibung und des Luftwiderstandes entgegenwirken.

**Reibung.** Die Reibung ist der Widerstand, den die Bewegung eines Körpers erfährt, der einen anderen Körper berührt, welcher die Bewegung des ersteren entweder gar nicht oder nicht in derselben Weise (mit derselben Geschwindigkeit) mitmacht. Sie wird dadurch hervorgerufen, dass die Erhabenheiten einer jeden der an einander reibenden Flächen in die Vertiefungen der anderen eingreifen und nun entweder abgerissen oder aus den Vertiefungen heraus- und über darauf folgende Erhabenheiten hinweggehoben werden müssen, wenn die Bewegung überhaupt stattfinden soll. (Das erstere geschieht mehr bei rauhen, das letztere mehr bei glatten Flächen.) Die Reibung ist um so grösser, je grösser der Druck zwischen den sich berührenden Körpern und je rauher die reibenden Flächen sind. Ausserdem hängt die Grösse der Reibung von der Natur der Stoffe ab, zwischen welchen sie stattfindet. Durch geeignete Schmiermittel kann der Reibungswiderstand verringert werden; (in erster Linie, weil durch das Schmieren die reibenden Flächen glatter werden). Zu merken ist, dass Schmiermittel, welche in den Körper einziehen, die Reibung nicht vermindern; daher wird Holz mit Talg oder harter Seife, nicht aber mit Oel geschmiert; letzteres eignet sich für Metalle. — Als Reibungs-Koefficienten bezeichnet man das Verhältniss der Kraft, welche nöthig ist, die Reibung zu überwinden, zur Last, welche die Reibung hervorruft (das Verhältniss zwischen Reibung und Druck).

# 1. Materie und Kraft; Trägheit und Reibung.

Es giebt zwei Arten von Reibung: gleitende und wälzende Reibung; letztere findet da statt, wo ein runder Körper (Kugel, Cylinder u. s. w.) über eine Unterlage hinwegrollt. Bei der Bewegung von Zapfen in ihren Pfannen ist die Reibung eine gleitende.

Zu grosse Reibung ist uns beim Ziehen von Wagen, beim Betriebe von Maschinen u. s. w. lästig; aber gäbe es gar keine Reibung, so könnten wir weder gehen noch stehen, noch etwas in den Händen halten, noch einen Wagen fortbewegen, noch die grösste Zahl unserer sonstigen Verrichtungen erfüllen.

Häufig wird beim Betriebe von Maschinen eine besondere Anwendung von der Reibung gemacht; so wird mittels des Treibriemens oder der Treib-

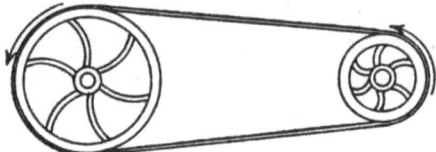

Abb. 1a. Offener Treibriemen.

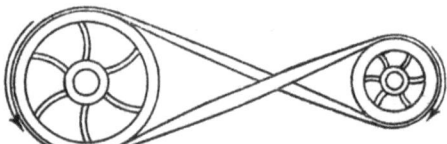

Abb. 1b. Gekreuzter Treibriemen.

schnur (auch Riemen oder Schnur ohne Ende genannt) die Bewegung eines Rades auf ein anderes übertragen. (Schwungmaschine, Drehbank.)

Der Treibriemen ist ein Riemen, dessen Enden an einander befestigt sind, und der zwei Wellräder oder Riemenscheiben (siehe später) umspannt. Man unterscheidet den offenen und den gekreuzten Treibriemen oder Riemen ohne Ende. (Abb. 1a und 1b.)

Wird eins der Räder (z. B. das links befindliche, grössere Rad) in der Richtung des Pfeils in Umdrehung versetzt, so erfährt es bei straff angespanntem Riemen an diesem eine so starke Reibung, dass die Bewegung von Rad und Riemen gegen einander (derart, dass der Riemen stillstehen und das Rad sich an ihm vorbeibewegen würde) unmöglich gemacht und statt dessen der Riemen, den anderweit keine genügend grosse Kraft festhält, mit fortbewegt wird; er selbst setzt seinerseits das rechts befindliche Rad — ebenfalls auf Grund der Reibung, die er an demselben erfährt — in Umdrehung, und zwar in Abb. 1a (bei offenem Riemen) in demselben Sinne wie das linke Rad, in Abb. 1b (bei gekreuztem Riemen) im entgegengesetzten Sinne.

## 2. Allgemeine Eigenschaften der Körper.

**Längen-, Flächen- und Körpermessung.** Die Ausdehnung eines Körpers kann in dreifacher Hinsicht gemessen werden; danach unterscheidet man 1. Längen- oder Linear-, 2. Flächen-, 3. Körper-Ausdehnung. Alles Messen beruht auf einer Vergleichung des zu messenden Körpers mit einem andern Körper, der ein für allemal bestimmt und in Bezug auf die zu messende Eigenschaft (hier die Ausdehnung) bekannt ist. Dieser Körper heisst das Maass und, weil ihm die Maasszahl 1 beigelegt wird, genauer die Maasseinheit.

Es giebt, entsprechend den drei Arten der Ausdehnung: Längen-, Flächen- und Körpermaasse. Die Längeneinheit ist das Meter (zuerst in Frankreich eingeführt, 1799, zur Zeit der ersten französischen Revolution), dessen Länge annähernd gleich dem zehnmillionten Theil eines $1/4$ Meridians der Erde ist. Ein solcher $1/4$ Meridian der Erde (die Entfernung eines Pols vom Äquator) heisst auch Meridianquadrant der Erde oder Erdquadrant.

1 Meter (m) = 10 Decimeter (dm) = 100 Centimeter (cm) = 1000 Millimeter (mm). 1 Mikromillimeter ($\mu$) = 1 Tausendstel Millimeter = $\frac{1}{10^6}$ m oder $10^{-6}$ m; das Mikromillimeter wird abgekürzt auch Mikrometer oder Mikron genannt. 1 Millimikron ($\mu\mu$) = 1 Tausendstel Mikron = $10^{-9}$ m. 1 Kilometer (km) = 1000 m. 1 Megameter = $10^6$ m oder 1 000 000 m. $7^1/_2$ km = 7500 m = 1 (deutsche geogr.) Meile. 15 geogr. Meilen = 1 Grad (1°) des Erdäquators.

Ältere Längenmaasse sind der rheinische und preussische Fuss und der pariser Fuss.

1 m = 3,186 rhein. Fuss = 3,078 par. Fuss. 1 rhein. Fuss = 12 Zoll (1′ = 12″); 1 Zoll = 12 Linien (1″ = 12‴). Hiernach ist 1 m = rund $38^1/_4$ rhein. Zoll. — 12 Fuss = 1 Ruthe.

Sonstige Längenmaasse: Die engl. Meile = $^1/_4$ geogr. Meile = 10 Kabellängen; (1 engl. Meile = 1760 Yards, 1 Yard = 36 engl. Zoll = 0,914 m). 1 russ. Werst = 1067 m, also nahezu = 1 km. 1 Faden = 1,829 m.

Die Flächeneinheit ist das Quadratmeter (qm oder m²). 1 Ar (a) = 100 m². 1 Hektar (ha) = 100 Ar = $10^4$ m².

Die Raumeinheit (Einheit für die Körpermessung) ist das Kubikmeter (cbm oder m³). Häufiger noch bedient man sich bei der Körpermessung, insbesondere wenn es sich um Flüssigkeiten handelt, des Liters (l), welches ein Hohlmaass ist; 1 l = 1 Kubikdecimeter (cbdm oder dm³) = 1000 Kubikcentimeter (cbcm oder cm³). 1 cbm = 1000 l. 1 Hektoliter = 100 l.

Den Rauminhalt eines Körpers bezeichnet man als sein Volum (oder Volumen).

Da für die meisten wissenschaftlichen Berechnungen das Meter zu gross ist, so ist man übereingekommen, den Messungen im Allgemeinen eine niedrigere Längeneinheit: das Centimeter zu Grunde zu legen. (Vgl. hierzu den Abschnitt „Absolutes Maasssystem".)

**Theilbarkeit.** Unsere Erfahrung lehrt uns, dass alle Körper theilbar sind, d. h. sich in kleinere Körper zerlegen lassen. Schon diese Thatsache der Theilbarkeit (Entstehung zweier Wesen aus einem) weist darauf hin, dass ein jeder Körper von vornherein kein völlig einheitliches räumliches Wesen, sondern aus einer Anzahl materieller Theile zusammengesetzt ist, welche durch kleine Zwischenräume von einander getrennt sind. Sind diese Zwischenräume so gross, dass man sie sehen kann, oder dass wenigstens andere Körper (Flüssigkeiten oder Luft) in sie eindringen können, so nennt man sie Poren, und der Körper, in dem sie enthalten sind, heisst porös. Zu den porösen Körpern gehören: Badeschwamm, Brot, Holz, Papier u. a. m.

Eine Folge der Porosität vieler Körper — und somit eine Folge ihrer Zusammensetzung aus kleineren materiellen Theilen — ist ihre Quellbarkeit. Diese besteht in einer Zunahme des Rauminhalts auf Grund des Eindringens einer Flüssigkeit (gewöhnlich Wasser) in die Poren. — Bei nassem Wetter quillt das Holz von Fenstern und Thüren. Befeuchtetes Papier wird auf der nassen Seite ausgedehnt und krümmt sich in Folge dessen. Aufspannen eines Bogens Zeichenpapier auf einem Reissbrett: er wird erst mit einem nassen Schwamm befeuchtet, dann ringsum am Rande auf dem Reissbrett festgeklebt; beim Trocknen zieht er sich zusammen und wird straff und glatt.

Das Zerbrechen, Zerschlagen, Zerreissen u. s. w. eines Körpers besteht nach dieser Anschauung einzig darin, dass die Theilchen, aus denen der Körper zusammengesetzt ist, so weit von einander entfernt werden, dass sie (durch innere Kräfte) nicht mehr zur Wiedervereinigung gebracht werden können.

Die Theilbarkeit der Körper muss eine Grenze haben, denn gäbe es eine unendliche Theilbarkeit, so müsste ein Körper von endlicher Grösse aus unendlich vielen (weil unendlich kleinen) Theilen zusammengesetzt sein, was aber innerhalb der materiellen Wirklichkeit nicht möglich ist. Nur in Gedanken giebt es eine unbegrenzte Theilbarkeit.

**Atome und Moleküle.** Die kleinsten Theile eines Körpers, die durch keinerlei mechanische noch sonstige Mittel weiter getheilt werden können, heissen Atome (genauer Massen-Atome). Sie sind, ob zwar ausserordentlich klein und auf keine Weise sinnlich wahrnehmbar, doch von endlicher räumlicher Grösse und alle von vollkommen gleicher Beschaffenheit. (Vgl. hierzu den Abschnitt:

„Masse".) Die Massen-Atome treten in verschiedener Anzahl und Lagerung zu chemischen Atomen zusammen, diese zu Molekülen (oder Molekeln). Die Moleküle sind also noch durch gewisse Hülfsmittel theilbar. Im Wesentlichen sind es die Moleküle, die bei den physikalischen Erscheinungen eine Rolle spielen, während die Umlagerung und der Austausch von chemischen Atomen den chemischen Processen zu Grunde liegt.

Zu den allgemeinen Eigenschaften der Körper rechnet man ausser den genannten, nämlich: Ausdehnung, Undurchdringlichkeit, Bewegungsfähigkeit, Trägheit, Theilbarkeit (Porosität) noch einige weitere, die durch die Wirksamkeit gewisser allgemeiner Kräfte zu Stande kommen. Es sind: die Schwere, die Kohäsion und die Aggregatzustände, sowie die Veränderlichkeit des Rauminhalts der Körper.

**Schwere und Schwerkraft.** Die Schwere ist diejenige Eigenschaft eines Körpers, welche es bewirkt, dass der Körper, ohne Unterstützung gelassen, sich dem Erdmittelpunkte so weit als möglich nähert, oder dass er, wenn er unterstützt wird, auf seine Unterlage drückt, bezw. auf den ihn in hängender Lage haltenden Gegenstand einen Zug ausübt. — An der Grösse dieses Druckes oder Zuges erkennt man die Grösse der Schwere oder das Gewicht des Körpers. — Die Bewegung eines Körpers in der Richtung nach dem Erdmittelpunkte nennt man Fall (bezw. das Fallen).

Da nun (nach dem Beharrungsgesetz) ein Körper nicht von selbst in eine Bewegung eintreten, noch danach streben kann, die Bewegung auszuführen, so muss es eine Kraft geben, welche das Fallen der Körper veranlasst oder allgemeiner: welche die Ursache ihrer Schwere ist. Diese Kraft hat den Namen Schwerkraft. Dieselbe wirkt nach dem Gesagten überall auf der Erdoberfläche in der Richtung nach dem Erdmittelpunkte hin.

Über das Wesen der Schwerkraft wissen wir nichts Genaues; es können nur Annahmen oder Hypothesen darüber aufgestellt werden. Die Art, wie sich die Schwerkraft äussert, gleicht denjenigen Erscheinungen, welche wir wahrnehmen, wenn ein Körper von einem andern angezogen wird (etwa mittels eines Strickes, der beide verbindet). Daher hat man die Schwerkraft auch als eine Anziehungskraft, und zwar genauer als die Anziehungskraft der Erde (auch Erdanziehung) bezeichnet. Von einer wirklichen Anziehung kann indessen nicht die Rede sein; wir haben es nur mit dem Bilde einer Anziehung, mit Erscheinungen, die den Anziehungs-Erscheinungen ähnlich sind, zu thun. Wahrscheinlich ist die Schwerkraft in Stössen zu suchen, welche die Atome eines den Weltraum erfüllenden Stoffes: des Äthers (Weltäthers), auf die irdischen Körper ausüben, so dass diese der Erde oder genauer: dem Erdmittelpunkte zugetrieben werden.

**Attraktion.** Der englische Physiker Isaak Newton (1642 bis 1727) stellte das Gesetz von der allgemeinen Anziehung aller Theile der Materie auf. In der That zeigt sich nicht nur zwischen der Erde und den ihrem Bereich angehörenden Körpern, sondern auch zwischen den verschiedenartigen Himmelskörpern ein (gegenseitiges) Annäherungsstreben. Die zwischen den Himmelskörpern herrschende „Anziehung"[1]) heisst Gravitation. Da die Erde mit zu den Himmelskörpern gehört, erstreckt sich die Gravitation auch auf sie. Die gegenseitige Anziehung — oder besser gesagt: das gegenseitige Annäherungsstreben — räumlich entfernter Körper überhaupt bezeichnet man als Attraktion.

**Masse.** An der Grösse der Schwere oder dem Gewicht eines Körpers lässt sich die Menge der Materie, die er darstellt, erkennen. Da man die kleinsten Theile der Materie, die Massen-Atome, wie ich sie genannt habe (S. 8), sämmtlich als gleichartig, insbesondere also als gleich schwer annimmt, so ist ein Körper um so schwerer (stellt er um so mehr Materie dar), aus je mehr Massen-Atomen er zusammengesetzt ist. Die Anzahl der Massen-Atome eines Körpers heisst seine Masse. Ein Maass der Masse eines Körpers ist sein Gewicht. Aber dies auch nur für die Verhältnisse auf einem und demselben Weltkörper, z. B. der Erde; auf anderen Weltkörpern als auf der Erde würden die irdischen Körper auch andere Gewichte aufweisen, weil die Schwerkraft auf diesen Weltkörpern, ihrer Grösse entsprechend, eine andere sein würde; die Massen der Körper aber würden im ganzen Weltraum stets unveränderlich dieselben sein.

Die Annahme von besonderen Massen-Atomen, aus denen die chemischen Atome zusammengesetzt sind, obwohl dieselben sich durch keinerlei Hülfsmittel in jene zerlegen lassen, ist nothwendig, da sonst die den chemischen Atomen zukommenden verschiedenen Gewichte nicht erklärbar wären. Nach Annahme der Massen-Atome liegt der Grund der verschiedenen Atomgewichte in der verschiedenen Anzahl (und Lagerung) der Massen-Atome, aus denen die chemischen Atome zusammengesezt sind.

**Gewichtsmaasse.** Als Massen- oder Gewichtseinheit hat man dasjenige Gewicht gewählt, welches ein Kubikcentimeter reinen (destillirten) Wassers unter gewissen Bedingungen besitzt, nämlich wenn es sich 1. im Zustande der grössten Dichtigkeit (bei $+ 4°$ C.), 2. unter $45°$ geographischer Breite, 3. im Meeresniveau und 4. im luftleeren Raume befindet. Dieses Gewicht heisst ein Gramm. — Die genannten Bedingungen sind erforderlich, weil

---

[1]) Wir können diesen Ausdruck nicht fallen lassen, weil er ziemlich allgemein gebräuchlich ist.

sich das Gewicht eines und desselben Körpers mit der Dichtigkeit, der geographischen Breite (vgl. Kapitel 4, Abschnitt „Fallbeschleunigung"), der Höhe über den Meeresspiegel und der Luftbeschaffenheit (Luftdichte) ändert.

1 Gramm (g) = 10 Decigramm (dg) = 100 Centigramm (cg) = 1000 Milligramm (mg). 1 Kilogramm (kg) = 1000 g. 1 Tonne (t) = 1000 kg. 1 Mikrogramm ($\gamma$) = 1 Milliontel g = 1 Tausendstel mg. 1 preuss. Pfund (℔) = $^1/_2$ kg = 500 g.

1 l Wasser (= 1000 cbcm) wiegt 1000 g oder 1 kg.

Ausser den genannten Gewichten waren früher noch besondere **Medicinalgewichte** im Gebrauch: das Medicinal-Pfund (libra), die Unze (uncia), die Drachme (drachma), der Skrupel (scrupulus), das Gran (granum). Das Pfund hatte 12 Unzen; die Unze 8 Drachmen; die Drachme 3 Skrupel; der Skrupel 20 Gran. Die Anzahl der Gewichtseinheiten wurde in römischen Ziffern hinter das betreffende Gewichtszeichen geschrieben.

1 Skrupel (℈ İ) = Gran (gr. XX).
1 Drachme (ʒ İ) = 3 Skrupel = 60 Gran.
1 Unze (℥ İ) = 8 Drachmen = 24 Skrupel = 480 Gran.

Umrechnung in neueres Gewicht: 1 Unze = 30,00 g; 1 Drachme = 3,75 g; 1 Skrupel = 1,25 g; 1 Gran = 0,06 g.

Das gewöhnliche preuss. Pfund wurde in 32 Loth (1 Loth = 15 g), das Loth in 4 Quentchen (1 Qu. = $3^3/_4$ g) eingetheilt.

Nach dem Angegebenen war: 1 Loth = $^1/_2$ Unze, 1 Quentchen = 1 Drachme.

**Absolutes Maasssystem.** Auf die physikalischen Grössen Raum, Masse und Zeit, und zwar auf deren Einheiten Centimeter, Gramm und Sekunde hat man das sogenannte absolute Maasssystem gegründet, das jetzt bei wissenschaftlichen Messungen und Rechnungen an Stelle des früheren, von Gauss und Weber gewählten, auf Millimeter, Milligramm und Sekunde gegründeten Maasssystems in Anwendung ist. Man bezeichnet es als das Centimeter-Gramm-Sekunden-System oder kurz als das C. G. S.-System.

Eine Sekunde ist der 86 400ste Theil des mittleren Sonnentages, d. h. der mittleren oder durchschnittlichen Dauer des Sonnentages im Verlauf eines Jahres.

Von den Grundmaassen Centimeter, Gramm und Sekunde werden alle anderen in der Physik vorkommenden Maasse abgeleitet, so dass dieselben auch in gegenseitiger Abhängigkeit stehen.

Für technische Messungen kommt ausser dem C. G. S.-System noch das Meter-Kilogramm-Sekunden-System (M. K. S.-System) zur Anwendung, weil hier die niedrigeren Einheiten des C. G. S.-Systems nicht genügen.

**Gravitationsgesetz.** Die Gravitation ist nicht für alle Körper

## 2. Allgemeine Eigenschaften der Körper.

und alle Entfernungen derselben von einander die gleiche, sie hängt vielmehr von der **Masse der anziehenden Körper und ihrer Entfernung** in gesetzmässiger Weise ab. Hierüber giebt das **Newton'sche Gravitationsgesetz** Aufschluss, zu dessen Erkenntniss und Feststellung Newton durch die von den Bewegungen der Himmelskörper handelnden **Keppler'schen Gesetze** gelangte.

Das **Gravitationsgesetz** lautet: Je zwei materielle Körper ziehen einander an mit einer Kraft, die den anziehenden Massen direkt und dem Quadrat ihrer Entfernung umgekehrt proportional ist.

Zur näheren Erläuterung dieses Gesetzes diene Folgendes:

Wenn ein Körper $A$ einmal von einem Körper $B$ und ein anderes Mal von einem Körper $C$ angezogen wird, der die doppelte oder dreifache oder vierfache oder n-fache Masse hat wie $B$, so ist die Anziehungskraft, welche $C$ ausübt, doppelt oder dreimal oder viermal oder n-mal so gross wie die Anziehungskraft des Körpers $B$ — vorausgesetzt, dass die Entfernung von dem Körper $A$ jedesmal dieselbe ist. Dies leuchtet ohne Weiteres ein. Umgekehrt wächst die Anziehungskraft, die zwischen den beiden Körpern $A$ und $B$ wirksam ist, auch, wenn der angezogene Körper ($A$) durch einen Körper von grösserer Masse ersetzt wird; und zwar entspricht auch in diesem Falle der doppelten Masse die doppelte Anziehungskraft u. s. f.

Wird die Entfernung zwischen den einander anziehenden Körpern grösser, so nimmt die Anziehungskraft ab. Dass die Abnahme entsprechend dem Quadrat der Entfernung erfolgt, ist nicht ohne Weiteres klar. Wie Newton diese Thatsache auf Grund der denkenden Beobachtung fand, ist oben angedeutet worden. Aber man kann sie auch sinngemäss erfassen. — Wie S. 9 erwähnt ist, findet die Schwere und ebenso die Massenanziehung, das Annäherungsstreben der Körper im Allgemeinen eine Erklärung in Ätherstössen, durch welche zwei einander „anziehende" Körper einander zugetrieben werden. (Die zwischen den Körpern wirksamen Stösse kommen nicht — im Sinne einer Entfernung der Körper von einander — zur Geltung, weil ihre Zahl verhältnissmässig gering ist.) Die Gesammtheit der die Körper von aussen treffenden Ätherstösse tritt als Ätherdruck in die Erscheinung. Dieser Ätherdruck erfolgt auf einen anziehenden Körper von allen Seiten des Raumes aus; er wirkt in gleicher Stärke an allen solchen Punkten des Raumes, welche von dem Mittelpunkte des anziehenden Körpers gleich weit entfernt sind; dieselben erfüllen eine Kugeloberfläche. Sie heisse **Druck-Sphäre**. Je kleiner die Druck-Sphäre, desto grösser der Ätherdruck an jedem Punkte derselben und umgekehrt. Da nun die Oberfläche einer Kugel $= 4r^2\pi$, also direkt proportional dem Quadrat des Radius ist, so muss der auf den anziehenden Körper hin gerichtete Ätherdruck an jedem Punkte der Druck-Sphäre ebenfalls proportional dem Quadrat des Radius abnehmen, wenn die Druck-Sphäre grösser wird; oder mit anderen Worten: das nach dem anziehenden Körper hin gerichtete Annäherungsstreben eines Punktes bezw. zweiten Körpers muss umgekehrt proportional dem Quadrat der Entfernung sein, welche beide Körper von einander besitzen.

## 2. Allgemeine Eigenschaften der Körper.

Bezeichnet man die Massen zweier einander anziehender Körper mit $M_1$ und $M_2$, ihre gegenseitige Entfernung mit $R$ und die zwischen beiden wirksame Anziehungskraft mit $A$, die Massen zweier anderer einander anziehender Körper mit $m_1$ und $m_2$, ihre gegenseitige Entfernung mit $r$ und die zwischen ihnen wirksame Anziehungskraft mit $a$, so verhält sich:

$$\frac{A}{a} = \frac{M_1 \cdot M_2}{m_1 \cdot m_2} \cdot \frac{r^2}{R^2} \text{ oder: } A : a = \frac{M_1 \cdot M_2}{R^2} : \frac{m_1 \cdot m_2}{r^2}.$$

Betrachtet man nun diejenige Anziehungskraft als Einheit, welche zwischen Massen-Einheiten wirkt, deren gegenseitige Entfernung die Längen-Einheit ist (also $a = 1$ für den Fall, dass $m_1 = m_2 = 1$ und $r = 1$ ist), so folgt:

$$A = \frac{M_1 \cdot M_2}{R^2} \quad (1).$$

Die nach vorstehender Annahme $= 1$ gesetzte Anziehungskraft hat natürlich einen gewissen wirklichen Werth (wie jede — im Vergleiche mit anderen gleichartigen Grössen — als Einheit angenommene Grösse). Sie wird als **Gravitationskonstante** bezeichnet. Dieselbe ist also nach dem C.G.S.-System die anziehende Wirkung zwischen zwei Massen von je 1 g, die (oder genauer: deren Massenmittelpunkte) 1 cm weit von einander entfernt sind.

**Kohäsion und Adhäsion.** Während die Attraktion eine Kraft ist, die zwischen je zwei beliebigen getrennten Körpern nach demselben Gesetze wirksam ist, giebt es Kräfte, die entweder zwischen den Theilen eines und desselben Körpers (in seinem Innern) oder an der Grenze zweier sich berührender Körper auftreten und gleichfalls ein Annäherungsstreben verschiedener Theile der Materie herstellen; zu diesen Kräften gehören die (S. 9 erwähnte) Kohäsion und die Adhäsion. Ihre Wirksamkeit hängt von der Natur der Körper ab. Und da sie nur auf sehr kleine Entfernungen hin wirken — von Molekül zu Molekül — so hat man sie **Molekularkräfte** genannt. — Die Wirkungssphäre der Molekularkräfte ist eine kleine, während diejenige der Attraktion als unbegrenzt gedacht wird.

**Kohäsion.** Die Kohäsion äussert sich in dem Zusammenhang zwischen den Theilen eines und desselben Körpers; sie wirkt einer Trennung der Theile (durch Zerreissen, Zerbrechen, Zerschneiden, Erwärmen u. s. w.) entgegen. Die Kohäsion des Eisens ist grösser als z. B. die des Wachses, diese grösser als die Kohäsion des Wassers. Der Luft und allen luftförmigen Körpern fehlt die Kohäsion ganz.

Wird ein Körper zusammengedrückt (komprimirt), so stellt sich — bei manchen Körpern spät, bei manchen schon sehr bald — eine Grenze heraus, jenseits welcher eine weitere Kompression unmöglich ist. Man führt diese Erscheinung auf die Wirksamkeit einer entgegengesetzt wie die Kohäsion wirkenden besonderen

## 2. Allgemeine Eigenschaften der Körper.

Kraft: der abstossenden oder Repulsivkraft, auch Expansionskraft genannt, zurück; die Annahme derselben ist aber nicht zu empfehlen, denn wenn auch die Kohäsion sich schliesslich auf Ätherdruck (bezw. Ätherstösse) wird zurückführen lassen, so ist es hier gewiss, dass die Stösse der im Innern der Körper (in den molekularen Zwischenräumen) sich bewegenden Ätheratome, die Rückstösse der auf einander prallenden Körper-Moleküle selbst, ferner ihre Trägheit, welche sie, da sie einmal in Bewegung sind, immer weiter nach aussen zu führen sucht, sowie letzten Endes die Undurchdringlichkeit der Materie die Ursachen dafür sind, dass die Kompression eines Körpers nicht unbegrenzt vor sich gehen kann.

**Aggregatzustände.** Je nach der Grösse der Kohäsion, welche den Körpern eigen ist, theilt man diese in drei Hauptklassen ein: feste, flüssige (oder tropfbar flüssige) und luftförmige (oder gasförmige) Körper; die flüssigen Körper nennt man auch kurzweg Flüssigkeiten, die luftförmigen nennt man Gase. Die inneren Zustände, durch welche die einer jeden dieser Klassen angehörigen Körper gekennzeichnet sind, heissen die Aggregatzustände. (Die Aggregatzustände der Körper beruhen also auf dem Zusammenhang ihrer Theile.) Die meisten Körper kann man, hauptsächlich durch Vermittlung der Wärme, aus einem in den benachbarten Aggregatzustand überführen, sie kommen also in zwei Aggregatzuständen und viele Körper sogar in allen drei Aggregatzuständen vor (z. B. das Wasser, der Schwefel u. a.).

**Feste Körper.** Die festen Körper haben die grösste Kohäsion. Sie setzen der gewaltsamen Trennung oder Lagenveränderung ihrer Theile (mehr oder minder grossen) Widerstand entgegen, zu dessen Überwindung eine äussere Kraft von gewisser Stärke erforderlich ist. Die festen Körper haben daher eine selbständige Gestalt. Ferner bieten sie gewisse Erscheinungen dar, welche theils unmittelbar auf die Kohäsion, theils auf die besondere Anordnung oder Lagerung der Moleküle zurückzuführen sind: die Festigkeit; die Härte (Gegensatz: die Weichheit); die Elasticität; die Biegsamkeit, Dehnbarkeit und Geschmeidigkeit; die Sprödigkeit (einschliesslich der Spaltbarkeit).

Festigkeit heisst der Widerstand, welchen ein Körper der gänzlichen Trennung seiner Theile entgegengesetzt. Man unterscheidet: Zugfestigkeit oder absolute Festigkeit (die dem Zerreissen entgegenwirkt), Bruchfestigkeit oder relative Festigkeit (die dem Zerbrechen entgegenwirkt), Druckfestigkeit oder rückwirkende Festigkeit (die dem Zerdrücken entgegenwirkt), Schub- oder Scheerfestigkeit (die einer Trennung der Theile in seitlicher Richtung entgegenwirkt),

## 2. Allgemeine Eigenschaften der Körper.

Torsions- oder Drehfestigkeit (die dem Zerdrehen entgegenwirkt). — Die absolute Festigkeit ist grösser als die relative, da ein Stab sich **schwerer** zerreissen als zerbrechen lässt. — Ausser den vorgenannten Arten der Festigkeit, den sogen. statischen Festigkeiten, giebt es noch eine dynamische Festigkeit: die Stossfestigkeit, die in dem Widerstande gegen Stoss oder in der Einwirkung einer bewegten Masse besteht.

Hier bedürfen die Ausdrücke **statisch und dynamisch** der Erklärung. Statisch heissen die in das Gebiet der **Statik**, d. h. der Lehre vom Gleichgewicht der Körper, fallenden Erscheinungen, dynamisch die zur **Dynamik**, d. h. zur Lehre von den Bewegungen der Körper, gehörenden Erscheinungen.

**Härte** ist der Widerstand, den ein Körper dem Eindringen eines andern in seine Oberfläche (dem Ritzen) entgegensetzt. Der härteste Körper ist der Diamant; er vermag alle anderen Körper zu ritzen. Die mineralogische **Härteskala** (von Mohs) enthält 10 Körper vom weichsten bis zum härtesten in solcher Anordnung, dass jeder folgende jeden vorangehenden ritzt, ohne von ihm geritzt zu werden. Sie lautet: Talk (1), Steinsalz (2), Kalkspath (3), Flussspath (4) Apatit (5), Feldspath (6), Quarz (7), Topas (8), Korund (9), Diamant (10). — Dem Steinsalz gleichzusetzen ist der Gips. — **Anwendung der Härteskala**: Wird ein Körper z. B. vom Quarz eben noch geritzt, aber nicht mehr vom Feldspath, so hat er die Härte des Quarzes oder kurz die Härte 7.

**Elasticität** nennt man diejenige Eigenschaft der Körper, auf Grund welcher sie nach dem Aufhören der Einwirkung äusserer Kräfte, durch die ihre Gestalt oder Grösse verändert wurde, die ursprüngliche Gestalt oder Grösse wieder annehmen, sofern nicht durch die Grösse der Kräfte eine gewisse **Grenze** in der Änderung der molekularen Lagerung (Anordnung der Theile) überschritten worden ist. Diese Grenze für die Grösse der Kräfte heisst **Elasticitätsgrenze**. In hohem Grade elastische Körper sind z. B. Kautschuk und Stahl.

Wird die Elasticitätsgrenze überschritten, so entsteht bei einigen Körpern eine bleibende Änderung in der Anordnung ihrer Theile, ohne dass der Zusammenhang der Theile gänzlich gelöst wird; bei anderen tritt ein Zerreissen, Zerbrechen oder Zerspringen, d. h. eine plötzliche und vollständige Aufhebung des Zusammenhangs der Theile ein. Jene Körper nennt man **biegsam** (z. B. Blei), **dehnbar** (z. B. Gold), **geschmeidig** (z. B. Wachs); diese heissen **spröde** (Glas, Stahl, Antimon). Eine besondere Art der Sprödigkeit zeigen viele Mineralien, indem sie beim Zerspringen regelmässig gestaltete Bruchstücke liefern; man bezeichnet diese Eigenschaft als **Spaltbarkeit** (Beispiel: der Kalkspath).

**Die Kohäsions-Verhältnisse der festen Körper unterliegen mancherlei Änderungen, welche durch die Wärme, die Art der Bearbeitung, denen man die Körper unterwirft, sowie geringe, fremdartige Zusätze hervorgerufen werden.**

Der Einfluss der Temperatur (oder des Wärmegrades) auf die Kohäsion ist sehr bedeutend. Im allgemeinen bewirkt Erniedrigung der Temperatur Zunahme der Kohäsion, Erhöhung der Temperatur Abnahme derselben. — Glas nimmt

## 2. Allgemeine Eigenschaften der Körper.

an der ihm sonst eigenen Sprödigkeit ab und wird zäher, wenn man es, nachdem es gegossen ist, einem längeren Aufenthalt in heissem Oel (bei 300°) unterwirft (Hartglas).

Gehämmertes oder galvanisch niedergeschlagenes Kupfer ist dichter und fester als gegossenes. — Ein elastischer Körper verliert durch zu häufige Veränderungen seiner Gestalt an Elasticität.

Eisen weist je nach seinem Kohlenstoffgehalt verschiedene — auf der Kohäsion beruhende — Eigenschaften auf: als Gusseisen, welches am meisten Kohlenstoff enthält, ist es hart und spröde, als Stahl elastisch und als Stab- oder Schmiedeeisen zähe und dehnbar und lässt sich im weissglühenden Zustande schweissen, d. h. es lassen sich getrennte Stücke durch Hämmern vereinigen. — Ist Zink durch eine geringe Beimengung von Arsen verunreinigt, so lässt es sich nicht zu Zinkdraht ausziehen. — Fremde Metalle enthaltendes Gold büsst erheblich an Dehnbarkeit ein.

**Flüssigkeiten.** Die tropfbar flüssigen Körper haben zwar noch Kohäsion, aber sie ist nur gering. Sie besitzen noch einen bestimmten Rauminhalt (ein bestimmtes Volum); aber da ihre Theile schon durch die kleinste Kraft verschiebbar sind, so fehlt ihnen die selbständige Gestalt, und sie nehmen die Gestalt des Gefässes an, in welchem sie sich befinden.

Das Vorhandensein der Kohäsion erkennt man ausser an dem Besitz eines bestimmten Volums noch besonders an der Bildung von Flüssigkeitsstrahlen beim Ausfliessen; von Flüssigkeitsfäden beim Eintauchen und Herausheben eines festen Körpers aus einer Flüssigkeit; von Tropfen, wenn kleine Mengen einer Flüssigkeit in einer anderen Flüssigkeit oder einem Gase frei vertheilt sind.

Flüssigkeiten, welche beim Ausgiessen leicht Tropfen bilden, heissen dünnflüssig (Weingeist, Äther, Benzin u. a.); solche, die es nicht leicht thun, sondern die Form, welche sie angenommen haben, mehr zu erhalten streben, dick- oder zähflüssig (fette Öle, namentlich Ricinusöl, conc. engl. Schwefelsäure, Syrup und vor allem die Balsam-Arten).

**Gase.** Die Kohäsion der luftförmigen Körper ist gleich Null. Die Folge davon ist, dass die inneren Kräfte (die Ätherstösse, die Stösse der Körpermoleküle und das Beharrungsvermögen der letzteren) sich frei entfalten und das Volum der Körper zu vergrössern streben. Die Gase suchen somit jeden ihnen zur Verfügung stehenden Raum vollkommen auszufüllen. Nur durch allseitigen äusseren Widerstand, durch äusseren Druck, werden sie zusammengehalten. Da die Gase, wenn sie durch besondere äussere Kräfte zusammengedrückt worden sind, nach dem Aufhören der Wirksamkeit dieser Kräfte sich wieder auf ihr früheres Volum ausdehnen, hat man sie auch elastische Flüssigkeiten genannt.

**Adhäsion.** Die Adhäsion ist die Kraft, mit welcher die Theilchen zweier Körper an einander haften, die sich innig berühren (d. h. so berühren, dass die molekularen Wirkungssphären

## 2. Allgemeine Eigenschaften der Körper.

beider Körper an der Berührungs- oder Grenzfläche in einander greifen).

Eine Adhäsion findet zwischen je zwei Körpern statt, mögen die Körper gleichartig oder ungleichartig sein; Bedingung ist nur, dass es zwei (getrennte) Körper sind.

In je mehr Punkten sich zwei Körper berühren, desto stärker ist die zwischen ihnen herrschende Adhäsion. Weiche Körper (z. B. Wachs, Harze, Pflaster) adhäriren daher, da sie der Form anderer Körper sich anzuschmiegen im Stande sind, besser als harte Körper. Zwei Platten aus harten Körpern adhäriren an einander, wenn sie möglichst eben und fein geschliffen sind. — Anhängen des Staubes an Möbeln, Wänden, Zimmerdecke. Schreiben mit Bleistift, Kreide, u. s. w. Galvanisches Vergolden und Versilbern. Anhaften der Zinnfolie an den gewöhnlichen Spiegeln.

Da pulverförmige Körper an glatten Flächen weniger leicht adhäriren als an rauhen, so werden feine Pulver seitens der Apotheker in Kapseln aus möglichst glattem Papier dispensirt.

Flüssige Körper vermögen in Folge ihrer Beweglichkeit — ihrer geringen Kohäsion — feste Körper in zahlreichen Punkten zu berühren; daher ist die Adhäsion zwischen beiden im Allgemeinen eine beträchtliche. Die Adhäsion lässt in diesem Falle deutlich erkennen, dass die beiden an einander adhärirenden Körper verschiedene Rollen spielen: der eine Körper erscheint dem andern angedrückt, während dieser sich mehr passiv — als Träger des ersteren — verhält. Über diese Beziehungen kann das Nähere erst zur Erörterung gelangen, nachdem der Begriff des specifischen Gewichts festgestellt ist. (Siehe Kapitel 6, Abschnitt „Specifisches Gewicht und Adhäsion".)

**Benetzung.** Wenn bei der Adhäsion zwischen einem festen und einem flüssigen Körper der letztere dem ersteren angedrückt erscheint und in gewisser Menge daran hängen bleibt, so sagt man: der feste Körper wird von dem flüssigen benetzt. So wird z. B. Glas von Wasser benetzt, von Quecksilber nicht; Wasser, auf eine saubere Glasplatte gebracht, breitet sich darauf aus, Quecksilber zieht sich in Kugelform zusammen. Trotzdem besteht zwischen Quecksilber und Glas Adhäsion; Beweis dafür ist der Umstand, dass eine gewisse Kraft erforderlich ist, um eine Glasplatte, welche eine Quecksilberoberfläche berührt, von letzterer abzureissen (158 g für eine kreisförmige Glasplatte von 118,366 mm Durchmesser).

Die Benetzung fester Körper durch flüssige ist die Ursache davon, dass Flüssigkeiten beim Ausgiessen aus einem Gefässe oft an der Aussenwand desselben herablaufen, wenn nicht durch Anbringung eines Abgussrandes, einer

Schnibbe (oder Tülle), oder eines Ausgussrohres dafür gesorgt ist, dass sich die Flüssigkeit zu einem mehr oder minder engen Strahl zusammenzieht. Der Gefahr des Vorbeilaufens der Flüssigkeit kann auch dadurch begegnet werden, dass man einen Glasstab, Holzstab, Spatel so gegen den Gefässrand hält, dass der Flüssigkeitsstrahl dem Stabe adhäriren kann. (Vergl. Abb. 2.) Endlich kann man das Vorbeilaufen der Flüssigkeit in gewissen Fällen (die sich nach der Natur der auszugiessenden Flüssigkeit richten) auch durch Bestreichen des äusseren Gefässrandes mit Talg verhindern. Dies ist z. B. bei Wasser und wässerigen Lösungen angängig, weil Talg von Wasser nicht benetzt wird. (Vergl. Kapitel 6, Abschnitt „Specif. Gewicht und Adhäsion".)

**Weitere Adhäsions-Erscheinungen.** Das Schreiben mit Tinte, das Malen, sowie alles Kitten, Leimen und Kleben (mit Stärkekleister, Gummi arabicum u. s. w.) beruht auf Adhäsion, und zwar in erster

Abb. 2. Adhäsion beim Ausgiessen von Flüssigkeiten.

Linie auf der Adhäsion zwischen festen und flüssigen Körpern; dadurch, dass der Klebestoff, um eins der Beispiele herauszugreifen, in einer Flüssigkeit vertheilt wird, schmiegt er sich den Körpern, welche geklebt werden sollen, innig an und hält sie daher nach dem Trockenwerden fest zusammen. — Auch das Löthen gehört hierher.

Damit pulverförmige Körper nicht an Gefässen, in die sie geschüttet werden, hängen bleiben, müssen diese zuvor trocken gewischt werden. Als Wischtuch dient ein leinenes Tuch, weil diesem die Feuchtigkeit besser adhärirt als einem baumwollenen oder wollenen.

Dass auch zwischen verschiedenen flüssigen Körpern Adhäsion stattfindet, sieht man daran, dass eine Flüssigkeit oft auf einer anderen auseinander fliesst und sie weit überzieht (z. B. Petroleum auf Wasser).

Endlich adhäriren auch die gasförmigen Körper sowohl an festen Stoffen wie an Flüssigkeiten. So haften Riechstoffe oft lange Zeit an und in Gefässen oder Seihetüchern trotz gründlichen Auswaschens. Auf Glasplatten, die längere Zeit im Laboratorium gelegen haben, lagert sich eine Gasschicht ab; zeichnet man mit einem Knochenstift oder dergl. darauf und haucht dann dagegen, so entstehen in Folge der ungleichen Kondensation des Wasserdampfs die sogenannten Hauchfiguren.

Besondere Erscheinungen, welche grösstentheils auf Adhäsion beruhen, sind die Mischung, die Diffusion, die Emulsion, die Auflösung fester Körper in flüssigen, das Aufschwemmen und die Absorption der Gase durch Flüssigkeiten und poröse (feste) Körper.

Schichtet man zwei Flüssigkeiten vorsichtig über einander, so tritt dennoch nach einiger Zeit eine Mischung ein, wenn sie überhaupt mischbar sind. Die Mischbarkeit hängt noch von besonderen Faktoren der inneren Konstitution (Beschaffenheit und Lagerung der Theilchen) ab, die sich in der Zähigkeit u. s. w. offenbaren, welch' letztere nicht ausschliesslich eine Kohäsions-Erscheinung ist. — Die von selbst sich vollziehende Mischung von Flüssigkeiten wird als Diffusion bezeichnet. — Die gleichmässige Durchdringung und Mischung von Gasen heisst gleichfalls Diffusion. Nach dem Dalton'schen Gesetz breitet sich jedes Gas innerhalb eines andern allmählich ebenso aus, wie in einem leeren Raume. Es scheint, dass sich bei der Diffusion der Gase (und auch der Flüssigkeiten) neue Moleküle bilden, da — was hier vorweg erwähnt sein möge — ein Gemisch zweier Gase, z. B. Wasserstoff und Sauerstoff, den Schall, das Licht, die Wärme und die Elektricität gleichmässig leitet; bei einem getrennten Nebeneinander der Moleküle des Wasserstoffs und des Sauerstoffs müssten die Schallwellen u. s. w. erst von dem einen und etwas später von dem andern Stoff von einem Ende einer bestimmten Strecke an das entgegengegengesetzte geleitet werden. — Eine besondere, der völligen Mischung nicht gleichzusetzende Adhäsions-Erscheinung ist die Emulsion. Sie tritt ein, wenn man beispielsweise Oel und eine Lösung von Gummi arabicum durch Schütteln oder Rühren innig durch und in einander bringt; hierdurch löst sich das Oel in äusserst feine Tröpfchen auf, die sich in der wässrigen Flüssigkeit gleichmässig vertheilen. Die Milch ist eine Emulsion des Butterfettes in der wässrigen, Salze u. s. w. enthaltenden Milchflüssigkeit. In reinem Wasser vertheilt sich Oel nicht — wenigstens nicht dauernd — in gleicher Weise: die Adhäsion zwischen beiden Flüssigkeiten ist dazu zu gering.

Die Auflösung oder kurz Lösung von festen Körpern in Flüssigkeiten kommt (hinsichtlich der Innigkeit der Verschmelzung) einer Mischung zwischen zwei Flüssigkeiten gleich. Dass beide Arten von Vorgängen keine reinen Adhäsions-Erscheinungen sind, sondern in gewisser Hinsicht den chemischen Vorgängen nahe stehen, erkennt man — abgesehen von der zuvor angeführten Betrachtung — unter anderm an den auftretenden Wärmeerscheinungen. Wenn sich beim Lösungsprocess koncentrirtere (d. h. an gelöstem Stoff reichere) Schichten mit verdünnteren mischen, so entstehen infolge verschiedener Lichtbrechung

## 2. Allgemeine Eigenschaften der Körper.

Flüssigkeitsstreifen: die sogenannten Schlieren. — Als eine Art der Lösung ist auch das **Amalgamiren**, d. h. das Verschmelzen von Metallen mit Quecksilber, anzusehen. Die meisten **Legirungen** der Metalle dagegen sind als chemische Verbindungen zu erachten, da dieselben vorwiegend in bestimmten Mengen-Verhältnissen stattfinden. — Das **Aufschwemmen** oder **Suspendiren** besteht darin, dass man einen festen (oder auch flüssigen) Körper fein vertheilt mit einer Flüssigkeit mischt, in der er sich nicht löst. Man kann demnach auch sagen, dass in den Emulsionen eine Flüssigkeit in einer anderen suspendirt ist. — Besondere hierher gehörige Operationen sind das Schlämmen, Klären oder Schönen und das Dekantiren; beim Klären und Dekantiren handelt es sich darum einen suspendirten Körper von seinem Suspensionsmittel zu trennen.

Einer Auflösung gleich zu erachten ist die **Absorption** der Gase durch Flüssigkeiten. Wasser absorbirt Luft, Kohlensäure und andere Stoffe. (Luftperlen in abgestandenem Wasser, Selterser oder Selter-Wasser.) Erhöhter Druck verstärkt die Auflöslichkeit der Gase in Flüssigkeiten, Erwärmung vermindert sie. Wasser absorbirt bei gewöhnlicher Temperatur und gewöhnlichem Atmosphärendruck etwa sein gleiches Volum Kohlensäure; bei doppeltem Atmosphärendruck sein doppeltes Volum u. s. f. In der Siedehitze verliert es alles absorbirte (oder verschluckte und gelöste) Gas.

Poröse Körper, wie Holzkohle, Platinschwamm u. a., verdichten manche Gase an ihrer Oberfläche in ausserordentlichem Maasse, oft bis zum Hundertfachen ihres eigenen Volums. (Döbereiner'sches Feuerzeug oder Wasserstoff-Zündmaschine.)

Körper, welche leicht Wasserdampf aus der Luft anziehen, heissen **hygroskopisch**. Stark hygroskopisch sind Schwefelsäure und Chlorcalcium.

Dass Adhäsion und Kohäsion **verwandte Kräfte sind**, zeigt sich darin, dass in gewissen Fällen die Adhäsion zwischen zwei Körpern in Kohäsion übergeht; so können zwei durch starken Druck auf einander gepresste Bleiplatten oder zwei in der Glühhitze zusammengeschweisste Eisenstäbe zu einem einzigen Körper vereinigt werden.

**Veränderlichkeit des Körpervolums.** Der Rauminhalt eines Körpers (oder sein Volum) kann auf mehrfache Weise verändert werden; hauptsächlich durch Druck und Wärme. Dass die Erscheinung überhaupt möglich ist, beruht darauf, dass zwischen den Theilchen, aus denen ein Körper zusammengesetzt ist, Zwischenräume vorhanden sind, die sich verkleinern und vergrössern können. Durch Vermehrung des äusseren Drucks ist es möglich, nicht nur den Rauminhalt (oder das Volum) eines Körpers unter Beibehaltung seiner Eigenschaften zu verkleinern, sondern auch den Körper aus einem Aggregatzustande in den benachbarten überzuführen: z. B. Wasserdampf zu verflüssigen. Dasselbe wird durch Entziehung von Wärme oder Abkühlung erreicht, während umgekehrt Zuführung von Wärme das Volum vergrössert, sowie den festen Aggregatzustand durch den flüssigen und schliesslich durch den gasförmigen zu ersetzen im Stande ist. Näheres hierüber sowie über wichtige Ausnahmen von diesem Verhalten der Körper gegenüber der Wärme bringt die Wärmelehre.

## 3. Krystallographie.
(Lehre von den Krystallformen.)

**Krystallisation; Begriff des Krystalls.** Wenn man einen festen Körper in einer Flüssigkeit, z. B. Alaun in Wasser, aufgelöst hat, so kann man jenen dadurch wiedererhalten, dass man die Flüssigkeit — das sogenannte Lösungsmittel — aus der Lösung beseitigt. Dies geschieht entweder durch offenes Stehenlassen der Lösung an der Luft — in diesem Falle verdunstet die Flüssigkeit allmählich — oder durch Erwärmen der Lösung, wobei die Flüssigkeit schneller verdampft und unter Umständen (bei geeigneter Temperatur und geeignetem äusseren Druck) siedet oder kocht. (Vergl. darüber Genaueres im 11. Kapitel, Abschnitt „Änderung des Aggregatzustandes".)

Hier wird die Rolle ersichtlich, welche die Zeit bei physikalischen Processen spielt. Während im zweiten Falle die höhere Wärme eine Kraft darstellt, die mehr oder minder schnell die Umwandlung des flüssigen Lösungsmittels in Dampf bewirkt, übt im ersten Falle, wo die die Umwandlung bewirkende Kraft (die Wärme der Umgebung) kleiner ist, die Länge der Zeit eine Summationswirkung aus (natürlich ohne selbst eine Kraft im physikalischen Sinne darzustellen). Allgemein kann die kleinste Kraft die grösste Kraftleistung oder Arbeit vollbringen, wenn nur die Zeit, während welcher sie wirkt, lang genug ist. (Vergl. Kapitel 4, Abschnitt „Arbeit und Effekt" u. f.)

Das Wiedererscheinen eines gelöst gewesenen festen Körpers im festen Zustande innerhalb der Lösung nennt man das Ausscheiden des Körpers.

Vielfach beobachtet man, dass die festen Körper beim Ausscheiden aus einer Lösung bestimmte regelmässige Gestalten annehmen; dies ist z. B. beim Alaun der Fall, wenn er aus seiner wässrigen Lösung gewonnen wird. Ein Körper, der eine bestimmte regelmässige, ihm eigenthümliche (oder wesentliche) äussere Gestalt besitzt, heisst ein **Krystall**; seine Gestalt wird als **Krystallform** bezeichnet. Körper ohne eine derartige bestimmte äussere Form nennt man **amorphe** (gestaltlose) **Körper**.

Zu der Begriffsbestimmung eines Krystalls gehören aber noch weitere Umstände. Ein krystallisirter Körper besitzt nicht nur eine bestimmte äussere Gestalt, die ihm eigenthümlich ist und mit seiner chemischen Natur im Zusammenhang steht, sondern es offenbart sich in ihm auch eine bestimmte gesetzmässige Anordnung seiner Moleküle oder grösserer Molekülgruppen (Molekular-Aggregate — vergl. S. 31), und zwar insofern, als er nach gewissen Richtungen Unterschiede in der Elasticität und Kohäsion (Härte, Spaltbarkeit), in dem Verhalten gegen das Licht, die Wärme, die Elektricität und den Magnetismus aufweist. Ein amorpher Körper ist nach allen Richtungen von gleichartiger Beschaffenheit.[1])

Ein und derselbe Körper kann im amorphen und im krystallisirten Zustande auftreten. (Beispiele: Schwefel, Kohlenstoff; Kieselsäure, kohlensaurer Kalk u. a.) Es sind dann in beiden Zuständen die physikalischen Eigenschaften des Körpers verschiedene, so z. B. die Farbe, das Verhalten gegen den Eintritt und Durchtritt von Licht, die Wärmeleitung, die Löslichkeit in gewissen Mitteln u. s. w.

Unter geeigneten Bedingungen, häufig unter dem Einfluss der Wärme, vermag der eine Zustand in den andern überzugehen. So wird krystallisirter Schwefel durch Schmelzen und rasches Abkühlen amorph.

Körper, welche bei dem Mangel einer äusseren Krystallform doch eine regelmässige innere Struktur besitzen, oder welche aus unvollkommenen und in ihrer Form unbestimmbaren (kleinen) Krystallen zusammengesetzt sind, heissen **krystallinische Körper**. (Beispiele: Marmor = krystallinisches kohlensaures Calcium, Alabaster = krystallinisches schwefelsaures Calcium, Hutzucker.)

Sehr kleine Krystalle, welche in ihrer Zusammenhäufung einem Pulver gleichen, nennt man **Krystallmehl** (auch krystallinisches Pulver).

Nicht immer entstehen die Krystalle durch Ausscheidung aus einer Lösung. Andere Entstehungsarten sind die Erstarrung (d. h. das Festwerden) flüssiger Körper und die Erstarrung gasförmiger Körper oder die Sublimation. Der Schnee bildet sich beispielsweise in Folge von Erstarrung atmosphärischen Wassers.

Jedes Lösungsmittel vermag nur eine gewisse Menge eines

---

[1]) Neuerdings hat O. Lehmann den Begriff des Krystalls etwas anders gefasst. Nach ihm ist ein Krystall jeder chemisch homogene (gleichartige) Körper, welcher bei Abwesenheit eines durch äussere oder innere Spannungen hervorgerufenen Zwanges anisotrop ist, d. h. nicht nach allen Richtungen hin die gleichen physikalischen Eigenschaften besitzt. Es giebt hiernach auch flüssige Krystalle. — Wir beschränken uns auf die oben gegebene Begriffsbestimmung. — (Ueber Isotropie und Anisotropie vergl. den letzten Abschnitt dieses Kapitels: Dimorphie und Isomorphie; Isogonie; Isotropie.)

festen Körpers zu lösen, die ausser von der Natur des Lösungsmittels und des gelösten Stoffes auch von dem Wärmegrade oder der Temperatur abhängig ist. Eine Lösung, welche die grösstmögliche Menge des gelösten Stoffes enthält, heisst **gesättigt**. — Als **Löslichkeit** bezeichnet man die Fähigkeit eines festen Körpers, sich in gewisser Menge in einer Flüssigkeit zu lösen. — Die Löslichkeit der meisten Stoffe wächst mit steigender Temperatur des Lösungsmittels. Aus einer gesättigten Lösung erhält man daher im Allgemeinen den gelösten Körper durch Abkühlung. Körper, deren Löslichkeit in einem gewissen Lösungsmittel mit steigender Temperatur nicht zunimmt (z. B. Kochsalz in Wasser), können nicht durch Abkühlen, sondern nur durch Verdampfen des Lösungsmittels — durch **Verdunsten** oder **Abdampfen der Lösung** — zum Ausscheiden bezw. Auskrystallisiren gebracht werden.

Je langsamer und ungestörter die Ausscheidung eines gelösten Stoffes erfolgt, desto grösser und schöner werden die entstehenden Krystalle. Solche Krystalle schliessen aber mehr von dem Lösungsmittel nebst den etwa sonst noch darin enthaltenen Stoffen — mehr von der sogenannten **Mutterlauge** — in sich ein als das Krystallmehl. Da letzteres somit reiner ist, wird seine Bildung häufig dadurch absichtlich herbeigeführt, dass man die erkaltende Lösung mit einem Stabe lebhaft umrührt.

Vielfach enthalten die Krystalle bestimmte Gewichtsmengen Wasser, das sie nicht nur mechanisch einschliessen, sondern mit dem sie nach der Art der Lösung verbunden sind. Dieses Wasser wird **Krystallwasser** genannt. Das **Verwittern** mancher Krystalle besteht darin, dass dieselben beim Liegen in trockener Luft ganz oder theilweise ihr Krystallwasser verlieren. Soda, Bittersalz, Glaubersalz verwittern nach und nach vollständig, indem sie in ein weisses Pulver zerfallen, wobei sie die Hälfte ihres ursprünglichen Gewichtes einbüssen. Andere Krystalle verlieren ihr Krystallwasser erst, wenn sie erwärmt werden; in der Siedehitze des Wassers geben die meisten Krystalle ihr Krystallwasser ab; einige Körper behalten aber auch dann noch einen Rest desselben, wie Alaun, Eisenvitriol u. a.; erst in schwacher Glühhitze geht auch ihnen die letzte Spur des Krystallwassers verloren. In vielen Fällen ist mit dem Verlust des Krystallwassers ein Farbenwechsel verbunden; der wasserfreie Körper erscheint weiss oder doch weisslich gefärbt; recht auffallend zeigt sich dies am Kupfervitriol.

**Krystallform.** Die **Krystallform** eines Körpers besteht darin, dass der Körper von einer bestimmten Anzahl von Flächen begrenzt wird, die unter bestimmten Winkeln gegen einander geneigt sind und bestimmte physikalische (unter einander gleiche oder ungleiche) Beschaffenheit haben.

Die Gestalt der Flächen kommt erst in zweiter Linie in Betracht; sie ist veränderlich und mithin unwesentlich.

Eine jede Krystallfläche wird theoretisch als eine Ebene betrachtet; in Wirklichkeit ist sie keineswegs unbedingt eine Ebene, sondern sie kommt einer solchen nur bald mehr, bald weniger nahe.

Jeder Fläche am Krystall entspricht eine Parallelfläche oder Gegenfläche (eine Ausnahme hiervon machen gewisse halbflächige Krystalle oder Halbflächner); und nicht nur an der Aussenseite eines Krystalls hat jede Fläche und ihre Parallele ein Dasein, sondern auch überall im Innern, in paralleler Lage. Dem entsprechend vermag ein Krystall in seiner Mutterlauge durch Anlagerung neuen Stoffes an die Flächen (und somit Bildung neuer Aussenflächen) zu wachsen. — Wenn man einen Krystall parallel einer seiner Flächen theilt, so hat man die Bruchstücke (Spaltungsstücke) ihrem Wesen nach nicht als Theile, sondern als vollständige Krystalle zu erachten. Die dabei entstehenden Spaltungsflächen sind die den ursprünglichen äusseren Flächen des Krystalls entsprechenden inneren Flächen, die nun zu äusseren Begrenzungsflächen geworden sind. Hat ein Krystall Sprünge, so lassen sich die späteren Spaltungsflächen bereits im Innern des Krystalls erkennen, ehe derselbe in Stücke zerfallen ist.

Längs der Spaltungsrichtungen ist die Kohäsion eine geringere als nach den übrigen Richtungen im Krystall; und hierin hat die Spaltbarkeit ihren Grund. (Vergl. S. 15.) Nach den verschiedenen, durch die äusseren Krystallflächen dargestellten Richtungen ist die Spaltbarkeit häufig ungleich gross; bisweilen ist die Spaltbarkeit in gewissen Richtungen so gering, dass den äusseren Flächen überhaupt keine Spaltungsfläche entspricht. Spaltungsrichtungen von gleicher Vollkommenheit sind äusseren Flächen von gleicher physikalischer Beschaffenheit parallel.

Je zwei zusammenstossende Krystallflächen bilden eine Kante; drei oder mehr zusammenstossende Kanten bilden eine Ecke. An der Bildung einer Ecke betheiligen sich ausser den Kanten die zwischen ihnen liegenden Flächen, und zwar sind dies mindestens drei.

Der Winkel zwischen zwei längs einer Kante zusammenstossenden Flächen heisst Kantenwinkel. Die Kantenwinkel der Krystalle haben bestimmte (konstante) Werthe. Sie sind von hervorragendster Wichtigkeit für die Erkennung der Krystallform. (Siehe S. 23.) Sie werden mit dem Goniometer gemessen.

Ein von zwei zusammenstossenden Kanten gebildeter Winkel heisst Flächenwinkel, weil sein Winkelraum in einer Krystallfläche liegt.

Man theilt die Krystallformen in einfache und zusammengesetzte ein, je nachdem alle Flächen des Krystalls einander gleichwerthig (von gleicher physikalischer Beschaffenheit) sind, oder (physikalisch) verschiedenartige Flächen an demselben Krystall vorkommen. Die zusammengesetzten Formen heissen auch Kombinationen; sie lassen sich als aus mehreren einfachen Krystallformen zusammengesetzt betrachten.

**Krystallsysteme.** Alle diejenigen einfachen Krystallformen, deren Kombinationen an demselben Krystall vorkommen können, lassen sich auf geometrischem Wege (durch Abstumpfen oder Zuschärfen der Kanten, Abstumpfen, Zuschärfen oder Zuspitzen der Ecken) von einer gemeinsamen Grundform ableiten. Sie werden zu einem besonderen Krystallsystem vereinigt. — Auf diese Weise gelangt man zur Aufstellung von sechs verschiedenen Krystallsystemen.

Zum besseren Verständniss der verschiedenen Formen eines und desselben Krystallsystems und ihrer Beziehungen zu einander, sowie zur deutlicheren Hervorhebung der Eigenthümlichkeiten der verschiedenen Systeme denkt man sich im Innern der Krystalle gewisse gerade Linien — die Krystallachsen oder kurz Achsen — gezogen, welche entweder zwei gegenüberliegende Ecken oder die Mitten gegenüberliegender Flächen oder Kanten verbinden. Die Achsen innerhalb eines Krystalls schneiden sich in einem Punkte und bilden zusammen das Achsenkreuz. Ihre Anzahl ist drei oder vier. Eine durch zwei Achsen gelegte Ebene heisst Achsenebene.

Eine bestimmte Krystallform wird auf die Weise gekennzeichnet, dass man die Lage ihrer Flächen zu den Achsen angiebt.

Ehe wir an die Betrachtung der verschiedenen Krystallsysteme und ihrer Krystallformen gehen, müssen wir noch des Begriffs der Zone und der Zonenachse Erwähnung thun.

Eine Zone bilden solche Flächen eines Krystalls, welche sich in parallelen Kanten schneiden. Jede dieser Kanten sowie jede ihnen parallele Linie heisst eine Zonenachse.

Die Krystallachsen sind gewissen Zonenachsen parallel, bezw. fallen mit ihnen zusammen.

Eine Gesammtheit von zwei oder mehr Flächen nebst ihren Gegenflächen oder Parallelflächen, welche zu einer und derselben Zone gehören, heisst ein Prisma. Ein Prisma ist ein offener Krystallraum. Es wird zu einer geschlossenen Form, wenn noch eine Fläche (nebst Gegenfläche) hinzutritt, die alsdann mit jeder Prismenfläche (nebst Gegenfläche) eine neue Zone bildet. Ein jeder Krystall wird hiernach von mindestens drei Flächen (nebst ihren Gegenflächen) gebildet. Bei den Halbflächnern können die Gegenflächen fehlen; sie werden durch mindestens vier (einfache) Flächen gebildet.

Wenn man sich die Flächen eines Krystalls in dem Maasse vergrössert bezw. verkleinert (und zugleich die Parallelflächen einander genähert bezw. von einander entfernt) denkt, dass alle gleichwerthigen Flächen die gleiche Gestalt und

# 3. Krystallographie.

Grösse erhalten, so hat man die **ideale Krystallform** des betreffenden Körpers vor sich. Da solche idealen Krystallformen aber in der Natur garnicht oder bloss ausnahmsweise vorkommen, darf man die in der Mehrzahl wirklich anzutreffenden Formen nicht als Verzerrungen bezeichnen und ihr Studium nicht vernachlässigen. — Aus Raummangel werden wir jedoch im Folgenden nur den idealen Krystallformen unsere Aufmerksamkeit zuwenden. Die Abbildungen 3a, 3b und 3c zeigen drei Krystallformen des Alauns, wie sie die Wirklichkeit häufig darbietet; Abb. 4 ist die **ideale Krystallform** des Alauns.

Unter der Voraussetzung, dass wir es mit idealen Krystallformen zu thun haben, können wir nach der Anzahl, der gegenseitigen Stellung und dem Längenverhältniss der Krystallachsen die folgenden sechs Krystallsysteme unterscheiden (siehe S. 25):

1. Das **reguläre**, tesserale, gleichachsige oder gleichgliedrige System. — Drei gleichlange, einander rechtwinklig schneidende Achsen. — Die

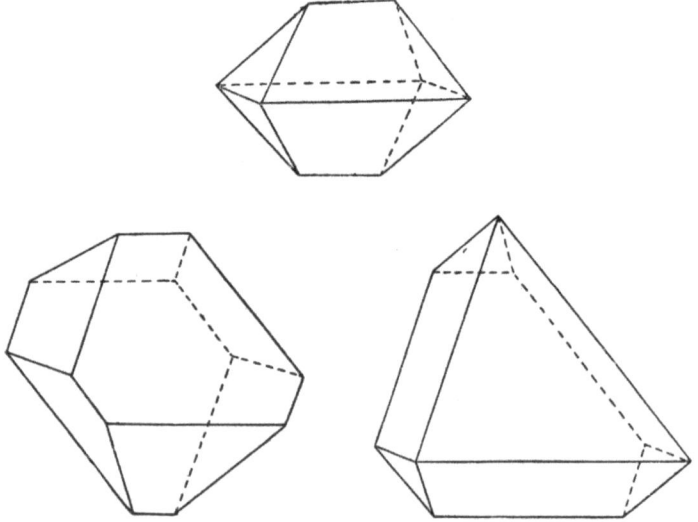

Abb. 3a—3c. Verschieden gestaltete Alaunkrystalle.

Symmetrie der Krystalle ist in Bezug auf jede der drei Achsenebenen, oder, was dasselbe besagt, in der Richtung jeder der drei Achsen die gleiche.

(Erklärung des Ausdrucks „Glied" siehe unter dem **monoklinen System**.)

A. **Vollflächner.**

Die wichtigsten Formen dieses Systems sind:

a) Das **reguläre Oktaëder**, begrenzt von 8 gleichen, gleichseitigen Dreiecken; die Achsen verbinden je zwei gegenüberliegende Ecken mit einander. (Alaun.) Abb. 4, sowie Abb. 3a, 3b und 3c.

b) Der **Würfel** (**Kubus**) oder das **reguläre Hexaëder**, begrenzt von 6 gleichen Quadraten; die Achsen verbinden die Mitten je zweier gegenüberliegender Flächen mit einander. (Kochsalz, Jodkalium.) Abb. 5.

c) Das **Granatoëder** oder **Rhombendodekaëder**, begrenzt von 12 gleichen Rhomben; der Körper hat zwei Arten von Ecken; die Achsen verbinden je zwei gegenüberliegende **vierkantige** (oder Oktaëder-) Ecken mit einander. (Granat.) Abb. 6.

B. **Halbflächner.**

Die Halbflächner oder hemiëdrischen Formen kann man sich aus voll-

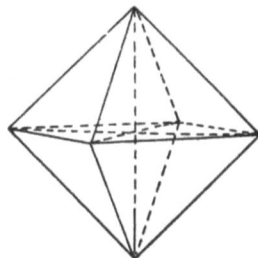

Abb. 4. Ideale Krystallform des Alauns. — Oktaëder.

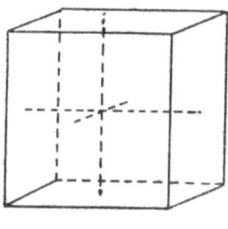

Abb. 5. Würfel.

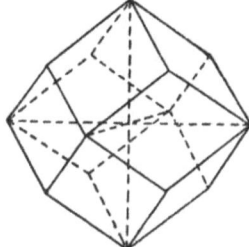

Abb. 6. Granatoëder.

flächigen oder holoëdrischen Formen anf die Weise entstanden denken, dass die **abwechselnden** Flächen eines Vollflächners sich bis zum Verschwinden der übrigen — zwischenliegenden — Flächen (also der Hälfte aller Flächen) ausdehnen.

Aus dem regulären Oktaëder entsteht auf diese Weise

das **Tetraëder**; dasselbe ist also der Halbflächner des Oktaëders. Es wird von 4 gleichen, gleichseitigen Dreiecken begrenzt. Es ist nicht parallelflächig; die Achsen verbinden die Mitten der Kanten. Abb. 7a und 7b. (Abb. 7a zeigt die Entstehung bezw. Ableitung des Tetraëders aus dem Oktaëder; die Flächen a, b und eine auf der Rückseite des Oktaëders befindliche wachsen bis zum Verschwinden der übrigen.)

28  3. Krystallographie.

2. Das **quadratische,** tetragonale, zwei- und einachsige oder viergliedrige System. — Drei senkrecht auf einander stehende Achsen, von denen zwei einander gleich sind, die dritte länger oder kürzer ist als jene. Die ungleiche Achse heisst Hauptachse, die beiden anderen Nebenachsen. Man stellt die Krystalle bei ihrer Betrachtung — hier wie in den übrigen Systemen — so, dass die Hauptachse eine senkrechte Lage erhält. — Die Symmetrie der Krystalle ist in der Richtung der Hauptachse verschieden von der Symmetrie in den Richtungen der beiden Nebenachsen.

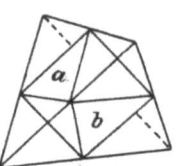
Abb. 7a. Oktaëder mit dem daraus entstehenden Tetraëder.

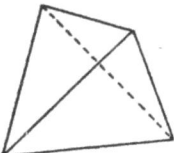
Abb. 7b. Tetraëder.

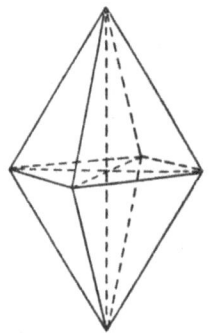
Abb. 8a. Spitzes Quadratoktaëder.

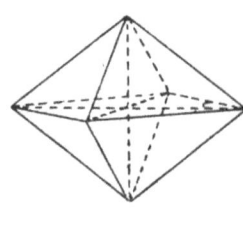
Abb. 8b. Stumpfes Quadratoktaëder.

Die wichtigsten Formen des Systems sind:

Das Quadratoktaëder, welches auch als eine vierseitige Doppelpyramide mit quadratischer Grundfläche angesehen werden kann. Es hat zweierlei Kanten (Mittel- und Endkanten) und zweierlei Ecken (Mittel- und Endecken).

Je weniger die Hauptachse von den Nebenachsen verschieden ist, um so mehr gleicht ein Quadratoktaëder dem regulären Oktaëder (um so geringer wird der Unterschied zwischen den Mittel- und den Endkantenwinkeln). (Zinnstein.) Abb. 8a und 8b.

Die quadratische Säule (oder das quadratische Prisma) ist für sich eine offene Krystallform und besitzt vier zur Hauptachse parallele Krystallflächen. Begrenzt kann es oben und unten werden durch eine vierseitige Pyramide (Kombination mit dem Quadratoktaëder) oder durch die Endflächen (Pinakoïd), die zu beiden Nebenachsen parallel sind. Die letztere Kombination (quadratische

Säule mit Endflächen) kann genau das Aussehen eines — nicht idealen — Würfels haben; doch sind die Endflächen physikalisch verschieden von den Säulenflächen.

3. Das **rhombische, ein- und einachsige oder zweigliedrige System**. — Drei senkrecht auf einander stehende Achsen, die alle verschieden lang sind. Eine derselben — gleichgiltig, welche — wird als Hauptachse angesehen, die beiden andern als Nebenachsen. — Die Symmetrie der Krystalle ist in allen drei durch die Achsen angegebenen Richtungen verschieden. Es giebt somit drei verschiedene Symmetrieebenen (Achsenebenen).

In diesem System krystallisiren:

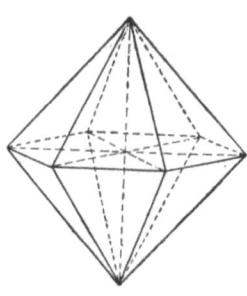

Abb. 9. Dihexaëder.

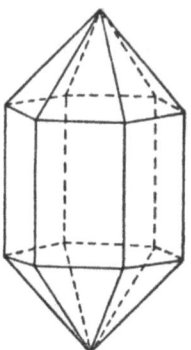

Abb. 10. Bergkrystall.
(Sechsseitige Säule mit Dihexaëder.)

Schwefel (Rhombenoktaëder), Bittersalz (rhombische Säule), Schwerspath, Kalisalpeter u. v. a.

4. Das **monokline, monosymmetrische, klinorhombische oder zwei- und eingliedrige System**. — Drei verschieden lange Achsen, von denen zwei senkrecht auf einander stehen, während die dritte auf einer von jenen senkrecht, aber schief auf der andern steht. — Nennt man die drei Achsen a, b und c und stehen a und b sowie b und c aufeinander senkrecht, a und c aber nicht, so theilt nur die Achsenebene ac einen diesem System angehörenden Krystall in zwei symmetrische Hälften; es giebt also nur eine Symmetrieebene (ac), und nur beiderseits dieser stellt der Krystall zwei Glieder (symmetrische Hälften) dar; beiderseits der anderen Achsenebenen zeigt er je ein Glied. (Augit, Feldspath, Gips, Glaubersalz, Soda, Zucker u. a.)

5. Das **trikline, asymmetrische, klinorhomboidische oder eingliedrige System**. — Drei verschieden lange Achsen, die sämmtlich schiefwinklig auf einander stehen. — (Kupfervitriol.)

6. Das **hexagonale, drei- und einachsige oder sechsgliedrige System**. — Vier Achsen, von denen drei gleich lang sind, in einer Ebene liegen und sich unter Winkeln von 60° schneiden, während die vierte von jenen verschieden ist und senkrecht auf ihnen steht; die letztere wird als

Hauptachse angesehen. — Die Symmetrie der Krystalle ist in drei Richtungen, die in einer Ebene liegen, die gleiche: diese Ebene ist die Ebene der Nebenachsen, sie steht senkrecht zur Hauptachse. Die Hauptachse selbst bezeichnet eine andere Symmetrierichtung; sie ist zugleich in optischer Hinsicht ausgezeichnet (optische Achse). — Die Krystalle dieses Systems haben wie die des viergliedrigen kein vorn und hinten, kein rechts und links, sie können vielmehr um die Hauptachse um 60° (die viergliedrigen Krystalle um 90°) gedreht werden, ohne ihre Stellung zu ändern.

Die wichtigsten Formen dieses Systems sind:

A. Vollflächner.

a) Das Dihexaëder, begrenzt von 12 gleichen, gleichschenkligen Dreiecken; zweierlei Kanten und zweierlei Ecken. (Quarz.) Abb. 9.

b) Die sechsseitige Säule. (Bergkrystall: Kombination mit dem Dihexaëder, durch welches die an sich offene Säule oben und unten einen Abschluss erhält. Abb. 10.)

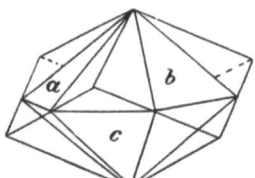

Abb. 11a. Dihexaëder mit dem daraus entstehenden Rhomboëder.

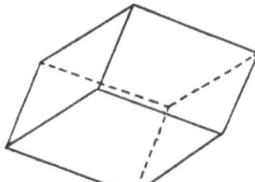

Abb. 11b. Rhomboëder.

B. Halbflächner.

Das Rhomboëder ist der Halbflächner des Dihexaëders und wird begrenzt von 6 gleichen Rhomben (Abb. 11a und 11b). Das Rhomboëder in Abb. 11a entsteht durch Wachsen der Flächen a, b, c und drei auf der Rückseite des Dihexaëders befindlicher Flächen, die übrigen Flächen verschwinden. (Kalkspath.)

**Dimorphie und Isomorphie; Isogonie; Isotropie.** Für die meisten Körper gilt das Gesetz, dass sie nur in den Formen eines und desselben Krystallsystems krystallisiren. Häufig kommen sie sogar nur in einer bestimmten Krystallform vor; in anderen Fällen krystallisiren sie in zwei oder drei Formen, die sich dann aus einander herleiten lassen. Nur selten findet es sich, dass ein Körper mehreren Krystallsystemen angehört.

Die Eigenschaft eines Körpers, in zwei (oder mehr) verschiedenen (nicht auf einander zurückführbaren) Krystallformen auftreten zu können, heisst Dimorphie (bezw. Heteromorphie). Dimorphe Körper sind z. B. der Schwefel, welcher sowohl in rhombischen Oktaëdern wie in monoklinen Säulen, und der kohlensaure Kalk, welcher als Kalkspath im hexagonalen, als Arragonit im rhombischen System krystallisirt.

Das Gegenstück zu den dimorphen bezw. heteromorphen Körpern bilden solche Stoffe, welche bei verschiedener, wenngleich ähnlicher chemischer Zusammensetzung dieselbe Krystallform haben; man nennt sie isomorph. Sie vermögen in jedem beliebigen Mischungsverhältniss zusammen zu krystallisiren, und das specifische Gewicht (siehe später) der Mischkrystalle lässt erkennen, dass bei der Krystallisation weder eine Vergrösserung noch eine Verringerung des Volums eintritt. Die physikalischen Eigenschaften der Mischkrystalle sind kontinuirliche Funktionen ihrer chemischen Zusammensetzung. — Der Entdecker der Isomorphie ist Mitscherlich.

Es kommt auch vor, dass Stoffe von verschiedenartiger chemischer Zusammensetzung dieselbe Krystallform besitzen; sie heissen isogon (J. W. Retgers). Beispiel: Bleiglanz und Natriumchlorat.

Isomorphe Körper sind z. B. die schwefelsauren, selensauren, chromsauren und mangansauren Salze derselben Base oder Basis, wie: $K_2SO_4$, $K_2SeO_4$, $K_2CrO_4$, $K_2MnO_4$; ferner Thonerde, Eisenoxyd und Chromoxyd ($Al_2O_3$, $Fe_2O_3$, $Cr_2O_3$), Krystallform: Rhomboëder; desgleichen Thonerde-, Chrom-, Eisenalaun, Krystallform: reguläres Oktaëder; Kalkspath, Magnesit, Manganspath, Spatheisenstein und Zinkspath (Rhomboëder); Arragonit, Barium-, Strontium-, Bleikarbonat u. s. w.

Der Umstand, dass der dimorphe kohlensaure Kalk einerseits — als Kalkspath — mit Magnesit, Manganspath u. s. w., andererseits — als Arragonit — mit Barium- und anderen Karbonaten isomorph ist, lehrt, dass die Ursache der Isomorphie nicht in der gleichen Konstitution der Körper, dem inneren Bau der Moleküle, zu suchen ist (denn Kalkspath und Arragonit müssen gleiche Molekularkonstitution besitzen), sondern in der Gruppirung der Moleküle, dem Bau der Molekular-Aggregate.

Da nicht isomorphe Körper nicht zusammen krystallisiren, so kann ein Salz von geringen Mengen eines andern durch Umkrystallisiren gereinigt werden; man löst das unreine Salz auf und lässt Krystallisation eintreten; während dann das reine Salz in krystallisirter Form ausgeschieden wird, verbleibt das verunreinigende Salz in der rückständigen Salzlösung, der Mutterlauge.

Isomorphe Stoffe können auf diese Weise nicht von einander geschieden werden.

Als isotrop bezeichnet man solche Körper, die nach allen Richtungen hin dieselben physikalischen Eigenschaften besitzen.

Es gehören dahin ausser den amorphen Körpern (z. B. Glas und den Flüssigkeiten) die im regulären System krystallisirenden Stoffe. Körper, die in verschiedenen Richtungen verschiedene physikalische Eigenschaften aufweisen, heissen **anisotrop** (oder **heterotrop**). Alle nicht regulär krystallisirenden Stoffe sind anisotrop. Das verschiedene Verhalten derselben in verschiedenen Richtungen giebt sich kund in Bezug auf Festigkeit, Härte, Elasticität, Wärmeleitung, Lichtfortpflanzung u. s. w. (Vergl. Näheres in letzterer Hinsicht in der Lehre vom Licht, Abschnitt „Polarisation des Lichtes" u. f.)

## 4. Wirkungen der Schwerkraft auf alle Arten von Körpern.
(Allgemeine Mechanik.)

**Der freie Fall und die Fallrichtung.** Lässt man einen Stein, den man vom Erdboden aufgehoben hat, in der Luft los, so dass er keine Unterstützung mehr hat, so bewegt er sich nach dem Erdboden hin, so weit es möglich ist; man sagt: der Stein **fällt**. (Vergl. S. 9.)

Lässt man zwei Steine (oder auch andere Körper) neben einander fallen, so ist die Richtung, in welcher sie sich der Erde nähern, für beide nahezu dieselbe. Diese Richtung kann durch ein einfaches Werkzeug angegeben werden; dasselbe besteht aus einem Faden (oder einer Schnur) und einer an dem einen Ende desselben befestigten Bleikugel; es heisst ein **Loth** oder **Bleiloth** (Abb. 12). Wenn man das freie Ende des Fadens emporhält, so spannt sich in Folge der Schwere der Bleikugel der Faden und nimmt, sobald er ruhig hängt, eine bestimmte Richtung an. Lässt man nun neben dem so aufgehängten Lothe einen Stein fallen, so lehrt der Augenschein, dass sich der Stein parallel dem Faden, also in gleicher Richtung, wie dieser sie hat, der Erde nähert.

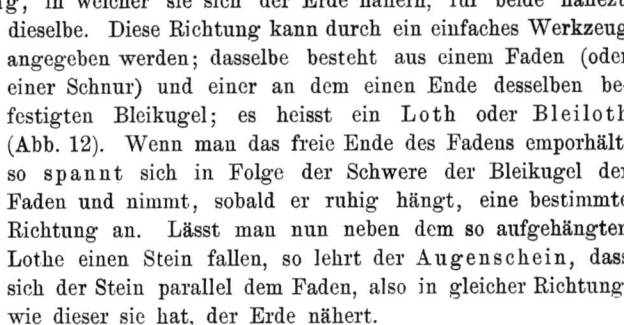

Abb 12. Loth.

Diese Richtung heisst **lothrecht, senkrecht** oder **vertikal**.

Sie ist, genau genommen, für jeden Punkt der Erdoberfläche eine andere, da sie nach dem **Erdmittelpunkte** hinweist und sich somit alle Fallrichtungen in demselben **schneiden**.

Für nahe gelegene Punkte der Erdoberfläche ist aber der Richtungsunterschied der Fallrichtungen so klein, dass man ihn = 0 erachten, also vernachlässigen kann.

In seinen wesentlichen Theilen dem Lothe ähnlich ist das **Senkblei**, welches die Schiffer in das Meer hinablassen, um — an der Schnur, die mit einer durch Knoten hergestellten Eintheilung versehen ist — die Tiefe des Meeres zu messen

## 4. Wirkungen der Schwerkraft auf alle Arten von Körpern.

Hält man ein Loth über die Oberfläche eines ruhigen Gewässers, so bildet der Faden des Lothes mit jeder geraden Linie, die man in der Ebene des Wasserspiegels durch den Fusspunkt des Lothes ziehen kann, rechte Winkel. Eine derartige Ebene heisst **wagerecht** oder **horizontal**. Solche geraden Linien und gestreckten Körper (Stangen, Balken u. s. w.), durch deren Richtung man eine wagerechte Ebene legen kann, heissen gleichfalls wagerecht oder horizontal.

Zur Bestimmung der wagerechten Stellung oder Richtung dient die **Setzwage** (Abb. 13). Sie besteht aus einem Lineal ($ab$) und einem damit verbundenen gleichschenkligen Dreieck ($abc$), in welches die Höhe ($cd$) eingeschnitten ist. Von der Spitze des Dreiecks hängt ein Loth herab ($cd$). Wenn dieses, das sich stets senkrecht einstellt, mit der Höhe zusammenfällt, so hat das zur Höhe rechtwinklige Lineal eine wagerechte Richtung, desgleichen ein Balken u. s. w., auf den die Setzwage gesetzt oder gestellt worden ist.

**Erstes Fallgesetz.** Wenn an einer Ramme der Rammklotz oder Rammbär aus einer grösseren Höhe herabfällt, so ist der Schlag, den er ausübt, gewaltiger, als wenn er aus einer geringeren Höhe niederfällt. Etwas Ähnliches zeigt sich, wenn ein Mensch aus verschiedenen Höhen auf die Erde fällt: man ver-

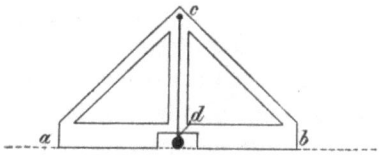

Abb. 13. Setzwage.

gleiche die Wirkungen, welche eintreten, wenn der Fall von einem Stuhl, von dem Dache eines Hauses oder einem 1000 Meter hoch schwebenden Luftballon stattfindet.

Worin liegt der Grund für diese Erscheinung? — Die Masse des fallenden Körpers ist in den genannten Beispielen bei dem Fall aus grosser und aus geringer Höhe die gleiche, also kann sie nicht die Verschiedenheit der Wirkung verursachen; die ursprüngliche Höhe des fallenden Körpers kann dies gleichfalls nicht, denn bei einem später erfolgenden **Aufprall** spielt dieselbe keine Rolle mehr. Es muss somit ein Umstand hier in Betracht kommen, den der **Körper auf Grund seiner ursprünglichen Höhe erlangt hat und den er beim Aufprall noch besitzt**. Dieser Umstand ist die **Geschwindigkeit** des Körpers. (Vergl. S. 3.)

Dass ein bewegter Körper auf einen andern Körper, auf welchen er trifft, eine grössere Wirkung ausübt, wenn seine **Geschwindigkeit** grösser ist, zeigt auch die sonstige Erfahrung in zahlreichen

Beispielen. (Anrempeln, Einrennen einer Thür oder Mauer, Hämmern, Rudern u. s. w.)

Die obigen Beispiele lehren somit, dass ein fallender Körper eine um so grössere Geschwindigkeit hat, je höher er herabfällt, oder mit andern Worten: je länger er unterwegs ist.

Hiernach nimmt die Geschwindigkeit eines fallenden Körpers fortwährend zu, und zwar geschieht dies in jeder Sekunde um den gleichen Betrag.

Diese Thatsache erklärt sich folgendermassen: Die Ursache des Fallens eines nicht unterstützten Körpers ist die Schwerkraft. Sie ertheilt dem Körper, der im Beginne des Falls die Geschwindigkeit 0 besitzt, eine Geschwindigkeit, die am Ende der ersten Sekunde $g$ m betragen möge. In der zweiten Sekunde wirkt die Schwerkraft genau ebenso wie in der ersten; der Körper erhält also während derselben wiederum eine Geschwindigkeit von $g$ m; da er aber bereits eine Geschwindigkeit von $g$ m hatte, die ihm nach dem Trägheitsgesetz (S. 2) nicht verloren gehen kann, so besitzt er thatsächlich am Ende der 2. Sekunde eine Geschwindigkeit von $2g$ m. Desgleichen am Ende der 3. Sekunde eine Geschwindigkeit von $3g$ m und so fort.

Wegen der gleichen Zunahme der Geschwindigkeit in jeder Sekunde — mit anderen Worten: wegen der gleichbleibenden Beschleunigung — gehört der freie Fall der Körper (nach S. 3) zu den gleichmässig beschleunigten Bewegungen.

Die Beschleunigung beträgt für den freien Fall:
$$g = 9{,}808 \text{ m (rund} = 10 \text{ m)}$$
oder, nach dem C. G. S.-System, in Centimetern ausgedrückt, rund:
$$g = 981 \text{ cm.}$$

Aus dem Erörterten ergiebt sich die folgende genaue Form für das

1. Fallgesetz: **Die Fallgeschwindigkeiten verhalten sich wie die Fallzeiten.**

Als Fallgeschwindigkeiten bezeichnet man die Geschwindigkeiten am Ende der einzelnen Sekunden.

**Zweites Fallgesetz.** Ein fallender Stein hat nach dem eben Erörterten am Anfang der 1. Sekunde die Geschwindigkeit 0, am Ende der 1. Sekunde die Geschwindigkeit $g$. Der Weg, den er während der 1. Sekunde zurücklegt, ist somit nicht $= g$, sondern da die Geschwindigkeit ganz gleichmässig von 0 auf $g$ anwächst, so gross, als wenn der Stein sich während der ganzen Sekunde mit gleichbleibender Geschwindigkeit von der mittleren Grösse $\frac{g}{2}$ bewegt hätte. Dieser Weg ist nach Formel (1) a. S. 3:
$$s = \frac{g}{2} \cdot 1 = \frac{g}{2}.$$

### 4. Wirkungen der Schwerkraft auf alle Arten von Körpern.

Für die 2. Sekunde ist die Anfangsgeschwindigkeit $= g$, die Endgeschwindigkeit $= 2g$, die mittlere Geschwindigkeit also $= \dfrac{3g}{2}$ oder $= 3\dfrac{g}{2}$; der zurückgelegte Weg ist dann $= 3 \cdot \dfrac{g}{2} \cdot 1 = 3 \cdot \dfrac{g}{2}$.

Für die 3., 4., 5. Sekunde u. s. w. ergeben sich auf gleiche Weise die Wege $5 \cdot \dfrac{g}{2}$, $7 \cdot \dfrac{g}{2}$, $9 \cdot \dfrac{g}{2}$ u. s. w.

Diese Wege verhalten sich zu einander wie $1:3:5:7:9$ u. s. w., d. h. wie die ungeraden Zahlen. Somit ergiebt sich als

**2. Fallgesetz: Die Wege, die ein fallender Körper in den einzelnen Sekunden zurücklegt, verhalten sich wie die ungeraden Zahlen.**

**Drittes Fallgesetz.** Will man nun die Grösse der gesammten Fallstrecken in zwei, drei, vier Sekunden u. s. w. ermitteln, so hat man nur nöthig, die Wege in den einzelnen Sekunden zu addiren.

In 2 Sekunden beträgt die Fallstrecke $\dfrac{g}{2} + 3 \cdot \dfrac{g}{2} = 4 \cdot \dfrac{g}{2}$; in 3 Sekunden $4 \cdot \dfrac{g}{2} + 5 \cdot \dfrac{g}{2} = 9 \cdot \dfrac{g}{2}$; in 4 Sekunden $9 \cdot \dfrac{g}{2} + 7 \cdot \dfrac{g}{2} = 16 \cdot \dfrac{g}{2}$ u.s.w.

Diese Fallstrecken verhalten sich wie $1:4:9:16 = 1^2:2^2:3^2:4^2$ u. s. w., d. h. wie die Quadrate der Fallzeiten. — Somit gilt als

**3. Fallgesetz: Die gesammten Fallstrecken verhalten sich wie die Quadrate der Fallzeiten.**

Nennt man den in einer beliebigen Fallzeit ($t$) zurückgelegten Weg $s$ und die am Ende dieser Zeit erlangte Fallgeschwindigkeit $v$, so lassen sich das 1. und das 3. Fallgesetz durch folgende Formeln wiedergeben:

$$v = g \cdot t \quad (1)$$

und $\quad s = \dfrac{1}{2} g t^2 \quad (2).$

Hieraus ergiebt sich ferner:

$$s = \dfrac{v^2}{2g} \text{ und } v = \sqrt{2gs} \quad (3).$$

Das dritte Fallgesetz kann auch unmittelbar aus dem ersten in folgender Weise abgeleitet werden:

Da die Geschwindigkeit des fallenden Körpers in der Zeit $t$ ganz gleichmässig von 0 auf $gt$ anwächst, so ist der Weg derselbe, als wenn der Körper sich mit gleichbleibender Geschwindigkeit von der mittleren Grösse $\dfrac{gt}{2}$ bewegt hätte. Dieser Weg ist nach der auf S. 3 angegebenen Formel $(1) = \frac{gt}{2} \cdot t$. Also:

$$s = \frac{gt}{2} \cdot t = \frac{v}{2} \cdot t \quad (4)$$
$$= \frac{1}{2} g t^2.$$

Die Formeln (1) bis (4) gelten, wie für den freien Fall im Besonderen, so allgemein für jede Art einer gleichmässig beschleunigten Bewegung.

**Fallmaschine.** Die drei Fallgesetze sind um das Jahr 1600 von Galilei entdeckt worden. Man kann sie mittels der 1784 erfundenen Atwood'schen Fallmaschine (Abb. 14) nachweisen.

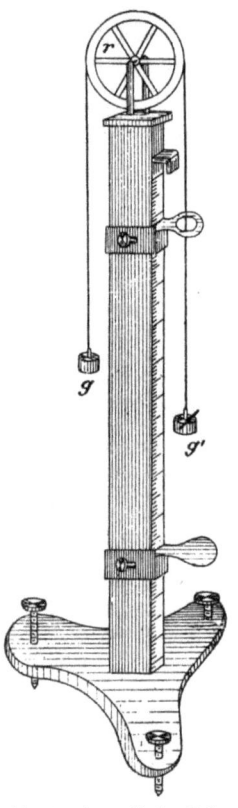

Abb. 14. Atwood'sche Fallmaschine.

An einem für sich frei fallenden Körper kann man die Fallgesetze deswegen nicht untersuchen, weil die Fallgeschwindigkeiten und daher die Fallstrecken im Verhältniss zu den Fallzeiten zu gross sind. Beträgt doch z. B. die Fallgeschwindigkeit bereits am Ende der 3. Sekunde rund 30 m und die Fallstrecke, die bis dahin durchlaufen wird, 45 m. Die Atwood'sche Fallmaschine ist daher so eingerichtet, dass die Beschleunigung, welche der fallende Körper erfährt, eine viel geringere als 10 m ist. Dies wird auf folgende Weise erreicht. Über eine leicht um ihre Achse drehbare Rolle ($r$) läuft eine Schnur, die an ihren beiden freien Enden zwei vollkommen gleich schwere Gewichte ($g$ und $g'$) trägt. Dieselben halten sich das Gleichgewicht und gerathen daher von selbst nicht in Bewegung. Diese tritt vielmehr erst dann ein, wenn auf eins der Gewichte ($g'$) ein Übergewicht gelegt wird. Die Beschleunigung, welche in Folge des — dem Einfluss der Schwerkraft nicht entzogenen — Übergewichtes das ganze System der drei Gewichte erfährt, ist nun aus dem Grunde eine geringe, weil der auf das Übergewicht einwirkende Theil der Schwerkraft nicht nur dieses, sondern auch die Massen der beiden andern Gewichte in Bewegung versetzen muss. Es vertheilt sich somit die Wirkung der Schwerkraft auf eine grössere Masse, und daher wird die zu Tage tretende Beschleunigung geringer.

**Einfluss der Masse auf die Grösse der mechanischen Wirkung.** Aus dem Letztgesagten geht hervor, dass eine mechanische Wirkung nicht nur von der Geschwindigkeit bezw. Beschleunigung

## 4. Wirkungen der Schwerkraft auf alle Arten von Körpern. 45

Geht die Ebene in die wagerechte Stellung über, so wird der Körper vollständig getragen, sein Druck ist am grössten; die Schwerkraft vermag gar nicht frei zu wirken, der Körper bleibt in Ruhe. Geht die Ebene in die senkrechte Stellung über, so wird der Körper gar nicht getragen, er fällt frei neben der Ebene herab.

Der Druck des Körpers auf die schiefe Ebene und seine Fallbeschleunigung stehen im umgekehrten Verhältniss zu einander. Die Grösse dieses Verhältnisses lässt sich auf die Weise feststellen, dass man die Schwerkraft (bezw. die senkrecht nach unten wirkende Fallbeschleunigung) nach Maassgabe des Gesetzes vom Parallelogramm der Kräfte als Resultirende zweier Komponenten betrachtet, welche — die eine parallel zur schiefen Ebene, die andere senkrecht dazu wirken. (Vergl. Abb. 17.)

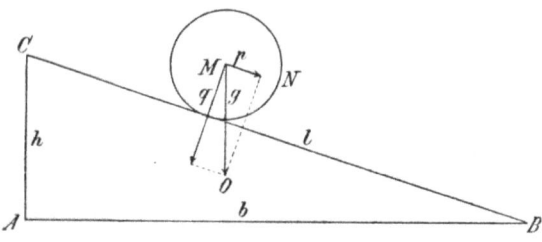

Abb. 17. Schiefe Ebene.

Ist $g$ die Schwerkraft, welche den auf der schiefen Ebene $BC$ herabrollenden Körper im Punkte $M$ angreift, so sind ihre Komponenten $p$ und $q$. Diese verhalten sich wie $h:b$, was aus der Gleichheit von $q$ und $NO$ und der Ähnlichkeit der beiden Dreiecke $MNO$ und $CAB$ folgt.

Man bezeichnet nun $l = BC$ als die Länge, $b = AB$ als die Basis und $h = AC$ als die Höhe der schiefen Ebene.

Hiernach verhält sich, von der Reibung abgesehen, die Fallbeschleunigung ($p$) auf der schiefen Ebene zum Druck ($q$) auf dieselbe wie die Höhe der schiefen Ebene zu ihrer Basis.

**Gleichgewicht auf der schiefen Ebene.** Will man verhindern, dass der Körper auf der schiefen Ebene herabrollt, so muss man ihn mit einer Kraft zurückhalten, die gleich $p$ ist, aber im entgegengesetzten Sinne wirkt wie $p$. Da nun $p:g=h:l$ (Ähnlichkeit der vorhin erwähnten Dreiecke) und $g$ der gesammten Schwere des Körpers, die wir als Last bezeichnen wollen, entspricht, so tritt auf der schiefen Ebene Gleichgewicht ein, wenn sich

## 4. Wirkungen der Schwerkraft auf alle Arten von Körpern.

die Kraft zur Last verhält wie die Höhe der schiefen Ebene zu ihrer Länge. (Auch hierbei ist von der Reibung abgesehen.)

Dies Gesetz der schiefen Ebene lehrt, dass die Verwendung der schiefen Ebene bei der Verhinderung eines Körpers am Fallen und ebenso bei der Emporbeförderung eines Körpers eine Ersparniss an Kraft mit sich bringt.

Dafür freilich ist im letzteren Falle der Weg, den der Körper zurückzulegen hat, um auf dieselbe Höhe zu gelangen (von $AB$ nach $C$), ein grösserer ($BC$), als wenn man den Körper unmittelbar senkrecht in die Höhe hebt ($AC$), und desgleichen ist die Zeit — bei gleicher und gleichbleibender Geschwindigkeit — eine längere.

So heben ein mechanischer Vortheil und ein mechanischer Nachtheil einander auf, und die Arbeit ist — bei senkrechter Beförderung und bei der Beförderung auf der schiefen Ebene — die gleiche. (Goldene Regel der Mechanik.)

**Arbeit und Effekt.** Als Arbeit (oder Kraftleistung) bezeichnet man gemeinhin das Produkt aus Kraft mal Weg; wobei man nur die dauernd wirkenden Kräfte als arbeitsleistende ansieht.

Da nach Formel (2) S. 40 eine dauernd wirkende Kraft $= m \cdot g$ und nach Formel (2) S. 35 der Weg, den ein fallender oder allgemein in gleichmässig beschleunigter Bewegung begriffener Körper in $t$ Sekunden zurücklegt, $= \frac{1}{2} g t^2$ ist, so ergiebt sich nach der vorstehenden Definition (Erklärung) für die Arbeit ($A$) die Formel:

$$A = k \cdot s = (mg) \frac{1}{2} g t^2 = \frac{1}{2} m (gt)^2 \quad (1)$$

oder, da nach Formel (1) S. 35: $g \cdot t = v$ ist:

$$A = \frac{1}{2} m v^2 \quad (1\text{a}).$$

Diese Grösse, also das halbe Produkt aus der Masse mal dem Quadrat der Geschwindigkeit, bezeichnet man, dem Vorgange des Philosophen Leibniz folgend, als lebendige Kraft; sie hat aber keine besondere Bedeutung.

Als Einheit bei der Messung der Arbeit dient nach dem C. G. S.-System das Erg, d. i. diejenige Arbeit, welche die Krafteinheit = 1 Dyn (vergl. S. 40) längs eines Weges von 1 cm leistet. Da diese Arbeitsgrösse sehr gering ist, so benutzt man oft das Millionenfache derselben, das als Megerg bezeichnet wird.

Bei praktischen Messungen (im Unterschiede von rein wissenschaftlichen) benutzt man das Gramm-Meter, das Kilogramm-Meter oder Meter-Kilogramm und die Meter-Tonne als Arbeits-Einheiten. Da nach S. 40 die

#### 4. Wirkungen der Schwerkraft auf alle Arten von Körpern.

auf die Masse eines Gramms ausgeübte Schwerkraft und desgl. die von 1 Gramm als Gewicht repräsentirte Kraft = 981 Dyn ist, so ergiebt sich für diese Grössen folgende Werthbestimmung:

1 Gramm-Meter = 98100 Erg,
1 Kilogramm-Meter (kgm) = 98100000 Erg = 98,1 Megerg,
1 Meter-Tonne = 98100 Megerg.

Da nun bei der Beurtheilung der Leistungsfähigkeit einer Maschine auch die Zeit in Betracht kommt, in welcher eine bestimmte Arbeit vollbracht wird, und zwar in der Art, dass die Leistungsfähigkeit um so grösser ist, je kürzer die auf eine bestimmte Arbeit verwendete Zeit ist, und um so geringer, je länger die Zeit (die Leistungsfähigkeit ist also umgekehrt proportional der Zeit), so hat man diese Leistungsfähigkeit, die auch Arbeitsstärke oder Effekt genannt wird, $= \frac{A}{t}$ (Arbeit, dividirt durch Zeit) gesetzt und fügt, um den Effekt auszudrücken, zu einer Arbeitsangabe die Zeit hinzu, in welcher die Arbeit verrichtet wird.

Man definirt (erklärt) demgemäss z. B. den Effekt von 1 Kilogrammmeter als diejenige Arbeit, die bei der vertikalen Hebung (also entgegen der Wirkung der Schwerkraft als einer dauernd wirkenden Kraft) von 1 kg Gewicht um eine Strecke von 1 m innerhalb der Zeit einer Sekunde verrichtet wird. (Sekunden-Kilogrammmeter oder Sekunden-Meterkilogramm.)

Hierbei darf diese Hebung statt der eigentlichen Wirkung der Schwerkraft gesetzt werden, weil nach dem Newton'schen Princip von der Gleichheit der Aktion und Reaktion (Gleichheit der Wirkung und Gegenwirkung) jeder Kraft eine ihr gleiche Kraft, aber im umgekehrten Sinne, entgegenwirkt.

Eine weitere praktische Arbeitseinheit ist das Joule = der Arbeit eines Kilometerdyn auf dem Wege von 1 m (= $10^7$ Erg).

Weitere Einheiten des Effektes sind das Watt = der Arbeit eines Joule in 1 Sekunde und (nach älterem Messungsverfahren) die Pferdekraft (oder Pferdestärke, P. S.) = 75 Kilogrammmeter in 1 Sekunde. Es ist:

1 kgm = 9,81 Joule = 9,81 . $10^7$ Erg,
1 P. S. = 735,75 Watt = 735,75 . $10^7$ Erg in 1 Sekunde.

**Andere Begriffsbestimmung der Arbeit.** Entgegen der vorstehend besprochenen Begriffsbestimmung der Arbeit schlage ich eine andere, einfachere und sinngemässere vor: Arbeit nicht gleich dem Produkt aus Kraft mal Weg, sondern gleich dem Produkt aus Masse mal Weg, und ich erweitere zugleich den Arbeitsbegriff von den dauernd wirkenden auf alle Kräfte.

Allgemein ist somit:

$$A = m \cdot s \quad (2)$$

Für den Fall einer einmalig wirkenden Kraft wird, da dieselbe der Masse $m$ eine gleichbleibende Geschwindigkeit ertheilt und somit nach Formel (1) S. 3· $s = v \cdot t$ ist:

$$A = m \cdot v \cdot t \quad (2a)$$

und unter Benutzung von Formel (1) S. 40 ($m \cdot v = k$):

$$A = k \cdot t \quad (3).$$

48    4. Wirkungen der Schwerkraft auf alle Arten von Körpern.

Dieser Ausdruck für $A$ besagt, dass die Arbeit gleich (oder genauer: proportional) dem Produkt aus Kraft mal Zeit ist.

Für den Fall einer dauernd wirkenden Kraft ergiebt sich, da $s = \frac{1}{2} g t^2$:

$$A = m \cdot s = \frac{1}{2} m g t^2 = \left( m \cdot \frac{g t}{2} \right) \cdot t \quad (4).$$

Nun ist aber $\frac{g t}{2}$ die mittlere Geschwindigkeit eines $t$ Sekunden lang in gleichmässig beschleunigter Bewegung begriffenen Körpers [vergl. Formel (1) S. 35], also:

$$A = m \cdot \frac{v}{2} \cdot t \quad (4\,\text{a}).$$

Die Grösse $m \cdot \frac{v}{2}$ aber stellt sich als — einmalig wirkend zu denkende — mittlere Kraft dar, die der Körper entfalten würde, wenn er nach $\frac{t}{2}$ Sekunden auf einen anderen Körper treffen würde. Die Formel:

$$A = m \cdot \frac{v}{2} \cdot t$$

lässt sich also in die Worte kleiden: **Die von einer dauernd wirkenden Kraft während einer bestimmten Zeit geleistete Arbeit ist gleich dem Produkt aus der mittleren Kraftwirkung mal der Zeit.**

Vergleichen wir unsere Definition mit der üblichen, so findet sich nach der letzteren in dem Ausdruck für die Kraft ein Faktor mehr: die Beschleunigung, was ersichtlich wird, wenn man Formel (1), S. 46 in der Fassung:

$$A = \frac{1}{2} m g^2 t^2$$

und Formel (4) in der Fassung:

$$A = \frac{1}{2} m g t^2$$

neben einander stellt.

Die von mir gegebene Begriffsbestimmung, wonach allgemein Arbeit = Kraft mal Zeit ist, erscheint deswegen sinngemässer, weil die thatsächliche Leistung einer Kraft (nicht zu verwechseln mit der Leistungsfähigkeit, die sich umgekehrt verhält — siehe S. 47) um so grösser ist, je längere Zeit die Kraft in Wirksamkeit ist. **Die kleinste Kraft kann bei genügend langer Zeit die grösste Kraftleistung oder Arbeit vollbringen.** (Vergl. S. 21.) — Hiermit hängt auch die S. 5 gemachte Bemerkung zusammen, wonach die Leistung einer gar zu kurze Zeit auf einen Körper einwirkenden Kraft eine nahezu verschwindende sein kann.

Die Leistungsfähigkeit (Arbeitsstärke oder Effekt) $= \frac{A}{t}$ würde nach meiner Begriffsbestimmung der Arbeit = Kraft mal Zeit, dividirt durch die Zeit, d. h. also einfach gleich der Kraft sein. Dies ist wieder vollkommen sinngemäss; denn wenn die Arbeit als Kraftleistung in einer bestimmten Zeit anzu-

### 4. Wirkungen der Schwerkraft auf alle Arten von Körpern.

sehen ist, muss die **blosse Kraft, abgesehen von der Zeit**, eben die **Fähigkeit zu dieser Leistung** sein, oder noch kürzer: wenn Arbeit die **Leistung** ist, die eine Kraft vollbringt, dann muss durch diese Kraft an sich die **Leistungsfähigkeit** dazu dargestellt werden.

Auf Grund der von mir gegebenen Definition (Arbeit = Kraft mal Zeit) leistet eine unter dem Einfluss der Schwerkraft stehende Masse auch im ruhenden Zustande Arbeit (wenn sie also auf eine Unterlage drückt oder an einer Aufhängevorrichtung — Seil u. dergl. — zieht). Diese Arbeit kommt bisweilen zur sichtbaren Erscheinung: wenn die Unterlage zusammenbricht oder das Seil reisst. Nach der jetzt üblichen Auffassung (Arbeit = Kraft mal Weg) findet im genannten Falle keine Arbeit statt. — Genauer ist auf Grund meiner Definition im fraglichen Falle die Kraft $= m \cdot g$, die Arbeit also $= m \cdot g \cdot t$, d. h. nach Formel (2a) S. 47 die gleiche, wie sie von einer Momentankraft, die der Masse $m$ die gleichbleibende Geschwindigkeit $g$ erteilt, für die Zeit $t$ geleistet wird, oder: wie sie von einer mit der Geschwindigkeit $g$ sich $t$ Sekunden lang gleichförmig bewegenden Masse $m$ geleistet wird.

**Anwendung der schiefen Ebene; Keil und Schraube.** Die schiefe Ebene findet mannichfache Anwendung: als Schrotleiter, in der Form der Rampen, Leitern und Treppen, der Zickzackstrassen im Gebirge u. s. w.; ferner als Keil oder bewegliche schiefe Ebene und als Schraube, die als eine um einen Cylinder (oder eine Walze) gewundene schiefe Ebene anzusehen ist. Keilform haben zahlreiche unserer Werkzeuge: Messer, Schere; Meissel, Axt; Nadel; Nagel; Säbel; Pflugschar, Spaten, Egge u. s. w.

Je schmaler ein Keil ist, mit desto geringerer Kraft lässt er sich handhaben. Je grösser der Durchmesser (oder der Umfang) einer Schraube ist und je näher die Schraubengänge bei einander stehen (oder je kleiner die **Gewindehöhe**, d. i. der Abstand zweier aufeinander folgender Schraubengänge, ist), desto leichter lässt sich die Schraube anziehen, aber desto mehr Zeit ist freilich auch zur gleichen Arbeitsleistung erforderlich.

Liegt bei einer Schraube das Gewinde dem Cylinder ausserhalb auf, so heisst sie Schraubenspindel; ist das Gewinde einem Hohlcylinder innen eingeschnitten, so führt sie den Namen Schraubenmutter; erst das Zusammenwirken beider bringt die Wirksamkeit der Schraube hervor; wird z. B. eine eiserne Schraube (Schraubenspindel) in Holz eingeführt, so schafft sie sich selbst eine Schraubenmutter.

Die Schraube findet theils als **Befestigungsschraube** (statt der Nägel) Anwendung, theils dient sie als **Hebeschraube** zum Heben von Lasten oder als **Druckschraube** in den verschiedenen Arten von **Schraubenpressen** dazu, einen erheblichen Druck auszuüben; die Schraubenpressen haben entweder eine bewegliche Schraubenspindel (z. B. die Buchdruckerpresse, die Olivenpresse, die Saftpresse, die Tinkturenpresse) oder bewegliche Schraubenmuttern (z. B. die Buchbinderpresse). — Zu feinen **Messungen** dient die **Mikrometerschraube**.

Die **Schiffsschraube**, wie sie sich am hinteren Ende der Schraubendampfer findet, wirkt als **Bewegungsschraube**. Wenn sie in genügend schnelle Umdrehung versetzt wird, vermag das Wasser, das eine zusammenhängende Masse darstellt, nicht seitlich auszuweichen, noch vermag die Schraube wegen der an ihr hängenden Last des Schiffes sich in die Wassermasse (nach hinten) einzubohren; die Folge ist, dass der Widerstand des Wassers als treibende Kraft auf die Schraube wirkt, und zwar in entgegengesetzter Richtuug, als diese sich ins Wasser einbohren will: also nach vorn, und dass die Schraube das ganze Schiff vor sich herschiebt.

Die in der Mechanik Verwendung findenden Schrauben sind **rechts gewunden**, d. h. jeder Schraubengang steigt, wenn die Schraube vertikal vor unserm Auge steht, von links unten nach rechts oben empor, oder: wenn man in Gedanken auf dem Schraubengewinde aufwärts steigt und nach innen blickt, geht die rechte Schulter voran; die Folge des Rechtsgewundenseins ist, dass man jede Schraube beim Hineinschrauben in eine Schraubenmutter, in Holz u. s. w. nach rechts herumdrehen muss, was für uns handlicher ist, als wenn die Drehung umgekehrt erfolgen müsste.

**Centralbewegung.** Wenn man eine Kugel, die an dem unteren Ende eines senkrecht hängenden Fadens (nach Art eines Bleilothes) befestigt ist, aus ihrer Ruhelage herauszieht und ihr dann einen seitlichen Stoss versetzt, so bewegt sie sich in einer krummlinigen geschlossenen Bahn — einem Kreis oder einer Ellipse — um die frühere Ruhelage. Damit eine solche Bewegung möglich ist und die Kugel nicht etwa, dem Beharrungsgesetze folgend, in gerader Linie in der Richtung des Stosses weiterfliegt, muss eine dauernd wirkende Kraft von gleichbleibender Grösse die Kugel fortwährend nach demselben Punkte, der als Mittelpunkt der Bahn bezeichnet wird, hintreiben. Diese Kraft ist im angeführten Beispiel die Schwerkraft, welche die Kugel wegen ihrer senkrechten Aufhängung in ihre ursprüngliche tiefste (Ruhe-)Lage zurückzuführen strebt.

Eine derartige Bewegung eines Körpers um einen festen Punkt (bezw. eine feste Achse) heisst Centralbewegung, die nach dem Mittelpunkte der Bahn gerichtete Kraft Centralkraft oder Centripetalkraft. (Die Zusammensetzung der Centripetalkruft mit der anfänglich ausgeübten Stosskraft geschieht nach Maassgabe des Gesetzes vom Parallelogramm der Kräfte.)

Eine Centralbewegung wird auch von einer an dem einen Ende eines Fadens befestigten Kugel ausgeführt, welche man heftig im Kreise schwingt, oder etwa vom Monde, indem er sich im Laufe eines Monats annähernd ein Mal um die Erde bewegt. Im ersteren Beispiele wird die Centralkraft durch die Spannung des Fadens, im letzteren durch die Gravitation des Mondes nach der Erde hervorgebracht.

Wenn der Faden der im Kreise geschwungenen Kugel reisst, so fliegt die letztere mit einer der seitlich wirkenden Kraft entsprechenden Geschwindigkeit in der Richtung einer Tangente fort, die man an die Schwungbahn in dem Punkte derselben legen kann, wo sich die Kugel beim Reissen des Fadens gerade befand. Diese Kraft, mit welcher die Kugel seitlich fortfliegt, heisst **Tangentialkraft**.

Bleibt der Faden ganz, so zerrt die Kugel während ihrer Centralbewegung an dem sie (in der Richtung nach dem Mittelpunkte der Schwungbahn) festhaltenden Faden mit einer Kraft, welche der Centripetalkraft gleichkommt, aber im entgegengesetzten Sinne wirkt wie diese; man nennt diese Kraft die **Centrifugalkraft oder Schwungkraft**. Dieselbe wird aber nicht auf die

Kugel ausgeübt, sondern von dieser auf den Faden und den Mittelpunkt der Bahn.

Während im genannten Beispiel der Centrifugalkraft durch die Spannung des Fadens entgegengewirkt wird, kann letzteres auch durch eine dem schwingenden Körper gesetzte äussere Begrenzung geschehen (Centrifugal-Trockenmaschine, Centrifuge).

Auf der geeigneten Ausnutzung der Centrifugalkraft beruht die Einrichtung des Centrifugalregulators der Dampfmaschinen, der eben genannten Centrifugal-Trockenmaschinen und der gleichfalls soeben erwähnten, in der Zuckerfabrikation, bei der Honiggewinnung, der Entrahmung der Milch und der Trennung der Harnsedimente verwendeten Centrifugen; in allen diesen Fällen begeben sich die schwereren Theile der ursprünglichen Masse nach aussen, während sich die leichteren Theile in der Mitte des Apparates ansammeln. Auf der Ausnutzung der Tangentialkraft beruht der Gebrauch der Schleuder.

## 5. Wirkungen der Schwerkraft auf feste Körper.
(Mechanik der festen Körper.)

Wegen der bedeutenden Kohäsion, die den festen Körpern eigen ist, brauchen sie nur in einzelnen Punkten unterstützt zu werden, um nicht zu fallen, da die Ablösung einzelner — nicht unterstützter — Theile entweder gar nicht oder (je nach der Kohäsion) doch nur in geringem Maasse zu befürchten ist. Auf Grund dessen zeigt die Einwirkung der Schwerkraft auf feste Körper gewisse Besonderheiten, die sich im Hebel, in der Erscheinung des Schwerpunktes und im Pendel offenbaren.

**Hebel.** Als Hebel bezeichnet man einen um einen festen Punkt oder eine feste Achse drehbaren Körper, auf welchen Kräfte einwirken. — Der feste Punkt heisst Unterstützungspunkt oder Drehpunkt, die Punkte, in denen die Kräfte auf den Hebel wirken, heissen Angriffspunkte; die Entfernung eines Angriffspunktes vom Drehpunkt heisst ein Hebelarm.

Die gewöhnliche Form des Hebels ist die einer Stange. — Durchbohrt man eine solche in der Mitte und steckt sie auf einen Stift, so ist sie zunächst im Gleichgewicht, vorausgesetzt, dass sie in allen ihren Theilen gleich schwer ist. Hängt man dann an ihr eines Ende ein Gewicht, so neigt sich die Stange nach der schwereren Seite hin. Um das frühere Gleichgewicht wieder herzustellen, ist es nöthig, auch das andere, in die Höhe gegangene Ende der Stange durch ein Gewicht zu beschweren, und zwar muss dieses Gewicht dem ersten gleich sein (sofern beide Gewichte genau in gleicher Entfernung vom Drehpunkt sich befinden).

## 5. Wirkungen der Schwerkraft auf feste Körper.

Die Stange mit den beiden Gewichten stellt einen Hebel dar, den man als zweiarmigen, gleicharmigen Hebel bezeichnet.

Ein zweiarmiger Hebel überhaupt ist ein solcher, dessen Kräfte auf verschiedenen Seiten vom Drehpunkt aus angreifen, oder: dessen Drehpunkt sich zwischen den Angriffspunkten der Kräfte befindet.

Gleicharmig heisst ein zweiarmiger Hebel, wenn seine Hebelarme gleich lang sind, ungleicharmig, wenn seine Hebelarme verschieden lang sind.

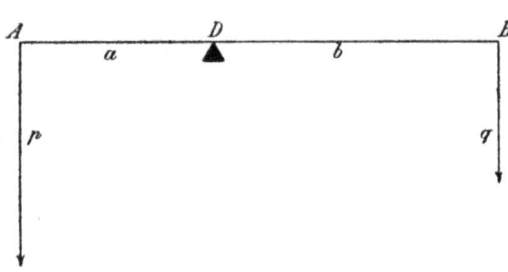

Abb. 18. Zweiarmiger, ungleicharmiger Hebel

Aus dem oben Gesagten ergiebt sich das Hebelgesetz:

Ein (zweiarmiger) gleicharmiger Hebel ist im Gleichgewicht, wenn die Kräfte einander gleich sind.

Unterscheidet man die Gewichte von einander als Kraft und Last, so lautet das Gesetz: Ein (zweiarmiger) gleicharmiger Hebel ist im Gleichgewicht, wenn Kraft und Last einander gleich sind.

Will man einen ungleicharmigen (zweiarmigen) Hebel ins Gleichgewicht bringen, so muss an dem kürzeren Hebelarm eine grössere Kraft wirken als an dem längeren Hebelarm, und zwar muss, wie Versuche lehren, das Verhältniss der Kräfte das umgekehrte sein wie das der Hebelarme. (Hebelgesetz des Archimedes.)

Nennt man die Hebelarme $a$ und $b$ (Abb. 18) und die Kräfte $p$ und $q$, so ist der Hebel im Gleichgewicht, wenn $\frac{p}{q} = \frac{b}{a}$ oder: $pa = qb$. $pa$ und $qb$ sind die Produkte aus jeder der Kräfte und dem zugehörigen Hebelarm. Ein solches Produkt aus einer Kraft und dem zugehörigen Hebelarm heisst das statische Moment der Kraft. Ein ungleicharmiger Hebel ist also im Gleichgewicht, wenn die statischen Momente der Kräfte einander gleich sind. Da diese Gleichheit auch beim gleicharmigen Hebel statthat, so gilt das allgemeine Hebelgesetz:

Ein Hebel ist im Gleichgewicht, wenn die statischen Momente der Kräfte einander gleich sind oder, wenn man wiederum Kraft und Last unterscheidet: Ein Hebel ist im Gleichgewicht, wenn das Moment der Kraft gleich dem Moment der Last ist.

Derselbe Satz gilt nun auch für den einarmigen Hebel. Ein einarmiger Hebel ist ein Hebel, dessen Kräfte auf einer Seite vom Drehpunkt aus angreifen. Man nennt auch in diesem Falle die Entfernungen der Angriffspunkte vom Drehpunkte die Hebelarme; beide aber fallen zum Theil in einander (daher der Name „einarmiger" Hebel).

Ein wichtiger Unterschied besteht zwischen der Wirkungsweise eines zweiarmigen und der eines einarmigen Hebels insofern, als die Kräfte des zweiarmigen Hebels nicht nur parallel gerichtet sind, sondern auch in dem gleichen Sinne wirken, z. B. beide abwärts, während die Kräfte des

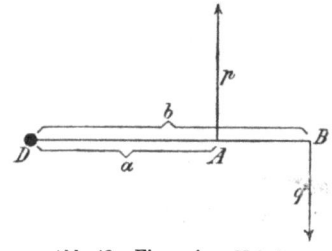

Abb. 19. Einarmiger Hebel.

einarmigen Hebels zwar parallel, aber in entgegengesetztem Sinne wirken müssen, damit Gleichgewicht bestehe. (Siehe Abb. 19.)

**Anwendung der Hebelgesetze.** Die Hebelgesetze finden mannichfache Anwendung. Die wichtigste Anwendung, welche die Wagen darstellen, kann erst erörtert werden, wenn vom Schwerpunkt die Rede gewesen ist. Eine Wage stellt in ihrem wesentlichsten Theil, dem Wagebalken, einen zweiarmigen gleicharmigen oder ungleicharmigen — Hebel dar.

Als zweiarmiger, ungleicharmiger Hebel wirkt der Hebebaum, wenn man ihn mit dem einen Ende unter die emporzuhebende Last schiebt, mit einer jenem Ende nahe befindlichen Stelle auf die Kante eines festen Gegenstandes legt und das andere Ende niederdrückt. Ebenso wirkt die Brechstange (Brecheisen); der Brunnenschwengel; der Spaten; die Thürklinke. Scheren und Zangen sind doppelte zweiarmige, ungleicharmige Hebel mit gemeinschaftlichem Drehpunkt. Alle diese Werkzeuge werden so benutzt, dass die Kraft an dem längeren Hebelarm wirkt; dadurch wird es erreicht, dass sie kleiner ist als die Last; man spart also an Kraft. Doch ist diese Kraftersparniss mit einem grösseren Zeitaufwand verbunden, da ein längerer Hebelarm an seinem Endpunkte grössere Wege zurückzulegen hat als ein kürzerer. — Hier kommt abermals die goldene Regel der Mechanik (vergl. S. 46) zur Geltung.

Ein Hebebaum kann auch als einarmiger Hebel Verwendung finden; es geschieht das, wenn man ihn beispielsweise unter die Räderachse eines Wagens schiebt, sein eines Ende auf der Erde ruhen lässt und das andere emporhebt. Als einarmige Hebel sind ferner anzusehen: die Schubkarre, die

## 5. Wirkungen der Schwerkraft auf feste Körper.

Stroh- und Tabaksschneiden, die Brotmaschine, die Wurzelschneidemaschine, der Hebel der Differentialhebelpresse, das Sicherheitsventil an Dampfmaschinen; doppelte einarmige Hebel stellen der Nussknacker und die Citronenpresse dar. Der menschliche Arm, und zwar der Unterarm, ist ebenfalls ein einarmiger Hebel; der Drehpunkt liegt im Ellbogengelenk, die Kraft liefert der zweiköpfige Armmuskel an der Vorderseite des Oberarms, der an einem unweit des Ellbogengelenks gelegenen Punkte der Speiche angreift, und die Last ist die Hand nebst den von dieser etwa getragenen Gegenständen.

**Rolle.** Als Hebel ist ferner die Rolle anzusehen, eine kreisrunde Scheibe, welche an ihrem Umfange eine zur Aufnahme einer Schnur bestimmte Rinne besitzt. Um sich die Hebelwirkung klar zu machen, denke man sich einen wagerechten Durchmesser gezogen. Alsdann erkennt man, dass die feste Rolle (Abb. 20) ein gleicharmiger Hebel ist, dessen Drehpunkt der Mittelpunkt der Rolle ist. Sie befindet sich also im Gleichgewicht, wenn Kraft und Last einander gleich sind. Die bewegliche Rolle (Abb. 21, A) ist ein einarmiger

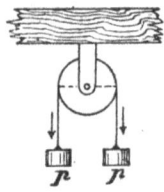

Abb. 20. Feste Rolle

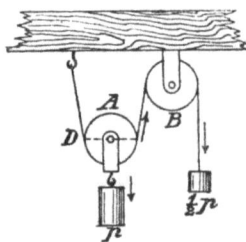

Abb. 21. Bewegliche Rolle (A) in Verbindung mit einer festen (B).

Hebel, dessen Drehpunkt (D) im Umfang der Rolle liegt. Sie ist im Gleichgewicht, wenn die Kraft halb so gross ist wie die Last. Eine Verbindung mehrerer fester und beweglicher Rollen ist der Flaschenzug.

**Wellrad.** Das Wellrad (oder Rad an der Welle), welches aus einer Walze und einem an derselben koncentrisch befestigten Rade besteht, wirkt als zweiarmiger, ungleicharmiger Hebel. Ein Wellrad, welches auf eine einzelne, mit Handgriff versehene Speiche beschränkt ist, heisst eine Kurbel. Sie findet sich z. B. an der Winde (Abb. 22, A; B ist die Welle), der Drehrolle, der Kaffeemühle u. s. w. — Ein Wellrad findet sich unter anderm am Schiffssteuer.

Als Wellräder wirken auch die Zahnräder, Scheiben, welche an ihrem Umfange Vorsprünge — die Zähne — tragen, mit denen sie in die Lücken zwischen den Zähnen anderer Zahnräder oder einer Zahnstange eingreifen.

**Schwerpunkt.** Wenn man einen Stab quer über einen Finger legt, so kann man ihn in einem Punkte so unterstützen, dass die eine Seite der andern das Gleichgewicht hält. Dies erklärt sich so, dass der ganze Stab aus lauter Massentheilchen besteht, auf

## 5. Wirkungen der Schwerkraft auf feste Körper. 55

welche die Schwerkraft wirkt (und zwar auf alle in nahezu gleicher Richtung — vergl. S. 32) und welche zu dem Unterstützungspunkte so liegen, dass die Summe der statischen Momente aller Massentheilchen auf der einen Seite gleich der auf der andern Seite vom Unterstützungspunkte aus ist.

Wird eine Visitenkarte im Mittelpunkte, d. h. im Schnittpunkte der Diagonalen, durchbohrt und mit der Öffnung auf eine Nadel gesteckt, so befindet sie sich in allen Lagen, die man ihr giebt, (nahezu) im Gleichgewicht. Der Grund hiervon ist der, dass, wie man die Karte auch stellen mag, ein durch den Unterstützungspunkt gehender senkrechter Schnitt sie stets in zwei gleiche Theile zerlegen würde, derart, dass wie im vorigen Beispiel die Summe der statischen Momente aller Massentheilchen links von diesem Schnitt gleich derjenigen rechts oder kürzer: dass das statische Moment der linken Hälfte der Karte gleich dem der rechten Hälfte sein würde.

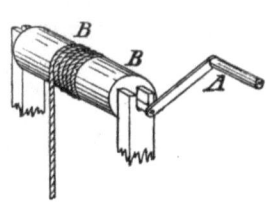

Abb. 22. Winde.

Während sich in den beiden vorstehenden Beispielen nur die Massentheilchen links und rechts vom Unterstützungspunkt bezw. von einer durch denselben gehenden senkrechten Ebene das Gleichgewicht halten, besitzt jeder Körper auch einen Punkt von einer derartigen Beschaffenheit, dass alle Massentheilchen rings um ihn herum einander das Gleichgewicht halten. Ein solcher Punkt heisst der Schwerpunkt des Körpers, weil, wenn der Körper in ihm unterstützt wird, die Schwerkraft keine Bewegungswirkung mehr auf den Körper auszuüben vermag, sondern dieser sich so verhält, als wäre seine ganze Schwere (bezw. seine Masse) in dem fraglichen Punkte vereinigt.

Der Schwerpunkt eines geraden und seiner ganzen Länge nach gleich starken und gleich schweren Stabes liegt in der Mitte im Innern des Stabes; der Schwerpunkt einer Visitenkarte im Schnittpunkte der Diagonalen, aber ebenfalls im Innern, in der Mitte zwischen beiden Kartenseiten (die Karte hat eine gewisse Dicke oder Stärke!).

Der Schwerpunkt eines Körpers, der in allen seinen Theilen (oder wenigstens in allen den Theilen, die zu einer ihn symmetrisch theilenden Ebene symmetrisch liegen) gleich schwer ist, fällt mit seinem geometrischen Mittelpunkt zusammen. Derselbe braucht nicht immer im Innern des Körpers zu liegen. Das in Abb. 23 dargestellte System, bestehend aus einem Kegel, einem durch denselben gehenden Bügel und zwei an dessen Enden befestigten Kugeln, hat seinen Schwerpunkt auf der punktirten Linie unterhalb der Kegelspitze, also in der freien Luft.

Der Schwerpunkt eines Körpers, der aus verschiedenen Stoffen besteht und daher in seinen verschiedenen Theilen verschiedene Schwere besitzt (oder kürzer, da die Schwere von der mehr oder weniger dichten Anhäufung der Massentheilchen abhängt: der Schwerpunkt eines Körpers von ungleicher Dichtigkeit) liegt (dem Gesetz vom Gleichgewicht des ungleicharmigen, zweiarmigen Hebels entsprechend) vom geometrischen Mittelpunkte aus nach der Seite hin, wo der Körper am schwersten ist.

**Arten des Gleichgewichts.** Wird ein Körper in einem andern Punkte als seinem Schwerpunkt unterstützt, so hat die Seite, auf welcher der Schwerpunkt (vom Unterstützungspunkte aus) liegt, das Übergewicht, und der Körper fällt, bis der Schwerpunkt die tiefste Stelle, die er einnehmen kann, erlangt hat.

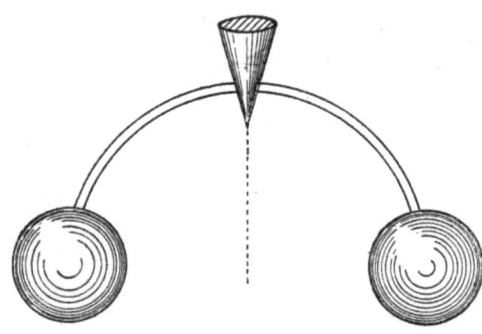

Abb. 23. Schwebender Kegel.

Man kann von jedem Körper, insofern er ein Ganzes darstellt, annehmen, dass die Schwerkraft ihn nur in seinem Schwerpunkte angreift.

Je nach der Art der Unterstützung eines Körpers in einem Punkte unterscheidet man drei Arten des Gleichgewichtes des Körpers.

Wird ein Körper in seinem Schwerpunkt unterstützt, so befindet er sich im indifferenten Gleichgewicht (Abb. 24, a); er verharrt unverändert in allen Lagen, die man ihm giebt; jede Lage ist eine Gleichgewichtslage.

Wenn der Unterstützungspunkt eines Körpers senkrecht über seinem Schwerpunkt liegt, so befindet sich der Körper im stabilen Gleichgewicht (Abb. 24, b); wird er aus seiner Gleichgewichtslage herausgebracht, so fällt er — der Schwerkraft folgend, die ihn in seinem aus der tiefsten Lage emporgehobenen Schwerpunkt angreift — wieder in die alte Gleichgewichtslage zurück; der Körper hat nur eine Gleichgewichtslage (die dann vorhanden ist, wenn der Schwerpunkt genau senkrecht unter dem Unterstützungspunkt liegt).

Wenn der Unterstützungspunkt eines Körpers senkrecht unter seinem Schwerpunkt liegt, so befindet sich der Körper im labilen

Gleichgewicht (Abb. 24, c); wird er aus seiner Gleichgewichtslage herausgebracht (wozu der geringste Anstoss genügt), so geht er — wiederum der Schwerkraft folgend — in eine neue Gleichgewichtslage über, und zwar in eine derartige, dass der Schwerpunkt die tiefst mögliche Lage erhält; dies ist die stabile Gleichgewichtslage; im labilen Gleichgewicht giebt es nach dem Gesagten auch nur eine Gleichgewichtslage (die dann vorhanden ist, wenn der Schwerpunkt genau senkrecht über dem Unterstützungspunkt liegt).

Wird ein Körper statt in einem Punkte durch eine Fläche unterstützt, so kann von den drei eben besprochenen Gleichgewichtsarten nicht die Rede sein; vielmehr steht in diesem Falle der

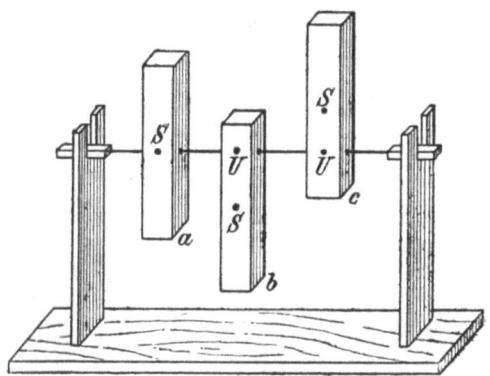

Abb. 24. Indifferentes, stabiles und labiles Gleichgewicht.
$S =$ Schwerpunkt; $U =$ Unterstützungspunkt.

Körper nur mehr oder weniger stabil (und dem entsprechend weniger oder mehr labil).

Jeder durch eine Fläche unterstützte Körper bleibt überhaupt so lange stehen, als sein Schwerpunkt senkrecht über seiner Unterstützungsfläche liegt; er fällt in dem Augenblicke, wo ein durch den Schwerpunkt gezogen gedachtes Loth, in dessen Richtung ja die Schwerkraft auf den Körper wirkt, nicht mehr durch die Unterstützungsfläche, sondern seitlich an ihr vorbei geht, so dass also der Schwerpunkt nicht mehr unterstützt ist.

Je grösser daher die Unterstützungsfläche eines Körpers ist und je näher sein Schwerpunkt der Mitte der Unterstützungsfläche iegt (insbesondere: je tiefer er liegt), desto stabiler ist der Körper (d. h. desto fester und sicherer steht er).

**Wagen.** Ihre wichtigste Anwendung finden die Hebelgesetze in den Wagen (vergl. S. 53). Wir betrachten die gewöhnliche oder gleicharmige Wage, die Schnellwage und die Brückenwage.

**Gewöhnliche Wage.** Die gewöhnliche oder gleicharmige Wage (Abb. 25) besteht aus dem Wagebalken ($BB$) mit der Zunge ($z$), der Schneide ($s$) nebst den Pfannen ($p$), auf denen die Schneide ruht, und den gleichfalls meist von Schneiden getragenen Bügeln (bei $B$) mit den Wageschalen ($WW$). Die Schneiden (auch Zapfen genannt) und die Pfannen sind aus polirtem Stahl hergestellt.

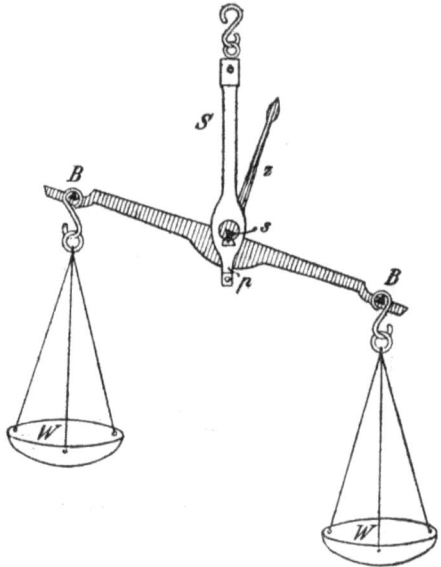

Abb. 25. Gewöhnliche Wage; Form der Handwage.

Die Pfannen sind bei der in Abb. 25 abgebildeten Form der gleicharmigen Wage Theile der Schere ($S$), welche entweder mit der Hand gehalten oder von einem besonderen Gestell (Stativ) getragen wird. Die Einrichtung der Tarirwage zeigt Abb. 26, diejenige der chemischen Wage Abb. 27.

Die Wagen dienen zur Feststellung des Gewichtes eines Körpers. Ihre Handhabung geschieht in der Weise, dass der zu wägende Körper auf die eine Wageschale gelegt wird, die Gewichte auf die andere und dass nun Gleichgewicht hergestellt wird. Dann geben die Gewichte (Maassgewichte) unmittelbar das Gewicht (die Grösse der Schwere) des Körpers an. Das Gleichgewicht erkennt man daran, dass sich der Wagebalken wagerecht oder horizontal, die rechtwinklig an ihm befestigte Zunge also senkrecht oder vertikal stellt.

## 5. Wirkungen der Schwerkraft auf feste Körper. 59

Eine gute Wage muss richtig und empfindlich sein. Richtig ist sie, wenn: 1. beide Hebelarme des Wagebalkens gleiches Gewicht haben, 2. beide Arme gleich lang sind, 3. der Unterstützungspunkt (bei $s$ in Abb. 25) und die beiden Aufhängepunkte (Abb. 25, $BB$) in gerader Linie liegen, 4. der Wagebalken die erforderliche Festigkeit besitzt, so dass keine Verbiegung stattfindet. Empfindlich ist die Wage, wenn: 1. der Schwerpunkt des Wagebalkens unter dem Unterstützungspunkte, aber in möglichster Nähe desselben liegt, 2. die Hebelarme möglichst lang sind, 3. ihr Gewicht ein geringes ist, 4. die Reibung zwischen Schneide und Pfannen sowie an der Aufhängevorrichtung der Bügel eine möglichst unbedeutende ist.

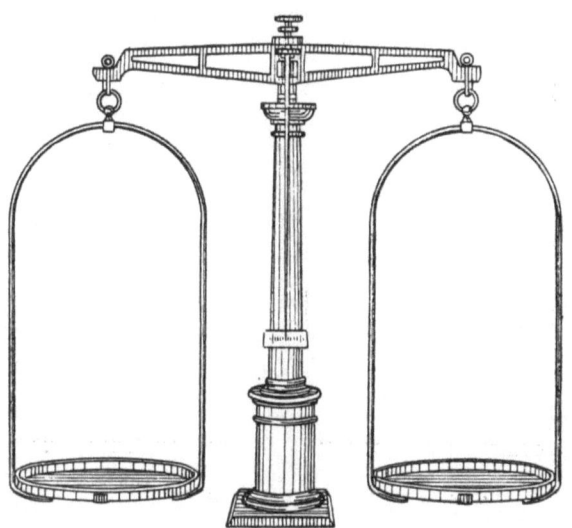

Abb. 26. Gewöhnliche Wage; Form der Tarirwage.

Die für die Richtigkeit der Wage aufgestellten Bedingungen erklären sich insofern, als bei ihrer Vernachlässigung die Wage (bezw. der Wagebalken) keinen gleicharmigen Hebel vorstellt; was den 4. Punkt — die Festigkeit des Wagebalkens — anbetrifft, so ist zu bemerken, dass durch Verbiegung eines Hebelarmes eine Verkürzung desselben eintreten würde. Zu ermitteln sind die genannten Bedingungen auf folgende Weise: das gleiche Gewicht der Hebelarme durch Abnahme der Wageschalen; ihre gleiche Länge, indem man sie beide gleich belastet, dann die Belastung vertauscht und zusieht, ob wieder Gleichgewicht herrscht; die gleich hohe Lage der Unterstützungs- und Aufhängepunkte durch einen ausgespannten Faden.

Die Gründe für die Bedingungen, von denen die Empfindlichkeit der Wage abhängt, sind diese: 1. Das Gleichgewicht des Wagebalkens muss ein stabiles sein; läge der Schwerpunkt im Unterstützungspunkt, so würde sich der Wagebalken in allen Lagen im Gleichgewicht befinden, die man ihm giebt (indifferentes Gleichgewicht) — was natürlich nicht der Fall sein darf; läge der Schwerpunkt gar **über** dem Unterstützungspunkt, so würde labiles Gleichgewicht herrschen, der Wagebalken würde bei der kleinsten Mehrbelastung auf einer Seite umschlagen, die Wage wäre **überempfindlich**. 2. Je länger die Hebelarme sind, desto stärker wirkt ein Übergewicht auf einer Seite der Wage, da das statische Moment desselben um so grösser ist; desto grösser ist also auch der Ausschlag, den es hervorruft. 3. Je leichter der Wagebalken ist, eine desto geringere Kraft genügt, ihn in Bewegung zu versetzen. 4. Je unbedeutender die Reibung ist, desto leichter kann ebenfalls der Wagebalken in Bewegung versetzt werden.

Um den Wagebalken gleichzeitig möglichst lang, leicht und fest zu machen, giebt man ihm (bei den feineren Wagen, Abb. 26 und 27) eine rhombenähnliche Gestalt

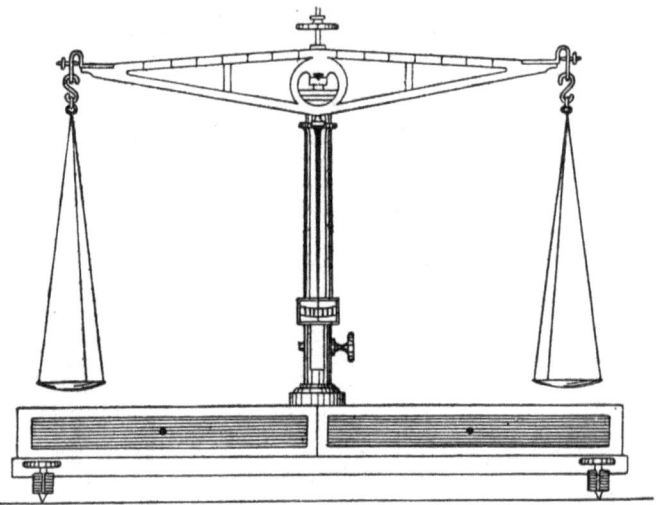

Abb. 27. Chemische Wage.

und stellt ihn durchbrochen her. Herstellungsmaterial: Messing, auch Aluminium. Eine verstellbare Schraube senkrecht ober- oder unterhalb des Schwerpunktes des Wagebalkens ermöglicht es, den Schwerpunkt dem Unterstützungspunkte zu nähern oder von ihm zu entfernen und dadurch die Empfindlichkeit der Wage zu reguliren. Die sogenannte „**Arretirung**" ist eine am Stativ angebrachte Vorrichtung, durch welche der Wagebalken mit den Schalen beim Nichtgebrauch emporgehoben werden kann, so dass die Schneide und die Pfannen sich nicht berühren und somit ihre unnöthige Abnutzung vermieden wird.

Den Grad der Empfindlichkeit einer Wage bestimmt man nach dem kleinsten Gewicht, welches bei grösster Belastung der Wage noch einen deutlichen Ausschlag bewirkt. Ist dies Gewicht $= a$, die grösste (einseitige) Belastung $= b$, so bedient man sich als **Maasses** für den Grad der Empfindlichkeit des Bruches $\frac{a}{2b}$; derselbe giebt an, den wievielten Theil das Minimalgewicht von der Maximalbelastung ausmacht.

Um Wägungen bis auf Milligramme genau vornehmen zu können, verwendet man, da sich kleinere Gewichte als 1 Centigramm nicht genau herstellen lassen, folgenden Kunstgriff. Man theilt die Arme des Wagebalkens in je 10 gleiche Theile ein (Abb. 27) und verwendet 1 Centigramm in Form eines gebogenen Drahtes (Reiter) so, dass man es auf den Wagebalken in beliebigen Abständen vom Unterstützungspunkte aufsetzt. Während es dann am Ende des Wagebalkens als 1 Centigramm wirkt, wirkt es in $^1/_{10}$ der Entfernung vom Unterstützungspunkt als $^1/_{10}$ cg = 1 mg, in $^2/_{10}$ der Entfernung als $^2/_{10}$ cg = 2 mg u. s. w.

**Schnellwage.** Zum raschen Wägen, namentlich grösserer Lasten, bei dem es nicht auf grosse Genauigkeit ankommt, bedient man sich der Schnellwage, welche einen ungleicharmigen Hebel dar-

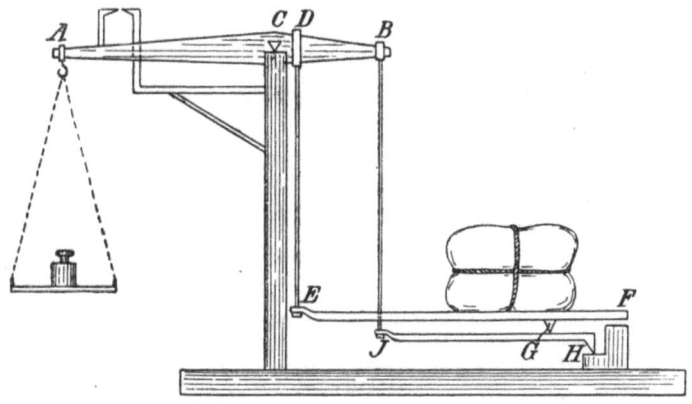

Abb. 28. Decimalwage.

stellt, an dessen kürzeren Arm die Last gehängt wird, während auf dem, mit einer Eintheilung versehenen, längeren Arm, das sogenannte Laufgewicht in solche Entfernung vom Unterstützungspunkt gebracht werden kann, dass Gleichgewicht herrscht. Tritt dieses z. B. ein, wenn das — sagen wir: 500 g schwere — Laufgewicht sich dreimal so weit vom Unterstützungspunkte befindet als die Last, so wiegt die letztere 3 . 500 = 1500 g.

**Brückenwage.** Um sehr umfangreiche und schwere Lasten zu wägen, bedient man sich der Brückenwagen, die theils Decimalwagen, theils Centesimalwagen sind. Nur die ersteren, welche die häufiger vorkommenden sind, wollen wir betrachten.

In Abb. 28 ist $AB$ der Wagebalken, der einen zweiarmigen, ungleicharmigen Hebel darstellt, $C$ der Unterstützungspunkt und $EF$ die Brücke, auf welche die Last gebracht wird. Diese Brücke ist in zwei Punkten unterstützt: in $E$ durch eine Stange, welche von dem kürzeren Arm des Wagebalkens $CB$ in $D$ getragen wird, und in $G$ durch den unter der Brücke befindlichen einarmigen Hebel $JH$, dessen Drehpunkt $H$ ist, während sein Endpunkt $J$ durch die feste Verbindung $BJ$ von dem kürzeren Arm des Wagebalkens emporgehalten wird.

Die Wage ist derartig gebaut, dass $CB = \frac{1}{2} CA$; $CD = \frac{1}{10} CA = \frac{1}{5} CB$; $HG = \frac{1}{5} HJ$.

Die Last wirkt nun mit einem Theil ihres Gewichtes — nennen wir ihn $p$ — niederziehend auf den einen Unterstützungspunkt der Brücke: $E$ und damit auf $D$. Diesem Zuge wird durch ein Gewicht $= \frac{1}{10} p$, das auf die in $A$ hängende Wageschale gelegt wird, das Gleichgewicht gehalten, da $CA = 10 \cdot CD$. Mit dem Reste ihres Gewichtes — nennen wir ihn $q$ — wirkt die Last auf den andern Unterstützungspunkt der Brücke: $G$ und damit an der gleichen Stelle auf den einarmigen Hebel. Soll ein Niedersinken desselben verhindert werden, so muss derselbe in $J$ bezw. $B$ mit einer Kraft $= \frac{1}{5} q$ emporgehalten werden, da $HJ = 5 \cdot HG$. Diese Wirkung wird erreicht, wenn man auf die Wageschale links ein Gewicht = der Hälfte dieser Kraft $= \frac{1}{10} q$ setzt, da $CA = 2 \cdot CB$.

Es ist hiernach ersichtlich, dass auf der beschriebenen Wage eine Last $p + q$ mit einem Gewicht $= \frac{1}{10}(p + q)$ — d. h. mit einem Gewicht, das nur den 10. Theil der Last beträgt — gewogen werden kann; daher der Name Decimalwage.

Die Einrichtung der Centesimalwagen ist eine derartige, dass die Gewichte nur den 100. Theil der zu wiegenden Lasten betragen.

**Pendel.** Wenn man die Bleikugel eines Lothes, wie wir es auf S. 32 beschrieben haben, aus ihrer Lage senkrecht unter dem Aufhängepunkte des Lothes heraushebt und dann loslässt, so fällt sie — der Schwerkraft folgend — zunächst wieder in ihre frühere — tiefste — Lage zurück (vergl. stabiles Gleichgewicht!), geht aber — auf Grund des Beharrungsgesetzes — über diese Lage hinaus und erhebt sich nach der entgegengesetzten Seite hin bis zu einem Punkte, der in gleicher Höhe über der Horizontal-Ebene liegt wie derjenige, in welchem man zuvor die emporgehobene Kugel losgelassen hatte. Hierauf führt die Bleikugel die entgegengesetzte

## 5. Wirkungen der Schwerkraft auf feste Körper.

Bewegung aus und so fort, bis sie durch den Luftwiderstand und die Reibung des Fadens am Aufhängepunkte nach kürzerer oder längerer Zeit in ihrer tiefsten Lage zur Ruhe gelangt.

Wie die Kugel, führt aber auch das ganze Loth hin- und hergehende Bewegungen aus, und zwar um seine ursprüngliche senkrechte Stellung als mittlere Gleichgewichtslage; derartige hin- und hergehende Bewegungen eines Körpers um eine mittlere Gleichgewichtslage nennt man **Schwingungen**, den schwingenden Körper ein **Pendel**. Das in der geschilderten Weise schwingende Loth ist die einfachste Art eines Pendels: ein sog. **Fadenpendel**.

Ist der schwere Körper (hier die Bleikugel) an einer starren Stange befestigt, so haben wir es mit einem **Stangenpendel** zu thun, wie es die Penduluhren besitzen. Der schwere Körper der Stangenpendel hat meist linsenförmige Gestalt, weil er dadurch besser in den Stand gesetzt ist, die Luft zu durchschneiden; er heisst **Pendellinse**.

Fadenpendel und Stangenpendel werden als **physische oder zusammengesetzte Pendel** bezeichnet. Unter einem **mathematischen oder einfachen Pendel** (das es nur in Gedanken giebt) versteht man ein Pendel, bei dem die Masse des schweren Körpers in einem **Punkte** vereinigt ist, der an einem unausdehnbaren und gewichtslosen Faden hängt.

Folgende Begriffe, die sich auf das Pendel und die Pendelbewegung beziehen, sind noch besonders zu merken.

Als **Pendellänge** bezeichnet man die Entfernung des Aufhängepunktes — oder Schwingungsmittelpunktes — vom Schwerpunkte des schweren Körpers.

Eine **Schwingung** ist die Bewegung dieses Schwerpunktes (bezw. des schweren Körpers oder des ganzen Pendels) von einer äussersten Lage bis zur entgegengesetzten; eine **Doppelschwingung** ist die Bewegung des Schwerpunktes von einer äussersten Lage bis zur entgegengesetzten und wieder zurück.

Der Weg — ein Kreisbogen —, den der Schwerpunkt des schwingenden Körpers bei einer Schwingung zurücklegt, heisst **Schwingungsbogen**, seine Grösse wird als **Schwingungsweite** (oder **Amplitude der Oscillation**) bezeichnet.

Die Zeit, in welcher der Schwerpunkt (bezw. der schwere Körper oder das Pendel) eine Schwingung zurücklegt, heisst **Schwingungsdauer**.

Die Anzahl der Schwingungen in einer Zeiteinheit (gewöhnlich 1 Minute, aber bei schnellen Schwingungen auch 1 Sekunde) wird **Schwingungszahl** genannt.

**Pendelgesetze.** Je grösser die Schwingungsdauer eines Pendels — oder allgemeiner: eines schwingenden Körpers überhaupt —, desto kleiner die Schwingungszahl. Schwingungsdauer und Schwingungszahl stehen im umgekehrten Verhältniss zu einander; ihr Produkt ist (unter der Voraussetzung derselben Zeiteinheit für beide) $= 1$.

Ein Pendel, dessen Schwingungsdauer 1 Sekunde ist, heisst ein **Sekundenpendel**; seine Länge ist (in Europa, in Höhe des Meeresspiegels) ungefähr ein Meter.

Wenn man ein Pendel derartig in schwingende Bewegung versetzt, dass die Schwingungsweite eine geringe bleibt, so ist die Schwingungsdauer (und damit auch die Schwingungszahl) fortwährend dieselbe, während die Schwingungsweite allmählich abnimmt. (Gesetz vom Isochronismus der Schwingungen.)

Die Schwingungsdauer des Pendels ist ferner von der Masse und Stoffart (oder Substanz) des schweren Körpers unabhängig. — Diese Thatsache entspricht dem Gesetz, dass alle Körper (im leeren Raume) gleich schnell fallen.

Wohl aber ändert sich die Schwingungsdauer (und damit die Schwingungszahl) mit der Pendellänge; und zwar verhalten sich die Schwingungsdauern ungleich langer Pendel wie die Quadratwurzeln aus den Pendellängen.

Da die Pendelbewegung in erster Linie durch die Schwerkraft hervorgerufen wird, so nimmt die Schwingungsdauer zu (die Schwingungszahl ab), wenn die Grösse der Schwerkraft abnimmt: z. B. auf hohen Bergen und mit wachsender Annäherung an den Äquator. (Abplattung der Erde an den Polen. — Vergl. S. 38—39.)

Die Pendelgesetze wurden um 1600 von Galilei aufgefunden. —

## 6. Wirkungen der Schwerkraft auf flüssige Körper.
(Mechanik der flüssigen Körper.)

**Flüssigkeitsoberfläche.** Die Oberfläche einer in einem Gefässe befindlichen Flüssigkeit ist zufolge der Wirkung der Schwerkraft annähernd eine wagerechte Ebene. Würde nämlich die Flüssigkeit an einer Stelle der Oberfläche schräg begrenzt sein, so würden hier die höher gelegenen Theilchen wie auf einer schiefen Ebene sich abwärts bewegen (was wegen der geringen Kohäsion auf keinerlei Weise verhindert würde), bis alle Theilchen der Flüssigkeit gleich weit vom Erdmittelpunkte entfernt lägen.

Nach dem Letztgesagten ist — streng genommen — die Oberfläche einer Flüssigkeit keine Ebene, sondern ein Stück einer Kugelfläche; aber für die beschränkten Verhältnisse, wie sie sich in Gefässen darbieten, stimmt für jeden Grad menschlicher Genauigkeit ein solches Stück einer Kugelfläche (welches Kugelkappe oder -Kalotte heisst) mit einer Ebene überein.

Libelle — eine Wasserwage, mit Hilfe deren sich eine Fläche, auf die das Instrument gesetzt ist, wagerecht einstellen lässt. Sie ist ein mit Wasser gefülltes Rohr, bezw. eine ebensolche Dose, die eine Luftblase enthält. Befindet diese sich in der Mitte, so steht das Instrument horizontal.

## 6. Wirkungen der Schwerkraft auf flüssige Körper.

**Ausbreitung des Drucks in einer Flüssigkeit.** Man durchlöchere einen Gummiball an verschiedenen Stellen seiner Oberfläche mit einer Nadel und fülle ihn mit Wasser an; dies geschieht auf die Weise, dass man ihn unter Wasser bringt, zusammenpresst, um die in ihm enthaltene Luft zu entfernen, und dann sich wieder ausdehnen lässt, wobei das Wasser durch die Öffnungen ins Innere eindringt.

Den mit Wasser gefüllten Ball lege man auf einen Tisch und drücke von oben her mit dem Finger darauf. Dann beobachtet man, wie das Wasser aus allen Öffnungen hervor nach verschiedenen Seiten hinspritzt. Es hat sich also der auf die Flüssigkeit ausgeübte Druck nicht nur in der Druckrichtung (von oben nach unten), sondern (da die Öffnungen an beliebigen Stellen angebracht waren) **allseitig** fortgepflanzt.

Wird auf einen festen Körper ein Druck ausgeübt, so pflanzt sich derselbe, je starrer, d. h. je weniger weich oder je weniger elastisch, der Körper ist, um so vollkommener nur in einer Richtung, nämlich der Druckrichtung, weiter fort.

Es erhebt sich jetzt die Frage, mit welcher Stärke sich der auf eine Flüssigkeit ausgeübte Druck in ihr weiter verbreitet. Hierauf antwortet folgender Versuch: Ein vollständig mit Wasser gefülltes Gefäss (Abb. 29), an welches 4 Röhren $A$, $B$, $C$ und $D$ von gleichem Querschnitt (z. B. 1 qcm) angesetzt sind, werde durch 4 Kolben, welche sich in diesen Röhren bewegen können, verschlossen. Wird nun auf den Kolben $A$ ein Druck von 1 kg ausgeübt, so muss auf **jeden** der übrigen Kolben ($B$, $C$ und $D$) der **gleiche** Druck von 1 kg ausgeübt werden, wenn verhindert werden soll, dass sich einer derselben nach aussen (und damit der Kolben $A$ nach innen) bewegt.

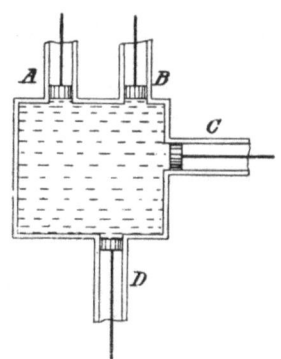

Abb. 29. Verbreitung des Druckes in einer Flüssigkeit.

Aus beiden Versuchen erhellt das Gesetz, dass sich ein auf eine Flüssigkeit (senkrecht zur Oberfläche) ausgeübter Druck in derselben nach allen Richtungen mit gleicher Stärke verbreitet.

Wird nun auf eine Flüssigkeit ein derartiger Druck ausgeübt, dass ein bestimmtes Stück der Gefässwand, z. B. von 1 qcm Flächeninhalt, unter einem Drucke von der Grösse $a$ steht, so erfährt nach dem vorstehenden Satze ein Stück der Gefässwand von 2 qcm Flächeninhalt einen Druck $= 2a$, da jedes einzelne qcm den gleichen Druck $= a$ erfährt; ein Wandstück von 3 qcm Flächeninhalt erfährt einen Druck $= 3a$ u. s. w. Allgemein gilt also der Satz: Wenn auf eine Flüssigkeit (senkrecht zur Oberfläche) ein Druck ausgeübt wird, so ist derjenige Druck, den ein beliebiger Theil der Gefässwand erfährt, der Grösse dieses Wandstücks proportional. (Pascal, 1650.)

## 6. Wirkungen der Schwerkraft auf flüssige Körper.

Diese Beziehung findet eine Anwendung in der hydraulischen oder Brahma'schen Presse. (Brahma, 1797.) Dieselbe besteht im Wesentlichen aus zwei mit Wasser gefüllten Cylindern, die durch ein Rohr mit einander verbunden sind und in denen sich je ein Stempel bewegt: der eine mit kleinem, der andere mit grossem Querschnitt. Der erstere wird mittels eines einarmigen Hebels in auf- und niedergehende Bewegung versetzt; jeder Niederdruck überträgt sich durch die Flüssigkeit auf den grossen Stempel, und zwar, wenn dessen Querschnitt z. B. 100mal so gross ist als der des kleinen, in 100facher Stärke. Diesem Druck entsprechend wird der grosse Stempel nach oben getrieben. (Anwendung in Ölfabriken, bei der Tuch-Appretur u. s. w.)

Zu beachten ist hierbei, dass der grosse Stempel sich beträchtlich langsamer emporbewegt, als der kleine Stempel niedergeht. Das Verhältniss der Wege ist das umgekehrte wie das der Druckkräfte.

**Bodendruck in Flüssigkeiten.** Aus dem soeben Ausgeführten geht hervor, dass der Druck, den eine in einem Gefässe befindliche Flüssigkeit auf den Boden des Gefässes ausübt, von der Grösse des Bodens abhängig ist.

Weitere Versuche lehren, dass die Form des Gefässes von keinerlei Einfluss auf den Bodendruck ist, wohl aber die Höhe der Wassersäule über dem Boden.

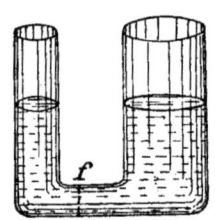

Abb. 30. Kommunicirende Röhren.

Damit ergiebt sich das Gesetz, dass der von einer Flüssigkeit ausgeübte Druck proportional der Bodenfläche (allgemeiner: der Druckfläche) und der Höhe über der gedrückten Fläche — der sogenannten Druckhöhe — ist oder: dass dieser Druck gleich dem Gewichte einer cylindrischen Flüssigkeitssäule ist, deren Grundfläche gleich der Bodenfläche (oder Druckfläche) und deren Höhe gleich der Druckhöhe der Flüssigkeit ist.

In der Real'schen Extractpresse wird hiernach ein beträchtlicher Druck auf den auszuziehenden Stoff bei Anwendung einer geringen Menge ausziehender Flüssigkeit auf die Weise zu Stande gebracht, dass an das Gefäss, welches den der Extraction zu unterwerfenden Stoff aufnimmt, ein langes senkrechtes Rohr von geringer Weite angesetzt ist, so dass also die Druckhöhe der in Gefäss und Rohr gefüllten Flüssigkeit eine grosse ist. Der der Extraction zu unterwerfende Stoff befindet sich, fein gepulvert, am Boden des Gefässes zwischen zwei siebartig durchlöcherten Platten; ein nahe dem Boden angebrachter Hahn dient zum Ablassen der Extractflüssigkeit.

**Kommunicirende Gefässe.** Zwei Gefässe, welche entweder unmittelbar oder durch ein unten befindliches Querrohr mit einander verbunden sind, heissen kommunicirende Gefässe; haben sie selbst Röhrenform, so nennt man sie kommunicirende Röhren. (Abb. 30.)

Giesst man in zwei kommunicirende Gefässe eine Flüssigkeit, so beobachtet man, dass sich dieselbe in beiden gleich hoch stellt. Die Überlegung zeigt, dass nur auf diese Weise die Flüssigkeit sich im Gleichgewicht befinden kann; denn da die Druckfläche (d. i. entweder die Grenzfläche an der Stelle, wo ein Gefäss in das andere übergeht, oder irgend eine Fläche im Querrohr — Abb. 30, *f*) für die Flüssigkeit in beiden Gefässen dieselbe ist, so muss auch die Druckhöhe der Flüssigkeit in jedem der Gefässe die gleiche sein, da sonst der Druck der Flüssigkeit in beiden Gefässen verschieden wäre und somit kein Gleichgewicht bestehen könnte.

Das Gesetz der kommunicirenden Röhren findet vielfache praktische Anwendung; z. B. bei der Nivellir-, Kanal- oder Wasserwage der Feldmesser; bei dem Wasserstandsanzeiger oder Standmesser an Dampfkesseln u. s. w.; bei allen mit Ausguss versehenen Gefässen, insbesondere der Giesskanne; bei der Wasserleitung, den natürlichen Springbrunnen, den artesischen Brunnen u. s. w.

Eine andere Gestalt nimmt das Gesetz der kommunicirenden Gefässe an, wenn sich in den Gefässen **mehrere** Flüssigkeiten befinden, die ungleich schwer sind oder genauer: deren specifisches Gewicht verschieden ist. (Vergl. den Abschnitt: „Flüssigkeiten von verschiedenem specifischen Gewicht in kommunicirenden Gefässen".)

Eine direkte Abweichung vom Gesetz der kommunicirenden Gefässe (infolge der Wirksamkeit besonderer Kräfte) stellt sich ein, wenn Röhren von sehr geringem Durchmesser zur Verwendung kommen. (Vergl. den Abschnitt über „Kapillarität".)

**Ausflussgeschwindigkeit.** Von dem Druck einer in einem Gefässe befindlichen Flüssigkeit hängt die **Ausflussgeschwindigkeit** ab, mit welcher sie aus einer in dem Boden oder der Wand des Gefässes vorhandenen Öffnung hervorströmt.

Auf die Grösse der Öffnung kommt es hierbei aber nicht an; denn wenn die Öffnung und damit der Druck grösser ist, nimmt im gleichen Maasse auch die zu bewegende Flüssigkeitsmenge zu (vergl. S. 36); daher ist die Ausflussgeschwindigkeit ausschliesslich von der **Druckhöhe** abhängig; nach Torricelli (1641) ist sie gleich der Endgeschwindigkeit, die ein Körper erlangen würde, der von einer der Druckhöhe gleich grossen Höhe über dem Erdboden frei auf diesen herabfiele.

Von der **Richtung** des ausfliessenden Flüssigkeitsstrahls ist die Ausflussgeschwindigkeit gleichfalls **unabhängig**; dies ist eine Folge der nach allen Richtungen gleichmässigen Fortpflanzung des Druckes in Flüssigkeiten.

**Glashahn und Quetschhahn.** Um das Ausfliessen einer Flüssigkeit aus einem Gefässe zu **regeln**, vor allem um es zu ermöglichen, dass die Flüssigkeit in kleiner Menge und mit Unterbrechungen ausfliesst, bedient man sich eines über der Ausflussöffnung anzubringenden **Glashahns** oder **Quetschhahns**, wie sie die in Abb. 31 und 32 dargestellten, bei der **chemischen Maassanalyse** Verwendung findenden **Büretten** zeigen. Büretten sind mit Volum-Eintheilung versehene Glasröhren, die am unteren Ende verschliessbar sind.

Der Glashahn (siehe Abb. 31) ist ein mit Griff versehenes Glasstück, das eine Durchbohrung besitzt, welche das Glasstück parallel dem Griff durchsetzt. Dieses Glasstück ist in eine im unteren Theile der Bürette — einem Ansatzrohr — befindliche Durchbohrung luftdicht eingeschliffen. Wird nun der Glashahn so gedreht, dass sein Griff senkrecht steht, also der Längsachse der Bürette parallel ist, so fliesst die in der Bürette enthaltene Flüssigkeit durch die Durchbohrung

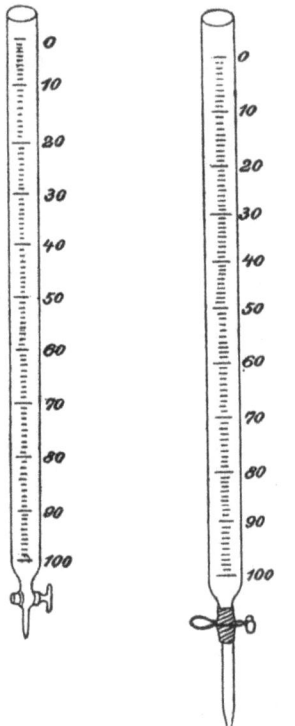

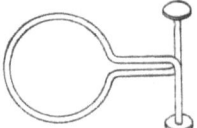

Abb. 32b. Quetschhahn.

des Hahns nach unten ab; steht der Griff wagerecht, so fällt die Durchbohrung des Hahns nicht in den Lauf des Ansatzrohrs, und die Flüssigkeit kann nicht heraus; wird der Hahn allmählich aufgedreht, so kann man die Flüssigkeit tropfenweise austreten lassen.

Der Quetschhahn, den Abb. 32b für sich darstellt, ist ein gebogener Draht, dessen Enden zunächst ein Stückchen neben einander hergehen, dann, sich kreuzend, nach aussen gehen und in zwei Plättchen enden, die beim Gebrauch zwischen die Finger genommen werden.

Abb. 31. Glashahn-Bürette.   Abb. 32a. Quetschhahn-Bürette.

Soll der Quetschhahn zur Verwendung gelangen, so muss auf das Ansatzrohr der Bürette ein Stückchen Kautschukschlauch aufgeschoben werden, welches am unteren Ende abermals ein kleines Glasrohr trägt. Der Kautschukschlauch wird zwischen die parallelen Stücke des Quetschhahns gebracht, welche ihn — da der Hahn elastisch federnd ist — zusammenpressen; die Flüssigkeit kann jetzt nicht heraus. Drückt man nun die Plättchen des Quetschhahns mit den Fingern zusammen, so entfernen sich die parallelen Stücke des Hahns von einander, der elastische Kautschukschlauch bläht sich ein wenig auf, und es tritt Flüssigkeit nach unten hindurch.

**Seitendruck der Flüssigkeiten.** Wird ein nahe seinem unteren Ende mit einer seitlichen Öffnung versehenes Glasrohr am oberen Ende frei beweglich aufgehängt und mit Wasser gefüllt, so weicht, wenn das Wasser aus der Seitenöffnung ausfliesst, das untere Ende des Rohres nach der der Öffnung entgegengesetzten Seite zurück.

Der Grund hierfür ist der, dass das im Glasrohr enthaltene Wasser auf die der Seitenöffnung gegenüberliegende Stelle der Wandung einen nach aussen gerichteten Druck ausübt, während an der Seitenöffnung selbst kein derartiger Druck stattfindet, da hier die Gefässwand fehlt und das Wasser frei ausfliessen kann. — Da der Druck des Wassers in entgegengesetztem Sinne erfolgt, wie es ausfliesst, so spricht man auch von einem **Rückstoss** des Wassers.

Auf den gleichen einseitigen Seitendruck ist die Thätigkeit des Segner'schen Wasserrades (Abb. 33) zurückzuführen. Das senkrechte, um eine Achse drehbare, unten geschlossene Rohr ist mit Wasser gefüllt; aus den seitwärts umgebogenen, offenen Enden des Querrohrs fliesst das Wasser heraus und bewirkt eine Drehung des Röhrensystems in einem der Richtung der ausfliessenden Wasserstrahlen entgegengesetzten Sinne.

Eine praktische Anwendung des Segner'schen Wasserrades bilden die **Turbinen**. Man kann sie als Wasserräder mit senkrechter Achse bezeichnen, während die gewöhnlichen — ober- oder unterschlächtigen — Wasserräder, wie man sie an Wassermühlen findet, eine wagerechte Achse besitzen.

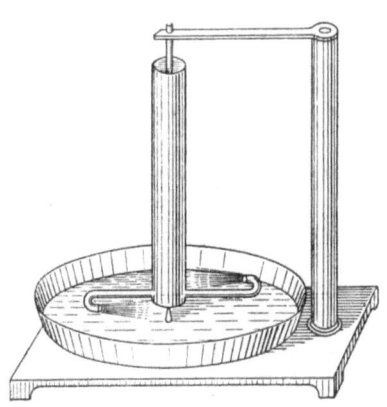

Abb. 33. Segner'sches Wasserrad.

**Auftrieb in Flüssigkeiten.** — Wird ein an einem Arme eines Wagebalkens aufgehängter Körper, dem durch Gewichte, welche auf den andern Arm des Wagebalkens wirken, das Gleichgewicht gehalten wird, in Wasser (oder eine andere Flüssigkeit) getaucht, so erfährt das Gleichgewicht eine Störung: der den Körper tragende Arm des Wagebalkens geht in die Höhe.

Der Körper erleidet einen **scheinbaren Gewichtsverlust**. In Wahrheit übt das Wasser einen nach oben gerichteten Druck auf ihn aus, den man als **Auftrieb** bezeichnet; das Wasser nimmt hiernach gewissermaassen einen Theil des Gewichtes des Körpers auf sich, es trägt den Körper zum Theil.

Dieser Auftrieb ist um so grösser, je grösser das Volum des Körpers ist, je mehr Wasser er also beim Eintauchen verdrängt.

Die Grösse des Auftriebs lässt sich auf folgende Weise ermitteln. Man stellt aus Metall einen Hohlcylinder und einen Vollcylinder her, welch' letzterer genau in jenen hineinpasst, so dass also das gesammte Volum des Vollcylinders

70        6. Wirkungen der Schwerkraft auf flüssige Körper.

und das Innenvolum des Hohlcylinders gleich sind. Dann hängt man den Vollcylinder an die kürzere Wageschale einer hydrostatischen Wage; eine solche unterscheidet sich dadurch von einer gewöhnlichen Wage, dass die eine Schale höher aufgehängt ist als die andere (so dass ein Gefäss mit Wasser oder einer anderen Flüssigkeit darunter gestellt werden kann) und dass diese kürzere Schale unten einen Haken besitzt, an welchen man einen Körper anhängen kann. (Abb. 34.) Auf die kürzere Wageschale ($C'$) setzt man nun den Hohlcylinder und stellt Gleichgewicht her. Alsdann lässt man den Vollcylinder in Wasser (in dem Gefässe $G$) eintauchen, und die kürzere Wageschale geht in die Höhe. Wenn man hierauf den Hohlcylinder voll Wasser füllt, stellt sich das Gleichgewicht wieder her.

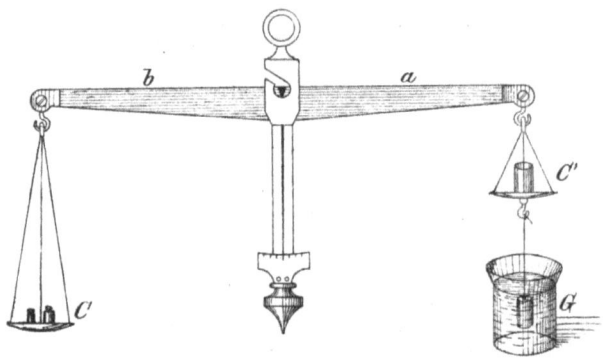

Abb. 34. Hydrostatische Wage.

Hieraus geht hervor, dass der Auftrieb (oder scheinbare Gewichtsverlust) eines in eine Flüssigkeit eingetauchten Körpers gleich dem Gewicht eines gleich grossen Volums der Flüssigkeit ist. (Archimedisches Gesetz oder Princip, aufgestellt 220 v. Chr. von dem Syrakusaner Archimedes.)

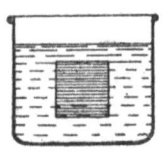

Abb. 35. Auftrieb in Flüssigkeiten.

Die Erscheinung des Auftriebs findet in folgender Betrachtung ihre Erklärung. — Denken wir uns in einem Gefäss mit einer beliebigen Flüssigkeit eine bestimmte Raummenge der letzteren besonders abgegrenzt (wie Abb. 35 zeigt), so bleibt diese Flüssigkeitsmenge deshalb in völligem Gleichgewicht an ihrer Stelle, weil sie durch die umliegende Flüssigkeit getragen wird. Ersetzt man nun die fragliche Flüssigkeitsmenge durch einen andern Körper von gleichem Volum und gleichem Gewicht, so muss derselbe ebenso getragen werden wie vorher die Flüssigkeitsmenge und unverändert an seiner Stelle bleiben; ist er aber — bei gleichem Volum — schwerer als die verdrängte Flüssigkeitsmenge, so muss wenigstens ein Theil seines Gewichtes von der umliegenden Flüssigkeit getragen werden, nämlich soviel, wie die verdrängte Flüssigkeit wog, da die umliegende Flüssigkeit stets dem gleichen auf ihm lastenden Druck das Gleichgewicht zu halten vermag. Dieser auf Kosten der umliegenden Flüssigkeit kommende Theil des Gewichtes ist nun der scheinbare Gewichtsverlust oder Auftrieb, den der Körper in der Flüssigkeit erfährt.

**Untersinken, Schweben und Schwimmen.** Aus dem eben Ausgeführten ergiebt sich, dass ein Körper, der frei in eine Flüssigkeit gebracht wird, ein dreifaches Verhalten darbieten kann.

Ist er genau so schwer wie die von ihm verdrängte Flüssigkeitsmenge, so bleibt er an jeder Stelle, an die man ihn bringt, in vollem Gleichgewicht: er **schwebt**; ist er schwerer als die verdrängte Flüssigkeitsmenge, so fällt er, da er nicht völlig von der umliegenden Flüssigkeit getragen wird, dem Mehrgewicht der eigenen Schwere entsprechend, auf den Boden des Gefässes: er **sinkt unter**; ist er leichter als die verdrängte Flüssigkeitsmenge, so steigt er an die Oberfläche empor und taucht nur soweit ein, dass sein Gesammtgewicht gleich dem Gewicht der von seinem unteren, eintauchenden Theile verdrängten Flüssigkeitsmenge ist: er **schwimmt**.

Das Untersinken, Schweben oder Schwimmen eines Körpers hängt, um es bestimmter auszusprechen, von dem Verhältniss des Gewichtes des Körpers zu dem Gewicht eines gleich grossen Flüssigkeitsvolums ab. Ist dieses Verhältniss grösser als 1, so sinkt der Körper unter; ist es = 1, so schwebt er; ist es kleiner als 1, so schwimmt er.

Die Erscheinungen des Untersinkens, Schwebens und Schwimmens lassen sich an einem bekannten Spielzeug: dem Cartesianischen Teufelchen (oder Cartesianischen Taucher) aufs Schönste beobachten. (Cartesius oder eigentlich Descartes, ein berühmter französischer Philosoph, 1596—1650.) Das Cartesianische Teufelchen ist eine aus Glas geblasene, dünnwandige, innen hohle Figur von der Gestalt eines Teufels oder dergl., deren Schwanzende eine Öffnung hat. Diese Figur befindet sich in einem ganz mit Wasser gefüllten und oben durch eine Gummihaut verschlossenen Glascylinder. Für gewöhnlich schwimmt das Teufelchen, da es in seinem Innern Luft enthält, mit dem Kopfe an die Gummihaut des Glascylinders stossend. Drückt man aber mit dem Finger auf die Gummihaut, so wird die Luft im Innern des Teufelchens zusammengepresst, und durch die Schwanzöffnung dringt Wasser in das Teufelchen ein, dasselbe wird schwerer und sinkt nun entweder unter oder erhält sich, bei geeigneter Regulirung des Fingerdruckes, schwebend. Ist der Schwanz horizontal um den Körper des Teufelchens gewunden, so werden beim Nachlassen des Druckes rotirende Bewegungen von der Figur ausgeführt (wegen des Seitendrucks oder Rückstosses der Flüssigkeit beim Ausfliessen).

**Specifisches Gewicht.** Da die auf der Erde verbreitetste, am meisten gebrauchte und am leichtesten zugängliche Flüssigkeit das Wasser ist, so hat man dem erwähnten Verhältniss des Gewichtes eines Körpers zu dem Gewicht eines gleich grossen Flüssigkeitsvolums in Bezug auf das Wasser einen besonderen Namen gegeben: das specifische Gewicht.

Das specifische Gewicht eines Körpers ist also das Verhältniss des absoluten Gewichtes des Körpers zu dem Gewicht eines gleich grossen Volums Wasser. — Hiernach ist es eine blosse, d. h. unbenannte Zahl.

Unter „absolutem Gewicht" des Körpers versteht man sein Gewicht in Luft oder, strenger genommen, im leeren Raum.

Denkt man sich den Körper von der Grösse der Volumeinheit = 1 ccm, so lässt sich — da das Gewicht von 1 ccm Wasser gleich der Gewichtseinheit (1 g) ist — das specifische Gewicht des Körpers auch als das Gewicht der Volumeinheit erklären (da dann der Nenner in dem Verhältniss wegfällt). Das specifische Gewicht wird insofern auch als Volumgewicht bezeichnet.

Das specifische Gewicht des Wassers im destillirten und damit reinen Zustande bei $+ 4^0$ C. (mit der Temperatur ändert sich das specifische Gewicht wegen der mit der Temperaturänderung verbundenen Volumänderung) ist = 1.

Dem specifischen Gewicht proportional ist die Dichtigkeit oder Dichte der Körper. Man versteht darunter die in der Volumeinheit enthaltene Masse, die ja ihrerseits dem Gewicht proportional ist. — Ist die in einem bestimmten Volum $v$ enthaltene Masse $= m$, das Gewicht derselben $= p$, so ist

$$\left.\begin{array}{l} \text{die Dichtigkeit} \quad = \dfrac{m}{v}, \\ \text{das specifische Gewicht} = \dfrac{p}{v}. \end{array}\right\} \quad (1)$$

Es möge hier die Bemerkung vorweggenommen werden, dass man auch von einem specifischen Gewicht der Gase spricht. Dasselbe wird aber nicht auf Wasser, sondern auf Luft oder — am häufigsten — auf Wasserstoff (als das specifisch leichteste aller Gase) bezogen. Wählt man als Vergleichsvolum die Volumeinheit, so giebt wiederum das specifische Gewicht der Gase das Gewicht ihrer Volumeinheit an; man nennt daher das specifische Gewicht der Gase ebenfalls ihr Volumgewicht. Das Volumgewicht der meisten chemischen Grundstoffe im gasförmigen Zustande ist gleich ihrem Atomgewicht, d. h. dem Gewicht eines Atoms der Grundstoffe, auf das Gewicht eines Wasserstoffatoms als Einheit bezogen; das Volumgewicht der chemischen Verbindungen im gasförmigen Zustande ist gleich dem halben Molekulargewicht, d. h. der Hälfte des Gewichts eines Moleküls der Verbindungen, gleichfalls auf das Gewicht eines Wasserstoffatoms als Einheit bezogen.

Das specifische Gewicht ist eine sehr wichtige Eigenschaft der Körper, an der man sie neben sonstigen Eigenschaften, wie Farbe, Glanz u. s. w., erkennen oder auf Grund welcher man wenigstens ihre Reinheit bezw. ihren Gehalt an anderen Stoffen feststellen kann. Treten nämlich zu einem Stoffe andere von verschiedenem specifischen Gewicht hinzu, so wird das specifische Gewicht des ersteren geändert. Salze und Säuren steigern so das specifische Gewicht des Wassers und zwar um so mehr, in je grösserer Menge sie darin gelöst enthalten sind, während z. B. Alkohol das specifische Gewicht bei zunehmendem Gehalte herabsetzt. Es lässt sich jedoch nicht in allen Fällen aus dem specifischen Gewicht eines Stoffes ohne Weiteres ein bestimmter Schluss auf seinen Gehalt an anderen Stoffen ziehen, da beispielsweise beim Mischen zweier Flüssigkeiten häufig Verdichtungen stattfinden (Mischungen von Wasser mit Weingeist, sowie von Wasser mit Schwefelsäure). In solchen Fällen geben Tabellen, die auf Grund von Versuchen aufgestellt wurden, Auskunft darüber, welcher Procentgehalt einem bestimmten specifischen Gewicht entspricht.

**Bestimmung des specifischen Gewichts fester Körper.**

a) Mittels der hydrostatischen Wage. (Abb. 34.) Man bestimmt zunächst das absolute Gewicht des Körpers. — Derselbe sei ein Stück Eisen von 40 g Gewicht. — Dann lässt man ihn, indem man ihn an die kürzere Wagschale ($C'$) anhängt, in Wasser eintauchen (destillirtes Wasser von $15^{0}$ C.[1]); hierdurch wird das Gleichgewicht aufgehoben; man stellt es wieder her, indem man die in die Höhe gegangene Wagschale (diejenige, welche das Stück Eisen trägt) mit Gewichten beschwert; diese geben den scheinbaren Gewichtsverlust an, den das Eisen im Wasser erlitten hat. Er betrage in unserm Beispiel 5,26 g. Dann ist das specifische Gewicht des Eisens = $40 : 5,26 = 7,6$.

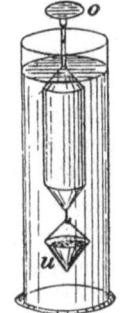

Abb. 36. Nicholson'sche Senkwage.

b) Mittels der Nicholson'schen Senkwage (oder des Gewichtsaräometers). Die Nicholson'sche Senkwage (Abb. 36) besteht aus einem cylindrischen

---

[1]) Die Temperatur muss — wenigstens wenn man genaue Ergebnisse erzielen will — berücksichtigt werden, da das specifische Gewicht der Körper sich mit der Temperatur ändert, wie auf S. 72 bereits erwähnt wurde; man wählt aber häufig nicht die daselbst angegebene Temperatur von $+ 4^{0}$ C. (bei welcher das Wasser seine grösste Dichtigkeit hat) zur Bestimmung des specifischen Gewichts, sondern — aus Bequemlichkeits-Rücksichten — die mittlere Zimmertemperatur. Die bei dieser Temperatur bestimmten specifischen Gewichte wären nur dann vollkommen genau, wenn — was nicht der Fall ist — die specifischen Gewichte aller Körper sich mit der Temperatur gleichmässig, ihr proportional, ändern würden.

## 6. Wirkungen der Schwerkraft auf flüssige Körper.

Hohlkörper aus Blech, der oben und unten je eine, zur Aufnahme des zu untersuchenden Körpers und der Gewichte dienende Schale trägt. Die untere *(u)* ist durch eine unten daran befestigte Bleimasse in dem Maasse beschwert, dass der Apparat, ins Wasser gebracht, in senkrechter Lage in stabilem Gleichgewicht schwimmt; zwischen der oberen Schale *(o)* und dem Hohlkörper befindet sich ein Hals (ein Draht oder Eisenstab), an welchem eine Marke angebracht ist.

Nachdem die Senkwage in einen mit Wasser gefüllten Glascylinder gebracht worden ist, wird der zu untersuchende Körper zuerst auf die obere Schale gelegt und soviel Gewichte dazu, dass die Senkwage bis zur Marke ins Wasser einsinkt. Hierauf wird der Körper von der Schale entfernt, und statt seiner wird dieselbe mit Gewichten beschwert, bis die Wage wiederum bis zur Marke einsinkt. Diese Gewichte geben das absolute Gewicht des Körpers an. Dann wird, nachdem die zuletzt genannten Gewichte entfernt worden sind, der Körper auf die untere Schale gelegt, so dass er sich also unter Wasser befindet; die Senkwage steigt. Durch Auflegen von Gewichten auf die obere Schale bringt man sie wieder so weit zum Sinken, dass die Marke mit dem Wasserspiegel abschneidet; diese Gewichte geben den scheinbaren Gewichtsverlust des Körpers oder das Gewicht der von ihm verdrängten Wassermenge an. Die Division des absoluten Gewichts durch die letztere Grösse liefert das specifische Gewicht des Körpers. —

Soll das specifische Gewicht eines Körpers bestimmt werden, der specifisch leichter als Wasser ist und also nicht in letzteres einsinkt, so befestigt man ihn an einem Körper von hohem specifischen Gewicht, z. B. Blei, und stellt dessen absolutes Gewicht und scheinbaren Gewichtsverlust im Wasser durch einen besonderen Versuch vor der eigentlichen Bestimmung fest.

In Wasser lösliche Körper untersucht man hinsichtlich ihres specifischen Gewichts in einer anderen Flüssigkeit (z. B. Öl), deren specifisches Gewicht in Bezug auf Wasser man kennt.

Besondere Schwierigkeit macht die Bestimmung des specifischen Gewichts poröser Körper. Diese nehmen wegen der in ihnen enthaltenen lufterfüllten Zwischenräume ein grösseres Volum ein, als ihrer festen Masse allein zukommt. Will man das specifische Gewicht der festen Masse ausschliesslich der in den Poren befindlichen Luft ermitteln, so muss man aus den Körpern die Luft durch Auskochen entfernen, oder sie in fein gepulvertem Zustande verwenden; im letzteren Falle bedient man sich zur Bestimmung des specifischen Gewichts am besten des Volumenometers (oder Volumeters oder Stereometers), das erst im nächsten Kapitel („Wirkungen der Schwerkraft auf luftförmige Körper") zur Besprechung gelangen kann.

Will man das specifische Gewicht eines porösen Körpers einschliesslich

6. Wirkungen der Schwerkraft auf flüssige Körper. 75

der in ihm enthaltenen Luft bestimmen, so überzieht man ihn mit einer dünnen Schicht eines vom Wasser nicht auflösbaren Stoffes (z. B. eines geeigneten Lackes). —

Hier möge die Bemerkung Platz finden, dass ein hohler Körper auch dann in einer Flüssigkeit schwimmen kann, wenn das specifische Gewicht der festen Stoffe, aus denen er zusammengesetzt ist, beträchtlich grösser ist als das der Flüssigkeit; erforderlich ist nur, dass der Körper so umfangreich ist und in Folge dessen so viel Luft enthält, dass er mit dieser Luft weniger wiegt als die von ihm verdrängte Flüssigkeit. (Beispiel: die schweren Panzerschiffe.)

**Bestimmung des specifischen Gewichts von Flüssigkeiten.**

a) Mittels der Mohr'schen oder Dichtigkeits-Wage. Dieselbe unterscheidet sich von der hydrostatischen Wage dadurch, dass an dem Arme des Wagebalkens, der bei dieser die kürzere Wage-

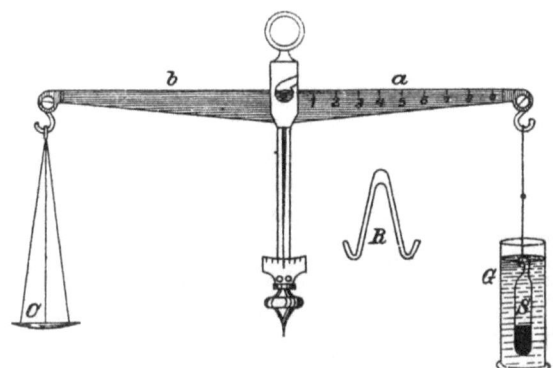

Abb. 37. Mohr'sche Wage.

schale trägt (Abb. 37, $a$) ein oben und unten geschlossenes, zum Theil mit Quecksilber gefülltes Glasröhrchen, das sogenannte Senkgläschen (Abb. 37, $S$) befestigt wird, welchem durch die Wageschale $C$ das Gleichgewicht gehalten wird. Wenn man nun das Senkgläschen in ein Gefäss $(G)$ eintaucht, das nach einander mit verschiedenen Flüssigkeiten gefüllt wird, so werden verschiedene, an den Wagebalken $a$ zu hängende Gewichte von Nöthen sein, um die Wage ins Gleichgewicht zu bringen, weil der Auftrieb, den ein Körper in einer Flüssigkeit erleidet, um so grösser ist, je grösser das specifische Gewicht der Flüssigkeit ist, wie es aus der Erklärung der Erscheinung des Auftriebs (S. 70) unmittelbar hervorgeht. Als Gewichte für die Wage benutzte Mohr mehrere Häkchen (Reiter) von der in Abb. 37, $R$ dargestellten Form und von dreifach verschiedener Grösse. Die grössten Häkchen wiegen genau soviel, wie der Gewichtsverlust des Senkgläschens im Wasser beträgt; eine zweite Sorte wiegt $1/_{10}$ soviel, eine dritte $1/_{100}$ soviel. — Will man das specifische Gewicht einer Flüssigkeit, z. B. Alkohol, ermitteln, so lässt man das Senkgläschen in dieselbe eintauchen und vertheilt an dem in 10 gleiche Theile eingetheilten Arm $a$ des Wagebalkens die Gewichtshäkchen so, dass Gleichgewicht eintritt. Es findet sich, dass man (in unserm Beispiel) das grösste Häkchen beim Theilstrich 7, das mittelgrosse bei 9 und das kleinste bei 5 aufhängen muss; hiernach ist der Gewichtsverlust, den das Senkgläschen im Alkohol erleidet, $= 0{,}7 + 0{,}09 + 0{,}005 = 0{,}795$ von dem Gewichtsverlust im Wasser; oder mit anderen Worten: ein Volum Alkohol $= S$ wiegt 0,795mal soviel wie ein gleich grosses Volum Wasser; das heisst aber: das specifische Gewicht des Alkohols ist $= 0{,}795$. — Das Senkgläschen kann zugleich ein Thermometer sein — behufs gleich vorzunehmender Reduktion von Temperaturdifferenzen.

Die Westphal'sche Wage, welche im Princip der Mohr'schen gleich gebaut ist, unterscheidet sich von dieser insofern, als sie der (von dem Arm $b$ des Wagebalkens getragenen) Schale entbehrt und das Gleichgewicht statt durch die Zunge dadurch angezeigt wird, dass sich der in diesem Falle spitz zulaufende Arm $b$ des Wagebalkens gegen eine ihm gegenüber befindliche feste Spitze einstellt.

b) **Mittels des Pyknometers.** Das Pyknometer (Abb. 38) ist ein durch einen durchbohrten Glasstöpsel verschliessbares Fläschchen, welches bei $15^0\,\mathrm{C}$ genau 10 bezw. 100 g destillirtes Wasser fasst. (Die Durchbohrung im Stöpsel soll bei etwaiger Erwärmung den Austritt der sich ausdehnenden Flüssigkeit ermöglichen und so ein Emporheben des Stöpsels oder gar ein Zersprengen des Gefässes verhindern.)

Die zu untersuchende Flüssigkeit wird in das Pyknometer eingefüllt und mit demselben gewogen; zieht man von dem so ermittelten Gewicht die Tara (das Gewicht des Glases) ab, so erhält man das absolute Gewicht der Flüssigkeit. Durch Division dieses Gewichts durch 10 bezw. 100 (g) ergiebt sich das specifische Gewicht der Flüssigkeit.

c) **Mittels des Aräometers (Volum- oder Skalen-Aräometers oder Densimeters).** Das Skalen-Aräometer (Abb. 39) besteht aus einem Hohlcylinder aus Glas *(A)*, der als Schwimmer bezeichnet wird und an welchen unten zur Herstellung einer stabilen Lage des Apparats eine mit Quecksilber gefüllte Kugel *(B)* angeschmolzen ist, die zugleich Thermometerkugel sein kann. Nach

## 6. Wirkungen der Schwerkraft auf flüssige Körper. 77

oben läuft der Schwimmer in eine längere, oben geschlossene Glasröhre aus: die Spindel *(C)*, welche im Innern einen mit einer Skala versehenen Papierstreifen enthält. Diese Skala giebt durch Zahlen unmittelbar an, wie gross das specifische Gewicht einer Flüssigkeit ist, in welche das Aräometer bis zu einem bestimmten Theilstrich einsinkt. Diese Einrichtung beruht auf dem Umstande, dass ein Körper in dem Maasse tiefer in eine Flüssigkeit einsinkt, als ihr specifisches Gewicht geringer ist.

Die Eintheilung lässt sich entweder ohne jede Berechnung durch eine Reihe von Versuchen mit solchen Flüssigkeiten gewinnen, deren specifische Gewichte anderweitig bestimmt worden sind; oder auf folgende Weise: Das Aräo-

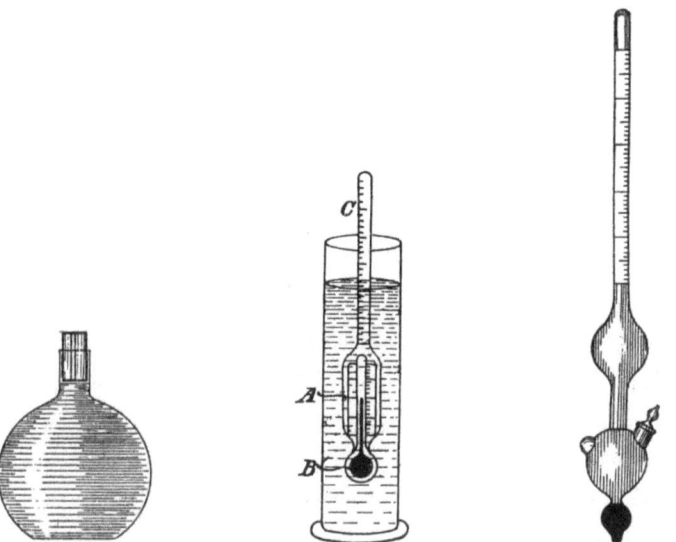

Abb. 38. Pyknometer.   Abb. 39. Skalen-Aräometer.   Abb. 40. Pykno-Aräometer.

meter wiege *a* g; dann sinkt es in Wasser so tief ein, dass das verdrängte Wasser *a* g wiegt oder *a* ccm Volum hat; man schreibe an den Punkt, bis zu dem das Aräometer einsinkt, die Zahl 1, da das specifische Gewicht des Wassers = 1 ist. Jetzt bringe man das Aräometer in eine zweite Flüssigkeit und kennzeichne den Punkt, bis zu welchem es einsinkt; man bestimme hierauf das Volum des Aräometers bis zu diesem Punkte = *b* ccm. (Dies geschieht z. B. auf die Weise, dass man das Aräometer bis zu diesem Punkte in einen mit Volumeintheilung versehenen und bis zu einer bestimmten Marke mit Wasser gefüllten Glascylinder eintaucht und beobachtet, um wieviel das Wasser steigt. Oder auf die Weise, dass man die Gewichtszunahme eines mit Wasser gefüllten Gefässes feststellt, in welches das Aräometer bis zu dem genannten Punkte eingetaucht wird; diese Gewichtszunahme ist = dem Gewichtsverlust des eingetauchten Aräometers = dem Gewicht des verdrängten Wassers; ist dies Gewicht = $b$ g, so ist das Volum des verdrängten Wassers = $b$ ccm.) Hat die zweite Flüssigkeit nun das specifische Gewicht $x$, so wiegen die $b$ ccm = $bx$ g. Dies ist aber = $a$ g, da ja diese Menge Flüssigkeit durch das $a$ g schwere Aräometer ersetzt ist. Also $bx = a$ oder $x = \frac{a}{b}$. Man schreibe an den gekennzeichneten Punkt die Zahl $\frac{a}{b}$. Ermittelt man auf dieselbe Weise die specifischen Gewichte einer dritten und vierten Flüssigkeit: $y = \frac{a}{c}$ und $z = \frac{a}{d}$ und nehmen die specifischen Gewichte 1, $x$, $y$ und $z$ stets um dieselbe Grösse $\frac{1}{n}$ zu $\left(\text{also } x = 1 + \frac{1}{n},\ y = 1 + \frac{2}{n},\ z = 1 + \frac{3}{n}\right)$, so ist: $a - b = a - \frac{a}{x} = a - \dfrac{a}{1 + \frac{1}{n}}$

$= \dfrac{a}{n+1} = a\,\dfrac{n}{n(n+1)}$; $b - c = \dfrac{a}{x} - \dfrac{a}{y} = \dfrac{a}{1 + \frac{1}{n}} - \dfrac{a}{1 + \frac{2}{n}} = a\,\dfrac{n}{(n+1)(n+2)}$;

$c - d$ desgl. $= a\,\dfrac{n}{(n+2)(n+3)}$.

Es nehmen hiermit die Volumunterschiede, welche gleichen Unterschieden der specifischen Gewichte entsprechen, nach einem bestimmten Gesetze ab. Hat nun die Aräometerspindel überall gleiche Weite, so nehmen die Entfernungen der die specifischen Gewichte 1, $1 + \frac{1}{n}$, $1 + \frac{2}{n}$, $1 + \frac{3}{n}$ bezeichnenden Theilstriche der Skala nach demselben Gesetze ab; da man nun die Entfernung von 1 bis $\frac{a}{b}$, dem Volumunterschied $a - b$ entsprechend, kennt, so lassen sich die Entfernungen der übrigen Theilstriche der Skala mit Hilfe des entwickelten Gesetzes ermitteln.

Die an die Theilstriche zu schreibenden Zahlen 1, $1 + \frac{1}{n}$, $1 + \frac{2}{n}$, $1 + \frac{3}{n}$ u. s. w. geben dann an, wie gross das specifische Gewicht einer Flüssigkeit ist, in welche das Aräometer bis zu dem durch die Zahl gekennzeichneten Theilstrich der Skala einsinkt.

Man hat gewöhnlich für solche Flüssigkeiten, die specifisch leichter, und für solche, die specifisch schwerer sind als Wasser, besondere Aräometer. Bei jenen befindet sich der Theilpunkt 1 unten, bei diesen oben an der Skala.

Das Pykno-Aräometer (Abb. 40) unterscheidet sich von einem gewöhnlichen Aräometer dadurch, dass es noch einen zweiten, zu einer Kugel ausgeblasenen Hohlraum besitzt, der sich unmittelbar über der Quecksilberkugel befindet und mit einem mit Stöpsel verschliessbaren Ansatzrohr versehen ist. Dem letzteren gegenüber ist ein Glasknopf angeschmolzen, welcher an Gewicht dem Ansatzrohr sammt Stöpsel gleichkommt und den Zweck hat, den Apparat beim Einsenken in Wasser senkrecht schwimmend zu erhalten. Wird nun der Hohlraum ganz mit destillirtem Wasser gefüllt und mit dem Stöpsel verschlossen und der Apparat in destillirtes Wasser gebracht, so sinkt er bis zu der (oben oder unten an der Skala befindlichen) Marke 1 unter. Je nach der Füllung des Hohlraums mit anderen Flüssigkeiten wird der Apparat steigen oder sinken, und das zu ermittelnde specifische Gewicht ergiebt sich einfach durch Ablesen an der Skala.

Aräometer, welche nicht das specifische Gewicht, sondern unmittelbar den Gehalt einer Flüssigkeit an gelösten Stoffen angeben (durch den das specifische Gewicht geändert wird), heissen Procent-Aräometer. Je nach ihrer besonderen Bestimmung unterscheidet man sie in Saccharometer, Galactometer, Alkoholometer, Säuren- und Laugenspindeln.

Beim Gebrauch des Aräometers muss ganz besonders auf die Temperatur Acht gegeben werden; jedes Aräometer liefert nur für eine bestimmte Temperatur zutreffende Angaben; weicht von dieser die Beobachtungstemperatur ab, so hat eine Korrektion einzutreten, über die ein für allemal ausgerechnete Tabellen Auskunft ertheilen.

**Flüssigkeiten von verschiedenem specifischen Gewicht in kommunicirenden Röhren.** Eine Abweichung von dem oben (S. 67) angegebenen Gesetz der kommunicirenden Röhren tritt ein, wenn sich in diesen (statt einer) zwei Flüssigkeiten von verschiedenem specifischen Gewicht (z. B. Quecksilber und Wasser) befinden. Es wird alsdann der untere (zusammenhängende) Theil der Röhren von der specifisch schwereren Flüssigkeit ausgefüllt (siehe Abb. 41); darüber setzt sich in die eine Röhre die specifisch schwerere Flüssigkeit fort ($AC$), in der anderen Röhre sammelt sich die specifisch leichtere Flüssigkeit an ($BD$). Letztere steht höher als die specifisch schwerere Flüssigkeit, und zwar verhalten sich die Höhen der Flüssigkeitssäulen in beiden Röhren, vom unteren Niveau (d. h. der unteren Grenze) der specifisch leichteren Flüssigkeit aus gemessen, ($AC:BD$) umgekehrt wie die specifischen Gewichte der beiden Flüssigkeiten.

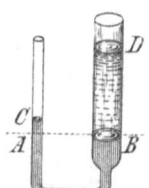

Abb. 41. Kommunicirende Röhren mit verschiedenen Flüssigkeiten.

**Specifisches Gewicht und Adhäsion.** Wir wollen nunmehr einiges aus dem Gebiet der Adhäsionserscheinungen nachholen, was früher noch nicht besprochen werden konnte, weil der Begriff des specifischen Gewichtes unbekannt war. Die in diesem und dem folgenden Abschnitt dargestellten Beziehungen zwischen der Adhäsion und dem specifischen Gewicht sowie die im Abschnitt „Oberflächenspannung der Flüssigkeiten" niedergelegte theoretische Ansicht der dort behandelten Erscheinungen sind von mir im Jahre 1889 ermittelt worden.

Angeführt wurde schon (S. 17), dass zwischen je zwei Körpern eine Adhäsion stattfindet, dass aber die Rollen, welche die beiden Körper bei dem Vorgange der Adhäsion spielen, verschiedene sind.

Derjenige Körper nun, dessen specifisches Gewicht das ge-

## 6. Wirkungen der Schwerkraft auf flüssige Körper.

ringere ist, wird dem andern, specifisch schwereren, Körper angedrückt. (K. F. Jordan, 1889.)

Es ist dies eine Folge der Ätherwirkung in der Nähe der Berührungsfläche der Körper. Der specifisch leichtere Körper enthält in dem gleichen Volum weniger Masse und daher mehr Äther als der specifisch schwerere; die Moleküle in der Grenzschicht jenes Körpers erhalten also mehr nach aussen — auf den specifisch schwereren Körper zu — gerichtete Ätherstösse als umgekehrt.

Hat man es mit zwei flüssigen Körpern zu thun, so breitet sich der specifisch leichtere, in geringer Menge auf den specifisch schwereren gebracht, auf diesem in dünner Fläche aus; wird umgekehrt die specifisch schwerere Flüssigkeit in geringer Menge auf die specifisch leichtere gebracht, so sinkt sie annähernd in Kugelform in der letzteren zu Boden.

Ist der specifisch schwerere Körper fest, der specifisch leichtere flüssig, so wird jener von diesem benetzt (vergl. S. 17); Beispiel: Glas und Wasser; ist

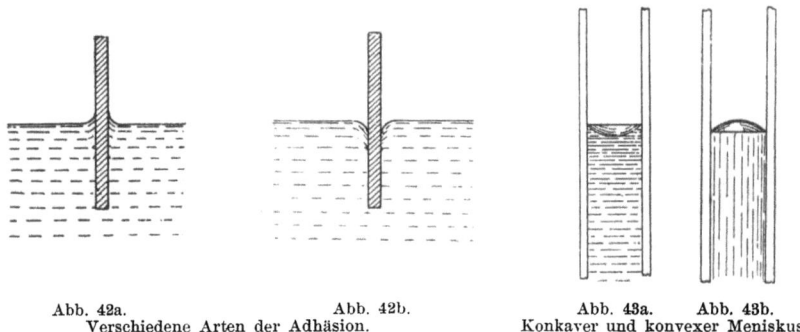

Abb. 42a. Abb. 42b.
Verschiedene Arten der Adhäsion.

Abb. 43a. Abb. 43b.
Konkaver und konvexer Meniskus.

der specifisch leichtere Körper dagegen fest, der specifisch schwerere flüssig, so tritt keine Benetzung ein; Beispiel: Glas und Quecksilber. — Diese Beziehungen treten aber nur dann ausgeprägt hervor, wenn chemische, Lösungs- und Mischungseinflüsse ausgeschlossen sind. Ferner muss die Oberfläche der zu untersuchenden Körper rein sein, d. h. es darf daran kein anderer Stoff — sei es auch nur in äusserst dünner Schicht — adhäriren. Endlich ist, wenn poröse Körper zur Beobachtung gelangen, unter dem specifischen Gewicht dasjenige der festen Masse (ausschliesslich der in den Poren enthaltenen Luft) zu verstehen.

**Kapillarität.** Besondere Erscheinungen treten auf, wenn sich eine Flüssigkeit in einem Gefäss (Becher, Röhre u. s. w.) befindet oder — einfacher — wenn die Flüssigkeit auf einer Seite durch eine feste Platte begrenzt wird.

Nehmen wir zunächst den letzteren Fall! Die Platte bestehe aus Glas. Ist dann die Flüssigkeit specifisch leichter als Glas (z. B. Wasser, Öl u. s. w.), so steht ihre Oberfläche an der Berührungsstelle mit der Platte nicht senkrecht zu derselben, sondern sie zieht sich bogenförmig an der Platte hinauf. (Abb. 42a.) — Ist die Flüssigkeit specifisch schwerer als Glas (z. B. Quecksilber), so zieht sie sich von der Platte in gewölbter Form nach unten zurück. (Abb. 42b.) Die

## 6. Wirkungen der Schwerkraft auf flüssige Körper.

letztere Erscheinung erklärt sich so, dass nicht das Quecksilber dem Glase angedrückt wird, sondern — wenn es möglich wäre — das Glas dem Quecksilber angedrückt werden würde, und da dies nicht geht, weil das Glas ein fester Körper ist, der vom Glase ausgehende stärkere Ätherdruck wenigstens ein Zurückweichen der Flüssigkeit an der Grenze bewirkt.

In Gefässen zeigt sich ein ähnliches Aufwärts- oder Abwärtswölben von Flüssigkeiten. In engen Gefässen — insbesondere Röhren — bildet sich eine kuppenartige Einsenkung oder Erhebung der Flüssigkeit, die als konkaver oder konvexer Meniskus bezeichnet wird. (Abb. 43a und 43b.)

Taucht man das Ende eines sehr engen Glasrohrs, eines sogenannten Kapillar- oder Haarrohrs, in eine Flüssigkeit ein, so beobachtet man noch eine besondere Erscheinung. Die Flüssigkeit stellt sich nämlich in dem Glasrohr nicht gleich hoch mit der ausserhalb befindlichen Flüssigkeit, wie es das Gesetz der kommunicirenden Gefässe verlangt, sondern entweder höher (wenn die Flüssigkeit das Glasrohr benetzt, also specifisch leichter als Glas ist) oder tiefer (wenn die Flüssigkeit das Glasrohr nicht benetzt, also specifisch schwerer als Glas ist). (Abb. 44a und 44b.)

Diese Erscheinungen der Hebung oder Senkung werden Kapillar-Erscheinungen oder Erscheinungen der Kapillarität genannt, wobei mit dem Worte „Kapillarität" die Kraft gemeint wird, welche die Erscheinungen hervorruft und die das Ergebniss der Adhäsion der Flüssigkeitstheilchen an festen Körpern und ihrer Kohäsion unter einander ist.

Je enger ein Kapillarrohr ist, desto grösser ist der Höhenunterschied der Flüssigkeit innerhalb und ausserhalb des Rohres.

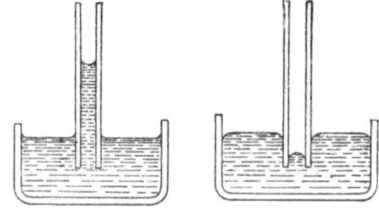

Abb. 44a.      Abb. 44b.
Kapillar-Erscheinungen.

Auf die Kapillarität zurückzuführen ist das Eindringen und Aufsteigen von Flüssigkeiten in porösen Körpern, wie Lampendochten, Lösch- und Filtrirpapier, Schwämmen, Wischlappen, Zucker u. a. m. Hier wirken die feinen Porengänge als Haarröhrchen. Auch die feinen Adern im thierischen Körper sowie die Bestandtheile der Gefässbündel in den Pflanzen sind Kapillargefässe.

**Kapillaranalyse.** Eine praktische Anwendung wird von den Kapillaritäts-Erscheinungen in der von Friedr. Goppelsrocder 1888 begründeten Kapillaranalyse gemacht. Da die Kapillarität verschiedener Stoffe, seien dieselben nun einfache Flüssigkeiten oder Lösungen, gegenüber einem bestimmten porösen Körper (z. B. Filtrirpapier) verschieden ist, so ergiebt sich eine verschiedene Steighöhe für die Stoffe innerhalb des in sie eintauchenden porösen Körpers. Diese Steighöhe ist daher ein Mittel, die Stoffe zu unterscheiden, insbesondere mehrere Bestandtheile, die in einer Lösung enthalten sind, von einander zu trennen und so zu erkennen. Es ist nur erforderlich, einen Streifen Filtrirpapier in die betreffende Lösung hineinzuhängen; nach einem gewissen

Zeitraum (der aber je nach den Umständen sehr verschieden sein kann) bilden sich auf dem aus der Flüssigkeit hervorragenden Theile des Papierstreifens verschiedene Zonen der in der Flüssigkeit enthaltenen gelösten Stoffe, die, wenn es sich um Farbstoffe handelt, schon dem Auge erkennbar sind. Wird dann der Filtrirpapierstreifen den Zonen entsprechend zerschnitten und werden die in den Zonen abgesetzten Stoffe mit geeigneten Lösungsmitteln ausgezogen, so können sie (nachdem sie eventuell noch ein oder mehrere Male der Kapillaranalyse unterworfen wurden) durch chemische Reagentien ihrer Natur nach erkannt werden.

**Oberflächenspannung der Flüssigkeiten.** Die auf S. 79—81 geschilderten Adhäsionserscheinungen können bis zu einem gewissen Grade eine Störung erleiden durch die sogenannte Oberflächenspannung der Flüssigkeiten. Man versteht darunter den stärkeren Zusammenhang, welchen die Theilchen an der freien Oberfläche einer Flüssigkeit gegenüber den im Innern befindlichen Theilchen besitzen — ein Zusammenhang, durch welchen der Zerreissung oder Zerrung der Oberfläche, wie dem Eindringen fremder Körper in sie ein gewisser Widerstand geboten wird. Derselbe lässt sich auf die Adhäsionswirkung zurückführen, welche an der Oberfläche einer Flüssigkeit zwischen letzterer und der Luft stattfindet; der von der specifisch leichteren Luft ausgehende Ätherdruck ist grösser als der von der Flüssigkeit nach aussen hin geübte, daher wird die Flüssigkeit an ihrer Oberfläche zusammengepresst. Doch ist auch die Anordnung der Moleküle der Flüssigkeit nicht ohne Bedeutung für die Oberflächenspannung.

**Diosmose.** Auf S. 19 war von der von selbst erfolgenden Mischung oder der Diffusion über einander geschichteter Flüssigkeiten die Rede. Dieselbe lässt sich z. B. bei Wasser und Alkohol beobachten, während z. B. Wasser und Öl, selbst wenn sie durch Schütteln gewaltsam durch einander gebracht werden (Emulsion, S. 19), sich nach längerem Stehenlassen wieder von einander sondern und nach Maassgabe ihrer specifischen Gewichte über einander lagern.

Werden nun zwei mischbare Flüssigkeiten durch eine poröse Wand (Schweinsblase, Pergamentpapier, Thoncylinder) von einander getrennt, so geht auch durch deren Poren hindurch eine Mischung, ein Austausch beider Flüssigkeiten vor sich; dieser Vorgang heisst Diosmose oder kurzweg Osmose. Dieselbe wird in Endosmose und Exosmose unterschieden. Von Endosmose spricht man, wenn man das Eindringen einer Flüssigkeit in einen von porösen Wänden umschlossenen Raum aus der Umgebung desselben ins Auge fasst, von Exosmose, wenn es sich um den Austritt einer Flüssigkeit aus einem solchen Raum in die Umgebung handelt.

Das Eindringen des Wassers in die Pflanzenwurzeln und der Austausch der Säfte in der Pflanze selbst (von Zelle zu Zelle durch die Wandungen derselben hindurch) sind osmotische Vorgänge.

Da verschiedene Körper durch dieselbe poröse Wand verschieden schnell hindurchtreten, so kann mittels der Diosmose eine Trennung von Körpern vorgenommen werden. Es geschieht das bei der Dialyse mit Lösungen aus Kolloïd- und Krystalloïdsubstanzen. Zu ersteren gehören alle die Stoffe, welche unfähig sind zu krystallisiren und in Verbindung mit Wasser gallertartige Massen bilden (wie Stärkemehl, Dextrin, die Gummi-Arten, Leim; Kieselsäurehydrat, die Hydrate der Thonerde u. s. w.); während die Krystalloïdsubstanzen krystallisirbar und glatt löslich sind.

Da die Kolloïdsubstanzen durch eine poröse Wand erheblich langsamer diffundiren als die Krystalloïdsubstanzen, so werden aus einem Lösungsgemisch beider, das in einen unten mit Pergamentpapier verschlossenen und in ein Gefäss mit Wasser eintauchenden hohen Guttapercha-Reifen (Dialysator — Abb. 45, $d$) gefüllt worden ist, die Krystalloïdsubstanzen in grosser Menge austreten und sich in dem Wasser lösen, während die Kolloïdsubstanzen grösstentheils in dem Dialysator zurückbleiben werden.

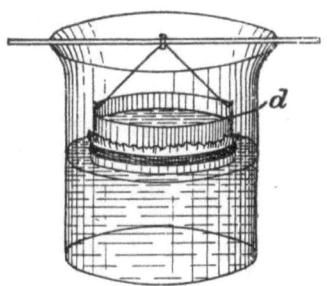

Abb. 45. Dialysator, in ein Gefäss mit Wasser eingehängt.

Auf osmotische Vorgänge ist die Eigenschaft poröser Körper (Knochenkohle, Ackererde u. a.) zurückzuführen, beim Durchfiltriren von Flüssigkeiten die in denselben gelösten Farbstoffe, Salze u. s. w. zurückzuhalten, so dass die Lösung im entfärbten oder verdünnten Zustande abfliesst.

## 7. Wirkungen der Schwerkraft auf luftförmige Körper.

(Mechanik der luftförmigen Körper.)

**Spannkraft der Gase.** Auf Seite 16 ist bereits der Elasticität der luftförmigen Körper oder Gase Erwähnung gethan. Dieselbe wird auch Spannkraft (Tension oder Expansivkraft) genannt, da sie es ist, welche die Gase nach dem Aufhören eines auf sie ausgeübten und ihr Volum verkleinernden Druckes wieder auseinandertreibt oder gleichsam ausspannt. Während des äusseren Druckes offenbart sich die Spannkraft als ein innerer Widerstand, der jenem entgegenwirkt.

Die Spannkraft der Gase lässt sich an folgenden beiden Versuchen in überzeugendster Weise erkennen:

1. In einem unten geschlossenen Rohre (Abb. 46, $R$ — die Abbildung stellt ein pneumatisches Feuerzeug dar), bewege sich, luftdicht schliessend, ein Stempel ($S$). Diesen drücke man nach unten, gegen das geschlossene Ende des Rohrs hin und lasse ihn dann los. Alsbald wird er wieder durch die zusammengedrückte oder komprimirte Luft emporgetrieben werden.

84    7. Wirkungen der Schwerkraft auf luftförmige Körper.

2. Ein ringsum geschlossener, wenig Luft enthaltender und daher schlaffer Ball (oder Blase) wird unter die Glocke einer Luftpumpe gebracht und die Luft aus der Glocke ausgepumpt. Dann bläht sich der Ball (in Folge des verminderten Drucks der ihn umgebenden Luft) bedeutend auf.

Auch folgende Erscheinungen bezw. Wirkungen von Apparaten sind auf die Spannkraft der Luft zurückzuführen.

In der Knallbüchse wird die Luft zusammengepresst und sucht sich da einen Ausweg, wo der geringste Widerstand ist: an der Mündung, an der das Papier zersprengt oder aus der der Kork herausgeschleudert wird.

Im Anschluss hieran sei die Windbüchse erwähnt, in deren hohlem Kolben sich komprimierte Luft befindet, die durch Losdrücken des Hahns zum Theil herausgelassen werden kann, sich dabei ausdehnt, in den Büchsenlauf stürzt und die Kugel mit grosser Geschwindigkeit herausschleudert.

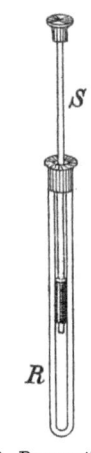

Abb. 46. Pneumatisches Feuerzeug.

Die Taucherglocke ist ein unten offener grosser Kasten, der in das Meer hineingesenkt wird und in den das Wasser von unten her nicht eindringen kann, weil die in ihm enthaltene Luft wegen ihrer Spannkraft dem andrängenden Wasser Widerstand entgegensetzt.

Die Spritzflasche (Abb. 47) ist eine Glasflasche, die durch einen doppelt durchbohrten Kork (oder Gummistöpsel) verschlossen ist; durch die eine Durchbohrung geht ein Glasrohr ($a$), welches bis fast auf den Boden der Flasche reicht, ausserhalb derselben (in einem spitzen Winkel) schräg nach unten gebogen ist und in eine Spitze ausläuft, während in der anderen Durchbohrung ein unmittelbar unter dem Kork endigendes Glasrohr ($b$) steckt, das ausserhalb der Flasche (in einem stumpfen Winkel) schräg nach oben gebogen ist.

Abb. 47. Spritzflasche.

Bläst man nun in das kurze Rohr ($b$) mit dem Munde Luft hinein, so wird die in der Flasche befindliche Luft komprimirt, drückt daher in Folge ihrer Spannkraft auf das Wasser und treibt dieses in das lange Rohr ($a$) hinein und darin weiter, bis es aus der Spitze desselben in feinem Strahle ausfliesst.

**Mariotte-Boyle'sches Gesetz.** Wenn man eine abgeschlossene Menge eines Gases, z. B. die in dem kurzen Schenkel ($A$) eines U-förmig gebogenen Rohres

## 7. Wirkungen der Schwerkraft auf luftförmige Körper.

(Abb. 48) enthaltene Luft, welche durch Quecksilber darin abgesperrt ist, dem doppelten äusseren Druck aussetzt, auf die Weise, dass man in den längeren Schenkel (B) des Rohres mehr Quecksilber hineingiesst, so findet man, dass die Luft annähernd auf das halbe Volum zusammengedrückt wird. Da jenem doppelten äusseren Drucke eine doppelte (innere) Spannkraft der Luft entgegensteht, so lässt sich sagen, dass dieselbe Luftmenge, auf das halbe Volum — und damit auf die doppelte Dichtigkeit (das doppelte specifische Gewicht) — gebracht, die doppelte Spannkraft besitzt. Da die gleiche Beziehung (zwischen dem äusseren Druck oder der Spannkraft einerseits und dem Volum andererseits) obwaltet, wenn man den Druck auf das dreifache, vierfache u. s. w. erhöht, so gilt allgemein:

Die Spannkraft eines Gases (oder der auf dasselbe ausgeübte Druck) ist der Dichtigkeit direkt, dem Volum umgekehrt proportional. (Mariotte-Boyle'sches Gesetz; aufgestellt 1662 von Boyle und unabhängig von ihm 1679 von Mariotte.)

Zum Verständniss der Wirkung des Apparates sei noch bemerkt, dass der Druck, unter welchem die in $A$ abgesperrte Luft steht, nicht allein dem Höhenunterschiede des Quecksilbers in $A$ und $B$ entspricht, sondern dass zu diesem noch der Druck der auf $B$ lastenden atmosphärischen Luft hinzukommt, dessen Wirkung (im Mittel) gleich der einer Quecksilbersäule von 760 mm Höhe ist. Hiervon wird sogleich des Weiteren die Rede sein.

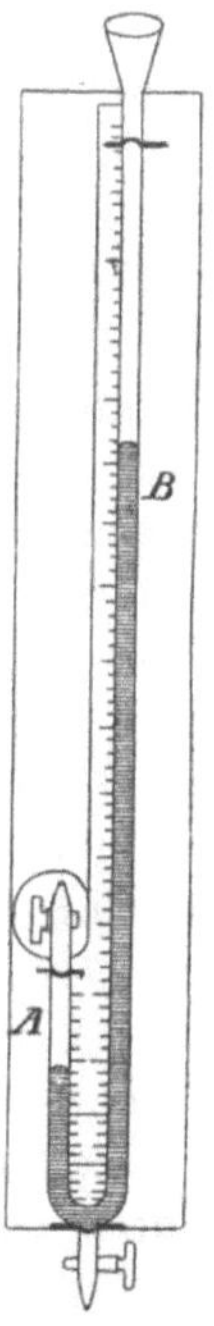

Bezeichnet man das Volum einer bestimmten Gasmenge, die unter dem Drucke $p_1$ steht und die Dichtigkeit $d_1$ besitzt, mit $v_1$, das Volum derselben Gasmenge bei dem Drucke $p_2$, wobei die Dichtigkeit $= d_2$ geworden sein möge, mit $v_2$, so ist nach dem Mariotte-Boyle'schen Gesetz:

Abb. 48. Nachweis des Mariotte-Boyle'schen Gesetzes.

$$\frac{p_1}{p_2} = \frac{v_2}{v_1} = \frac{d_1}{d_2} \quad (1)$$

oder: $\quad p_1 \cdot v_1 = p_2 \cdot v_2 \quad (2)$
sowie: $\quad p_1 \cdot d_2 = p_2 \cdot d_1 \quad (2\,a)$
und: $\quad v_1 \cdot d_1 = v_2 \cdot d_2 \quad (2\,b).$

Für die Volume $v_3, v_4 \ldots$ derselben Gasmenge mit den zugehörigen Dichtigkeiten $d_3, d_4 \ldots$ und den zugehörigen Drucken $p_3, p_4 \ldots$, gilt in gleicher Weise:

$$p_1 \cdot v_1 = p_3 \cdot v_3 = p_4 \cdot v_4 \ldots$$
und $\quad v_1 \cdot d_1 = v_3 \cdot d_3 = v_4 \cdot d_4 \ldots$

## 7. Wirkungen der Schwerkraft auf luftförmige Körper.

Das heisst: Das Produkt aus Druck und Volum (oder Spannkraft und Volum) einer bestimmten Gasmenge hat stets denselben Werth (oder ist konstant) und: Das Produkt aus Volum und Dichtigkeit einer bestimmten Gasmenge hat ebenfalls stets denselben Werth (oder ist konstant).

Formeln:
$$\left.\begin{array}{l} p \cdot v = C \\ v \cdot d = C', \end{array}\right\} \quad (3)$$

worin $C$ und $C'$ unveränderliche Grössen (oder Konstanten) sind, die sich nur nach der Grösse der in Frage stehenden Gasmenge richten.

Genaue messende Beobachtungen von Regnault, Amagat und Natterer sowie von Mendelejeff haben nun — zumal bei hohen Drucken — beträchtliche Abweichungen von dem Mariotte-Boyle'schen Gesetz ergeben. Eugen und Ulrich Dühring haben zur Erklärung dieser Abweichungen (1878 und 1886) darauf hingewiesen, dass sich jedes Gasvolum aus zwei Bestandtheilen zusammensetzt: dem Volum der in ihm enthaltenen Gasmoleküle und dem lediglich von den Atomen des Äthers erfüllten Zwischenvolum. Nach ihnen ist die Spannkraft eines Gases (bezw. der äussere Druck) diesem Zwischenvolum, und nicht dem Gesammtvolum, umgekehrt proportional, da beim Zusammendrücken oder Ausdehnen eines bestimmten Gasvolums das Volum der Gasmoleküle ungeändert bleibt, dagegen der Abstand der Gasmoleküle (damit also das Zwischenvolum und erst in Folge dessen das Gesammtvolum) verringert oder vergrössert wird.

Bezeichnet man das Volum der Gasmoleküle in einer bestimmten Gasmenge mit $x$, und die Volume dieser Gasmenge bei den Drucken $p_1$ und $p_2$ mit $v_1$ und $v_2$, so ist nach dem Angeführten:

$$\frac{p_1}{p_2} = \frac{v_2 - x}{v_1 - x} \quad (4)$$

oder:
$$p(v - x) = C, \quad (5)$$

worin $C$ eine Konstante bedeutet.

Bei niedrigen Drucken weicht $v - x$, das Zwischenvolum, nicht erheblich vom Gesammtvolum $v$ ab, das Verhältniss beider ist nahezu $= 1$, das Verhältniss von $x$ zu $v$ nur gering; bei hohen Drucken dagegen, wo der Abstand der Gasmoleküle bedeutend verkleinert wird, ist das Verhältniss $\frac{x}{v}$ grösser, $\frac{v-x}{v}$ kleiner, das Zwischenvolum weicht beträchtlicher vom Gesammtvolum ab,

## 7. Wirkungen der Schwerkraft auf luftförmige Körper.

und es kann sich, wenn das Dühring'sche Gesetz richtig ist, das **wahre** Verhalten [Formel (5)] nicht mit dem Mariotte-Boyle'schen Gesetz [Formel (3)] decken.

Die Grösse $x$ lässt sich aus mehreren Bestimmungen von Druck und Gesammtvolum, wie folgt, berechnen:

Da nach Formel (4):
$$p_1(v_1 - x) = p_2(v_2 - x) \text{ ist, so folgt:}$$
$$p_1 \cdot v_1 - p_1 \cdot x = p_2 \cdot v_2 - p_2 \cdot x$$
oder:
$$x(p_2 - p_1) = p_2 \cdot v_2 - p_1 \cdot v_1$$
und:
$$x = \frac{p_2 \cdot v_2 - p_1 \cdot v_1}{p_2 - p_1} \quad \left(\text{bezw.} = \frac{p_1 \cdot v_1 - p_2 \cdot v_2}{p_1 - p_2}\right).$$

Hat man $x$, so findet man ohne weiteres das Verhältniss $\frac{x}{v}$, d. h. das Verhältniss des Volums der Gasmoleküle zu dem Gesammtvolum einer bestimmten Gasmenge (bei einer bestimmten inneren Spannung, bezw. einem bestimmten äusseren Druck). So ergab sich bei gewöhnlichem Druck dies Verhältniss für Wasserstoff $= \frac{1}{1600}$, für Sauerstoff $= \frac{1}{1300}$, für Stickstoff und Luft $= \frac{1}{1000}$. Dies besagt — z. B. in Bezug auf Wasserstoff: dass in 1600 l Wasserstoff von den Gasmolekülen 1 l eingenommen wird, während die übrigen 1599 l (das Zwischenvolum) von Äther erfüllt sind.

Noch eine andere Fassung als die beiden Dühring hat **van der Waals** dem Mariotte-Boyle'schen Gesetz gegeben. Er bringt noch den sogenannten „inneren Druck", d. h. die gegenseitige Anziehung der Moleküle, in Rechnung, durch die ein Theil der (nach aussen gerichteten) Spannkraft aufgehoben wird. Nach ihm ist:

$$\left(p + \frac{a}{v^2}\right)(v - x) = C,$$

worin $p$ die Spannkraft, $v$ das Volum einer bestimmten Gasmenge, $x$ das Zwischenvolum und $a$ und $C$ Konstanten bedeuten. Die Konstante $a$ stellt die Grösse des molekularen Zuges nach innen (bedingt durch die gegenseitige Anziehung der Gasmoleküle) pro Flächeneinheit und unter normalen äusseren Bedingungen des Druckes und der Temperatur dar.

**Schwere der Luft.** Die Luft (sowie jedes andere Gas) besitzt gleich den festen und flüssigen Körpern eine gewisse **Schwere**. Dies lässt sich unmittelbar durch Wägung nachweisen. Bestimmt man nämlich das Gewicht einer Glaskugel, wenn sie **einmal** mit **Luft gefüllt** und ein **zweites Mal luftleer** gepumpt ist, so stellt sich im zweiten Falle ein erheblich geringeres Gewicht heraus als im ersten.

Das specifische Gewicht eines Gases (auf Wasser als Einheit bezogen) kann ermittelt werden, indem man, an den eben genannten Versuch anknüpfend, die Glaskugel drittens mit Wasser füllt und wägt. Man dividirt dann das Gewicht des Gases durch das des Wassers (beide erfüllten dasselbe Volum).

Das specifische Gewicht der Luft, auf Wasser bezogen, ist = 0,001293. Das heisst zugleich: 1 ccm Luft wiegt (bei $0^0$ und 760 mm Barometerstand — vergl. das Folgende) 0,001293 g; 1 l Luft wiegt somit 1,293 g.

**Luftdruck.** Die Schwere der Luft äussert sich in einem Druck, den die Atmosphäre (die Lufthülle der Erde) auf die an der Erdoberfläche befindlichen Körper ausübt. Dieser Druck verbreitet sich (wie der Druck innerhalb einer Flüssigkeit) nach allen Richtungen mit gleicher Stärke.

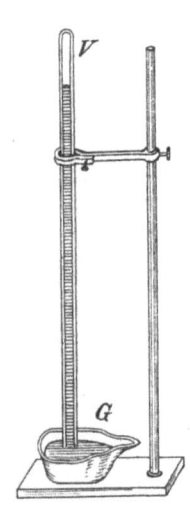

Abb. 49. Torricelli'scher Versuch.

Ein Beweis für die Ausbreitung des Drucks nach allen Richtungen ist unter zahlreichen Erscheinungen, die das Gleiche darthun, die folgende: Man füllt ein Glas bis an den Rand mit Wasser, legt ein Stück Papier darauf, kehrt es, indem man das Papier mit der Hand andrückt, um und nimmt nun die Hand fort; das Papier bleibt alsdann, trotz der Schwere des Wassers, am Glasrand haften, und es fliesst kein Wasser aus dem Glase heraus. Die Ursache dieser Erscheinung ist der von unten her wirkende Druck der atmosphärischen Luft. Das Papier hat nur die Aufgabe, das Eindringen von Luft in das Wasser (das wegen des geringen specifischen Gewichts der Luft im Verhältniss zum Wasser erfolgen würde) zu verhindern.

Wenn man ein etwa 1 m langes, an einem Ende geschlossenes Glasrohr mit Quecksilber füllt, dann umkehrt, so dass das offene Ende, das man mit dem Finger zuhält, sich unten befindet, und dieses, wie Abb. 49 zeigt, unter Quecksilber bringt, so sinkt das Quecksilber im Rohre so weit, bis es (im Mittel) 760 mm hoch über dem Quecksilberspiegel in dem Gefässe $G$ steht. Über dem Quecksilber in der Röhre (bei $V$) entsteht ein luftleerer Raum, ein sogenanntes **Vacuum**.

Der geschilderte Versuch heisst der Torricelli'sche, das

## 7. Wirkungen der Schwerkraft auf luftförmige Körper.

Vacuum heisst Torricelli'sche Leere. (Torricelli, ein Schüler Galilei's, 1643.)

Das Vacuum bildet sich, weil der äussere Luftdruck nur dem Gewicht einer gewissen Quecksilbersäule das Gleichgewicht zu halten vermag. Ist die Röhre 1 qcm weit, so trägt der Druck der atmosphärischen Luft 76 ccm Quecksilber oder, da das specifische Gewicht des Quecksilbers $= 13{,}59$ ist, ein Gewicht von $76 \cdot 13{,}59$ g $= 1033$ g $= 1{,}033$ kg. — Einen derartigen Druck (von $1{,}033$ kg) übt also auch die Luft auf 1 qcm aus. Er heisst daher der Atmosphärendruck oder der Druck einer Atmosphäre.

Dass wir den Druck der atmosphärischen Luft im Allgemeinen nicht empfinden, liegt daran, dass die im Innern unsers Körpers (in allen Hohlräumen, letzten Endes den Gewebstheilen: Zellen u. s. w.) enthaltenen Flüssigkeiten oder Gase wegen ihrer Unzusammendrückbarkeit oder ihrer eigenen inneren Spannung einen Gegendruck leisten, der dem Druck der Atmosphäre im Allgemeinen das Gleichgewicht hält, ihn also hinsichtlich seiner Wirkung auf unsern Körper aufhebt. Störungen in diesem Verhältniss stellen sich ein, wenn der äussere Druck von dem durchschnittlichen Atmosphärendruck erheblich abweicht, was einerseits in der Taucherglocke, andererseits auf hohen Bergen oder in einem hochschwebenden Luftballon erfolgt. (Die sogenannte Bergkrankheit!)

Aus dem eben Angeführten geht bereits hervor, dass der Druck der atmosphärischen Luft nicht überall und jederzeit derselbe ist. Mit der Erhebung über die Erdoberfläche nimmt der Luftdruck ab, weil die Höhe der Luftsäule über dem Beobachter geringer wird (die Lufthülle der Erde hat nach oben ihre Grenze). Ferner wird der Luftdruck auch durch die Erwärmung der Atmosphäre seitens der Sonne, durch die Luftbewegung (Winde und Stürme) und durch den Wasserdampfgehalt der Atmosphäre geändert.

Die Angabe, dass der Luftdruck im Mittel so gross ist, dass er einer Quecksilbersäule von 760 mm das Gleichgewicht hält, gilt für die Höhe des Meeresspiegels und für die Temperatur $0^0$. Auf die Temperatur ist desshalb Rücksicht zu nehmen, weil die Wärme das Quecksilber ausdehnt und daher seine Höhe steigert.

**Barometer.** Die Grösse des Luftdrucks wird mit dem Barometer gemessen. Wir unterscheiden die Quecksilberbarometer und die Aneroïdbarometer.

Die Quecksilberbarometer sind nach dem Princip der in Abb. 49 dargestellten Torricelli'schen Röhre hergestellt. Nach ihren verschiedenen Formen unterscheidet man sie in Gefässbarometer, Phiolen- oder Kugelbarometer und Heberbarometer.

Das Gefässbarometer ähnelt in seiner einfachsten Gestalt vollkommen dem Torricelli'schen Instrument: eine über 800 mm lange, am einen Ende geschlossene, am andern Ende offene Glasröhre wird mit Quecksilber gefüllt und mit dem offenen Ende in

## 7. Wirkungen der Schwerkraft auf luftförmige Körper.

ein Gefäss mit Quecksilber getaucht; an der Röhre ist eine in Millimeter (früher in Zoll) eingetheilte Skala angebracht, an der man die Höhe der Quecksilbersäule abliest; als Nullpunkt der Skala gilt die mittlere Höhe des Quecksilberspiegels in dem unteren Gefäss.

Da aber die wirkliche Höhe dieses Quecksilberspiegels um die mittlere Höhe schwankt, so müssen die Ablesungen ungenau sein. Man hat daher, um diesem Übelstande abzuhelfen, den Quecksilberspiegel im unteren Gefäss beweglich gemacht, so dass man ihn bei jeder Ablesung auf den Nullpunkt der Skala einstellen

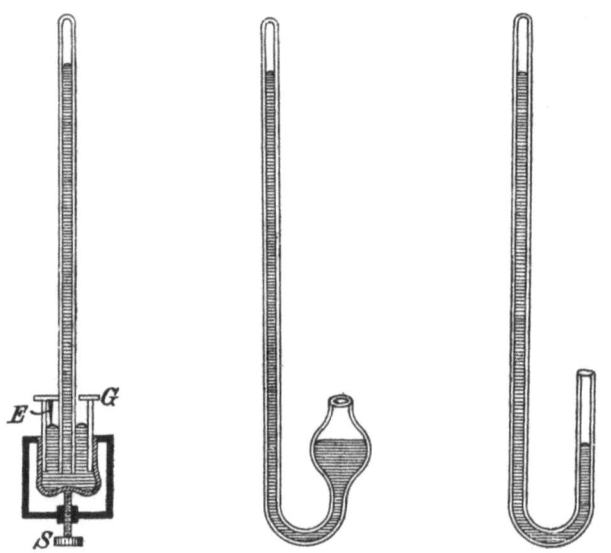

Abb. 50. Gefässbarometer.   Abb. 51. Kugelbarometer.   Abb. 52. Heberbarometer.

kann. Dies ist auf die Weise geschehen, dass das Gefäss (Abb. 50, $G$) unten durch eine Lederkappe verschlossen ist, die mittels der Schraube $S$ gehoben oder gesenkt werden kann. Vom Deckel des Gefässes, der zur Verbindung mit der äusseren Atmosphäre mit einer engen Öffnung versehen ist, ragt eine Elfenbeinspitze ($E$) herab, die den Nullpunkt angiebt. Man bewegt nun die Schraube so lange nach oben oder unten, bis die Spitze $E$ den Quecksilberspiegel in $G$ eben berührt.

Das Phiolen- oder Kugelbarometer (Abb. 51), besteht aus einem am unteren Ende U-förmig umgebogenen Glasrohr, das in eine seitlich angebrachte Kugel (bezw. Birne) aus Glas übergeht. Letztere vertritt die Stelle des Gefässes. Während dies Barometer bequemer zu handhaben ist und zu seiner Füllung weniger Quecksilber bedarf als das Gefässbarometer, sind bei ihm die Ablesungen — des veränderlichen Nullpunkts wegen — ungenau.

Allen Übelständen zugleich geht man bei Anwendung des Heberbarometers aus dem Wege. (Abb. 52.) Es besteht aus einer U-förmig gebogenen Röhre, deren einer Schenkel etwa 1 m lang ist, während der andere erheblich kürzer ist; jener ist oben geschlossen, dieser offen. Da beide Schenkel der Röhre dieselbe Weite haben, so steigt bei jeder Veränderung des äusseren Luftdrucks das Quecksilber in dem einen Schenkel um ebensoviel, als es in dem andern Schenkel fällt, und man hat nur nöthig, den Höhenunterschied des Quecksilbers in beiden Schenkeln zu bestimmen. — Das Ablesen wird entweder auf die Weise vereinfacht, dass man die Skala beweglich macht und ihren Nullpunkt auf den Quecksilberspiegel in dem kürzeren Schenkel einstellt, oder dass man beide Schenkel mit einer eingeätzten Theilung versieht, deren Nullpunkt das Ende des kürzeren Schenkels ist, und die an dem längeren Schenkel nach oben, an dem kürzeren nach unten fortschreitet; um den Barometerstand zu erhalten, muss man dann die Zahlen, auf die sich das Quecksilber in beiden Schenkeln einstellt, addiren.

Die Genauigkeit der Angaben eines Quecksilberbarometers ist von verschiedenen Bedingungen abhängig.

Erstens muss der Raum über dem Quecksilber ein wirkliches Vacuum (also wirklich völlig luftleer) sein, was nicht der Fall ist, sobald an der Glaswandung noch Luft adhärirt; um diese zu beseitigen, wird das Quecksilber im Barometerrohr ausgekocht.

Zweitens muss das Quecksilber chemisch rein sein, weil eine Verunreinigung durch andere Metalle sein specifisches Gewicht und damit seine Höhe im Barometerrohr verändert.

Drittens darf das Barometerrohr nicht zu eng sein, damit der Stand des Quecksilbers nicht in Folge der Kapillarität beeinflusst wird.

Viertens muss der Beobachter sein Auge in gleiche Höhe mit dem Quecksilberspiegel bringen und den höchsten Punkt des Meniskus als Marke für die Ablesung benutzen. Das Barometer selbst muss genau senkrecht hängen.

Fünftens muss auf die Temperatur Rücksicht genommen werden, da dieselbe, je nachdem ob sie steigt oder sinkt, das Volum des Quecksilbers vergrössert oder verringert. Zur Erlangung genauer und vergleichbarer Beobachtungen werden aus diesem Grunde die direkten Barometerablesungen auf $0^0$ reducirt.

Das Aneroïdbarometer kommt in zwei Formen vor: als Metallic (von Bourdon) und als Holosteric (von Vidi).

## 7. Wirkungen der Schwerkraft auf luftförmige Körper.

Der Hauptbestandtheil des ersteren ist eine kreisförmig gebogene, ringsum geschlossene, möglichst luftleer gemachte Messingröhre, welche durch eine Zunahme des Luftdrucks stärker gekrümmt wird (weil die äussere Fläche der Röhre, da sie grösser ist und auf jede Flächeneinheit derselbe Druck stattfindet, im ganzen eine stärkere Druckzunahme erfährt als die innere, kleinere Fläche), während eine Abnahme des Luftdrucks umgekehrt eine Streckung der Röhre bewirkt. Die Bewegung der Röhren-Enden werden auf einen Zeiger übertragen.

Das Holosteric hat an Stelle der Messingröhre eine luftleer gemachte, ringsum geschlossene kupferne Dose oder Kapsel, deren wellenförmiger Deckel bei wechselndem Luftdruck mehr oder weniger eingedrückt wird. Eine starke metallene Feder zieht den Deckel nach oben und aussen und bewirkt so, dass er beim Nachlassen des Luftdrucks nicht eingedrückt bleibt. Die Bewegungen, welche — dem Luftdruck entsprechend — der Mittelpunkt des Deckels macht, werden durch ein Hebelwerk vergrössert und auf einen Zeiger übertragen.

Die Skala für den Zeiger wird nach den Angaben eines Quecksilberbarometers gefertigt.

Während die Aneroïdbarometer einerseits wegen ihrer handlichen Grösse und Form und ihrer geringen Zerbrechlichkeit den Quecksilberbarometern vorzuziehen sind, wenn es sich um weitere Beförderung (auf Reisen und bei Höhenmessungen) handelt, stehen sie doch den letzteren insofern nach, als sich mit der Zeit die Elasticität der Metallgehäuse vermindert. Von Zeit zu Zeit muss daher ein Aneroïdbarometer mit einem guten Quecksilberbarometer verglichen werden.

**Höhenmessung und Wettervorhersage.** Das Barometer wird ausser zur Messung des Luftdrucks noch zur Höhenmessung und bei der Wettervorhersage benutzt.

Bezüglich der Höhenmessung sei Folgendes bemerkt: Die Abnahme des Luftdrucks mit wachsender Erhebung über die Erdoberfläche findet nicht gleichmässig statt, so dass also einer gleich grossen senkrechten Erhebung nicht durchweg dieselbe Verminderung des Barometerstandes entspricht; sondern diese Verminderung wird mit zunehmender Höhe geringer. Der Grund hierfür ist der, dass die unteren Luftschichten — als die Theile eines elastischen Körpers — von der darüber befindlichen Luftmenge stärker zusammengedrückt, somit dichter werden und daher eine grössere Spannkraft annehmen, die sich auf das Barometer äussert.

Erste Höhenmessung durch Pascal und Périer am 19. September 1648 auf dem Puy-de-Dôme (970 m).

Als Wetterglas kann das Barometer nur in sehr beschränktem Umfang benutzt werden. Seine Verwendung beruht darauf, dass 1. trockene Luft specifisch schwerer ist als Wasserdampf und damit auch specifisch schwerer als feuchte Luft und 2. Luftdepressionen oder Luftminima (d. h. Luftgebiete mit verdünnter und daher geringe Spannkraft besitzender Luft) meist Niederschläge mit sich führen, Luftmaxima aber trockene Luft enthalten. Hat daher das Barometer einen tiefen Stand, so kann vermuthet werden, dass trübes, regnerisches Wetter sich einstellen werde; hat das Barometer einen hohen Stand, so kann mit mehr Wahrscheinlichkeit auf heiteres, trockenes Wetter gerechnet werden. — Dabei kommt es aber auch noch darauf an, welche Unterschiede das Barometer des Beobachtungsortes gegen die Barometer der näheren und selbst weiteren Umgegend aufweist. Und ferner hängt das Wetter noch von viel mehr Bedingungen ab, die ihrerseits oft schwankend und schwer zu übersehen sind.

**Heber-Apparate und Pumpen.** Auf der Thatsache des Luftdrucks sowie der Spannkraft der Luft beruht die Einrichtung des Stechhebers, der Pipetten, des Saughebers, des Zerstäubers, der Saugpumpe, der Druckpumpe und der Feuerspritze.

Vor der Besprechung dieser Apparate sei kurz das Wesen des Saugens erörtert. Taucht man das eine Ende einer Röhre in Wasser und saugt an dem andern, so drückt man die im Munde bis zu den Lungen befindliche Luft zusammen; dadurch entsteht im Munde ein luftverdünnter Raum, den die Luft in der Röhre auszufüllen trachtet; die Folge hiervon ist, dass auch diese Luft in der Röhre sich verdünnt und an Spannkraft verliert. So übertrifft denn der äussere Luftdruck, der auf dem Wasser lastet, die genannte Spannkraft und treibt, weil das Gleichgewicht gestört ist, das Wasser in die Röhre hinein, bis — wenn man etwa plötzlich mit dem Saugen anhält — die Spannkraft der Luft im oberen Theil der Röhre nebst dem Druck der in die Röhre eingedrungenen Wassersäule dem äusseren Luftdruck gleich ist.

Der Stechheber und die (gleich den Büretten — S. 68) bei der chemischen Maassanalyse Verwendung findenden Pipetten (Abb. 53) sind oben und unten offene Gefässe (meist aus Glas), die in der Mitte kugelförmig oder cylindrisch erweitert, am unteren Ende sehr eng und am oberen Ende nur so weit sind, dass sie mit dem Daumen verschlossen werden können.

Taucht man beispielsweise die Pipette Abb. 53a mit ihrem unteren Ende $A$ in Wasser ein und saugt durch das obere Ende $C$ die Luft aus, so dringt das Wasser in Folge des äusseren Luftdrucks in die Pipette ein und steigt darin bis zu einem gewissen Punkte ($B$) empor.

## 7. Wirkungen der Schwerkraft auf luftförmige Körper.

Hält man nun das obere Ende (C) zu, so bleibt das Wasser in der Pipette, weil der äussere Atmosphärendruck es trägt sowie der geringen Spannkraft der über B befindlichen Luft, die durch das Saugen verdünnt wurde, das Gleichgewicht hält. In Blasenform kann die äussere Luft bei A nicht eindringen und so das specifisch schwerere Wasser verdrängen, weil die Öffnung zu klein ist. — Lässt man die Öffnung C wieder frei, so fliesst das Wasser bei A ab.

Die Pipetten dienen nicht nur — wie der Stechheber, der ähnliche Gestalt besitzt wie sie — zum Ausheben von Flüssigkeitsproben, sondern auch zum Abmessen genau bestimmter Mengen einer Flüssigkeit; daher haben sie entweder einen bestimmten Rauminhalt und dann eine Marke, die dessen obere Grenze bezeichnet (Abb. 53 a und b): Vollpipetten — oder sie besitzen eine Volumeintheilung (Abb. 53 c): Messpipetten.

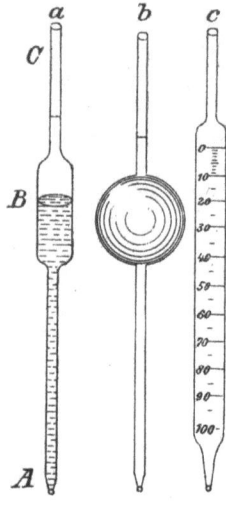

Abb. 53a—c. Pipetten.

Der Saugheber (Abb. 54) ist eine V-förmig gebogene Röhre mit ungleich langen Schenkeln, deren kürzerer in eine Flüssigkeit eingetaucht wird, während man an dem längeren saugt. Hat sich der Heber vollständig mit Flüssigkeit gefüllt, so fliesst dieselbe so lange aus dem längeren Schenkel aus, bis der kürzere Schenkel nicht mehr in die Flüssigkeit eintaucht oder bis — für den Fall, dass auch der längere Schenkel in ein Gefäss hineingehalten oder hineingehängt wird — die Flüssigkeit an beiden Schenkeln aussen gleich hoch steht.

Das Ausfliessen — das Hinüberbewegen der Flüssigkeit von A über B nach C — erfolgt aus dem Grunde, weil dem auf die Flüssigkeit im linken Gefäss wirkenden Luftdruck die kurze Flüssigkeitssäule AB, dem auf die Flüssigkeit im rechten Gefäss wirkenden Luftdruck die lange Flüssigkeitssäule BC entgegenwirkt, so dass der übrigbleibende Druck links grösser ist als rechts.

Als Saugheber kann jeder Kautschukschlauch benutzt werden.

Der Zerstäuber besteht aus zwei in feine Spitzen ausgezogenen Glasröhren, die rechtwinklig zu einander stehen, und zwar so, dass das obere spitze Ende der senkrecht stehenden Röhre, die mit ihrem unteren Ende in eine Flüssigkeit eintaucht, sich vor der Mitte der spitzen Öffnung der wagerechten Röhre befindet; wird nun durch die letztere entweder mit dem Munde oder mittels eines Kautschukballs Luft oder — bei den Inhalationsapparaten — aus einem kleinen Kessel Wasserdampf hindurchgetrieben, so reissen die bewegten Gastheilchen aus der senkrechten Röhre Luft mit sich fort, so dass die

## 7. Wirkungen der Schwerkraft auf luftförmige Körper. 95

zurückbleibende Luft an Spannkraft verliert und in Folge dessen die Flüssigkeit in die senkrechte Röhre hineingesogen wird. Sie steigt bis zur Spitze und wird hier durch den aus der wagerechten Röhre kommenden Gasstrom in einen Sprühregen verwandelt.

**Saugpumpe.** Die Einrichtung der Saugpumpe (Abb. 55) ist folgende: In einen unterirdischen Wasserbehälter (den Brunnenkessel) taucht ein unten offenes, oben (bei $V$) mit einem Ventil — das heisst einem einseitigen Verschluss — versehenes Rohr ein: das Saugrohr ($S$). Ihm ist ein zweites Rohr, das Brunnen- oder Pumpenrohr ($B$) aufgepasst, das oben seitwärts ein kleineres Ausflussrohr ($A$) trägt.

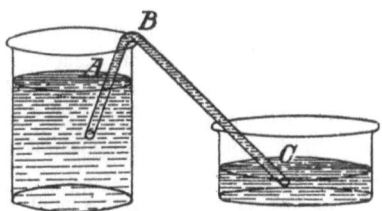

Abb. 54. Saugheber.

Im Brunnenrohr geht ein dichtschliessender, durchbohrter und oben ebenfalls mit einem Ventil versehener Kolben ($K$) auf und nieder, der durch den aussen an der Kolbenstange befestigten, einen Hebel vorstellenden Brunnen- oder Pumpenschwengel ($BS$) bewegt wird. Beide Ventile sind Klappenventile und öffnen sich nach oben; das untere heisst Bodenventil, das obere, im Kolben befindliche, Kolbenventil. Wird der Kolben in die Höhe

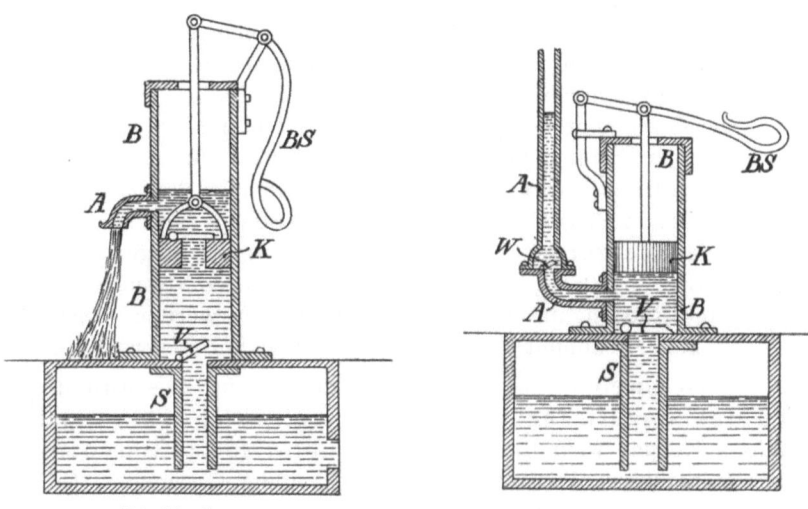

Abb. 55. Saugpumpe.        Abb. 56. Druckpumpe.

bewegt, so wird die Luft unter ihm verdünnt, verliert an Spannkraft, und das Wasser dringt, indem sich das Bodenventil öffnet, in das Saugrohr und das Brunnenrohr ein. Beim Abwärtsbewegen des Kolbens kann das im Brunnenrohr befindliche Wasser nicht zurück, da sich das Bodenventil nach unten schliesst;

daher begiebt es sich, das Kolbenventil emporhebend, durch den Kolben hindurch in den oberen Theil des Brunnenrohrs. Bei abermaligem Heben des Kolbens wird es mitgehoben, da sich jetzt das Kolbenventil nach unten schliesst, und fliesst, wenn es jetzt oder bei weiterer Kolbenbewegung an das Ausflussrohr gelangt, durch dieses ab.

**Druckpumpe.** Bei der Druckpumpe (Abb. 56) ist der Kolben ($K$) nicht durchbohrt; dagegen ist in dem nur wenig oberhalb des Bodenventils ($V$) vom Brunnenrohr ($B$) sich abzweigenden Ausfluss- oder Steigrohr ($A$) ein nach oben sich öffnendes Ventil ($W$) vorhanden. Der Kolben drückt das Wasser in das Steigrohr hinein, und das genannte Ventil verhindert das Wasser am Zurückfliessen.

In der Feuerspritze kommt ausser zwei Druckpumpen ein Windkessel zur Anwendung, in welchen durch die Pumpen das Wasser hineingetrieben wird und eine Kompression (Zusammendrückung) der Luft bewirkt. Diese und die mit ihr verbundene Steigerung der Spannkraft der Luft treibt das Wasser dann durch ein tief in den Windkessel hinabreichendes Rohr und einen daran befestigten Schlauch in kräftigem Strahl hinaus.

**Manometer.** Zur Messung der Spannkraft eingeschlossener Gase dient das Manometer. Man unterscheidet offene und geschlossene Manometer. Beide sind U-förmig gebogene Röhren, in denen sich Quecksilber (oder auch eine andere Flüssigkeit) befindet. Ihr einer Schenkel steht in Verbindung mit dem Gefäss, in dem sich das Gas befindet, dessen Spannkraft gemessen werden soll. Der andere Schenkel ist beim offenen Manometer offen, beim geschlossenen geschlossen und (in den meisten Fällen) mit Luft gefüllt. Die Gasspannung ist dann aus dem Unterschied der Quecksilberhöhen in beiden Schenkeln, vermehrt entweder um den Atmosphärendruck oder um die im umgekehrten Verhältniss zum Volum stehende Spannkraft der abgeschlossenen Luft, ersichtlich.

Bei den Zeigermanometern drückt das Gas gegen die Mitte einer elastischen Platte, deren Bewegungen durch Vermittlung von Hebeln und Rädern auf einen Zeiger übertragen werden. Diese Art von Manometern kommt bei grossen Drucken zur Verwendung.

**Volumenometer.** Zur Bestimmung des Volums — und damit auch des specifischen Gewichts (vergl. S. 72 u. f.) — pulverförmiger Körper wird das Volumenometer (oder Stereometer, Abb. 57) benutzt. Dasselbe besteht aus einem Glasgefäss ($G$), das nach unten in eine mit Volum-Eintheilung versehene Röhre ausläuft. Der obere Rand des Gefässes ist abgeschliffen und lässt sich durch eine Glasplatte luftdicht verschliessen.

Die Benutzung erfolgt in der Weise, dass, während das Gefäss $G$ offen ist, die Röhre bis zum Nullpunkt der Theilung ($O$) in ein mit Quecksilber gefülltes Glas eingetaucht wird, dann das Gefäss durch die Glasplatte verschlossen und

## 7. Wirkungen der Schwerkraft auf luftförmige Körper.

der Apparat bis zu einer bestimmten Höhe emporgezogen wird. Dabei tritt Luft aus $G$ in die Röhre, die Luft wird verdünnt und verliert an Spannkraft; die Folge ist, dass die äussere Luft das Quecksilber in der Röhre emportreibt. Die Volumzunahme der Luft (von $O$ bis zum Quecksilberspiegel in der Röhre) wird abgelesen. Aus diesem Versuch kann das Volum des Gefässes $G$ bis zum Theilstrich $O$ auf folgende Weise berechnet werden: Man bezeichne es mit $v_1$, die Volumzunahme mit $v_2$, die Höhe des Quecksilbers in der Röhre über dem äusseren Quecksilberspiegel mit $q$ und den herrschenden Barometerstand mit $B$; dann ist nach dem Mariotte-Boyle'schen Gesetz (S. 85):

$$\frac{v_1}{v_1 + v_2} = \frac{B - q}{B}, \text{ woraus sich ergiebt: } v_1 = \frac{v_2(B - q)}{q}.$$

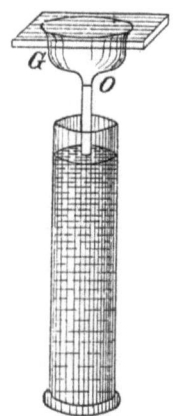

Abb. 57. Volumenometer.

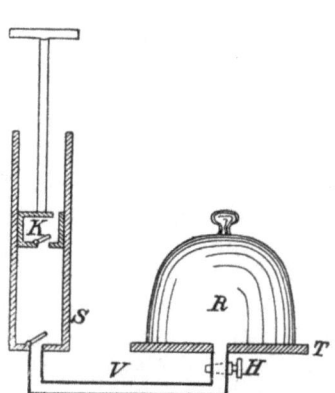

Abb. 58. Einstieflige Ventil-Luftpumpe.

Nun wird der ganze Versuch wiederholt, nachdem man den pulverförmigen Körper, dessen Volum $x$ bestimmt werden soll, in das Gefäss $G$ gebracht hat. Der Apparat werde wieder bei offenem Gefässe $G$ bis zum Nullpunkte $O$ in das Quecksilber eingetaucht und dann, bei verschlossenem Gefässe $G$, so weit emporgehoben, bis die Luft in $G$ um das Volum $v_2$ zugenommen hat; die Quecksilbersäule in der Röhre sei diesmal $q'$. Dann gilt:

$$\frac{v_1 - x}{(v_1 - x) + v_2} = \frac{B - q'}{B}, \text{ woraus sich ergiebt: } v_1 - x = \frac{v_2(B - q')}{q'}, \text{ also:}$$

$$x = v_1 - \frac{v_2(B - q')}{q'}.$$

Hat man durch dies Verfahren das Volum des pulverförmigen Körpers ermittelt, so erhält man sein specifisches Gewicht, indem man ihn wägt und sein absolutes Gewicht durch das Volum dividirt (da das specifische Gewicht ja das Gewicht der Volumeinheit ist — S. 72).

## 7. Wirkungen der Schwerkraft auf luftförmige Körper.

**Luftpumpe.** Von grosser Bedeutung für mancherlei Zwecke ist die 1650 von Otto v. Guericke erfundene Luftpumpe. Sie dient dazu, die Luft in einem abgesperrten Raume zu verdünnen. Einen Raum vollständig luftleer zu machen, ist nicht möglich.

Wir betrachten die Ventilluftpumpe, die Hahnluftpumpe, die Quecksilberluftpumpe und die Wasserluftpumpe.

Die Ventilluftpumpe (Abb. 58) besteht aus dem Stiefel ($S$): einem metallenen Cylinder, in welchem sich ein durchbohrter Kolben ($K$) luftdicht auf- und abbewegt, dem Teller ($T$), dem darauf stehenden Recipienten (oder der Luftpumpenglocke, $R$) und dem Verbindungsrohr ($V$), welches den Stiefel mit dem Recipienten verbindet. Sowohl im Kolben wie am Boden des Stiefels ist je ein sich nach oben öffnendes Ventil angebracht. (Kolbenventil und Bodenventil.)

Wird der Kolben vom Boden des Stiefels aus emporgezogen, so entsteht unter ihm ein luftleerer (bezw. luftverdünnter) Raum, und die Luft des Recipienten drückt das Bodenventil in die Höhe und strömt in den Stiefel hinein, wobei sie auf einen grösseren Raum vertheilt und daher verdünnt wird; das Kolbenventil bleibt wegen des Drucks der äusseren (atmosphärischen) Luft geschlossen. Wird dann der Kolben abwärts bewegt, so wird die unter ihm befindliche Luft zusammengepresst, schliesst das Bodenventil, öffnet dagegen das Kolbenventil und strömt durch den Kolben hindurch nach aussen. Zieht man den Kolben wieder empor und so fort, so wird abermals der Recipient eines Theils seiner Luft beraubt, und die zurückbleibende Luft wird fortgesetzt verdünnt, bis sie so wenig Spannkraft besitzt, dass sie die Ventile nicht mehr zu öffnen vermag. Der Hahn $H$ gestattet durch eine geeignete Durchbohrung, nach erfolgtem Gebrauch der Pumpe wieder Luft von aussen in den Recipienten einströmen zu lassen.

Bei der Hahnluftpumpe ist der Kolben massiv, und die Ventile sind in ihrer Wirksamkeit durch einen unterhalb des Stiefels befindlichen Hahn (den sog. Vierwegehahn) ersetzt, welcher in der Weise doppelt durchbohrt ist, dass er beim Aufziehen des Kolbens den Stiefel mit dem Recipienten in Verbindung setzt, beim Niederdrücken des Kolbens aber den Stiefel mit der Atmosphäre verbindet, so dass die in den Stiefel (vom Recipienten aus) eingedrungene Luft nach aussen gepresst wird.

Bei der zweistiefligen (doppelt wirkenden) Hahnluftpumpe findet der Grassmann'sche Hahn Verwendung. Derselbe hat drei Durchbohrungen: Die eine führt von der einen Seite nach hinten zum Verbindungsrohr $V$ (Abb. 59a und b), die andere von der entgegengesetzten Seite nach vorn zur atmosphärischen

## 7. Wirkungen der Schwerkraft auf luftförmige Körper.

Luft; die dritte Durchbohrung verläuft in gerader Richtung zwischen den beiden ersten und senkrecht zu ihnen. Liegt der Hahn so, wie Abb. 59a zeigt, wo der als Griff dienende Hebel $H$ sich links befindet, so steht der Recipient (durch $V$) mit dem linken Stiefel ($L$) in Verbindung, zugleich der rechte Stiefel ($R$) mit der Atmosphäre. In $L$ geht der Kolben in die Höhe, in $R$ bewegt er sich abwärts. Wird der Hahn um 180° herumgedreht, so ist die Verbindung der Stiefel mit dem Recipienten und der Atmosphäre (wie Abb. 59b zeigt) die umgekehrte, und die Kolben bewegen sich entgegengesetzt. Hört man mit dem Auspumpen der Luft auf, so stellt man den Hahn so, dass der Hebel senkrecht steht; dann ist der Recipient verschlossen, und die beiden Stiefel stehen durch die dritte Durchbohrung mit einander in Verbindung.

Bei der zweistiefligen Hahnluftpumpe wird — abgesehen davon, dass sie doppelt so schnell wirkt als die einstieflige — noch ein besonderer Übelstand vermieden, der sich bei dieser findet und darin besteht, dass nach dem Niederdrücken des Kolbens die Bohrung des Hahnes jedesmal mit atmosphärischer Luft gefüllt bleibt, welche sich, wenn der Hahn gedreht und der Kolben wieder emporgezogen wird, im Stiefel ausbreitet. Der mit Luft gefüllte Raum heisst der schädliche Raum.

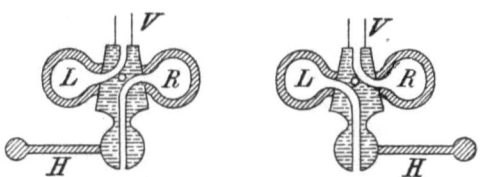

Abb. 59a und b. Grassmann'scher Hahn.

Bei den zweistiefligen Luftpumpen werden die Kolben mittels einer Doppelkurbel oder eines Schwungrades auf- und niederbewegt.

Damit der Recipient luftdicht gegen den Teller abschliesst, wird sein Rand, der ebenso wie der Teller geschliffen ist, vor dem Gebrauch mit Talg bestrichen.

Zur Feststellung der bei einem Luftpumpenversuche eingetretenen Verdünnung der Luft dient ein an dem Verbindungsrohr angebrachtes Barometer.

Die (Geissler'sche) Quecksilberluftpumpe (Abb. 60) wirkt am vollkommensten von allen Luftpumpen, weil hier der Kolben durch eine Quecksilbersäule ersetzt ist; da man nämlich das Quecksilber durch die zur Verwendung kommenden Glashähne hindurchtreten lassen kann, ist die Bildung eines schädlichen Raums unmöglich. Die Luftverdünnung wird auf folgende Weise bewirkt:

Zwei Glasgefässe ($A$ und $B$) stehen durch das Glasrohr $C$ und den Kautschukschlauch $KK$ mit einander in Verbindung. Das eine derselben ($B$) ist an einem Gestell unbeweglich befestigt, während das andere ($A$) mittels des

## 7. Wirkungen der Schwerkraft auf luftförmige Körper.

über die Rolle $R$ laufenden Gurtes $GG$ und der mit Kurbel versehenen Welle $W$ auf- und abbewegt werden kann. In beiden Gefässen befindet sich Quecksilber, welches durch das Glasrohr $C$ und den Kautschukschlauch $KK$ kommunicirt. Das unbewegliche Glasgefäss $(B)$ läuft nach oben in ein kurzes Ansatzrohr aus, das durch den Hahn $H_2$ verschliessbar ist; wenn derselbe geöffnet ist, steht das Gefäss $B$ mit der Atmosphäre in Verbindung. Von diesem Ansatzrohr geht ein Seitenrohr $Re$ aus, das zum Recipienten führt und gleichfalls durch einen Hahn $(H_1)$ verschlossen werden kann. Es wird nun, wenn das Auspumpen des Recipienten vor sich gehen soll, das Gefäss $A$ bei geschlossenem Hahn $H_1$ und geöffnetem Hahn $H_2$ so weit gehoben, dass das Quecksilber in dem Gefässe $B$ und dem oben daran befindlichen Ansatzrohr über dem Hahn $H_1$ steht und in die Bohrung des Hahnes $H_2$ eingedrungen ist. Hierauf wird der Hahn $H_2$ geschlossen, also die Verbindung des Gefässes $B$ mit der atmosphärischen Luft aufgehoben, und das Gefäss $A$ herabgelassen. Da nun das Rohr $C$ 760 mm lang ist, vermag der auf dem Quecksilber in $A$ lastende Atmosphärendruck, wenn $A$ seine tiefste Stellung erlangt hat, ausser dem Quecksilber in $C$ nicht noch das in $B$ befindliche Quecksilber zu tragen, und dieses sinkt daher aus $B$ in das Rohr $C$, und in dem Gefässe $B$ selbst entsteht ein Vakuum. Wird nun der Hahn $H_1$ geöffnet, so dringt aus dem Recipienten Luft in $B$ ein, und die Luft des Recipienten wird verdünnt. Alsdann wird der Hahn $H_1$ wieder geschlossen, das Gefäss $A$ gehoben und der Hahn $H_2$ geöffnet. Hierdurch wird, wenn das Quecksilber in $B$, wie zu Anfang des Versuches, bis zum Hahne $H_2$ gestiegen ist, die in $B$ befindliche Luft ausgetrieben. Man schliesst hierauf $H_2$ und verfährt wie zuvor, so dass abermals eine Verdünnung der Luft im Recipienten bewirkt wird. Da man dies Verfahren beliebig oft wiederholen kann, gelingt es, die Luftverdünnung ausserordentlich weit zu treiben.

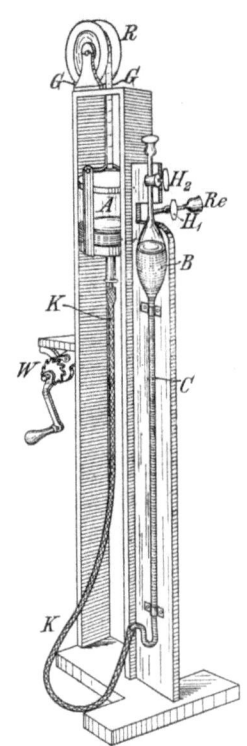

Abb. 60. Quecksilber-Luftpumpe.

Die (Bunsen'sche) Wasserluftpumpe (Abb. 61) wird in chemischen Laboratorien vielfach zu beschleunigten Filtrationen verwendet. Sie besteht aus einem weiten Glasrohr $(A)$, das oben verschlossen ist und seitlich ein Ansatzrohr $(B)$ besitzt, durch welches ein Wasserstrom (am besten von einer Wasserleitung) in ersteres eintritt und nach unten abfliesst. Durch den Verschluss des Rohres $A$ geht in dieses hinein ein enges Glasrohr $(C)$, das unterhalb des Ansatzrohrs mit einer Öffnung endigt, während sein oberes, gleichfalls offenes Ende mit einer Flasche $(D)$ in Verbindung steht, in die hinein filtrirt wird. In den Kork oder Gummistöpsel dieser Flasche ist ein Trichter luftdicht eingesetzt. Fliesst nun von $B$ her Wasser durch das Rohr $A$, so reisst es die darin befindliche

### 7. Wirkungen der Schwerkraft auf luftförmige Körper. 101

Luft mit und übt in Folge dessen auf das Rohr $C$ und damit auch auf die Flasche eine Saugwirkung aus; die Luft in der Flasche wird verdünnt, und die Flüssigkeit im Trichter wird durch den Atmosphärendruck schneller in die Flasche hineingetrieben.

**Luftpumpen-Versuche.** Mit der Luftpumpe können folgende Hauptversuche angestellt werden:

1. Das Zersprengen einer Glasplatte, die einen luftleer gepumpten Cylinder nach aussen verschliesst, durch den atmosphärischen Luftdruck; das Hindurchpressen von Quecksilber durch Buchsbaumholz (Quecksilberregen).

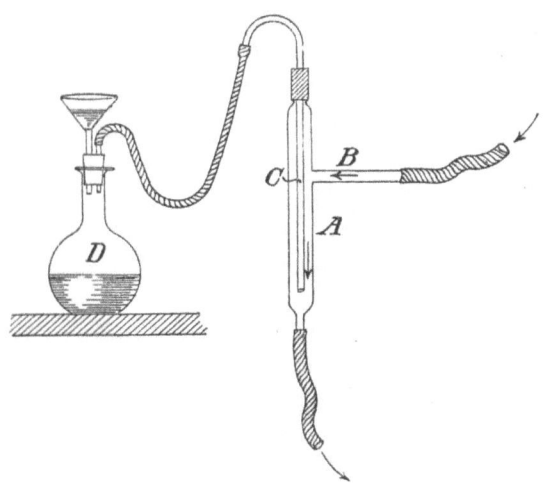

Abb. 61. Wasser-Luftpumpe.

2. Die Magdeburger Halbkugeln. Eine aus zwei genau auf einander passenden Halbkugeln zusammengesetzte Hohlkugel wird luftleer gepumpt. Zur Trennung der durch den äusseren Luftdruck zusammengepressten Halbkugeln ist eine ausserordentlich grosse Kraft erforderlich.

3. Das Anschwellen einer schlaff zugebundenen und daher wenig Luft enthaltenden Blase unter dem Recipienten. (Vergl. S. 84.)

4. Das Entweichen absorbirter Gase: Luftbläschen aus Wasser, Kohlensäure aus Selterwasser und Bier.

5. Nachweis des Archimedischen Princips (S. 70) für Luft. Ein kleiner Wagebalken trägt auf der einen Seite eine Hohlkugel

aus Glas, auf der andern Seite ein Metallgewicht von kleinerem Volum als jene, von solcher Schwere, dass im lufterfüllten Raum Gleichgewicht herrscht. Wird der Apparat unter den Recipienten gebracht und die Luft aus demselben ausgepumpt, so sinkt der Arm des Wagebalkens, an welchem die Glaskugel aufgehängt ist: eine Folge davon, dass der Auftrieb, den die Glaskugel in der Luft erfuhr und der — wegen des grösseren Volums — grösser ist als der auf das Metallgewicht ausgeübte Auftrieb, in Fortfall kommt.

Auf die Wirkung des Auftriebes in der Atmosphäre ist das Aufsteigen der Luftballons zurückzuführen. Die älteste Form derselben (die Montgolfiere) war mit erwärmter Luft gefüllt, die specifisch leichter ist als kalte Luft. Die heute gebräuchlichen Luftballons werden mit Leuchtgas gefüllt, die kleinen, bunten Kinderballons enthalten Wasserstoffgas; beide genannten Gase sind specifisch leichter als die atmosphärische Luft. Ein Luftballon steigt in der nach oben immer dünner und folglich specifisch leichter werdenden Luft so hoch empor, bis er schwebt, d. h. bis sein Gesammtgewicht = dem Gewicht der verdrängten Luftmenge ist.

6. Der gleich schnelle Fall verschieden schwerer Körper in der Fallröhre. (Vergl. S. 37.)

7. Das Erlöschen brennender Kerzen; Thiere ersticken im luftverdünnten Raum.

8. Die Schwächung des Schalls von Glocken, die im luftleer gepumpten Recipienten in Thätigkeit versetzt werden.

9. Das Sieden von Flüssigkeiten bei niedrigerer Temperatur als der gewöhnlichen Siedetemperatur.

10. Das Gefrieren von Wasser in Folge schneller Verdunstung und andauernder Absorption der gebildeten Wasserdämpfe durch koncentrirte Schwefelsäure.

Bei der Rohrpost wird — neben komprimirter Luft — die mittels einer Luftpumpe verdünnte Luft zur Beförderung von Briefen verwendet; die Briefe befinden sich in kleinen Wagen, die in langen Röhren von Station zu Station geblasen bezw. gesogen werden.

**Kompressionspumpe.** Die Kompressionspumpe ist eine umgekehrt wirkende Luftpumpe. Ist sie mit Ventilen versehen, so haben diese die entgegengesetzte Richtung wie bei der Ventilluftpumpe. Ist sie mit Hahn versehen, so wird dieser bei jedem Kolbenstosse entgegengesetzt gestellt wie bei der Hahnluftpumpe.

Sie wird vor allem zur Kompression und Verflüssigung von Kohlensäuregas benutzt.

## 8. Stoss elastischer Körper und Wellenbewegung.

**Stoss elastischer Körper.** Wenn eine elastische Kugel auf einer horizontalen Unterlage gegen eine feste Wand gerollt wird und zwar in senkrechter Richtung zur Wand (Beispiel: eine Billardkugel, welche senkrecht gegen die Billardbande gerollt wird), so kehrt die Kugel mit gleicher Geschwindigkeit in der gleichen (senkrechten) Richtung, nur im entgegengesetzten Sinne, zurück. Dieser Vorgang wird als Reflexion bezeichnet.

Wird die Kugel unter einem gewissen spitzen Winkel gegen die Wand gerollt, so bewegt sie sich wiederum mit gleicher Geschwindigkeit und unter dem gleichen Winkel, aber nach der andern Seite, von der Senkrechten zur Wand aus gerechnet, zurück. — Den Winkel, den die Bewegungsrichtung der heranrollenden Kugel mit der Senkrechten zur Wand — dem Einfallslothe — bildet (Abb. 62, *a*), nennt man (in Anlehnung an eine Bezeichnung in der Lehre vom Licht) den Einfallswinkel; den Winkel, den die Bewegungsrichtung der zurückrollenden Kugel mit der Senkrechten bildet (Abb. 62, *b*), nennt man den Ausfallswinkel. — Einfalls- und Ausfallswinkel sind einander gleich.

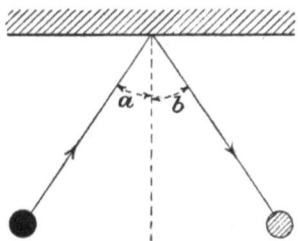

Abb. 62. Stoss einer elastischen Kugel gegen eine feste Wand.

Wird eine elastische Kugel mit einer gewissen Geschwindigkeit gegen eine andere, ihr völlig gleiche, ruhende gerollt, (so dass die Stossrichtung mit der Verbindungslinie der Mittelpunkte beider Kugeln zusammenfällt — centraler Stoss), so bleibt die erste Kugel stehen, und die zweite bewegt sich in derselben Richtung wie jene und mit der gleichen Geschwindigkeit fort. — Werden zwei gleiche elastische Kugeln mit gleicher Geschwindigkeit central gegen einander gerollt, so prallen sie von einander ab und bewegen sich mit derselben Geschwindigkeit im entgegengesetzten Sinne zurück. — Ist im letzteren Falle die Geschwindigkeit beider Kugeln verschieden gross, so tauschen beide ihre Geschwindigkeiten mit einander aus.

Es lässt sich hiernach sagen, dass stets, wenn eine elastische Kugel in centralem Stoss auf eine andere, ihr gleiche trifft, ihr Bewegungszustand sich auf diese überträgt, und umgekehrt, dass sie den Bewegungszustand der letzteren annimmt.

Trifft eine elastische Kugel in centralem Stosse auf eine Reihe geradlinig hinter einander liegender, ihr gleicher elastischer Kugeln, so geht ihre Bewegung nach Richtung und Geschwindigkeit durch die ganze Reihe hindurch und wird auf die letzte, freiliegende Kugel übertragen und von dieser weiter fortgesetzt.

**Wellenbewegung.** Wenn das Gleichgewicht einer ruhenden Wasserfläche, z. B. durch das Hineinwerfen eines Steines, gestört wird, so entstehen kreis-

## 8. Stoss elastischer Körper und Wellenbewegung.

förmige Wellen, die sich von einem Mittelpunkte aus (der Stelle, wo der Stein ins Wasser fiel) nach allen Richtungen mit gleichförmiger Geschwindigkeit verbreiten. Jede Welle besteht aus einem Wellenberg und einem Wellenthal. Der Grund für diese Erscheinung ist der, dass die Wasserfläche an der Stelle, wo der Stein auf sie fällt, einen Stoss erleidet, der die an dieser Stelle befindlichen Wassertheilchen hinabdrückt und so ein Wellenthal erzeugt; die an der Stelle desselben fehlende Wassermasse begiebt sich nach aussen und oben, da nach S. 65 der auf eine Flüssigkeit ausgeübte Druck sich nach allen Seiten ausbreitet; die umliegenden Wassertheilchen werden daher von jener Wassermasse nach oben gedrängt, und es entsteht rings um das Wellenthal ein Wellenberg. Fallen die Wassertheilchen desselben nun, der Schwere folgend, nach aussen zu herab, so gehen sie — nach Maassgabe des Beharrungsgesetzes — noch unter den Wasserspiegel hinunter und bilden so ein neues, kreisförmig um den Wellenberg verlaufendes Wellenthal. Die Wassertheilchen fallen nach aussen zu, weil der erste, durch den Stein ausgeübte Stoss sich, wie bemerkt, nach aussen fortpflanzte. Um das zweite Wellenthal herum entsteht nun auf dieselbe Weise wie um das erste abermals ein Wellenberg u. s. f. Da die Wellen nach aussen hin immer grösser (umfangreicher) werden, so nimmt ihre Höhe ab.

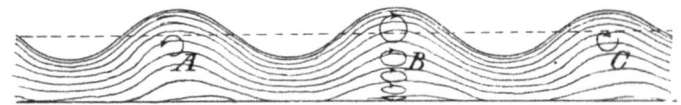

Abb. 63. Wellenbewegung.

Da nach dem Gesagten jedes Wassertheilchen einestheils entweder nach unten oder oben geht, anderntheils aber auch seitliche Bewegungen ausführt, so ist die Bahn, die thatsächlich von ihm durchlaufen wird, eine krummlinige, entstanden nach Maassgabe des Parallelogramms der Kräfte.

Die Kurven der Wassertheilchen liegen in lothrechten Ebenen. Sie sind in Abb. 63 bei $A$, $B$ und $C$ dargestellt. Nach unten zu von der Oberfläche des Wassers aus werden die Kurven flacher (Abb. 63, $B$), und die tiefsten sich noch bewegenden Wassertheilchen schwingen geradlinig hin und her.

An der vom ersten Wellenthal nach aussen zu von Wellenberg zu Wellenberg und durch alle Wellenthäler hindurch fortschreitenden Bewegung der Wellen nehmen die einzelnen Wassertheilchen (nach dem Gesagten) nicht Theil. Man kann dies leicht daran erkennen, dass Holzstücke, die man auf das Wasser wirft, nicht mit fortschwimmen, sondern nur abwechselnd gehoben werden oder sich senken, je nachdem, ob ein Wellenberg oder ein Wellenthal unter ihnen dahingeht.

Wie durch einen Steinwurf, entsteht auch durch einen Ruderschlag oder den Druck des Windes auf die Wasseroberfläche eine Wellenbewegung. Im letzteren Falle sind die Wellenberge und Wellenthäler nicht kreisförmig, sondern lang gestreckt, senkrecht zur Windrichtung. Auch ein Schiff, z. B. ein Dampfer,

## 8. Stoss elastischer Körper und Wellenbewegung.

der das Wasser durchfurcht, erzeugt Wellen, die schräg nach hinten gerichtet sind, weil der sie hervorrufende Vordertheil (Kiel) des Schiffes sich nach vorn fortbewegt.

Das Überstürzen der Wellen (zumal der Meereswellen) und die in Folge dessen auftretende Bildung der Schaumköpfe der Wellen erklärt sich daraus, dass bei anhaltendem, starkem Winddruck ein schräg aufsteigender Wellenberg vor dem Winde her entsteht, auf dem von Neuem Wassertheilchen, vom Winde emporgedrückt, sich aufwärts bewegen, und zwar mit grösserer Geschwindigkeit als die unteren, da sie einmal von diesen mit fortgeführt werden, also deren Geschwindigkeit annehmen, und sodann von der Kraft des Windes noch eine besondere Geschwindigkeit zuertheilt bekommen. (Vergl. die Stufenbahn, wie sie z. B. auf der Berliner Gewerbeausstellung im Jahre 1896 zu sehen war.) Wenn nun die Geschwindigkeit der obersten Wassertheilchen so gross ist, dass dieselben ein Stück weit über die untersten Wassertheilchen hinausgetrieben werden, so schiessen sie, der Schwere folgend, im Bogen nach unten.

Dieser bogenförmige Verlauf entsteht, wie immer drehende Bewegungen oder Rotationen entstehen, wenn sich zwei Flüssigkeiten oder Luftmassen mit verschiedener Geschwindigkeit an einander hinbewegen und die eine Flüssigkeit oder Luftmasse mit ihrem vorderen Ende das vordere Ende der andern überholt. Beispiel: die gewöhnlichen Luftwirbel und die Wirbelwinde oder Wirbelstürme.

Eine Reflexion der Wellen findet statt, wenn dieselben auf eine feste Wand, z. B. den Uferrand, treffen. Es gelten dabei die über die Reflexion beim Stoss elastischer Körper oben mitgetheilten Gesetze.

Bei Wellenbewegungen, die statt im Wasser in elastischen Körpern (z. B. in Luft) stattfinden, ist statt der Schwere die Elasticität wirksam.

Die Breite eines Wellenberges und eines Wellenthales zusammengenommen oder, was dasselbe ist, die Strecke, um welche sich die Schwingungsbewegung fortpflanzt, während ein Wassertheilchen eine Schwingung vollendet, wird Wellenlänge genannt. Der Abstand der grössten Höhe eines schwingenden Wassertheilchens von der grössten Tiefe heisst Schwingungsweite oder Oscillations-Amplitude. (Vergl. S. 63.) Als Fortpflanzungsgeschwindigkeit wird die Geschwindigkeit bezeichnet, mit welcher sich die Schwingung eines Theilchens auf die der Reihe nach folgenden fortpflanzt. Die Geschwindigkeit der Bewegung der einzelnen Theilchen innerhalb der von ihnen durchlaufenen Kurven, also die in einer Zeiteinheit durchlaufene Kurvenstrecke (die übrigens mehrere ganze Kurven betragen kann), heisst Oscillationsgeschwindigkeit; dieselbe ist umgekehrt proportional der Zeitdauer einer ganzen Schwingung, d. h. der Schwingungsdauer; denn je kleiner die Schwingungsdauer, desto grösser in der Zeiteinheit die durchlaufene Kurvenstrecke. Ebenfalls umgekehrt proportional der Schwingungsdauer (also direkt proportional der Oscillationsgeschwindigkeit) ist die Schwingungszahl, die Anzahl der Schwingungen in einer Zeiteinheit. — Irgend ein bestimmter Bewegungszustand eines schwingenden Theilchens innerhalb einer Schwingung heisst Schwingungsphase; als Phasendifferenz wird der Bruchtheil der Schwingungsdauer bezeichnet, der zwischen zwei bestimmten Phasen verfliesst.

## 8. Stoss elastischer Körper und Wellenbewegung.

Nehmen wir an, dass ein schwingendes Theilchen in 1 Zeiteinheit n Schwingungen vollführt, so hat sich in dieser Zeit die Wellenbewegung auf n hinter einander liegende benachbarte Theilchen übertragen, weil das schwingende Theilchen n mal herum- und wieder in die gleiche Lage gekommen ist; somit ist die Wellenbewegung, da jedes Theilchen sie um eine Wellenlänge vorwärts bringt, im ganzen um n Wellenlängen weiter fortgeschritten. Der Weg aber, um den sie in 1 Zeiteinheit vorgerückt ist, wird andererseits als Fortpflanzungsgeschwindigkeit bezeichnet. **Folglich ist die Fortpflanzungsgeschwindigkeit ($a$) gleich dem Produkt aus der Wellenlänge ($\lambda$) mal der Schwingungszahl ($n$); Formel:**

$$a = n \cdot \lambda \quad (1)$$

Hiernach ist:
$$\lambda = \frac{a}{n} \quad (2)$$

Da nach dem oben Gesagten die Schwingungszahl umgekehrt proportional der Schwingungsdauer ($t$) ist, also $n = \frac{1}{t}$, so folgt auch

$$a = \frac{\lambda}{t} \quad (3).$$

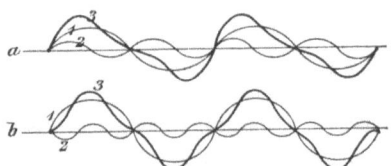

Abb. 64. Kombinirte Wellen.

**Ferner ist die Zeit, in welcher die Wellenbewegung um eine Wellenlänge fortschreitet, gleich der Schwingungsdauer.** Dies ergiebt sich schon aus der Definition der Wellenlänge (als derjenigen Strecke, um welche die Wellenbewegung sich fortpflanzt, während ein schwingendes Theilchen eine Schwingung vollendet); ebenso aber folgt es aus Formel (3), denn wenn die Wellenbewegung in einer Zeiteinheit den Weg $a$ zurücklegt, durchläuft sie in der Zeit $t$ (die gewöhnlich ein Bruchtheil der Zeiteinheit ist) den Weg $a \cdot t$; dieser Ausdruck aber ist nach Formel (3) = $\frac{\lambda}{t} \cdot t = \lambda$.

**Kombinirte Wellen.** Wenn Wasser nicht einmal, z. B. durch einen Steinwurf, erschüttert wird, sondern auf dasselbe in regelmässigen Zwischenräumen an derselben Stelle Schläge ausgeführt werden, so geht eine dauernde Wellenbewegung von dem Erschütterungsmittelpunkte nach aussen, wobei Welle auf Welle einander folgt und an Stelle eines jeden Wellenbergs zwischen dem Erscheinen der Welle, welcher derselbe angehörte, und der nächsten Welle ein Wellenthal auftritt. Also findet an jedem Punkte innerhalb des Bereiches der Wellenbewegung ein abwechselndes Auf- und Niederwogen (um eine mittlere Gleichgewichtslage) statt. Derartig ist der Vorgang, wenn die Erschütterungen in

Zwischenräumen oder Intervallen auf einander folgen, die der Schwingungsdauer gleich sind. Andernfalls und desgleichen, wenn Anfangs gleichzeitig zwei verschiedenartige Erschütterungen (Erschütterungen mit verschiedener Schwingungsdauer der entstehenden Wellen) auf das Wasser (und ebenso auf einen elastischen Körper) ausgeübt wurden, kombiniren sich die entstehenden Wellen auf dem Wege der (geometrischen) Addition oder Subtraktion, d. h.: es erhöht ein Wellenberg der einen (kleineren) Welle den Wellenberg der andern (grösseren) Welle, mit dem er zusammentrifft, ebenso vertieft ein Wellenthal der einen Welle das Wellenthal der andern Welle, mit dem es zusammentrifft, während ein Wellenthal der einen Welle den Wellenberg der andern, mit dem es zusammentrifft, erniedrigt, und ein Wellenberg der einen Welle das Wellenthal der andern, mit dem er zusammentrifft, verflacht. Abb. 64a stellt die Kombination zweier gleichzeitig ausgelöster Wellenbewegungen dar, deren eine (mit 2 bezeichnete) die halbe Wellenlänge der andern (1), also — bei gleicher Fortpflanzungsgeschwindigkeit — die doppelte Schwingungsdauer (vergl. Formel [3], S. 106), besitzt. Die entstehende kombinirte Wellenbewegung giebt die stärker gezeichnete Kurve (3) wieder. In Abb. 64b ist die Wellenlänge der einen Wellenbewegung $1/_3$ derjenigen der andern.

Es entstehen auf diese Art der Kombination von Wellen, die als Übereinanderlagerung kleiner Bewegungen bezeichnet wird, sehr verschieden-

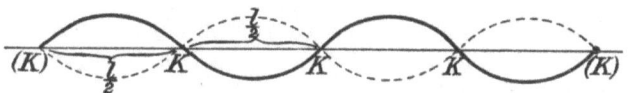

Abb. 65. Stehende Wellen.

artige, oft äusserst komplizirte Wellenformen oder Wellenkurven. Die Wellenform einfacher Wellen kann ebenfalls verschieden sein, je nach der Art der Krümmung, welche die Wellenberge und Wellenthäler besitzen.

**Stehende Wellen.** Die Wasserwellen, wie wir sie beschrieben haben, gehören zu den fortschreitenden Wellen. Von diesen sind die stehenden Wellen zu unterscheiden. Dieselben lassen sich erzeugen, wenn man ein gespanntes Seil, dessen eines Ende befestigt ist, an dem andern Ende fortgesetzt gleichmässig auf- und niederschwingt. Dann bildet sich bei jeder Bewegung eine Welle, welche auf dem Seile fortschreitet, während ihr eine andere folgt; an dem festen Ende des Seiles angelangt, werden die Wellen reflektirt und laufen nun zurück, den ankommenden Wellen entgegen, mit denen sie sich kombiniren. Erfolgen nun die Bewegungen des losen Seil-Endes in solchen Intervallen, dass, wenn ein Wellenberg am festen Seil-Ende anlangt, dort gleichzeitig ein Wellenberg reflektirt wird u. s. f., so geräth das ganze Seil in eine schlängelnde Bewegung, bei der gewisse Punkte des Seiles völlig in Ruhe bleiben — sie heissen Schwingungsknoten (Abb. 65, $K$) —, während die dazwischen liegenden Abschnitte des Seiles — die Schwingungsbäuche — in der Reihe, wie sie auf einander folgen, entgegengesetzte Schwingungszustände zeigen (in entgegengesetzter Richtung ausschlagen).

Die Schwingungsdauer und Wellenlänge stehender Wellen stimmt mit derjenigen der fortschreitenden Welle, aus der sie hervorgegangen sind, überein. Die Entfernung je zweier benachbarter Schwingungsknoten beträgt eine halbe Wellenlänge. $\left(\text{Abb. 65, } \dfrac{l}{2}\cdot\right)$

**Schwingungs-Arten.** Die Schwingungen, in welche elastische Körper versetzt werden können, sind — je nach der Schwingungsrichtung — von dreierlei Art: Longitudinalschwingungen, Transversalschwingungen, Torsionsschwingungen. Longitudinalschwingungen führt ein elastischer Körper aus, wenn die Schwingungsrichtung seiner Theile mit seiner Längsrichtung übereinstimmt (Beispiele: siehe im folgenden Kapitel, S. 109 und 112); transversal schwingt der Körper, wenn die Schwingungsrichtung zu seiner Längsrichtung senkrecht verläuft (Beispiele: die Seilwellen und S. 112); und von Torsionsschwingungen spricht man, wenn die Theile des Körpers drehende Bewegungen um seine Längsachse ausführen. — Alle drei Arten von Schwingungen können sowohl in Form von fortschreitenden wie von stehenden Wellen auftreten.

**Interferenz und Beugung.** Durchkreuzen sich zwei gleichartige Wellensysteme, so entsteht, wie es schon aus dem über kombinirte Wellen Gesagten hervorgeht, da, wo zwei Wellenberge zusammentreffen, ein Berg von doppelter Höhe; wo zwei Wellenthäler zusammentreffen, ein Thal von doppelter Tiefe; wo ein Wellenberg des einen Systems mit einem Wellenthal des andern zusammentrifft, heben beide einander auf, und das ursprüngliche Gleichgewicht wird nicht gestört (auf einer Wasserfläche bildet sich daselbst eine ruhende ebene Fläche). Diese ganze Erscheinung wird mit dem Namen der Interferenz der Wellensysteme bezeichnet.

Trifft ein Wellensystem auf eine Wand, in der sich eine Öffnung befindet, so geht der mittlere Theil der Welle ungehindert hindurch; an den Seiten der Öffnung aber entsteht eine Stauung, und beim Abfluss derselben nach aussen treten neue Wellensysteme auf, welche die Entstehung von Interferenzen bewirken. Diese Verbreiterung des Wellensystems heisst Beugung. (Vergl. Kapitel 10, Abschnitt: „Interferenz des Lichtes; Beugung oder Diffraktion.")

# 9. Die Lehre vom Schall.
## (Akustik.)

**Entstehung und Natur des Schalls.** Ein Schall entsteht durch die Erschütterung eines Körpers.

Beispiele: Aufschlagen eines Hammers auf einen Amboss; Anreissen einer gespannten Geigensaite mit dem Finger. — Schlag eines Ruders in Wasser; Fallen der Regentropfen auf eine Wasseroberfläche. — Peitschenknall, Zusammenschlagen der Hände; Blasen über das offene Ende einer Glasröhre oder eines Hohlschlüssels.

## 9. Die Lehre vom Schall.

Durch die Bewegungen eines schallenden Körpers werden Wellenbewegungen in der Luft, die ein elastischer Körper ist, erzeugt: die **Schallwellen**, welche nach allen Seiten fortschreiten und in abwechselnden Verdichtungen und Verdünnungen der Luft bestehen. Sie sind Longitudinalwellen. Die Luftverdichtungen entsprechen den Wellenbergen, die Luftverdünnungen den Wellenthälern bei der Wasserbewegung. Der Schall wird aber nicht nur durch die Luft und luftförmige Körper, sondern auch durch flüssige und feste Körper geleitet, und zwar am besten durch elastische und durchweg gleichartige feste Körper.

Poröse Körper dämpfen den Schall und zwar vor allem deshalb, weil sie nicht durchweg gleichartig sind. Ein luftleerer Raum leitet den Schall nicht. (Vergl. S. 102, Luftpumpen-Versuch Nr. 8.)

Die Fortpflanzungsgeschwindigkeit des Schalls beträgt in der Luft bei $0°$ Wärme rund 333 m in der Sekunde. Mit steigender Temperatur nimmt die Geschwindigkeit zu.

Die **Stärke** oder **Intensität** des Schalls nimmt mit zunehmender Entfernung von dem Orte der Entstehung ab und zwar im quadratischen Verhältniss der Entfernung, so dass z. B. ein Schall in doppelter Entfernung nur noch in Viertelstärke vernommen wird.

Dies kommt daher, dass der Schall sich von dem Orte seiner Entstehung aus nach allen Seiten, also kugelförmig ausbreitet. Da die Oberfläche einer Kugel mit dem Radius $r$ aber $4r^2\pi$ ist, also dem Quadrate des Radius proportional ist, so hat eine Kugel mit $n$ mal so grossem Radius eine $n^2$ mal so grosse Oberfläche, und der gleiche Schall muss, wenn er sich auf diese Oberfläche vertheilt, an jedem Punkte nur $\frac{1}{n^2}$ so stark sein als an jedem Punkte der Kugel mit dem Radius $r$. Die Schallstärke ist also umgekehrt proportional dem Quadrate des Radius der Ausbreitung oder dem Quadrate der Entfernung.

**Reflexion der Schallwellen.** Treffen die Schallwellen auf die Oberfläche eines festen oder flüssigen Körpers, so werden sie, entsprechend den Entwicklungen im vorigen Kapitel, reflektirt. Durch diese Reflexion entsteht entweder eine blosse **Verstärkung** des Schalls oder ein **Nachhall** oder ein **Wiederhall** (Echo).

Der Wiederhall — die von dem ursprünglichen Schall deutlich getrennte Wiederholung desselben — tritt dann auf, wenn die reflektirende Wand, gegen die man ruft, singt u. dergl., mindestens 19 m entfernt ist. Da nämlich das menschliche Ohr in 1 Sekunde etwa 8 bis 10 oder im Mittel: 9 Silben zu unterscheiden im Stande ist, so gehört zur Wahrnehmung einer Silbe $1/9$ Sekunde Zeit. Hat man daher eine Silbe gerufen, so darf sie frühestens nach Verlauf von $1/9$ Sekunde als Wiederholung wieder an unser Ohr gelangen, wenn sie gesondert von der ersten wahrgenommen werden soll. In $^1/_9$ Sekunde legt aber der Schall $333 : 9 = 37$ m zurück. Da er sich nun zur reflektirenden Wand hin und wieder zurück bewegt, muss diese $\frac{37}{2} = 18^1/_2$, rund 19 m — oder darüber — entfernt sein, damit er nicht zu früh zu userm Ohre zurückgelangt.

Ist die reflektirende Wand weniger als 19 m weit entfernt, so fällt der zurückgeworfene Schall mit dem ursprünglichen theilweise zusammen, und es entsteht der Nachhall. Dies geschieht z. B. in Gewölben, Kirchen, grossen Sälen, besonders wenn sie leer sind. Personen oder Möbel, die sich in einem Raum befinden, desgl. Säulen, Vorsprünge, Bilder, Fahnen u. s. w. nehmen dem Nachhall die Regelmässigkeit und heben dadurch die störende Wirkung auf.

In kleineren Räumen (Zimmern u. s. w.) wird der zurückgeworfene Schall mit dem ursprünglichen zugleich gehört, und es findet nur eine Verstärkung des letzteren statt.

Auf der Zurückwerfung des Schalls (im Innern der Apparate) beruht die Einrichtung des in die Wände eines Hauses eingemauerten Kommunikations- oder Schallrohrs, des Sprachrohrs und des Hörrohrs.

**Ton und Geräusch.** Wenn mehrere einfache Schalle schnell auf einander folgen, so stellen sie sich dem Ohr als etwas Zusammenhängendes dar: sie bilden einen zusammengesetzten Schall. Sind die Bestandtheile eines solchen von gleicher Beschaffenheit und folgen sie schnell und in gleichen Zwischenräumen auf einander, so bilden sie einen Ton und sind von der Art der Schwingungen. Ein unregelmässig zusammengesetzter Schall heisst ein Geräusch. (Knarren, Rasseln, Plätschern, Rauschen u. s. w.)

An einem Ton unterscheidet man Höhe, Stärke und Klangfarbe.

**Tonhöhe.** Je grösser die Schwingungszahl eines Tones ist, desto höher ist er. Dies kann an einer Sirene ermittelt werden. Die eine Art der Sirenen, die Zahnsirenen, sind Zahnräder, die man in schnelle Umdrehung versetzen kann und gegen deren Zähne man ein elastisches Kartenblättchen oder dergleichen hält. Je schneller man dreht oder je mehr Zähne das Zahnrad hat, desto höher ist der Ton, den es giebt. Bei der anderen Art der Sirenen, den Lochsirenen, wird ein Luftstrom gegen eine rotirende Scheibe geblasen, die eine oder mehrere kreisförmig angeordnete Reihen von Löchern besitzt. Indem hier der Luftstrom abwechselnd durch ein Loch hindurchtritt und durch die Fläche der Scheibe aufgehalten wird, entstehen Stösse oder Erschütterungen der Luft, die bei schneller Aufeinanderfolge einen Ton geben, der um so höher ist, je mehr Löcher in der gleichen Zeit an dem Luftstrom vorübergehen.

## 9. Die Lehre vom Schall.

Wenn man bei einer Lochsirene die Löcherzahl einer Lochreihe sowie die Zahl der Umdrehungen, die die Sirene in einer Sekunde bei der Hervorbringung eines bestimmten Tones macht, feststellt, so ergiebt sich die Schwingungszahl dieses Tones = dem Produkt aus der Löcherzahl mal der Zahl der Umdrehungen.

Während die Schwingungszahl höherer Töne, wie erwähnt, grösser ist als diejenige tieferer Töne, ist umgekehrt die Wellenlänge höherer Töne kleiner als diejenige tieferer Töne, denn die Wellenlänge ist nach Formel (2) S. 106 umgekehrt proportional der Schwingungszahl.

Die Schwingungszahl des tiefsten hörbaren Tones (in der Sekunde) ist 14, die des höchsten hörbaren Tones 24 000. Der tiefste in der Musik gebräuchliche Ton (das Subcontra-$C$) hat zur Schwingungszahl 16, genauer 16,165 (Wellenlänge 20 m), der höchste musikalische Ton (das 5 mal gestrichene $c$) hat zur Schwingungszahl 4138 = $2^8$ oder 16 mal 16,165. Der sogenannte Kammerton $a'$, den die gewöhnlichen Stimmgabeln angeben, hat die Schwingungszahl 435. (Die Schwingungen, von denen hier die Rede ist, entsprechen — mit den Pendelschwingungen, S. 63, verglichen — je einer Doppelschwingung; in Frankreich giebt man in den Schwingungszahlen die Anzahlen der einfachen Schwingungen an.)

Hat ein Ton die doppelte Schwingungszahl eines anderen, so bildet er die Oktave des letzteren. Das musikalische Intervall (Tonschritt) Prime/Oktave steht also in dem Verhältniss der Schwingungszahlen 1 : 2. Die übrigen musikalischen Intervalle weisen folgende Verhältnisse auf:

Prime/Sekunde = $1 : \frac{9}{8}$; Prime/Terz = $1 : \frac{5}{4}$; Prime/Quarte = $1 : \frac{4}{3}$; Prime/Quinte = $1 : \frac{3}{2}$; Prime/Sexte = $1 : \frac{5}{3}$; Prime/Septime = $1 : \frac{15}{8}$.

Die Verhältnisse der Schwingungszahlen (die physikalischen Intervalle) zwischen je zwei auf einander folgenden Tönen sind hiernach:

| I | II | III | IV | V | VI | VII | VIII |
|---|---|---|---|---|---|---|---|
| $\frac{9}{8}$ | $\frac{10}{9}$ | $\frac{16}{15}$ | $\frac{9}{8}$ | $\frac{10}{9}$ | $\frac{9}{8}$ | $\frac{16}{15}$ , |

d. h.: Es ist die Schwingungszahl der Sekunde $\frac{9}{8}$ mal so gross als die der Prime, die Schwingungszahl der Terz $\frac{10}{9}$ mal so gross als die der Sekunde u. s. w.

Die Intervalle $\frac{9}{8}$ und $\frac{10}{9}$ sind einander ziemlich gleich, das Intervall $\frac{16}{15}$ dagegen ist beträchtlich kleiner; man bezeichnet es daher als einen halben Ton (bezw. ein halbes Tonintervall), während jene als ganze Töne gelten.

Obige Zusammenstellung von acht Tönen, Tonleiter genannt, besteht daher aus zwei Hälften, deren jede zwei ganze und einen halben Ton umfasst, während beide von einander durch einen ganzen Ton getrennt sind:

| I | II | III | IV | | V | VI | VII | VIII |
|---|----|-----|----|---|---|----|-----|------|
| 1 | 1 | $\tfrac{1}{2}$ | | | 1 | 1 | $\tfrac{1}{2}$ | |

Sie heisst diatonische Tonleiter.

Die chromatische Tonleiter enthält zwischen den ganzen Tönen noch halbe, so dass sie durchweg nach halben Tönen fortschreitet. (Dur und Moll; musikalische Temperatur.)

**Musik-Instrumente.** Zur Hervorbringung musikalischer Töne dienen:

1. die Saiteninstrumente (Geige, Guitarre, Zither, Harfe, Klavier u. s. w.). Bei ihnen wird der Ton durch Transversalschwingungen der theils angestrichenen, theils angerissenen, theils angeschlagenen Saiten erzeugt. Die Höhe des Tones ist abhängig von der Länge, Dicke und Spannung der Saiten: Die Tonhöhen — und damit die Schwingungszahlen — verhalten sich (bei gleichbleibender Dicke und Spannung) umgekehrt wie die Saitenlängen. Je dünner und je stärker gespannt eine Saite ist, desto höher ist der Ton, den sie giebt.

2. Die Scheiben- oder Flächeninstrumente (Becken, Glocke, Trommel, Pauke u. s. w.). Bei ihnen schwingen Platten oder Häute (Felle, Membranen), sei es als Ganzes oder in mehreren schwingenden Abtheilungen, welche durch Knotenlinien von einander abgegrenzt sind. (Chladni'sche Klangfiguren.)

3. Die Blasinstrumente (offene und gedeckte Lippenpfeife, Flöte, Trompete, Posaune u. s. w.). Der Ton entsteht durch Longitudinal-Schwingungen der in den Instrumenten befindlichen Luft, über die man hinweg- oder in die man einen schmalen Luftstrom hineinbläst. — Die Wellenlänge des Tones einer gedeckten Pfeife ist das Vierfache ihrer Länge; eine offene Pfeife giebt die Oktave des Tones einer gleich langen gedeckten Pfeife und denselben Ton wie eine halb so lange gedeckte Pfeife (vorausgesetzt, dass der Querschnitt der Pfeifenrohre derselbe ist).

Eine besondere Art von Blasinstrumenten sind die Zungenwerke (Klarinette, Oboe, Fagott, die Zungenpfeifen der Orgel, welch' letztere aber auch Lippenpfeifen besitzt). Bei ihnen wird die Luft durch die Schwingungen elastischer Plättchen zum Tönen gebracht. — Den Zungenpfeifen ähnlich ist das menschliche Stimmorgan: die Stimmbänder werden durch einen Luftstrom in tönende Schwingungen versetzt.

4. Die klingenden Instrumente (Stimmgabel, Triangel, Zinken der Spieldose u. s. w.), bei denen elastische Stäbe Transversalschwingungen ausführen.

**Tonstärke und Klangfarbe.** Die Stärke eines Tones ist von der Schwingungsweite abhängig. Die Klangfarbe erhält ein Ton durch eine Reihe von Obertönen, die sich dem Grundton beigesellen und dadurch entstehen, dass die schwingenden Körper, welche den Ton hervorbringen (z. B. eine Geigensaite), nicht nur als Ganzes schwingen, sondern sich zugleich in kleinere schwingende Abschnitte zerlegen, die durch in verhältnissmässiger Ruhe befindliche Knoten getrennt werden. Die Schwingungszahlen der Obertöne sind Vielfache der Schwingungszahl des Grundtones. Die Wellen der Obertöne kombiniren sich mit denen des Grundtones, so dass ein Grundton je nach den ihn begleitenden Obertönen **verschiedene Wellenform besitzt.**

Der Nachweis der in den verschiedenen Klängen enthaltenen Obertöne lässt sich mit Hilfe der v. Helmholtz'schen Resonatoren erbringen.

**Mittönen und Resonanz.** Wird eine von zwei denselben Ton gebenden Stimmgabeln (Saiten u. dergl.) zum Tönen gebracht und gleich darauf durch Berührung mit der Hand in ihren Schwingungen unterbrochen, so hört man, dass die andere leise nachtönt. Dies beweist, dass die Schwingungen der ersten Stimmgabel sich durch die Luft auf die zweite übertrugen und ein Mitschwingen und Mittönen der letzteren hervorriefen.

Stemmt man eine angeschlagene Stimmgabel auf Holz, so schwingen die Holztheilchen mit, und der Ton der Stimmgabel wird verstärkt. Die gleiche Verstärkung wird durch die Resonanzböden oder Resonanzkästen der verschiedenen musikalischen Instrumente erreicht, in denen sowohl die Luft wie das Holz zum Mittönen veranlasst wird.

Die Corti'schen Fasern in der Schnecke unseres Ohres sind Nervenfasern, die für die verschiedenen Schwingungszahlen der hörbaren Töne abgestimmt sind, so dass bei steigender Schwingungszahl der Reihe nach verschiedene Cortische Fasern — ähnlich dem Phänomen des Mitschwingens — in den nervösen Erregungszustand gerathen, der die Wahrnehmung eines Tones vermittelt. Durch diese Einrichtung ist uns die Unterscheidung verschiedener, gleichzeitig auf unser Ohr einwirkender Töne möglich.

**Schwebungen.** Werden zwei Töne gleichzeitig erzeugt, deren Schwingungszahlen ($n$ und $n_1$) nur wenig von einander verschieden sind, so muss sich wegen der ungleichen Schwingungsdauer die Phasendifferenz der in einem bestimmten Punkte zusammentreffenden Wellen fortgesetzt ändern. Ist nun z. B. $n_1 = n + 1$, so werden die beim Beginn einer Sekunde gleichzeitig auftretenden Phasen erst am Ende derselben wieder gleichzeitig auftreten. Hiernach werden nur einmal innerhalb einer Sekunde die Wellen mit gleichen Phasen (Luftverdichtung mit Luftverdichtung, Luftverdünnung mit Luftverdünnung, Verschiebungsrichtung mit Verschiebungsrichtung) zusammentreffen und sich in ihrem Bewegungszustande addiren; mit anderen Worten: einmal innerhalb einer Sekunde wird ein Anschwellen des Tones stattfinden. Ist $n_1 = n + 2$, so addiren sich zweimal innerhalb jeder Sekunde gleiche, sich verstärkende Zustände; ist $n_1 = n + x$, so geschieht dies $x$ mal in einer Sekunde. $x = n_1 - n$ giebt somit die Anzahl der Tonanschwellungen in einer Sekunde an. Diese Tonanschwellungen werden als Stösse oder Schwebungen bezeichnet. Dieselben gewähren ein Mittel, die Verschiedenheit sehr naher Töne festzustellen, die dem Ohre, wenn sie nach einander erzeugt werden, gleich erscheinen.

v. Helmholtz führte auf das Vorhandensein zahlreicher, schnell auf einander folgender Schwebungen die Dissonanz zweier Töne zurück. Doch ist damit nach Eugen Dreher keine befriedigende Erklärung der Dissonanz, d. h. des unangenehmen Gefühlseindrucks, den die Zusammenstellung gewisser Töne hervorruft, gegeben, da einmal dieser Gefühlseindruck sich auch einstellt, wenn dissonirende Töne nach einander erzeugt werden, wodurch das Auftreten von Schwebungen vermieden wird, und da ferner zwei dissonirende Töne ebenfalls keine Schwebungen geben, wenn sie z. B. auf dem Klavier gleichzeitig kurz angeschlagen werden — zum Auftreten von Schwebungen gehört Zeit. Dissonanz und Konsonanz (letzteres ist der angenehme Gefühlseindruck, den die Zusammenstellung gewisser Töne hervorruft) finden vielmehr in psychologischen Vorgängen ihre eigentliche Erklärung, während die Wirksamkeit der Schwebungen lediglich darin besteht, dass sie im Laufe der Zeit die Harmonie der Töne, die, wie erörtert, auch abgesehen von ihnen schon da ist, nüanciren, indem die schnellen Schwebungen, die bei dissonirenden Tönen auftreten, einen schneidenden, schrillen Eindruck hervorrufen, wogegen die bei konsonirenden Tönen sich einstellenden langsamen Schwebungen angenehm auf- und abschwellen.

**Phonograph und Grammophon.** Der Phonograph (Edison, 1877) und das Grammophon dienen dazu, Tonreihen zu konserviren und nach Verlauf beliebiger Zeit wieder zum Vorschein kommen zu lassen. Der Phonograph besteht aus einer dünnen Glasmembran, gegen die gesprochen, gesungen, geblasen u. s. w. wird, so dass sie in Schwingungen geräth. Diesen Schwingungen entsprechend macht ein auf der Rückseite der Membran befestigter Stift Eindrücke auf einen Wachscylinder, der sich an ihm, gleichzeitig seitlich vorrückend, vorbeidreht. Wird späterhin der Wachscylinder, der beliebig aufgehoben werden kann, genau so wieder eingestellt wie zu Anfang des Versuchs, an dem Stift vorbeigedreht und dieser leicht gegen den Wachscylinder gedrückt, so vollführt die Membran dieselben Schwingungen wie bei der Erzeugung der Eindrücke auf dem Wachscylinder und sendet daher dieselben Tonwellen und damit dieselben Töne nach aussen in die Luft, die vorher auf sie übertragen worden waren.

# 10. Die Lehre vom Licht.
(Optik.)

**Natur des Lichtes.** Das Licht beruht ebenso wie der Schall auf einer Wellenbewegung, aber nicht der uns umgebenden Körper, sondern des alle Zwischenräume zwischen den Körpertheilen erfüllenden Äthers (Weltäthers oder Lichtäthers). Die Schwingungen sind transversale. (Vergl. den Abschnitt: „Polarisation des Lichtes".)

Dass der Äther der Träger der Lichtschwingungen ist, erkennt man daraus, dass das Licht durch luftleere Räume ungeschwächt hindurchgeht (dass es insbesondere von den Himmelskörpern aus durch den luftleeren Weltraum zu uns gelangt), während andererseits viele **Körper das Licht nicht hindurchlassen.**

Die Lehre von der **Wellenbewegung** des Lichts, die sogenannte **Undulationstheorie**, hat **Huyghens** (1690) begründet. Vor ihm hatte die Newtonsche Emissions- (oder Emanations-)Theorie (1672) Anerkennung gefunden, wonach das Licht ein äusserst feiner, unwägbarer (imponderabler) Stoff sein sollte, der von den leuchtenden Körpern **ausströmte.** Der letzteren Theorie widersprechen mancherlei Erscheinungen, z. B. im Gebiete der Farbenlehre; streng widerlegt wurde sie durch die Thatsachen der Interferenz des Lichtes.

**Ausbreitung des Lichtes.** Trotzdem das Licht in einer Wellenbewegung besteht, breitet es sich doch **geradlinig** aus, indem von einem Licht aussendenden Mittelpunkte aus die Wellenbewegung sich bis zu einem bestimmten Punkte nur auf dem kürzesten Wege des Radius fortpflanzt, während sie auf allen hiervon abweichenden Wegen durch Interferenz vernichtet wird.

Das von dem Licht aussendenden Mittelpunkte (dem Strahlenpunkte) bis zu einem anderen Punkte sich fortbewegende Licht heisst ein **Lichtstrahl**; mehrere Lichtstrahlen bilden zusammen ein **Strahlenbündel** oder **Lichtbündel** (eigentlich Lichtstrahlenbündel).

Der geradlinige Verlauf der Lichtstrahlen lässt sich an einem Lichtbündel erkennen, das durch eine kleine Öffnung in ein staub- oder raucherfülltes, finsteres Zimmer eintritt; ferner an Form und Grösse des **Schattens**, den ein von einem Lichtbündel getroffener Gegenstand wirft; schliesslich an der Wirkung zahlreicher optischer Apparate, z. B. der **Camera obscura** (vergl. den folgenden Abschnitt).

Die Lichtaussendung wird Leuchten genannt.

Als **Schatten** bezeichnet man den wenig oder gar nicht beleuchteten Raum hinter einem beleuchteten Körper, der kein Licht hindurchlässt. Man unterscheidet zwei Arten des Schattens: **Kernschatten** und **Halbschatten.** Der Kernschatten ist der Raum, dem gar kein Licht zu Theil wird, während der den Kernschatten umgebende Raum, der von einigen Punkten des leuchtenden Körpers Licht empfängt, Halbschatten genannt wird. Beide haben kegelförmige Gestalt. (Abb. 66.) Unter dem Ausdruck „Schatten" wird häufig auch nur das dunkle Flächenstück verstanden, das auf einer den (bezw. die) Schattenkegel schneidenden Fläche entsteht.

Die **Fortpflanzungsgeschwindigkeit** des Lichtes (aus den Verfinsterungen der Jupitermonde — 1675 durch Olaf Römer —, der Aberration des Lichtes der Fixsterne, sowie durch sinnreich gebaute Apparate auch für irdische Entfernungen ermittelt) beträgt ungefähr 289 000 km oder rund 40 000 Meilen in der Sekunde (ist also nahezu 1 Million mal so gross als die des Schalles).

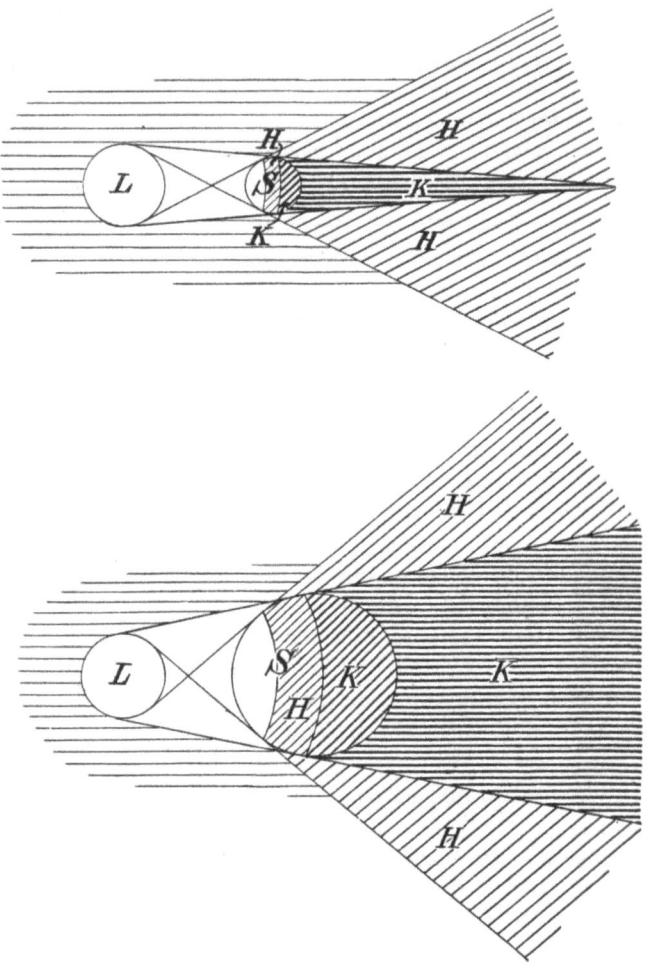

Abb. 66. Kern- und Halbschatten.
($L$ = leuchtender Körper, $S$ = Schatten werfender Körper, $K$ = Kernschatten, $H$ = Halbschatten.)

Hinsichtlich der Stärke erfolgt die Ausbreitung des Lichtes nach demselben Gesetze wie die des Schalles: die Lichtintensität ist umgekehrt proportional dem Quadrat der Entfernung.

## 10. Die Lehre vom Licht.

**Camera obscura.** Als Camera obscura oder Dunkelkammer wird ein innen geschwärzter Kasten oder sonstiger Raum bezeichnet, in dessen einer Wand sich eine feine Öffnung befindet, durch welche die von den äusseren Gegenständen ausgehenden Lichtstrahlen eintreten, um im Innern, an der der Öffnung gegenüberliegenden Wand, die gewöhnlich durch eine mattgeschliffene Glasscheibe ersetzt wird, ein Bild der äusseren Gegenstände zu entwerfen. Wegen des geradlinigen Verlaufs der Lichtstrahlen ist, wie die in Abb. 67 ausgeführte Konstruktion erkennen lässt, das entstehende Bild ein umgekehrtes (oben und unten und desgleichen rechts und links sind gegenüber der wirklichen Orientirung an den äusseren Gegenständen vertauscht).

Die Camera obscura an photographischen Apparaten hat statt der einfachen Öffnung, durch welche die Lichtstrahlen eintreten, eine Öffnung, in die eine Sammellinse eingesetzt ist. Letztere macht die Bilder in der Camera deutlicher und schärfer.

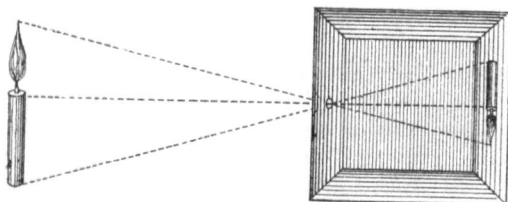

Abb. 67. Camera obscura.

**Selbstleuchtende Körper.** Ein Körper, der das Licht, welches er aussendet, selbständig hervorbringt, heisst ein selbstleuchtender Körper. Zu den selbstleuchtenden Körpern gehören: die Sonne und die Fixsterne; verbrennende und glühende Körper; phosphorescirende Körper, welche im Unterschied von den vorgenannten schon bei gewöhnlicher Temperatur leuchten, und zwar entweder durch Oxydation (chemische Verbindung mit Sauerstoff), wie der Phosphor, oder in Folge voraufgegangener Insolation (Bestrahlung durch Sonnen- oder zerstreutes Tageslicht), wie die Leuchtmaterie (Schwefelcalcium), zum Leuchten gelangen; leuchtende Organismen (Leuchtkäfer, Leuchtinfusorien u. s. w., welch' letztere das Meeresleuchten hervorrufen.)

**Licht empfangende Körper.** Wenn eine gewisse Menge Licht auf einen Körper fällt, so verhält es sich in dreifach verschiedener Art: ein Theil wird unmittelbar an der Oberfläche oder von den derselben nahe gelegenen Schichten des Körpers zurückgeworfen oder reflektirt; ein zweiter Theil dringt in den Körper ein und wird absorbirt; ein dritter Theil geht durch den Körper hindurch, wird hindurchgelassen. Dieser dritte Theil kommt bei gewisser Beschaffenheit der Körper in Wegfall: es wird dann alles nicht reflektirte Licht von dem Körper absorbirt.

Körper, welche kein Licht hindurchlassen, heissen **undurchsichtig**; die übrigen theils **durchsichtig**, theils **durchscheinend**. **Durchsichtig** werden diejenigen Körper genannt, durch welche die Lichtstrahlen derartig ungehindert hindurchgehen, dass Gegenstände, von denen sie ausgehen, vollkommen erkennbar sind; **durchscheinende** Körper lassen das Licht nur als hellen Schein hindurch, ohne dass Gegenstände durch sie erblickt oder erkannt werden könnten.

Körper mit glatten, polirten Oberflächen, welche die auf sie fallenden Lichtstrahlen **regelmässig**, in bestimmter Richtung reflektiren, heissen **spiegelnde Körper**. Körper mit rauher Oberfläche werfen die Lichtstrahlen unregelmässig nach allen Richtungen zurück: **zerstreute Reflexion**. Diese ist es, wodurch uns die Körper sichtbar werden. Körper, welche fast kein Licht reflektiren, wie die Luft, sind unsichtbar.

**Photometrie.** Die **Lichtstärke** eines leuchtenden Körpers wird mit dem Photometer gemessen. Das Bunsen'sche Photometer (1847) besitzt als Hauptbestandtheil einen Papierschirm, der an einer Stelle durch einen Ölfleck durchscheinend gemacht ist. Erfährt dieser Schirm von beiden Seiten her ungleich starke Beleuchtung — auf der einen Seite durch den zu untersuchenden leuchtenden Körper, auf der andern durch eine sogenannte Normalkerze —, so sieht der Fleck auf der stärker beleuchteten Seite dunkler, auf der schwächer beleuchteten Seite heller aus als der übrige Theil des Schirms; was seinen Grund darin hat, dass befettetes Papier **mehr Licht hindurchlässt und weniger reflektirt** als unbefettetes Papier. Soll der Fleck sich von dem übrigen Papier nicht unterscheiden, also scheinbar verschwinden, so muss der Schirm von beiden Seiten her gleich stark beleuchtet werden. Dies kann durch Veränderung der Entfernung der einen Lichtquelle — z. B. der Normalkerze — vom Schirm geschehen. Aus dem Vergleich der Entfernungen beider Lichtquellen vom Schirm bei der jetzt herrschenden gleichen Leuchtstärke lässt sich dann das für die gleiche Entfernung herrschende Verhältniss der Leuchtstärke des zu untersuchenden Körpers zu dem der Normalkerze — auf Grund des Gesetzes über die Ausbreitung des Lichtes, S. 116 — berechnen. Dieses Verhältniss ist dann die Lichtstärke des Körpers, da die Leuchtstärke der Normalkerze = 1 gesetzt wird.

**Reflexion des Lichtes (Katoptrik).** Die Lehre von der regelmässigen Reflexion (oder Spiegelung) des Lichtes — die **Katoptrik** — beschäftigt sich hauptsächlich mit der Reflexion an **ebenen** oder **Planspiegeln** und an **kugelförmigen (sphärischen) Konkav- und Konvexspiegeln**.

Für die Richtung eines reflektirten Lichtstrahls gilt dasselbe Gesetz wie für die Zurückwerfung einer elastischen Kugel von einer festen Wand (S. 103): **Der Einfallswinkel ist gleich dem**

Ausfallswinkel (oder Reflexionswinkel). Hervorzuheben ist, dass der reflektirte Strahl in der durch den einfallenden Strahl und das Einfallsloth bestimmten Ebene liegt.

Auf Grund dieses Gesetzes kommen die von einem Strahlenpunkte (Abb. 68, *S*) ausgegangenen Lichtstrahlen, die auf einen **ebenen Spiegel** fallen, von demselben in derartigen Richtungen zurück, als wären sie von einem Punkte ausgegangen, der ebenso weit hinter der Spiegelebene liegt, wie der Strahlenpunkt vor derselben, und dessen Verbindungslinie mit dem Strahlenpunkte die Spiegelebene rechtwinklig schneidet. Dieser Punkt heisst **Bildpunkt** (Abb. 68, *B*).

Von einem **Gegenstande**, der aus zahlreichen Strahlenpunkten besteht, giebt ein ebener Spiegel ein — scheinbares oder virtuelles — optisches Bild.

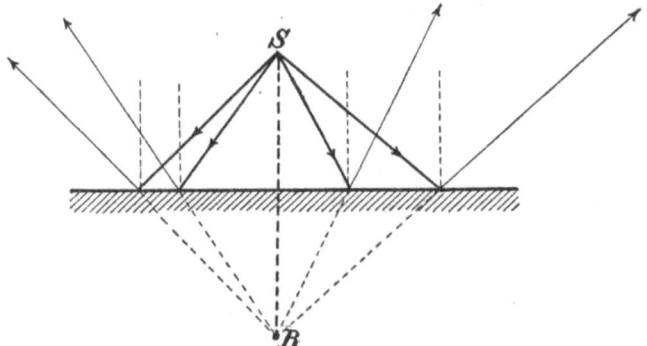

Abb. 68. Reflexion an ebenen Spiegeln.

Unter einem **virtuellen Bilde** versteht man in der Optik ein dem Auge sich darbietendes Bild, das aber **nicht** auf irgend einer Fläche objektiv sichtbar werden kann, insbesondere nicht auf einem **Schirm**, d. h. einer — gewöhnlich weiss gefärbten — Papier- oder Leinwandfläche aufgefangen werden kann. Lässt sich dagegen ein optisches Bild auffangen und wird damit objektiv sichtbar, so nennt man es ein **reelles Bild**.

Der Weg, den das Licht bei der Reflexion nach dem angegebenen Gesetze einschlägt, ist der kürzeste von allen Wegen, die vom Ausgangspunkte bis zu einem im reflektirten Strahl angenommenen Endpunkte unter Berührung der Spiegeloberfläche möglich sind und bei denen ausser dem nach dem Reflexionsgesetz eingeschlagenen Wege der einfallende und der reflektirte Strahl ungleiche Winkel mit der Spiegeloberfläche bilden müssten. (Hero von Alexandrien.)

Aus dem Reflexionsgesetz des Lichtes folgt weiter (was eine einfache geometrische Konstruktion erweist), dass ein Spiegel, in dem sich eine Person ganz sehen will, nur die halbe Höhe derselben zu haben braucht.

Anwendungen des ebenen Spiegels sind der Heliostat, der Spiegelsextant, die Poggendorff'sche Spiegelablesung, die bei feinen Messungen Verwendung findet, sowie der Winkelspiegel und das Kaleidoskop.

Der Heliostat ist ein Apparat, mit Hilfe dessen ein Bündel Sonnenstrahlen stets in derselben Richtung reflektirt wird; es geschieht dies durch einen Spiegel, der mittels eines Uhrwerks derartig bewegt wird, dass er dem (täglichen) Gange der Sonne folgt.

Der Spiegelsextant wird zur Messung von Winkeln (Winkelabständen fernliegender Orte, z. B. Sterne, hauptsächlich auf hoher See) benutzt und beruht in seiner Anwendung auf der aus dem Reflexionsgesetz des Lichtes folgenden Thatsache, dass bei der Drehung eines ebenen Spiegels der reflektirte Strahl sich um den doppelten Winkel dreht wie der Spiegel selbst.

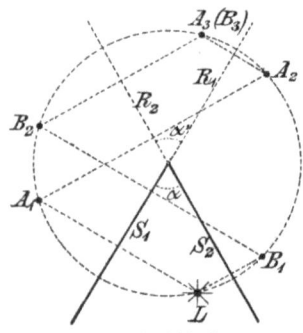

Abb. 69. Kaleidoskop.

Bei der Spiegelablesung werden die geringen Ausschläge eines Zeigers (wie er bei verschiedenen Messinstrumenten vorkommt) dadurch vergrössert, dass an demselben ein Spiegel befestigt wird, auf den ein Bündel Lichtstrahlen fällt. Das reflektirte Bündel lässt man auf einen entfernten Schirm fallen, wo es einen Lichtfleck erzeugt, der sich weithin bewegt, wenn auch der Zeiger nebst Spiegel nur kleine Drehungen vollführt. Eine andere Art der Spiegelablesung erfolgt mittels eines Fernrohrs und einer darunter angebrachten Skala, denen der Zeiger nebst Spiegel gegenübersteht.

Ein Winkelspiegel besteht aus zwei unter einem Winkel gegen einander geneigten Planspiegeln. Befindet sich zwischen beiden ein Gegenstand, so erhält man von demselben eine grössere Anzahl von Spiegelbildern in jedem der Spiegel, da jedes einzelne in einem Spiegel entstehende Bild in dem andern Spiegel eine weitere Spiegelung erfährt. Alle Spiegelbilder sind kreisförmig um die Kante angeordnet, in der beide Spiegel zusammenstossen. (Vergl. Abb. 69.)

Stellt man zwei Planspiegel einander parallel gegenüber, so giebt es in jedem Spiegel eine Reihe von unendlich vielen Spiegelbildern eines zwischen beiden Spiegeln befindlichen Gegenstandes, die in immer weitere Ferne rücken.

Ein Kaleidoskop ist ein Rohr, in dem sich zwei lange, schmale, unter einem Winkel von 60° gegen einander geneigte Spiegel befinden. (Abb. 69 zeigt den Querschnitt durch ein Kaleidoskop und die Konstruktion der Spiegelbilder.) Man sieht nun in das eine Ende des Rohres hinein, während sich am andern Ende bunte Glasstücke u. dergl. befinden, die sammt den von ihnen entworfenen Spiegelbildern zur Entstehung bunter Sterne Veranlassung geben. Sind nämlich $S_1$ und $S_2$ die beiden Spiegel, $R_1$ und $R_2$ ihre Rückverlängerungen, $L$ ein leuchtender Punkt, so entsteht von demselben im Spiegel $S_1$ das Spiegelbild $A_1$, von diesem in der Rückverlängerung $R_2$ des Spiegels $S_2$ das Spiegelbild $A_2$, von diesem in $R_1$ das Spiegelbild $A_3$. Dieses liefert kein weiteres Spiegelbild, da es zwischen die Rückverlängerungen beider Spiegel fällt. Im Spiegel $S_2$ liefert $L$ das Spiegelbild $B_1$, dieses in $S_1$ das Spiegelbild $B_2$, dieses in $R_2$ das Spiegelbild $B_3$, welches mit $A_3$ zusammenfällt, da der Neigungswinkel von 60°, den die Spiegel mit einander bilden, eine gerade Anzahl von Malen in 360° enthalten ist.

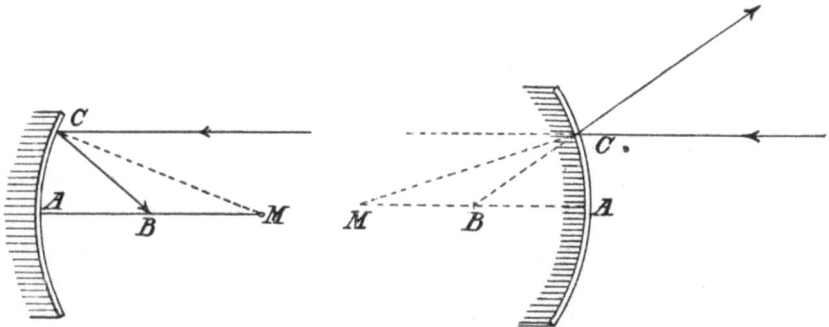

Abb. 70. Reflexion an Hohlspiegeln.     Abb. 71. Reflexion an Konvexspiegeln.

Ein kugelförmiger oder sphärischer Konkavspiegel (auch kurzweg Hohlspiegel genannt, Abb. 70) ist ein Stück einer Kugelfläche; die Verbindungslinie des vor dem Spiegel liegenden Mittelpunktes der Kugel — des Krümmungsmittelpunktes, $M$ — mit der Mitte ($A$) der Spiegelfläche heisst die Achse des Spiegels ($MA$). Der in dieser Achse in der Mitte zwischen $A$ und $M$ liegende Punkt ($B$) heisst der Brennpunkt oder Focus des Spiegels, seine Entfernung von der Spiegelfläche ($AB$) die Brennweite des Spiegels.

Der Name Brennpunkt schreibt sich daher, dass alle parallel der Achse und in nahem Abstande von ihr einfallenden Lichtstrahlen sich nach erfolgter Reflexion annähernd im Brennpunkte vereinigen, so dass daselbst nicht nur helles Licht, sondern auch hohe Wärme entsteht. Umgekehrt werden alle vom Brennpunkt aus auf den Spiegel fallenden Strahlen parallel der Achse zurückgeworfen. (Leuchtfeuer.)

(Einfallsloth ist ein nach dem Punkte, in welchem der einfallende Strahl die Spiegelfläche trifft, gezogener Radius — Abb. 70, $MC$.)

Den genaueren Verlauf der parallel der Achse einfallenden Strahlen zeigt Abb. 72. Nach der Reflexion treten die Strahlen derartig zusammen, dass sie eine gekrümmte Fläche bilden, die Brennfläche oder katakaustische Fläche heisst. Eine durch die Achse gelegte Ebene schneidet dieselbe in einer Kurve ($ABC$), die im Brennpunkte $B$ eine Spitze besitzt und die wir Brennkurve nennen wollen. Gewöhnlich wird sie als Brennlinie oder katakaustische Linie bezeichnet; doch möchte ich den Namen „Brennlinie" für die Reflexion an cylindrischen Hohlspiegeln reserviren, bei denen eine Brennlinie als gerade Linie, parallel der Längsachse des Cylinders, an die Stelle des Brennpunktes tritt.

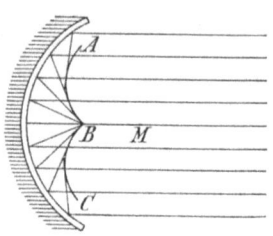

Abb. 72. Brennkurve u. Brennfläche.

Genau in einem Punkte vereinigen sich die parallel der Achse einfallenden Strahlen bei parabolischen Spiegeln; dieser Punkt ist der Brennpunkt des Umdrehungsparaboloids. Bei cylindrischen Spiegeln mit parabolischem Querschnitt erfolgt die genaue Vereinigung der gleichen Strahlen in der Brennlinie.

Der Bildpunkt eines in der Achse eines sphärischen Konkavspiegels gelegenen Strahlenpunktes ist reell (lässt sich daher auf einem Schirm auffangen) und liegt zwischen Krümmungsmittelpunkt und Brennpunkt, wenn der Strahlenpunkt weiter vom Spiegel entfernt ist als der Krümmungsmittelpunkt; umgekehrt liegt der Bildpunkt vom Krümmungsmittelpunkt gerechnet nach aussen, wenn der Strahlenpunkt zwischen Krümmungsmittelpunkt und Brennpunkt liegt; liegt endlich der Strahlenpunkt zwischen Brennpunkt und Spiegelfläche, so entsteht hinter der letzteren ein virtueller Bildpunkt, von dem aus die reflektirten Strahlen auseinandergehen. — Die Bilder von Gegenständen sind entweder reell und dann umgekehrt und theils vergrössert, theils verkleinert, oder sie sind virtuell und dann stets aufrecht und vergrössert. Die Hohlspiegel finden als Scheinwerfer oder Reflektoren Verwendung.

Bei einem kugelförmigen Konvexspiegel (Abb. 71) ist der Brennpunkt ($B$) virtuell und liegt hinter dem Spiegel. Der Bildpunkt jedes Strahlenpunktes ist virtuell und liegt zwischen Spiegelfläche und Brennpunkt. — Die Bilder von Gegenständen sind virtuell, aufrecht und verkleinert.

**Brechung oder Refraktion des Lichtes (Dioptrik).** Wenn ein Lichtstrahl aus einem in ein anderes, Licht durchlassendes Mittel oder Medium, z. B. aus Luft in Wasser oder Glas, eintritt (Abb. 73), so wird es aus seiner ursprünglichen Richtung abgelenkt oder gebrochen; nur senkrecht zur Grenzfläche zwischen beiden Mitteln verlaufende Strahlen werden nicht gebrochen. Die Winkel, welche der Lichtstrahl mit dem Einfallsloth bildet, heissen Einfallswinkel (α) und Brechungswinkel (β). In den genannten Beispielen (Luft — Wasser, Luft — Glas) ist der Brechungswinkel kleiner als der Einfallswinkel.

Die Lehre von der Brechung oder Refraktion des Lichtes heisst Dioptrik.

Allgemein gilt, dass der Lichtstrahl, wenn er aus einem optisch dünneren in ein optisch dichteres Mittel übergeht, dem Einfallslothe zugebrochen, im umgekehrten Falle vom Einfallslothe weggebrochen wird.

Von verschiedenen Mitteln wird das Licht ungleich stark gebrochen. Das Verhältniss des Sinus des Einfallswinkels zum Sinus des Brechungswinkels ist für dieselben Mittel, welches auch die Grösse der Winkel sein mag, konstant (d. h. unabänderlich oder stets von gleichem Werthe). (Snellius'sches Brechungsgesetz; um 1600.) Dieses Verhältniss heisst Brechungsexponent. Derselbe hängt von der Natur des brechenden Mittels ab, insbesondere von dessen specifischem Gewicht; ferner von der Temperatur. Er ist für (Luft und) Wasser $= \frac{4}{3}$, für (Luft und) Glas $= \frac{3}{2}$.

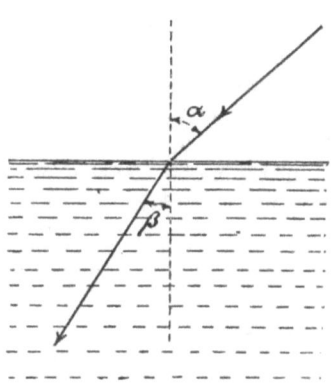

Abb. 73. Brechung des Lichtes.

Der Weg, den das Licht bei der Brechung gemäss dem Snellius'schen Brechungsgesetz einschlägt, ist nach Fermat derartig, dass er von allen möglichen Wegen zwischen dem Ausgangspunkte des Lichtes und einem im gebrochenen Strahl angenommenen Endpunkte in der kürzesten Zeit zurückgelegt wird. (Vergl. das entsprechende Gesetz über die Reflexion des Lichtes, S. 119.)

In Folge der Lichtbrechung erscheinen unter Wasser befindliche Gegenstände gehoben, wie Abb. 74 veranschaulicht, wo die von A und B kommenden

Lichtstrahlen $AC$ und $BD$ bei ihrem Austritt aus dem Wasser derartig gebrochen werden, dass sie die Richtungen $CO$ und $DO$ einschlagen; befindet sich nun in $O$ das Auge eines Beobachters, so versetzt es den Gegenstand in der Richtung der geraden Linien $OCA'$ und $ODB'$ nach $A'B'$.

Wenn ein Lichtstrahl aus einem optisch dichteren Mittel an die Grenze eines optisch dünneren Mittels herantritt, so wird er nur dann in letzteres ein-

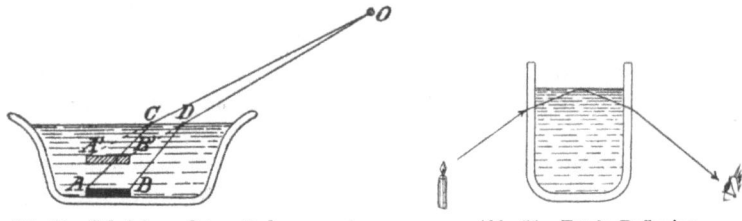

Abb. 74. Scheinbare Ortsveränderung unter Wasser befindlicher Gegenstände.

Abb. 75. Totale Reflexion.

treten können, wenn der Einfallswinkel sich noch so weit von 90° unterscheidet, dass der Brechungswinkel nicht 90° oder mehr beträgt. Ist der Einfallswinkel so gross — d. h. fällt der Lichtstrahl so schräg oder flach auf die Grenzfläche beider Mittel —, dass der Brechungswinkel über 90° beträgt, so wird der Lichtstrahl nicht in das dünnere Mittel hineingebrochen, sondern wieder in das dichtere Mittel reflektirt — totale Reflexion. Die totale Reflexion hat ihren

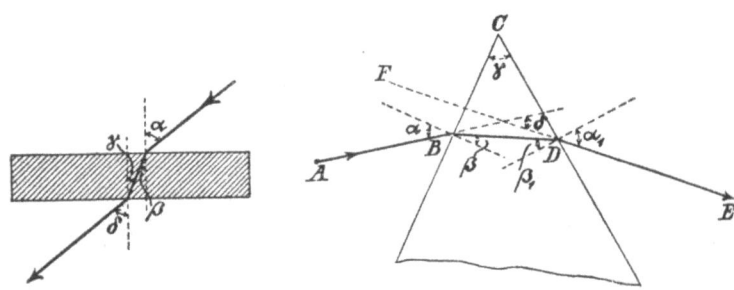

Abb. 76. Lichtbrechung in planparallelen Platten.

Abb. 77. Lichtbrechung in Prismen.

Namen daher, weil sie vollkommener ist als jede Reflexion an Spiegelflächen. Sie lässt sich z. B. beobachten, wenn man von unten her schräg gegen die Oberfläche des Wassers in einem Glase blickt. (Siehe Abb. 75.)

Wenn Licht durch planparallele Platten, d. h. durch einen von zwei parallelen Ebenen begrenzten Körper, hindurchtritt, so ist, wenn sich vor und hinter dem Körper dasselbe Mittel befindet, der austretende Lichtstrahl dem ursprünglichen parallel; da nämlich (Abb. 76) Winkel $\beta = \gamma$ ist, so muss auch wegen der an beiden Ebenen gleichartigen Brechung Winkel $\alpha = \delta$ sein.

Eine bleibende Ablenkung erleidet dagegen ein Lichtstrahl, der durch ein von zwei nicht parallelen ebenen Flächen begrenztes Mittel — ein Prisma — hindurchtritt. (Abb. 77.) Die Durchschnittskante (C) der lichtbrechenden Flächen heisst die brechende Kante, der Neigungswinkel der Flächen ($\gamma$) heisst der brechende Winkel des Prismas. Der von dem Strahlenpunkte $A$ kommende Lichtstrahl $AB$ verläuft in der Richtung $BD$ durch das Prisma und gelangt auf dem Wege $DE$ in ein bei $E$ befindliches Auge. Das Auge sieht den Strahlenpunkt in der Richtung $EDF$, also nach der brechenden Kante hin verschoben. Ist $n$ der Brechungsexponent des Stoffes, aus dem das Prisma besteht, so ist $n = \dfrac{\sin \alpha}{\sin \beta} = \dfrac{\sin \alpha_1}{\sin \beta_1}$. Die gesammte Ablenkung des Lichtstrahls wird durch den Winkel $\delta$ angegeben, den die Richtungen des Lichtstrahls vor

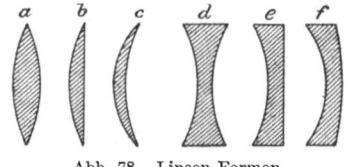

Abb. 78. Linsen-Formen.

dem Eintritt in das Prisma und nach dem Austritt aus demselben mit einander bilden. Die Grösse dieser Ablenkung hängt von drei Grössen ab: dem Brechungsexponenten $n$, der Grösse des brechenden Winkels $\gamma$ und dem Einfallswinkel $\alpha$.

**Lichtbrechung in Linsen.** Von besonderer Wichtigkeit ist die Lichtbrechung in Linsen, d. h. ganz oder theilweise kugelförmig begrenzten Körpern.

Es giebt folgende verschiedene Linsen-Formen: 1) die Sammellinsen oder konvergenten Linsen, wozu die bikonvexen (Abb. 78, a), die plankonvexen (Abb. 78, b) und die konkavkonvexen Linsen (Abb. 78, c) gehören; und 2) die Zerstreuungslinsen oder divergenten Linsen, wozu die bikonkaven (Abb. 78, d), die plankonkaven (Abb. 78, e) und die konvex-konkaven Linsen (Abb. 78, f) gehören. Bei jenen, den Sammellinsen, ist die Mitte stärker als der Rand, bei diesen, den Zerstreuungslinsen, ist umgekehrt der Rand stärker als die Mitte.

Von den Sammellinsen werden die Lichtstrahlen der Achse (d. h. hier der Verbindungslinie der Krümmungsmittelpunkte der beiden die Linse begrenzenden Flächen)[1] zugebrochen, von den Zerstreuungslinsen von der Achse weggebrochen; nur der Achsenstrahl, d. h. der längs der Achse einfallende Strahl, geht ungebrochen durch die Linse hindurch.

Die wichtigsten von diesen Linsen sind die **bikonvexe** und die **bikonkave**.

Lichtstrahlen, welche parallel mit der Achse auf eine **bikonvexe Linse** — oder kurz: **Konvexlinse** — fallen, vereinigen sich hinter der Linse annähernd in einem Punkte, dem **Brennpunkte** oder **Focus** (Abb. 79, $F$). Derselbe liegt in der Achse; seine Entfernung von der brechenden Fläche der Linse — bezw., wenn die Linse dünn genug ist, von dem Mittelpunkt derselben: dem **optischen Mittelpunkt** — heisst die **Brennweite**.

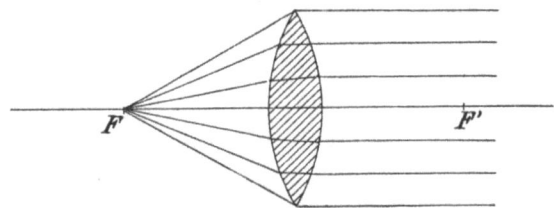

Abb. 79. Lichtbrechung in Konvexlinsen.

Genauer entsteht auch hier durch die Vereinigung der gebrochenen Strahlen (ähnlich wie bei den Hohlspiegeln) eine **Brennfläche** (statt eines Brennpunktes); dieselbe heisst **diakaustische Fläche**. Am nächsten kommen dem Brennpunkte nach der Brechung diejenigen Strahlen, die vor der Linse nahe der Achse, parallel zu ihr, verlaufen. Und umgekehrt treten von den Strahlen, die von einer in einem Brennpunkte befindlichen Lichtquelle ausgehen, diejenigen auf der andern Seite der Linse am angenähertsten parallel zur Achse aus, die vorher nicht zu sehr geneigt zur Achse verlaufen sind.

Ein Lichtstrahl, welcher durch den optischen Mittelpunkt geht, erleidet an beiden Flächen der Linse gleiche und entgegengesetzte Brechungen; es wird daher seine Richtung, wenn die Dicke der Linse als verschwindend klein betrachtet werden kann, durch die Brechung nicht geändert.

---

[1] Ist eine Begrenzungsfläche eine Ebene, so gilt als Achse das vom Krümmungsmittelpunkt der **anderen** (kugelförmigen) Begrenzungsfläche auf die Ebene gefällte Loth.

Mit Hilfe von Strahlen, die der Achse parallel sind, und solchen, die durch den optischen Mittelpunkt gehen, kann man, wenn die Brennweite der Linse bekannt ist, die Bilder von Gegenständen, welche die Linse erzeugt, konstruieren, wie die Abbildungen 80 und 81 zeigen.

Ist die Entfernung des Gegenstandes ($G$ in Abb. 80) von der Linse grösser als die doppelte Brennweite ($MF''$), so entsteht auf der andern Seite von der Linse ein reelles, umgekehrtes, verkleinertes Bild ($B$, Abb. 80), und zwar an einem Orte zwischen der einfachen und der doppelten Brennweite; je näher der Gegenstand der Linse rückt, desto grösser wird das Bild, und desto weiter rückt es von der Linse ab; ist die Entfernung des Gegenstandes von der Linse gleich der doppelten Brennweite, so ist das Bild reell, umgekehrt und eben so gross wie der Gegenstand, und seine Entfernung von der Linse ist ebenso wie die des Gegenstandes

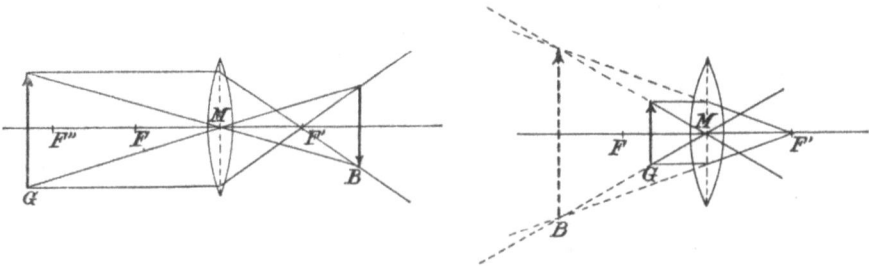

Abb. 80.      Abb. 81.
Durch Konvexlinsen erzeugte Bilder von Gegenständen. ($G$ = Gegenstand; $B$ = Bild; $M$ = optischer Mittelpunkt; $F$ und $F'$ = Brennpunkte; $MF = MF'$ = einfache, $MF''$ = doppelte Brennweite.)

gleich der doppelten Brennweite; ist die Entfernung des Gegenstandes von der Linse kleiner als die doppelte Brennweite, aber noch grösser als die einfache Brennweite ($B$ in Abb. 80), so ist das Bild reell, umgekehrt und vergrössert ($G$, Abb. 80), und seine Entfernung von der Linse ist grösser als die doppelte Brennweite; je näher der Gegenstand der Linse rückt, desto grösser wird das Bild, und desto weiter rückt es von der Linse ab; ist die Entfernung des Gegenstandes von der Linse gleich der einfachen Brennweite, so entsteht kein Bild: die gebrochenen Strahlen verlassen die Linse parallel zu einander; ist die Entfernung kleiner als die einfache Brennweite ($G$ in Abb. 81), so entsteht auf derselben Seite von der Linse, aber in weiterer Entfernung, als sie der Gegenstand von der Linse besitzt, ein virtuelles, aufrechtes, vergrössertes Bild ($B$, Abb. 81); je näher der Gegenstand der Linse rückt, desto kleiner wird das Bild, und desto näher rückt es gleichfalls der Linse.

Auf letzterer Thatsache beruht die Anwendung der **Lupe**, einer mit einer Einfassung versehenen Konvexlinse, durch welche man innerhalb der Brennweite gelegene Gegenstände betrachtet, die dann vergrössert erscheinen.

Die vergrösserten **reellen Bilder** finden beim **Scioptikon** oder der **Laterna magica** (Zauberlaterne) Verwendung.

Eine Konvexlinse hat eine um so **grössere** Brennweite, je **flacher**, und eine um so **kleinere** Brennweite, je **stärker gewölbt** sie ist. Daraus ergibt sich, auf Grund von Konstruktionen wie in Abb. 80 und 81, dass die reellen Bilder, die eine Konvexlinse liefert, um so mehr verkleinert, bezw. um so weniger ver-

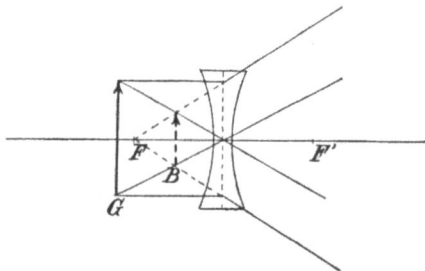

Abb. 82. Durch Konkavlinsen erzeugte Bilder von Gegenständen. ($G$ = Gegenstand; $B$ = Bild.)

grössert sind und in beiden Fällen der Linse um so näher liegen, je stärker gewölbt sie ist (die Linse zieht also die reellen Bilder bei stärkerer Wölbung näher heran); die virtuellen Bilder sind um so grösser und entfernter, je stärker gewölbt die Linse ist.

Für eine **bikonkave Linse** — oder kurz: **Konkavlinse** — gilt hinsichtlich der durch den optischen Mittelpunkt gehenden Strahlen dasselbe wie für die Konvexlinse: ihre Richtung wird, wenn die Dicke der Linse klein genug ist, durch die Brechung nicht geändert. Strahlen, welche parallel der Achse auf die Linse fallen, gehen hinter der Linse derart aus einander, als würden sie von dem **vor** der Linse liegenden Brennpunkte ausgesendet.

Die Bilder, welche eine Konkavlinse von Gegenständen liefert, sind hiernach, wie die Konstruktion in Abb. 82 zeigt, virtuell, aufrecht und verkleinert.

Linsen von eigenartiger Beschaffenheit sind die in Leuchtthürmen Anwendung findenden Treppenlinsen oder Fresnel'schen Linsen (Abb. 83). Eine Treppenlinse besteht aus einer plankonvexen Linse, die von einer Reihe konzentrischer Glasringe umgeben ist, deren Flächen derartig berechnet sind, dass jeder ihrer Brennpunkte mit dem Brennpunkt des centralen Theils zusammenfällt. Wird in diesen Brennpunkt die Mitte einer Flamme gebracht, so laufen alle Strahlen nach der Brechung parallel nach aussen, und es werden auch diejenigen Strahlen nutzbar gemacht, die sehr geneigt zur Achse des centralen Theils der Linse von der Flamme ausgehen.

**Mikroskop.** Die Einrichtung des Mikroskops beruht auf der Vereinigung zweier Konvexlinsen, von denen die eine als Lupe wirkt; sie wird als Okular (oder Okularlinse) bezeichnet, während die andere Objektiv (oder Objektivlinse) heisst. Beim Sehen durch das Mikroskop befindet sich das Auge über dem Okular, der zu betrachtende Gegenstand unter dem Objektiv. Das Objektiv wird

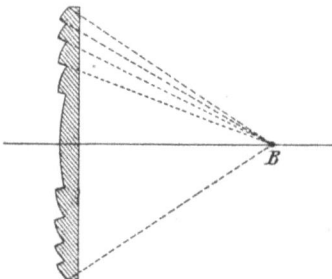

Abb. 83. Treppenlinse.

so eingestellt, dass der Gegenstand ($ab$ in Abb. 84) etwas über den Brennpunkt hinaus (zwischen einfache und doppelte Brennweite) zu liegen kommt; dann entsteht auf der andern Seite vom Objektiv (also oberhalb desselben) ein reelles, umgekehrtes, vergrössertes Bild ($AB$) des Gegenstandes. Objektiv und Okular sind nun derart beschaffen und in solcher Entfernung von einander angebracht, dass das genannte Bild innerhalb der Brennweite des Okulars auftritt. Wird dasselbe daher durch das Okular betrachtet, so entsteht von ihm nach dem Objektiv zu ein abermals vergrössertes virtuelles Bild ($A'B'$), das im Verhältniss zum Gegenstande gleichfalls umgekehrt erscheint.

Objektiv und Okular sind durch innen geschwärzte Röhren mit einander verbunden. Die Schwärzung soll die Abhaltung fremder Lichtstrahlen bewirken. Das Hauptrohr (Abb. 85, $R$) lässt sich mittels einer feinen Schraube ($S$) behufs genauer Einstellung des

Gegenstandes heben und senken. Unter dem Objektiv befindet sich der zur Aufnahme des Gegenstandes bestimmte, mit einer kreisrunden Öffnung versehene Objekttisch ($T$). Zur Beleuchtung durchsichtiger Gegenstände ist am Ständer ($St$) des Mikroskops ein Hohlspiegel ($H$) derartig angebracht, dass er sich — um zwei rechtwinklig zu einander stehende horizontale Achsen — nach allen Seiten frei drehen lässt; er sammelt die von einem Fenster oder einer Lampe auf ihn fallenden Lichtstrahlen und wirft sie durch die Öffnung im Objekttisch nach dem Gegenstande empor.

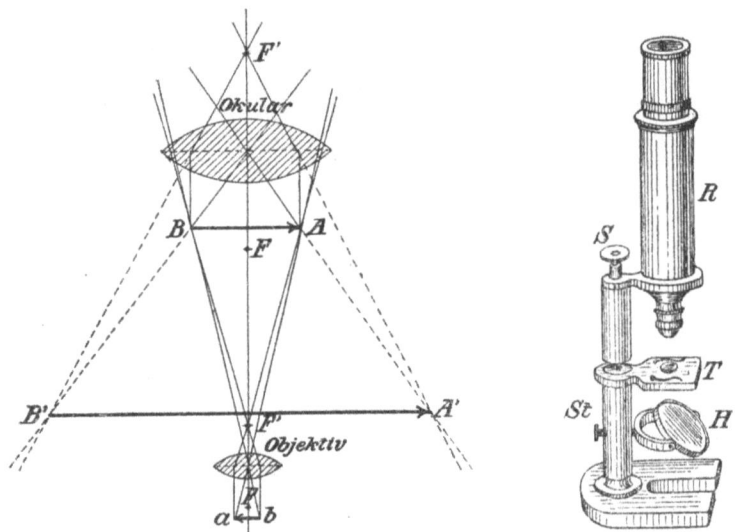

Abb. 84. Vergrössernde Wirkung des Mikroskops.     Abb. 85. Mikroskop.

Als Okular dient statt einer einfachen Linse gewöhnlich ein System von zwei Linsen, von denen die untere, nach dem Objektiv zu gelegene, die sogenannte Kollektivlinse, die im Objektiv gebrochenen Strahlen konvergenter (stärker zusammenlaufend) macht, das Bild näher bringt und dadurch die Entfernung des Okulars verringert und, wenn auch ein etwas kleineres Bild, so doch ein grösseres Gesichtsfeld schafft.

Das Objektiv besteht stets aus mehreren achromatischen, d. h. ungefärbte Bilder gebenden Doppellinsen. Farbig gesäumte Bilder würden undeutlich sein. (Vergl. hierzu den Abschnitt: „Achromatische Linsen".)

Der unter dem Mikroskop zu betrachtende Gegenstand wird, möglichst fein und durchsichtig, auf einen Objektträger von Glas gebracht, mit etwas Wasser befeuchtet und mit einem sehr dünnen Deckgläschen bedeckt. Wird — unter Fortlassung des Deckgläschens — zwischen Gegenstand und Objektiv ein

## 10. Die Lehre vom Licht.

Wasser- oder Öltropfen eingeschaltet — ein Verfahren, das man Immersion nennt — so wird die Lichtstärke erheblich gesteigert, und das Bild des Gegenstandes wird klarer und schärfer, weil alsdann das von dem Gegenstande ausgehende und ins Mikroskop eintretende Licht nicht so viele verschiedenartige Medien (Wasser, Glas, Luft) zu durchsetzen braucht und daher weniger Absorption (und Brechung) erleidet.

Zur Messung mikroskopischer Objekte bedient man sich entweder eines auf Glas geritzten Mikrometers, das man auf das Okular legen kann; oder es ist am Mikroskop selbst eine feine Mikrometerschraube angebracht, durch die sich der Objekttisch seitlich verschieben lässt; behufs Ausführung einer Messung dreht man die Schraube derart, dass erst der eine, dann der andere Rand des Gegenstandes sich mit einem der Fäden eines im Okular angebrachten Fadenkreuzes deckt. Dann giebt die am Schraubenkopf abzulesende Verschiebung die Grösse des Gegenstandes an.

Die Leistungsfähigkeit eines Mikroskops wird durch sogenannte Testobjekte (Diatomeen, Nobert'sche Gitter) festgestellt.

Erfunden wurde das Mikroskop um 1600 von Zacharias Jansen in Holland.

**Fernrohr.** Zur deutlichen Sichtbarmachung weit entfernter Gegenstände dienen die Fernrohre. Man unterscheidet zwei Arten derselben: dioptrische Fernrohre (Refraktoren) und katoptrische Fernrohre (Spiegelteleskope, Reflektoren); bei ersteren wird das reelle Bild des entfernten Gegenstandes durch eine Konvexlinse, bei letzteren durch einen Hohlspiegel hervorgebracht; die dioptrischen Fernrohre theilt man wiederum ein in das astronomische oder Keppler'sche, das terrestrische oder Erdfernrohr und das holländische oder Galilei'sche Fernrohr.

Das astronomische Fernrohr hat Objektiv und Okular wie ein Mikroskop, beide sind Konvexlinsen. Das Objektiv, das eine grosse Brennweite besitzt, erzeugt von dem weit hinter dem Brennpunkt liegenden Gegenstand ein verkleinertes, umgekehrtes Bild, welches durch das Okular zur Vergrösserung und näheren Betrachtung gelangt; das Okular ist — je nach der Entfernung des Gegenstandes — verstellbar. Die Gegenstände erscheinen verkehrt. Im Erdfernrohr werden sie durch eine oder zwei zwischen Objektiv und Okular angebrachte Linsen aufrecht gemacht. Das holländische Fernrohr (Krimstecher, Opernglas) enthält ein bikonvexes Objektiv und ein bikonkaves Okular; letzteres ist innerhalb der Brennweite der Objektivlinse angebracht, fängt die Strahlen, ehe sie zu einem umgekehrten, verkleinerten Bilde gesammelt werden, auf und macht sie divergent und erzeugt so ein aufrechtes, vergrössertes Bild.

Eine besondere Anwendung findet das Fernrohr beim Theodolit, einem zur Winkelmessung (z. B. bei der Landesaufnahme) dienenden Instrument.

**Das menschliche Auge und das Sehen.** Im menschlichen Auge findet eine Linsenwirkung statt, in Folge deren im Augapfel Bilder der aussen befindlichen Gegenstände erzeugt werden, die nun den eigentlichen Akt des Sehens, d. h. die Gesichtswahrnehmung, auslösen. Betrachten wir die Konstruktion des Auges, das Abb. 86 im Durchschnitt zeigt, genauer!

Der Augapfel wird von drei Häuten umschlossen, denen drei verschiedene Funktionen zukommen. Die äusserste dieser Häute, die weisse oder harte Augenhaut oder Sclerotica ($sc$) hat die Aufgabe des Schutzes. Sie geht vorn in die stärker nach aussen gewölbte Hornhaut oder Cornea ($co$) über, welche durchsichtig ist und so dem Lichte den Eintritt ins Innere des Augapfels gestattet. Die mittlere Haut ist die Aderhaut oder Chorioidea ($ch$), die von feinen Blutgefässen durchzogen ist und die Ernährung der benachbarten Theile des Auges besorgt. Sie ist mit einem schwarzen Farbstoff ausgekleidet. Ihr vorderer, ebener Theil, die Regenbogenhaut oder Iris ($i$), ist nur auf der Innenseite schwarz, aussen verschiedenfarbig; und zwar ist die Farbe der Aussenseite sowohl bei den verschiedenen Menschen verschieden (sie bestimmt die Farbe des Auges: blau, braun, grau u. s. w.), als sie auch bei einem und demselben Individuum meistens eine mehrfarbige, oft fleckige Zeichnung aufweist. In der Mitte besitzt die Iris für den Durchtritt der Lichtstrahlen eine Öffnung, das Sehloch oder die Pupille ($p$), welche im Allgemeinen schwarz erscheint, weil das Innere des Augapfels dunkel ist. Die innerste Haut endlich ist die Netzhaut oder Retina ($r$), eine becherförmige Ausbreitung des Sehnerven oder Opticus ($o$), die zwar gelblich-weiss gefärbt, aber von so feiner Beschaffenheit ist, dass die schwarze Farbe der Aderhaut sich durch sie hindurch geltend macht. Sie ist der empfindende Theil des Auges. Aber nicht überall ist sie gleich stark empfindlich. Völlig unempfindlich gegen Licht ist die Stelle des Eintritts des Sehnerven in das Auge: der sogenannte blinde Fleck ($a$). Die grösste Empfindlichkeit ist in der Mitte, genau gegenüber der Mitte der Pupille, in der Richtung der sogenannten Augenachse oder Sehachse ($AA$), wo sich ein kleiner, rundlicher, intensiv gelb gefärbter Fleck befindet: der gelbe Fleck oder Macula lutea ($m. l$). Innerhalb des gelben Fleckes ist wiederum die Mitte, eine seichte und abermals dunkler gefärbte Vertiefung, die Centralgrube oder Fovea centralis ($f. c$), mit dem Maximum der Lichtempfindlichkeit ausgestattet. Es hängt dies mit der Konstitution der Netzhaut zusammen. Dieselbe besteht nämlich aus sieben über einander liegenden Schichten, von denen die äusserste oder hinterste, d. h. also der Aderhaut zunächst befindliche, die sogenannte Stäbchenschicht, aus zweierlei Nervenelementen besteht: den zahlreichen Stäbchen, die von cylindrischer Form sind, und den zwischen diese eingestreuten Zapfen, die flaschenähnliche Gestalt besitzen. Beide Nervenelemente stehen senkrecht zur Flächenausbreitung der Netzhaut. Im blinden Fleck fehlen Stäbchen und Zapfen vollständig, im gelben Fleck stehen die Zapfen am gedrängtesten und in grösster Anzahl, und die Fovea centralis besitzt nur Zapfen. Hiernach kommt den Zapfen

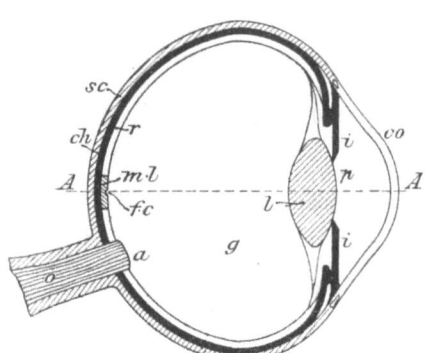

Abb. 86. Schematisirter Durchschnitt durch das menschliche Auge.

die wichtigere und wesentlichere Rolle beim Sehakte zu, und sie sind es also die das Verhalten des blinden und des gelben Flecks bei der Sehempfindung bedingen. Den Stäbchen wohnt ein rother Farbstoff, das Sehroth oder der Sehpurpur, inne.

Ausser den genannten Bestandtheilen des Augapfels bleiben nun noch zwei zu erwähnen übrig: die Augenlinse und der Glaskörper. Die Augenlinse ($l$), auch Krystalllinse genannt, ist eine zäh-elastische, zwiebelschalig aus Fasern geschichtete, durchsichtige Masse von bikonvexer Form und liegt unmittelbar hinter der Iris; ihre hintere Fläche ist stärker gewölbt als die vordere. Der übrige Innenraum des Augapfels wird von dem Glaskörper ($g$), einer gelatinösen, leicht zerfliesslichen Masse, eingenommen, welche ringsherum von einer zarten, elastischen Haut, der Glashaut, umschlossen ist. Vorn ist die Glashaut zweiblättrig; und während das hintere der beiden Blätter den Glaskörper begrenzt, ist das vordere mit dem Rande der Augenlinse verwachsen. (Vergl. die Abbildung.) Der Raum zwischen der Hornhaut und der Iris heisst die **vordere Augenkammer**, der Raum zwischen der Iris und der Linse die **hintere Augenkammer**; beide sind von der sogenannten **wässrigen Flüssigkeit** erfüllt.

Auf Grund der vorstehend beschriebenen Einrichtung des Augapfels kann derselbe als eine Camera obscura angesehen werden, deren Öffnung die Pupille ist. Durch den schwarzen Farbstoff der Aderhaut ist die völlige Dunkelheit im Innern bedingt und eine Reflexion von Licht an den Wänden und in Folge dessen eine Überstrahlung und Abschwächung der entstehenden Bilder äusserer Gegenstände ausgeschlossen. Die Augenlinse wirkt als Sammellinse, wobei sie von den übrigen durchsichtigen Medien des Augapfels, insbesondere der stark gewölbten Hornhaut und dem Glaskörper, unterstützt wird. Sie erzeugt auf der Netzhaut verkleinerte, **umgekehrte** Bilder der Gegenstände, von denen Lichtstrahlen ins Auge fallen. Dass wir trotz dieser Umkehrung die Gegenstände richtig orientirt, insbesondere also aufrecht sehen, hat darin seinen Grund, dass der **Geist** die einzelnen, auf die Netzhaut ausgeübten Lichteindrücke in der Richtung der in das Auge einfallenden Lichtstrahlen in die Aussenwelt zurückversetzt, dass er gewissermaassen irgend einen wahrgenommenen Punkt **da in der Aussenwelt sucht**, woher der Lichtstrahl kommt, also die auf der Netzhaut **oben befindlichen Punkte eines Bildes unten am Gegenstande** u. s. w. Er projicirt das wahrgenommene Bild nach aussen. Darin wird er durch eine anderweitige Erfahrung unterstützt, nämlich die, dass der **Sinn der Bewegungen**, die wir machen müssen, um bestimmte Theile eines Gegenstandes deutlich sehen zu können, der wahren Orientirung dieser Theile am Gegenstande entspricht; wollen wir so den **oberen** Theil eines Gegenstandes sehen, so müssen wir das Auge oder den ganzen Kopf nach **oben** drehen u. s. f. Ferner wird er in der richtigen Auffassung der Gegenstände durch das **Tastgefühl** unterstützt, da wir beim Betasten eines Gegenstandes unsere Hand nach **oben** bewegen müssen, wenn wir die **oberen** Theile des Gegenstandes tastend wahrnehmen wollen u. s. w. Auf Grund der Lichteindrücke und sonstiger Erfahrungen **konstruirt** also der Geist ein objektives Etwas, das die Ursache der entsprechenden Bewusstseinserscheinungen ist.

Am genauesten und schärfsten sehen wir einen Gegenstand dann, wenn wir das Auge derart nach ihm richten, dass die Verlängerung der Augenachse durch ihn hindurchgeht und folglich die von ihm ausgehenden Lichtstrahlen (bezw. das durch diese von ihm erzeugte Bild) auf den gelben Fleck der Netzhaut fallen. Dieses Richten des Auges nennt man Fixiren.

Zur deutlichen Wahrnehmung eines Gegenstandes ist ferner erforderlich, dass sich derselbe in einer solchen Entfernung vom Auge befindet, dass sein Bild genau auf die Netzhaut fällt (nicht davor noch dahinter). Diese Entfernung heisst die Sehweite und ist für normale Augen im Mittel etwa = 24 cm. Die Bilder weiter entfernter Gegenstände müssten somit nach dem im Abschnitt „Lichtbrechung in Linsen" Ausgeführten vor die Netzhaut fallen, die Bilder näherer Gegenstände hinter die Netzhaut. Damit dies nicht geschieht, flacht sich im ersten Falle (beim Fernsehen) die Augenlinse ab, wodurch die Bilder sich von ihr entfernen, während sie sich im zweiten Falle (beim Nahesehen) stärker wölbt, wodurch die Bilder ihr genähert werden. (Vergl. den Abschnitt: „Lichtbrechung in Linsen".) Diesen Vorgang der Änderung der Wölbung der Augenlinse nennt man die Akkomodation des Auges. Die Akkomodationsbewegung wird durch einen innerhalb des verdickten Randes der Aderhaut nahe der Augenlinse liegenden kleinen Muskel, den Akkomodationsmuskel oder Ciliarmuskel, einen Theil des Strahlenkörpers (Corpus ciliare) — vergl. Abb. 86 — bewirkt, und zwar dadurch, dass der Muskel bei seiner Kontraktion oder Zusammenziehung die vordere Fläche der Augenlinse stärker wölbt, wobei gleichzeitig die Pupille verengert wird, während beim Nachlassen der Kontraktion die Glashaut sowie ein vom Rande der Netzhaut ausgehendes elastisches Band, das Strahlenblättchen, das sich an die Linse anlegt, durch ihre Spannung an der Linse ziehen und sie abflachen. — Eine Verengerung der Pupille findet auch statt, wenn grelles Licht ins Auge fällt, eine Erweiterung der Pupille erfolgt im Dunkeln; damit wird im ersteren Falle die ins Auge eindringende Lichtmenge verringert, im letzteren vermehrt. Die Akkomodationsfähigkeit des Auges gestattet ein deutliches Sehen von Gegenständen vom Unendlichen bis auf eine Entfernung von ungefähr 12 cm.

Augen, die im Mittel eine geringere als die normale Sehweite (24 cm) haben, werden kurzsichtig, Augen, die eine grössere Sehweite haben, weitsichtig genannt. Die Kurzsichtigkeit (Brachymetropie oder Myopie) beruht darauf, dass entweder die Augenlinse zu stark gewölbt oder die Augenachse länger als beim normalsichtigen oder emmetropen Auge ist (zu starke Brechung), die Weitsichtigkeit beruht darauf, dass entweder die Augenlinse zu flach oder die Augenachse kürzer als beim normalen Auge ist (zu schwache Brechung). Bei einem kurzsichtigen Auge fallen die Bilder der Gegenstände vor die Netzhaut; zum deutlichen Sehen ist daher eine Annäherung der Gegenstände erforderlich; ferne Gegenstände, die sich nicht näher bringen lassen, bleiben undeutlich; dem Übel wird durch konkave Brillengläser abgeholfen. Bei einem weitsichtigen Auge fallen die Bilder der Gegenstände hinter die Netzhaut; zum deutlichen Sehen ist daher eine Entfernung der Gegenstände erforderlich; Nahes wird nicht erkannt; dem Übel wird durch konvexe Brillengläser abgeholfen. Unter Übersichtigkeit oder Presbyopie versteht man das auf

## 10. Die Lehre vom Licht.

einem Mangel an Akkomodationsfähigkeit beruhende Unvermögen, Gegenstände, die innerhalb der Sehweite (also näher als 24 cm) liegen, genau zu unterscheiden. Auch hiergegen helfen Konvexgläser.

Das Maass für die scheinbare Grösse eines Gegenstandes liefert der Sehwinkel; derselbe wird von den Linien gebildet, die man vom Auge nach den Endpunkten des Gegenstandes ziehen kann. Zur Beurtheilung der wahren Grösse des Gegenstandes muss ausser dem Sehwinkel noch die Entfernung bekannt sein, welche der Gegenstand vom Auge hat. Da diese Entfernung nicht selten falsch geschätzt wird, so treten in solchen Fällen Sinnestäuschungen auf, die durch unterbewusste,[1]) nach dem Gesagten auf falschen Voraussetzungen beruhende Schlüsse zu Stande kommen. So ist der Sehwinkel des aufgehenden Mondes derselbe, wie derjenige, den er hat, wenn er hoch am Himmel steht; aber da wir im ersten Falle seine Entfernung weiter schätzen (wegen der zwischenliegenden Vergleichsobjekte auf der Erdoberfläche), so erscheint uns auf Grund eines in sich richtigen (unterbewussten) Schlusses der aufgehende Mond grösser.

Trotzdem wegen unserer beiden Augen von jedem Gegenstande, den wir sehen, zwei Netzhautbilder entstehen, nehmen wir ihn doch nur einfach wahr, weil beide Bilder in uns zu einem kombinirt werden (binokulares Sehen). Dies geschieht aber nur, wenn die Netzhautbilder in beiden Augen auf physiologisch entsprechende Stellen der Netzhaut fallen, d. h. auf Stellen, die in derselben Richtung gleiche Entfernung vom Mittelpunkte der Netzhaut haben. Verschiebt man das eine Auge durch einen leichten Druck mit dem Finger, so ist dies nicht mehr der Fall, und man sieht doppelt. Doch haben beide Augen nicht genau das gleiche Sehfeld: mit dem rechten Auge sieht man denselben Gegenstand (besonders wenn er sich nahe befindet) mehr von der rechten Seite, mit dem linken Auge mehr von der linken Seite. Diese Art des Sehens wird als stereoskopisches Sehen bezeichnet.

Dasselbe kommt im Stereoskop zur Anwendung, einem Apparat, der es gestattet, mit jedem der beiden Augen ein solches (photographisches) Bild eines Gegenstandes zu betrachten, wie es in Wirklichkeit (d. h. bei Betrachtung des wirklichen Gegenstandes) in dem betreffenden Auge entstehen würde. Durch dieses Anschauen der beiden Bilder wird der Eindruck eines körperlichen Bildes hergestellt.

Als Nachbild bezeichnet man die Fortdauer eines Lichteindrucks, nachdem die Ursache, die ihn hervorgerufen, aufgehört hat, auf das Auge zu wirken. Man unterscheidet positive und negative Nachbilder. Die ersteren entstehen, wenn man nach kurzem Anschauen eines hellen Gegenstandes die Augen schliesst, die letzteren, wenn man durch längeres Hinblicken nach einem hellen Gegenstande das Auge ermüdet hat und dann auf eine matthelle leere Fläche blickt; es erscheint dann ein Bild des Gegenstandes, welches dasjenige, was an dem Gegenstande hell war, dunkel zeigt, und umgekehrt.

Auf der Entstehung von Nachbildern beruht es, dass ein schnell im Kreise

---

[1]) Über Unterbewusstsein vergl. K. F. Jordan, Das Räthsel des Hypnotismus und seine Lösung. 2. Auflage. Berlin, Ferd. Dümmler.

gedrehter leuchtender Punkt den Eindruck einer leuchtenden Kreislinie hervorruft. Ferner ist dadurch die Wirkung des Thaumatrops zu erklären. Dasselbe ist eine kreisförmige Scheibe, die auf der einen Seite z. B. die Zeichnung eines Vogelbauers, auf der andern die Zeichnung eines dahineinpassenden Vogels darbietet und die in schnelle Rotation um einen Durchmesser versetzt wird. Beide Zeichnungen ergänzen sich dann derart, dass man den Vogel im Bauer sieht.

Das Stroboskop oder Phenakistoskop, auch Zootrop oder Lebensrad genannt, ist in seiner zweckmässigeren Gestalt ein hohler Cylinder, der sich um seine vertikalstehende Achse drehen lässt und ringsum eine Anzahl schmaler Einschnitte besitzt, durch die man von aussen hineinblicken kann; auf der Innenfläche befindet sich eine Anzahl Bilder, die verschiedene auf einander folgende Phasen eines bewegten Gegenstandes darstellen. Wir kombiniren diese Bilder, wenn sie schnell vor dem Auge vorbeigehen, so, dass wir die Empfindung des Gegenstandes in voller Bewegung haben. Eine gleiche Wirkung bringt der als Kinetograph, Kinematograph, Kinetoskop u. s. w. bezeichnete Apparat hervor: eine Reihe von Photographien, die schnell nach einander vor unseren Augen erscheinen, erzeugen den Eindruck einer dem Leben entsprechenden Bewegung — daher auch der Name „lebende Photographien".

Die beim Stroboskop und beim Kinetoskop auftretende Kombination der Bilder — Moment-Eindrücke — zu einem sich im Verlaufe der Zeit abspielenden, zusammenhängenden Vorgange ist kein physiologischer Akt, wie die Entstehung der Nachbilder (z. B. beim Thaumatrop), sondern nach Eugen Dreher ein psychischer Akt, bei dem das Gedächtniss der wesentlich wirksame Faktor ist. Der Grund, warum im einen Falle das Gedächtniss, im andern die einfache physiologische Nachwirkung zur Geltung kommt, liegt in der Schnelligkeit, mit der die einzelnen Bilder auf einander folgen. Wird das Stroboskop zu schnell gedreht, so treten gleichfalls Nachbilder auf, und Alles fliesst zusammen.

**Zerstreuung oder Dispersion des Lichtes.** Beim Durchgange eines Lichtbündels durch ein Prisma findet nicht nur, wie auf S. 125 erörtert wurde, eine Brechung, sondern auch eine Zerstreuung oder Dispersion des Lichtes statt. Lässt man z. B. ein Bündel Sonnenstrahlen, nachdem es von dem Spiegel eines Heliostats (Abb. 87, $H$) reflektirt worden ist und dadurch eine dauernd gleichbleibende Richtung erhalten hat, durch einen in dem Fensterladen ($LL$) eines verfinsterten Zimmers angebrachten schmalen Spalt ($S$) in das Zimmer eintreten und fängt es, nachdem es durch ein Glasprisma ($P$) hindurchgegangen ist, auf einem weissen Papierschirm auf, so erscheint das Bild des Spaltes erstens nicht in der ursprünglichen Richtung der Lichtstrahlen (bei $B$), wo es ohne Anwendung des Prismas auftritt, sondern gegen jene Richtung verschoben oder abgelenkt (bei $RV$), und zweitens zeigt es sich beträchtlich verbreitert. Mit dieser Verbreiterung ist das Auftreten einer Reihe von Farben verbunden, deren Gesammtheit man als Spektrum bezeichnet. (Vergl. Abb. 87.) Die Hauptfarben des Spektrums sind, von der brechenden Kante des Prismas aus: roth (bei $R$ in der Abbildung), orange, gelb, grün, blau, violett (bei $V$ in der Abbildung). Das Blau wird nach Newton noch in Hellblau und Dunkelblau (oder Indigo) geschieden. Doch gehen die sämmtlichen Farben des Spektrums derart allmählich in einander über, dass eine jede Unterscheidung etwas Willkürliches an sich hat und eine scharfe Grenze zwischen den einzelnen Farben nicht angegeben werden kann.

Mit Hilfe einer Sammellinse oder eines in passender Lage aufgestellten zweiten Prismas können die Farben des Spektrums wieder zu weissem Licht vereinigt werden. Auch der Newton'sche Farbenkreisel, eine in schnelle Umdrehung zu versetzende kreisförmige Scheibe, auf die in Gestalt von Sektoren oder Kreisausschnitten die sieben Hauptfarben des Spektrums (nach Newton) aufgetragen sind, zeigt die Wiedervereinigung dieser Farben zu Weiss, das allerdings nicht rein ist, sondern schmutziggrau erscheint.

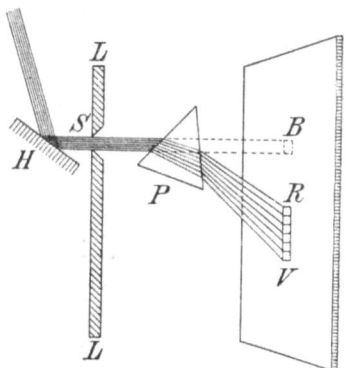

Abb. 87. Entstehung des Spektrums.

Somit ist das weisse Licht als zusammengesetzt zu betrachten. Durch die Brechung im Prisma tritt aus dem Grunde eine Zerlegung in die einzelnen, farbigen Bestandtheile ein, weil dieselben ungleiche Brechbarkeit besitzen. Das rothe Licht ist das am wenigsten brechbare, das violette ist am brechbarsten, grün hat mittlere Brechbarkeit. Je grösser die Brechbarkeit eines Lichtstrahls ist, um so kleiner ist seine Schwingungsdauer, um so grösser also seine Schwingungszahl und um so kleiner seine Wellenlänge.

Die Schwingungszahlen (und damit auch die Schwingungsdauern) der verschiedenen Farben bleiben sich in den verschiedensten Medien oder Mitteln gleich, wogegen die Wellenlängen wechseln, da diese ausser von den Schwingungszahlen noch von der Fortpflanzungsgeschwindigkeit der Lichtbewegung abhängen ($\lambda = \dfrac{a}{n}$, Formel [2], S. 106) und die Fortpflanzungsgeschwindigkeit in verschiedenen Medien verschieden ist. Daher dienen die Schwingungszahlen zur strengen Charakterisirung und Unterscheidung der verschiedenen Farben; jeder Farbe ist ihre bestimmte Schwingungszahl eigenthümlich. Die Schwingungszahlen gehen von ca. 394 Billionen (für Roth, $\lambda = 762\ \mu\mu$, $a = 300\,000$ km) bis über 700 Billionen (für Violett). Eine genauere Angabe über die Wellenlängen in Milliontel Millimetern ($\mu\mu$) bietet die Abb. 88. Die Verschmelzung der den einzelnen Farben zukommenden Schwingungen zu der Gesammtschwingung des weissen Lichtes hat man sich nach Art der kombinirten Wellen zu denken: die einzelnen, einfachen Wellenbewegungen lagern sich über einander und bilden eine neue gemeinsame Wellenbewegung von komplicirter Wellenform oder Wellenkurve.

Die Farben des Spektrums oder Spektralfarben werden auch Regenbogenfarben genannt, weil sie der Regenbogen, der durch Brechung, Reflexion und mit ersterer verbundene Dispersion des Sonnenlichtes in Regentropfen entsteht, gleichfalls aufweist.

Wenn man in den Strahlengang eines durch ein Prisma erzeugten Spektrums einen mit einer kleinen Öffnung versehenen Schirm stellt, so dass nur ein sehr schmales Strahlenbündel ausgeschnitten wird, das man nun auf ein zweites Prisma fallen lässt, so wird dies Strahlenbündel zwar abermals abgelenkt, aber es erfährt weder eine Verbreiterung noch eine erneute Farbenzerlegung oder Farbenänderung. Das so erhaltene, nicht weiter veränderliche farbige Licht wird homogenes Licht genannt.

**Komplementärfarben; natürliche Farben.** Zur Bildung weissen Lichtes sind nicht alle Farben des Spektrums erforderlich, sondern es genügen je zwei in nachfolgender Übersicht unter einander stehende:

roth, orange, gelb, grüngelb, grün,
blaugrün, cyanblau, indigo, violett, (purpur),

worin die Purpurfarbe zwar nicht im Spektrum vorhanden ist, aber durch Mischung von roth und violett (z. B. mittels Prismas) erhalten werden kann.

Je zwei Farben, die zusammen weisses Licht ergeben, heissen komplementär. Sie liegen derartig im Spektrum vertheilt, dass ihre mittlere Schwingungszahl (bezw. Wellenlänge) gleich der mittleren Schwingungszahl (bezw. Wellenlänge) des ganzen Spektrums ist; daher ist der Eindruck, den sie zusammen hervorrufen, gleich dem Gesammteindruck des Spektrums, d. h. gleich dem des weissen Lichtes.

Blickt man einige Zeit anhaltend auf einen farbigen Gegenstand und danach schnell auf eine weisse Fläche, so erscheint das negative Nachbild, welches man erhält, in der komplementären Farbe des Gegenstandes. Dies erklärt sich so, dass, wenn der Gegenstand z. B. roth ist, die Netzhaut-Elemente unseres Auges durch das Anblicken desselben für Rot ermüden, so dass sie aus dem Weiss der nachher angeschauten Fläche nur das komplementäre Grün aufzunehmen vermögen, nur für dies empfänglich oder empfindlich sind.

## 10. Die Lehre vom Licht.

Die natürlichen Farben der Körper (insbesondere der als Farbstoffe dienenden) kommen dadurch zu Stande, dass die Körper Licht von anderer Brechbarkeit reflektiren oder hindurchlassen, als sie absorbiren (vergl. S. 117), so dass von dem gesammten weissen Licht, das auf die Körper fällt, ein Theil — mit anderer mittlerer Brechbarkeit, als sie dem weissen Licht zukommt — reflektirt bezw. hindurchgelassen wird. In der Farbe dieses reflektirten bezw. hindurchgelassenen Lichtes wird der Körper von uns geschaut.

Die Reflexion erfolgt nicht unmittelbar an der Oberfläche, sondern nach dem Eindringen des Lichtes in die oberen molekularen Schichten des Körpers, so dass das von uns gesehene reflektirte farbige Licht eigentlich durchgelassenes Licht ist. Die Oberfläche selbst reflektirt genau dasjenige Licht, das auf sie fällt, was man erkennt, wenn die Oberfläche spiegelnde Beschaffenheit besitzt.

Eine Ausnahme machen die Körper mit sogenannten Oberflächenfarben, z. B. Fuchsin, Chlorophyll, das mit Kobalt blau gefärbte Boraxglas u. a. Bei ihnen ist die reflektirte Farbe nicht gleich der Durchlassfarbe, sondern komplementär zu ihr (bei dem in durchgehendem Lichte rot aussehenden Fuchsin z. B. grün). Die Oberfläche solcher Körper ist glänzend, so dass es den Anschein erzeugt, als beruhte die Oberflächenfarbe (reflektirte Farbe) auf einfacher Spiegelung; da aber die Reflexion eine auswählende ist (es werden eben nicht alle farbigen Bestandtheile des auf die Körper fallenden Lichtes reflektirt, denn die Körper erscheinen ja im gewöhnlichen weissen Tageslichte gefärbt), so muss auch hier ein Eindringen des Lichtes in die oberflächlich gelegenen Schichten stattgefunden haben, aber wahrscheinlich nur in die alleroberste Lage der Moleküle, so dass die reflektirte Farbe gleich der bei durchgehendem Lichte absorbirten ist. Die Erscheinung der Oberflächenfarben steht in Beziehung zur Fluorescenz und zur anomalen Dispersion. (Vergl. die davon handelnden Abschnitte.)

Dass Farbstoffe, die komplementär sind, bei ihrer Mischung keine weisse Mischfarbe geben — sondern z. B. gelber und blauer Farbstoff Grün — rührt daher, dass keine natürliche Farbe rein ist; eine gelbe Flüssigkeit lässt daher ausser Gelb auch einen Theil des im Spektrum benachbarten Grün hindurch, und desgleichen eine blaue Flüssigkeit; in einer Mischung beider ist daher Grün die einzige Farbe, die beide durchlassen, während Gelb durch die blaue Flüssigkeit, Blau durch die gelbe absorbirt wird; die Mischung muss daher grün erscheinen.

**Achromatische Linsen.** Verschiedene Stoffe können, trotzdem sie für die mittleren Strahlen des Spektrums nahezu dasselbe Brechungsvermögen besitzen, doch ein sehr ungleiches Farbenzerstreuungsvermögen haben, so dass sie Spektren von sehr verschiedener Länge geben. Hohes Farbenzerstreuungsvermögen besitzen z. B. das (bleihaltige) Flintglas und der Schwefelkohlenstoff.

Wenn zwei Prismen oder Linsen, deren Stoffe bei nahezu gleichem mittleren Brechungsvermögen ein sehr ungleiches Farbenzerstreuungsvermögen besitzen (z. B. Flintglas und Crownglas), mit einander vereinigt werden, so lässt es sich erreichen, dass die durchgehenden Strahlen bezw. die erzeugten Bilder keine chromatische Abweichung (farbige Säume) und damit keine Undeutlichkeit aufweisen. (Vergl. S. 130: achromatische Doppellinsen.)

**Fluorescenz.** Wie oben erwähnt, reflektiren nicht alle Körper dieselbe Lichtsorte, die sie hindurchlassen (so dass sie beim Daraufsehen wie beim Hindurchsehen gleich gefärbt erscheinen). Eine Ausnahme bilden die mit Oberflächenfarben versehenen Körper. Eine weitere, aber von jener nicht streng geschiedene Ausnahme wird durch die schillernden oder fluorescirenden Körper gebildet. Die Eigenart der letzteren, die sie von den Körpern mit Oberflächenfarben bis zu einem gewissen Grade unterscheidet, besteht darin, dass das von ihnen reflektirte Licht — das sogenannte Fluorescenzlicht — eigenes Licht ist, d. h. nicht Licht, das durch einfache auswählende Reflexion dem auf die Körper gefallenen Lichte entnommen worden, sondern das infolge eines Umwandlungsprozesses innerhalb der oberflächlich gelegenen molekularen Schichten der Körper neu entstanden ist. So erzeugt z. B. blau-violettes Licht, das sich infolge des Durchtrittes von weissem Licht durch eine Lösung von Kupferoxydammoniak gebildet hat, wenn es auf fluorescirendes Uranglas fällt, ein grünes Licht, wie es die genannte Lösung nicht hindurchlässt, sondern absorbirt, wie es also in dem blau-violetten Licht nicht, auch in keiner verdeckten Form, enthalten gewesen sein kann. Genauere theoretische Betrachtungen über die Fluorescenz vergl. in dem Abschnitt über „Wärmestrahlen und chemische Strahlen".

Der Name „Fluorescenz" schreibt sich daher, dass die Erscheinung zuerst an einem Fluor enthaltenden Mineral, dem Flussspath, studirt worden ist. Gewisse Spielarten desselben sehen bei durchgehendem Lichte grün oder nahezu farblos, bei auffallendem Lichte dagegen schön blau aus.

Sonstige Stoffe, die die Eigenschaft der Fluorescenz besitzen, sind das Petroleum (mit blauem Fluorescenzlicht), die Lösung des Aeskulins, eines in der Rinde der Rosskastanie enthaltenen Stoffes (mit blauem Fluorescenzlicht), das Uranglas (mit grünem Fluorescenzlicht), die Lösung des Fluoresceïns (mit grünem Fluorescenzlicht); in durchgehendem Lichte sehen alle diese Körper gelblich aus. Ferner sind zu nennen: die Lösung des schwefelsauren Chinins (mit blauem Fluorescenzlicht, in durchgehendem Lichte farblos), die Eosinlösung (mit gelbgrünem Fluorescenzlicht, in durchgehendem Lichte roth), die ätherische Chlorophyllösung (mit rothem Fluorescenzlicht, in durchgehendem Lichte grün), die Curcumatinktur (mit grünem Fluorescenzlicht, in durchgehendem Lichte gelbbraun) u. a. m.

Das Fluorescenzlicht tritt nicht in jedem Lichte, sondern nur bei Bestrahlung mit gewissen Lichtarten deutlich und kräftig hervor, besonders mit Sonnenlicht und Magnesiumlicht, während z. B. im gewöhnlichen Lampenlicht die Erscheinungen nur schwach oder gar nicht erkennbar sind. Jenes wirksame Licht zeichnet sich durch den Gehalt an blauen und violetten Strahlen aus. Ferner geht dem Lichte, wenn es eine hinreichend dicke Schicht einer fluorescirenden Substanz durchdringt, dadurch die Fähigkeit verloren, eine zweite Menge derselben Substanz abermals zur Fluorescenz zu bringen; woraus zu schliessen ist, **dass ein fluorescirender Körper durch solche Bestandtheile des Lichtes zur Fluorescenz gebracht wird, die er absorbirt.**

Viel Ähnlichkeit hat die Fluorescenz mit der Phosphorescenz (vergl. S. 117), da es sich bei beiden Erscheinungen um die Erzeugung eigenen Lichtes der Körper handelt; der Unterschied liegt darin, dass die Fluorescenz nur so lange vorhanden ist, als die Bestrahlung der Körper dauert, während die Phosphorescenz entweder erst **nach** erfolgter Einwirkung auf die Körper eintritt **oder** doch auf alle Fälle nach dieser Einwirkung nicht sogleich erlischt, sondern oft noch stunden- und tagelang fortbesteht. Entdeckt wurde die Fluorescenz von Brewster (1838) und Herschel, genauer untersucht von Stokes (1852).

**Luminescenz.** Fluorescenz und Phosphorescenz gehören zu den Luminescenz-Erscheinungen. Unter dem Worte „Luminescenz" versteht man allgemein das Leuchten eines Körpers, der die mit dem normalen Leuchten verbundene Wärme nicht besitzt. Je nach den äusseren Ursachen, durch welche eine Luminescenz hervorgerufen wird, unterscheidet man die Photoluminescenz, welche Phosphorescenz und Fluorescenz umfasst; die Thermoluminescenz, die manche Körper, wie Diamant und Flussspath, schon bei schwacher Erwärmung zeigen, ehe von einem Glühen die Rede ist; die Elektroluminescenz, die infolge elektrischer Entladungen stattfindet (vergl. Kapitel 16); die Chemiluminescenz, die sich (als langsamer Oxydationsprozess) bei lebenden Thieren oder bei organisirten Stoffen vor der Fäulniss zeigt und die ferner auftritt, wenn Formaldehyd und desgleichen Traubenzucker bei Zutritt von Sauerstoff mit Kalilauge erwärmt werden; und die Krystalloluminescenz (oder Triboluminescenz), die sich beim mechanischen Reiben, Zerbrechen oder Zerschlagen gewisser Krystalle sowie beim Krystallisiren beobachten lässt.

**Anomale Dispersion.** Körper, welche Oberflächenfarben besitzen (siehe oben), zerstreuen das Licht nicht in der gewöhnlichen Ordnung, sondern erzeugen ein Spektrum, in welchem die Farben eine andere Reihenfolge haben. Diese Erscheinung wird als anomale Dispersion bezeichnet. (Entdeckt 1870 von Christiansen, genauer untersucht von Kundt.) Füllt man z. B. ein Hohlprisma aus Glas mit Fuchsinlösung und betrachtet durch dasselbe einen hellen Spalt im Fensterladen eines dunklen Zimmers, so zeigt das Spektrum, das dann erscheint, folgende Reihenfolge der Farben: blau, violett — hierauf folgt eine dunkle Lücke — rot, orange, gelb. Die sonst nach dem violetten Ende des Spektrums zu gelegenen Farben werden also schwächer gebrochen als die nach dem rothen Ende zu gelegenen. Die grüne Farbe fehlt ganz, weil sie — als Oberflächenfarbe — total reflektirt und theilweise absorbirt worden ist.

**Arten der Spektren.** Je nach der Lichtquelle, der ein Spektrum seine Entstehung verdankt, lassen sich folgende Unterschiede feststellen:

1. Feste und flüssige Körper liefern in glühendem Zustande ein kontinuirliches (oder zusammenhängendes) Spektrum, das keinerlei Unterbrechung durch dunkle Linien zeigt.

2. Das Sonnenspektrum ist zwar auch ein kontinuirliches, aber von zahlreichen dünnen, dunklen Linien — den Fraunhofer'schen Linien — der Quere nach durchzogen. Abb. 88 stellt das Sonnenspektrum mit den wichtigsten Fraunhofer'schen Linien dar. Dieselben werden (seit Fraunhofer, 1814) mit den Buchstaben $A$, $a$, $B$, $C$, $D$, $E$, $b$, $F$, $G$, $H$ und $H_1$ bezeichnet. Unter den mit grossen Buchstaben bezeichneten Linien stehen die Wellenlängen, in Milliontel Millimetern ausgedrückt, welche das Licht an den entsprechenden Stellen eines völlig kontinuirlichen Spektrums besitzt. Über dem Spektrum befindet sich die Intensitätskurve, welche zeigt, wie sich die Intensität oder Lichtstärke auf das Spektrum, seiner ganzen Länge nach, vertheilt.

3. Das Spektrum glühender Gase oder Dämpfe, besteht aus farbigen hellen Linien oder Streifen, die durch dunkle Zwischenräume von einander getrennt sind (Linien- und Bandenspektren).

Diese drei Arten von Spektren heissen Emissionsspektren.

Lässt man

4. das Licht eines glühenden festen Körpers (z. B. eines weissglühenden Platindrahtes) durch einen anderen Körper hindurchgehen, ehe es in ein Prisma

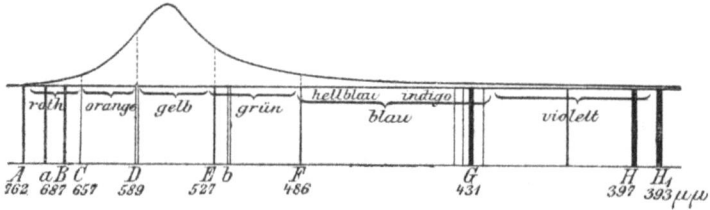

Abb. 88. Spektrum mit den Fraunhofer'schen Linien. Darüber die Intensitätskurve.

eintritt, um so ein Spektrum zu liefern, so erhält man ein verschieden geartetes Absorptionsspektrum, das ein Linien- oder ein Bandenspektrum sein kann und bei glühenden Gasen und Dämpfen an denselben Stellen dunkle Linien und Streifen zeigt, wo das unter 3. genannte Emissionsspektrum helle farbige Linien und Streifen aufweist.

Aus dem Letztgesagten ergiebt sich der Kirchhoff'sche Satz (1860), dass ein glühendes Gas (oder Dampf) die Lichtstrahlen absorbirt, die es selber aussendet; was Kirchhoff in anderer Form auch so ausdrückte: Das Verhältniss zwischen dem Emissionsvermögen und dem Absorptionsvermögen ist bei Strahlen derselben Wellenlänge für alle Körper bei derselben Temperatur dasselbe.

Hieraus ist zu folgern, dass die Fraunhofer'schen Linien des Sonnenspektrums auf die Weise zu Stande kommen, dass das von dem festen oder flüssigen, leuchtenden Sonnenkern ausgehende Licht durch eine aus verschiedenen Gasarten zusammengesetzte Dampfatmosphäre hindurch muss, welche den Sonnenkern einhüllt.

**Spektralanalyse; Spektroskop.** Die unter 3. genannte Thatsache wird zur Feststellung der Natur eines Stoffes benutzt. Man nennt dies Verfahren Spektralanalyse (entdeckt und eingeführt von Kirchhoff und Bunsen.

## 10. Die Lehre vom Licht.

1859). Mittels der Spektralanalyse lässt sich z. B. ermitteln, welche Metalle in einem Salze enthalten sind, oder aus welchen chemischen Elementen ein Gas zusammengesetzt ist. Wird nämlich ein Salz (und es genügen dazu äusserst geringe Spuren desselben) in die Flamme eines Bunsen'schen Brenners gehalten, so wird diese gefärbt und giebt ein genaues Linienspektrum des Dampfes des in dem Salze enthaltenen Metalls, so dass an diesem Spektrum das betreffende Metall erkennbar ist. Ein Gas wird auf die Weise untersucht, dass man es in eine Geissler'sche Röhre bringt (siehe Kapitel 14, Abschnitt: „Die elektrische Entladung in atmosphärischer Luft und verdünnten Gasen") und elektrische Entladungen hindurchgehen lässt, wodurch es zum Glühen gelangt.

Das Spektrum wird in beiden Fällen mittels eines besonderen Apparats: des Spektroskops, erzeugt und beobachtet. Abb. 89 zeigt die Einrichtung des Spektroskops nach Kirchhoff und Bunsen (auch Spektralapparat genannt), von

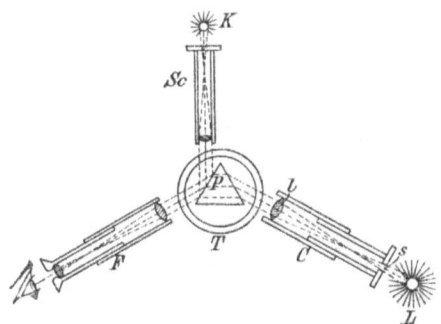

Abb. 89. Spektralapparat (Spektroskop) nach Kirchhoff und Bunsen.

oben gesehen. $T$ ist ein Tischchen, auf dem das Prisma $P$ mit senkrechter brechender Kante aufgestellt ist. Bei $L$ ist der Licht gebende Körper (z. B. die Flamme eines Bunsen'schen Brenners, in welche eine kleine Menge des zu untersuchenden Salzes gehalten wird). Die von $L$ ausgesandten Strahlen gelangen zunächst in den sogenannten Kollimator ($C$), ein Rohr, das an dem der Flamme zugekehrten Ende einen verstellbaren Spalt ($s$) und an dem nach dem Prisma zu gelegenen Ende eine Sammellinse ($l$) enthält, welche die durch $s$ in das Rohr gelangten Strahlen parallel macht. Nach dem Durchtritt durch das Prisma nimmt die nunmehr gebrochenen und zerstreuten Strahlen das (Keppler'sche) Fernrohr $F$ auf, in dessen äusseres Ende man hineinblickt. Bei richtiger Einstellung der beiden Rohre (beide lassen sich um das Tischchen $T$ in horizontaler Ebene drehen) sieht man durch das Fernrohr das Linienspektrum des in der Flamme ($L$) enthaltenen Metalldampfes. $Sc$ ist das sogenannte Skalenrohr, das an seinem äusseren Ende auf einer Glasplatte eine feine Mikrometerskala trägt, von welcher durch die Lichtstrahlen (die von der Kerze $K$ kommen, durch eine Sammellinse im Skalenrohr gehen und an der vorderen Fläche des Prismas reflektirt werden) ein reelles Bild entworfen wird, das durch das Fernrohr $F$ zugleich mit dem vom Kollimator erzeugten Spektrum gesehen wird, so dass die Stellung der einzelnen Spektrallinien zu einander durch die Skala festgestellt werden kann.

Von handlicherer Form ist das geradsichtige Spektroskop oder Spektroskop à vision directe (Abb. 90), in dem mehrere Prismen aus verschiedenen Glassorten, gewöhnlich zwei Flintglas- und drei Crownglas-Prismen (*Fl* und *Cr*), unmittelbar hinter einander liegen, und zwar in der Anordnung, wie die Abbildung zeigt; die brechenden Winkel der drei inneren Prismen sind rechte, die der beiden äusseren spitze. Eine solche Prismen-Kombination bewirkt es, dass das Licht, welches hindurchgeht, zwar gebrochen und zerstreut wird, aber der mittlere Theil des Spektrums in gleicher Richtung wieder austritt, wie er eingetreten ist (wie die Abbildung veranschaulicht).

Damit das von der Prismen-Kombination erzeugte Spektrum je nach der Sehweite verschiedener Augen deutlich sichtbar sei, ist das Rohr $R_1$, das ausser den Prismen die Kollimatorlinse (*L*) und bei *o* die Öffnung für das Auge enthält, in einem zweiten Rohre $R_2$ verschiebbar, welches bei *S* den Spalt besitzt,

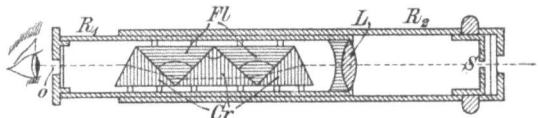

Abb. 90. Geradsichtiges Spektroskop.

durch den das Licht in das Spektroskop eintritt und der auf diese Weise der Kollimatorlinse genähert oder von ihr entfernt werden kann.

**Wärmestrahlen und chemische Strahlen.** Von dem, was wir gemeinhin „Licht" nennen, speziell vom Sonnenlicht, gehen nicht nur reine Leuchtwirkungen, sondern auch Wärmewirkungen und chemische Wirkungen aus. Die Wärmewirkungen treten auf, wenn „Licht" auf einen Körper trifft und Seitens desselben eine Absorption erfährt. Die Intensität der Wärmewirkung ist für verschiedene Theile des Spektrums verschieden und entspricht nicht der Lichtintensität, die im Gelb ihr Maximum hat. (Vergl. Abb. 88.) Gewöhnlich liegt das Wärmemaximum mehr nach dem rothen Ende des Spektrums. Bei Anwendung von Prismen aus verschiedenem Material fanden Melloni und Seebeck das Wärmemaximum an verschiedenen Stellen des Spektrums: bei einem Wasserprisma im Gelb, einem Crownglasprisma im Roth und einem Steinsalzprisma im Ultraroth, d. h. in dem über das rothe Ende hinausliegenden unsichtbaren Theil des Spektrums.

Man kann dem „Lichte" seine Wärmewirkung rauben, wenn man es durch eine Kalialaunlösung gehen lässt. Umgekehrt absorbirt eine Lösung von Jod in Schwefelkohlenstoff alles Licht, so dass hinter der Lösung vollkommene Dunkelheit herrscht, während die Wärmewirkung ungeschwächt hindurchgeht.

Im Allgemeinen sucht man diese Erscheinungen durch die Annahme der „dunklen Wärmestrahlen" zu erklären. Alle im Spektrum enthaltene Strahlung

## 10. Die Lehre vom Licht.

nämlich soll Wärmestrahlung sein, und die Wärmestrahlen werden in leuchtende Wärmestrahlen oder Lichtstrahlen und in dunkle Wärmestrahlen unterschieden. Bei dem Durchtritt von „Licht" durch die Kalialaunlösung sollen nun die dunklen Wärmestrahlen absorbirt werden, die leuchtenden aber nicht; durch die Jodschwefelkohlenstoff-Lösung sollen die dunklen Wärmestrahlen hindurchgehen, die leuchtenden absorbirt werden. Gegen diese Auffassung ist zu sagen, dass, wenn durch die Kalialaunlösung leuchtende Wärmestrahlen hindurchgehen, diese ausser ihrer Leuchtwirkung auch nachher noch eine Wärmewirkung ausüben müssten. Und auch wenn man sich mit der Wendung hilft: die Lichtstrahlen hätten in Folge ihres Durchtrittes durch die Kalialaunlösung ihre Umwandlungsfähigkeit in Wärme verloren, so folgt doch auch daraus nur, dass sie dann eben keine Wärmestrahlen mehr sind.

Stichhaltiger und die Erscheinungen besser erklärend ist die Annahme, dass es in dem, was wir „Licht" nennen, ausser den eigentlichen Lichtstrahlen noch eine besondere Art von Strahlen giebt, Strahlen, welche Wärmewirkungen ausüben und daher — im Unterschiede von den eigentlichen Lichtstrahlen — als Wärmestrahlen zu bezeichnen sind. Kalialaunlösung ist dann ein Strahlenfilter (nach Eugen Dreher) für Wärmestrahlen, Jodschwefelkohlenstofflösung ein Strahlenfilter für (eigentliche) Lichtstrahlen. Ferner hat man verschiedene Wärmestrahlen (d. h. Wärmestrahlen von verschiedener Schwingungszahl, Wellenlänge und Brechbarkeit) anzunehmen, und es giebt ein von denselben gebildetes, besonderes Wärmespektrum, das je nach der dispergirenden (zerstreuenden) Substanz verschieden ist und sich nur theilweise mit dem Spektrum der Lichtstrahlen deckt, woraus sich die oben mitgetheilte Thatsache erklärt, dass bei Anwendung von Prismen aus verschiedenem Material das Wärmemaximum an verschiedenen Stellen auftritt. — Der Unterschied zwischen Licht- und Wärmestrahlen, die beide Wellenbewegungen des Äthers sind, ist in der Verschiedenheit der Wellenkurve oder Wellenform zu suchen. (Weiteres über Wärmestrahlen siehe im 11. Kapitel, Abschnitt: „Verbreitung der Wärme".)

Die chemische Wirkung des „Lichtes" äussert sich in verschiedener Weise, indem theils chemische Verbindungen eingeleitet, theils chemische Zersetzungen veranlasst werden. Zu jenen gehört die Vereinigung von Chlor und Wasserstoff zu Chlorwasserstoff. Wird ein Gemenge beider Gase bei gewöhnlicher Temperatur im Dunkeln gelassen, so bleibt es unverändert, im gewöhnlichen Tageslicht findet eine allmähliche Vereinigung statt, und bei direktem Sonnenlicht erfolgt die Vereinigung plötzlich und unter Explosion. Auf chemischen Zersetzungsprocessen beruht einerseits das Bleichen, das sich unter dem Einfluss von Licht und Feuchtigkeit vollzieht, und andererseits der wesentliche Vorgang bei der Photographie. Derselbe besteht darin, dass die Halogenverbindungen des Silbers (Chlor-, Brom- und Jodsilber: $AgCl$, $AgBr$ und $AgJ$) bei Belichtung reducirt werden, so dass die Subhaloïde des Silbers ($Ag_2Cl$, $Ag_2Br$ und $Ag_2J$) entstehen, was mit einem Violett- und schliesslich Schwarzwerden der Stoffe verbunden ist. Doch werden die Halogenverbindungen des Silbers nur dann vom Lichte beeinflusst, wenn bei ihrer Darstellung aus Silbernitrat (Höllenstein) und den Halogenverbindungen des Kaliums das erstere im Überschuss vorhanden ist, was besonders vom Jodsilber und Bromsilber, in schwächerem Maasse vom Chlorsilber gilt. Man spricht daher von **empfindlichem Jodsilber, Bromsilber** und **Chlorsilber** im Gegensatz zu anderen — unempfindlichen — **Modifikationen** und nennt jene auch $+=$ Jodsilber, $+=$ Bromsilber und $+=$ Chlorsilber.

Auch die chemische Wirkung des „Lichtes" ist (wie die Wärmewirkung und die **eigentliche Lichtwirkung** oder **Leuchtwirkung**) nicht in allen Theilen des Spektrums gleich intensiv. Handelt es sich um die Zersetzung der genannten Silbersalze, so ist der blau-violette Theil des Spektrums am wirksamsten, und auch darüber hinaus — im dunklen Ultraviolett — zeigt sich noch eine beträchtliche chemische Wirkung. Also wieder ist keine Übereinstimmung der Leuchtwirkung des „Lichtes" mit seiner chemischen Wirkung vorhanden.

Dazu kommt die **Dreher**'sche Entdeckung, dass „Licht", welches durch eine koncentrirte Aeskulinlösung von hinreichender Schichtdicke hindurchgegangen ist, keine chemische Wirkung mehr ausübt, trotzdem darin, wie die spektroskopische Untersuchung zeigt, alle **eigentlichen Lichtstrahlen** enthalten sind, die es vorher besass.[1]) (**Eugen Dreher**, 1881.)

Daher ist die chemische Wirkung des „Lichtes" auf gewisse in demselben enthaltene besondere — **chemische** — Strahlen zurückzuführen, die sich von den eigentlichen Lichtstrahlen und den Wärmestrahlen abermals durch ihre Wellenform oder Wellenkurve unterscheiden. — Nach dem Erörterten ist es, streng genommen, falsch, von **Photographie** zu sprechen, da nicht das Licht, genauer die Lichtstrahlen, sondern die im „Lichte" enthaltenen chemischen Strahlen die „photographische" (richtiger gesagt: aktinographische) Wirkung ausüben.

Durch geeignete Zusätze können die Silberhaloïde auch für andere Strahlensorten als die im blau-violetten Theile des Spektrums enthaltenen empfindlich gemacht werden. Derartige Zusätze heissen **optische Sensibilisatoren**. So macht Korallin (Phenylroth) das Bromsilber für gelbgrüne Strahlen empfindlich. Andere optische Sensibilisatoren sind Eosin, Erythrosin u. s. w. Die Wirksamkeit derselben, z. B. des Korallins, beruht darauf, dass dieser Stoff gelbes und grünes Licht absorbirt und dasselbe dadurch photographisch wirksam macht. (**Eder**.) Wird aber Licht absorbirt, so ist es **kein Licht mehr**; es erleidet eine Umwandlung in eine **andersartige Ätherbewegung**: die chemischen Strahlen. (**Dreher**.)

Auch die Thatsache, dass während der Wintermonate das Licht oft **optisch** sehr kräftig, **chemisch** hingegen unverhältnissmässig schwach ist, bestätigt, dass nicht die Lichtstrahlen als solche, sondern die ihnen beigesellten chemischen Strahlen die photographische (oder aktinographische) Wirkung ausüben.

Die **farbigen Photographien** verdanken ihre Entstehung dem Phänomen dünner Blättchen, die sich durch die geeignete Abscheidung verschieden starker Schichten von Silberbromür, $Ag_2Br$, bilden. (Vergl. über die Farben dünner Blättchen den Abschnitt „Interferenz des Lichtes u. s. w.")

Auf die Wirkung der chemischen Strahlen sind auch die **Fluorescenz-Erscheinungen** zurückzuführen, indem die im „Lichte" enthaltenen chemischen Strahlen in Folge innerer Reflexion — in den oberflächlich gelegenen Schichten

---

[1]) Die Aeskulinlösung ist somit ein Strahlenfilter für chemische Strahlen.

der fluorescirenden Körper — derartig umgewandelt werden, dass eigenartige Lichtwirkungen zu Stande kommen, die von den gewöhnlichen, auf blosser Absorption und äusserer Reflexion beruhenden Lichtwirkungen abweichen.

**Interferenz des Lichtes; Beugung oder Diffraktion.** Interferenz des Lichtes entsteht (vergl. S. 108), wenn die Strahlen zweier benachbarter gleichartiger Lichtquellen zusammentreffen. Geschieht die Begegnung in einem Punkte, dessen Entfernungen von den beiden Lichtquellen (Strahlenpunkten) sich um ein Vielfaches einer ganzen Wellenlänge, oder anders gesprochen: um ein gerades Vielfaches einer halben Wellenlänge unterscheiden, so tritt eine Verstärkung des Lichtes ein; geschieht die Begegnung in einem Punkte, dessen Entfernungen von den beiden Lichtquellen sich um ein ungerades Vielfaches einer halben Wellenlänge unterscheiden, so tritt eine Auslöschung des Lichtes ein. Es entsteht dadurch auf einem das Licht auffangenden Schirm ein System paralleler, abwechselnd heller und dunkler Streifen: Interferenzfransen oder Interferenzstreifen. (Entdeckt wurde die Interferenz des Lichtes durch Thomas Young, 1800.)

Besitzen die Lichtquellen einfarbiges oder homogenes Licht, so ist ausser dem Unterschied von Hell und Dunkel kein weiterer zu bemerken; Interferenzstreifen dagegen, die durch weisses, also zusammengesetztes Licht hervorgerufen werden, erscheinen nicht allein hell und dunkel, sondern sie sind — ausgenommen der mittelste helle Streifen — farbig gesäumt (aussen roth, innen violett), was sich aus der Verschiedenheit der Wellenlängen der verschiedenen Spektralfarben erklärt.

Die Interferenz-Erscheinungen des Lichtes sind nur erklärbar, wenn man das Licht als eine Wellenbewegung ansieht. Ihr Dasein ist also ein Beweis für die Wellennatur des Lichts.

Geht Licht durch einen schmalen Spalt, so breiten sich die Ätherwellen seitlich aus (vergl. S. 108), und es findet zwischen den von den einzelnen Punkten des Spaltes ausgehenden Wellensystemen Interferenz statt, so dass das auf einem Schirm aufgefangene Bild des Spaltes nicht nur verbreitert erscheint, sondern zugleich beiderseits von Interferenzfransen durchsetzt ist. Diese Erscheinung heisst Beugung oder Diffraktion des Lichtes. (Grimaldi, 1663.)

Ist das durch den Spalt gehende Licht weiss, so sind die Interferenzfransen farbig gesäumt, und zwar kehrt jeder Saum das Violett dem in der Mitte des Beugungsbildes befindlichen Weiss zu, während das Roth aussen liegt. Das Weiss in der Mitte erklärt sich daher, dass daselbst von allen Punkten des Spaltes aus Wellen mit annähernd gleichen Phasen zusammentreffen, während in seitlich gelegenen Punkten des Schirmes die von den verschiedenen Punkten des Spaltes kommenden Wellen auf ungleich langen Wegen, also nach einander eintreffen, so dass Phasenunterschiede vorhanden sind, welche die Entstehung der Interferenzfransen bewirken; da nun das Violett von allen Spektralfarben die kleinste, das Roth die grösste Wellenlänge besitzt, so werden die dem Violett entsprechenden Interferenzstreifen am schmalsten, die dem Roth entsprechenden am breitesten sein, und es muss in jedem Farbensaum das Violett am wenigsten, das Roth am meisten entfernt von der Mitte auftreten. Bei Anwendung homogenen Lichtes, das ein einfarbiges Beugungsbild (von der Farbe des angewandten Lichtes) zeigt, in dem nur hellere und dunklere Streifen zu beobachten sind, tritt der Unterschied der Breite der Interferenzstreifen deutlich hervor: rothes Licht giebt die breitesten Streifen und demgemäss auch das breiteste Beugungsbild, grünes Licht liefert Streifen und Beugungsbild von mittlerer Breite, und beim Violett sind Streifen und Beugungsbild am schmalsten.

Eine kreisförmige Öffnung ruft Interferenzringe hervor.

Die Beugungs-Interferenzstreifen gestatten die genaue Messung der Wellenlängen der verschiedenen Lichtgattungen (verschiedenen Farben).

Auf Beugung beruhen die farbigen Erscheinungen, die man beim Betrachten einer Flamme durch die Fahne einer Vogelfeder, durch eine behauchte Glasscheibe oder beim Blinzeln durch die Augenwimpern wahrnimmt. Ferner ist die Erscheinung der grossen Sonnen- und Mondringe auf Beugung zurückzuführen, die durch in der Luft schwebende, schleierartig ausgebreitete Cirruswolken bewirkt wird.

Endlich werden auch die Farben dünner Blättchen (Seifenblasen, auf Wasser ausgebreitetes Terpentinöl oder Petroleum, Anlauffarben des Stahls beim Erhitzen u. s. w.) durch Interferenz hervorgerufen, welche in Folge der doppelten Reflexion des Lichtes von der oberen und der unteren Begrenzungsfläche der Blättchen entsteht.

Gitterspektren — Nobert'sche Gitter. (Vergl. S. 131.)

**Polarisation des Lichtes.** Wenn man auf einen Spiegel von schwarzem Glase (Abb. 91, $S_1$) einen Lichtstrahl ($AB$) unter einem Einfallswinkel von $55^0$ ($ABE$) fallen lässt, so hat der reflektirte Strahl ($BC$) andere Eigenschaften als der einfallende sowie jeder gewöhnliche Lichtstrahl. Fängt man ihn nämlich auf einem zweiten Spiegel ($S_2$) auf, so wird er von diesem nicht in allen Lagen des Spiegels weiter reflektirt. Sind beide Spiegel einander parallel, wie in der Abbildung, so erfolgt Reflexion (in der Richtung $CD$); wird der Spiegel $S_2$ aber um die Richtung des Strahls $BC$ als Achse gedreht, so dass der Einfallswinkel ($BCF$) stets derselbe bleibt, so unterbleibt die Reflexion, wenn der Spiegel $S_2$ um $90^0$ gedreht worden ist; bei $180^0$ Drehung ist wieder Reflexion vorhanden; bei $270^0$ Drehung ist sie wieder aufgehoben.

Diesen Sachverhalt erkennt man, wenn man in der Richtung $DC$ auf den Spiegel $S_2$ blickt, während auf $S_1$ in der Richtung $AB$ ein Lichtschein fällt; bei $90^0$ und $270^0$ Drehung erscheint dann der Spiegel $S_2$ dunkel; bei langsamem Drehen tritt die Verdunklung allmählich ein.

10. Die Lehre vom Licht. 149

Man nennt einen Lichtstrahl von der geschilderten Beschaffenheit des reflektirten Strahls $BC$ polarisirt, die geschilderte Erscheinung die Polarisation des Lichtes. (Malus, 1808.)

Dieselbe findet in folgender Annahme ihre Erklärung: Die Äther-Schwingungen, welche das Licht ausmachen, erfolgen transversal (vergl. S. 108 u. 114), d. h. quer zur Fortpflanzungsrichtung oder zum Lichtstrahl, während z. B. die Schwingungen eines durch die Luft sich fortbewegenden Schalles parallel zur Fortpflanzungsrichtung oder longitudinal erfolgen. Handelt es sich nun um gewöhnliches — nicht polarisirtes — Licht, so finden die transversalen

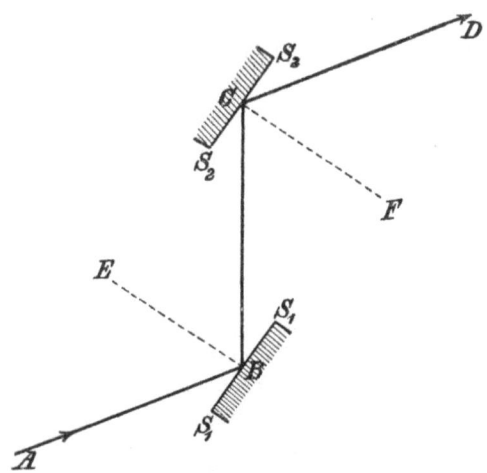

Abb. 91. Polarisation eines Lichtstrahls.

Schwingungen nach allen Richtungen senkrecht zum Lichtstrahl statt, während im polarisirten Lichtstrahl die Äthertheilchen — gleichfalls transversal — nur in einer Ebene schwingen, die den Lichtstrahl enthält.[1]) Wir nehmen ferner an, dass diese Ebene die von dem polarisirten und dem ihn erzeugenden Lichtstrahl gebildete, sogenannte Polarisationsebene ist (innerhalb welcher der Strahl weiter reflektirt zu werden vermag). Wenn nun der Spiegel $S_2$ (Abb. 91) um 90° gedreht ist, so steht die Reflexionsebene $BCF$ zur Polarisationsebene ($ABC$) senkrecht. Da die Äthertheilchen des Strahls $BC$ nur in dieser schwingen, in jener es nicht können, so kann der Strahl $BC$ auch nicht in jener Ebene ($BCF$) reflektirt werden — er wird ausgelöscht.

---

[1]) Bei der Annahme, dass das Licht in longitudinalen Ätherschwingungen bestehe, würden die Polarisationserscheinungen vollkommen unerklärlich sein. Ein Lichtstrahl müsste sich dann nach jeder Richtung hin gleich verhalten. Die Thatsache der Polarisation zwingt also zu der Annahme, dass das Licht transversal schwingt.

Eine Polarisation erfolgt bei der Reflexion an Glas auch unter anderen Winkeln als dem angegebenen (von 55°), aber nur unvollständig, d. h. es tritt bei Drehung des Spiegels $S_2$ um 90° nur eine Verminderung der Helligkeit, keine völlige Verdunkelung ein. Bei einer Reflexion unter einem Winkel von 90° erfolgt keine Polarisation. Der Winkel der vollständigen Polarisation oder Polarisationswinkel ist bei verschiedenen Stoffen verschieden.

Wie durch Reflexion, so lässt sich auch durch Brechung polarisirtes Licht gewinnen, und zwar theilweise polarisirtes durch Brechung in isotropen Körpern, d. h. Körpern, die nach allen Richtungen hin dieselben physikalischen Eigenschaften besitzen (vergl. S. 31); vollständig polarisirtes Licht wird durch Brechung in anisotropen Körpern erhalten, d. h. in solchen Körpern, die in verschiedenen Richtungen verschiedene physikalische Eigenschaften aufweisen. Anisotrop sind alle Krystalle ausser denen des regulären Systems, welche ihrerseits zu den isotropen Körpern gehören.

**Doppelbrechung.** Wenn ein Lichtstrahl durch einen anisotropen Körper, z. B. einen Kalkspathkrystall (hexagonales System), hindurchgeht, so wird er im Allgemeinen doppelt gebrochen, was man daran erkennt, dass ein Punkt, den man durch den Kalkspathkrystall betrachtet, doppelt erscheint. (Bartholinus, 1669.) Diejenigen Richtungen eines doppeltbrechenden (anisotropen) Körpers, in denen der Lichtstrahl keine Doppelbrechung erfährt, nennt man optische Achsen. Gewisse Krystalle haben eine optische Achse, andere haben zwei.

Optisch einachsig sind alle Krystalle des quadratischen und des hexagonalen Systems. Beide Systeme sind dadurch ausgezeichnet, dass die zu ihnen gehörenden Krystalle eine Hauptachse haben, die auf der Ebene der (zwei bezw. drei) gleichen und mit einander gleiche Winkel bildenden Nebenachsen senkrecht steht; mit dieser Hauptachse fällt die optische Achse zusammen.

Optisch zweiachsige Krystalle sind alle diejenigen, deren drei krystallographische Achsen verschiedene Länge besitzen, nämlich die Krystalle des rhombischen, des monoklinen und des triklinen Systems; und hier fällt mit keiner der krystallographischen Achsen eine optische Achse zusammen.

Die beiden Strahlen, in welche ein Lichtstrahl beim Durchtritt durch einen Krystall in Folge von Doppelbrechung zerlegt wird, sind stets vollständig polarisirt. Dies erkennt man daran,

## 10. Die Lehre vom Licht.

dass jeder der Strahlen, wenn er in ein **zweites** doppeltbrechendes Mittel eintritt, **nicht immer** eine abermalige Doppelbrechung erfährt. Folgender Versuch macht dies und die Art der Polarisirung klar:

Man legt ein Kalkspath-Rhomboëder auf ein Blatt Papier, auf welchem ein schwarzer Punkt gezeichnet ist. Dreht man den Krystall, so bleibt von den zwei Bildern des Punktes, welche man durch ihn sieht, eins stehen, während das andere sich um jenes herumbewegt. Den Strahl, dem das erste Bild entspricht, nennt man den **ordentlichen** (oder **ordinären**), denjenigen, dem das zweite Bild entspricht, den **ausserordentlichen** (oder **extraordinären**) Strahl.

Man legt nun auf den auf dem Papier befindlichen Krystall noch einen zweiten Krystall; derselbe nimmt mit jedem der beiden durch den ersten Krystall erzeugten Bilder im Allgemeinen abermals eine Zerlegung in zwei Bilder vor, so dass jetzt im ganzen **vier** Bilder zu sehen sind. Wird aber der obere Krystall **gedreht**, während man den unteren festhält, so verschwinden abwechselnd zwei von den vier Bildern, so oft die Hauptschnitte beider Krystalle, d. h. die die Hauptachse enthaltenden oder ihr parallel liegenden Ebenen, 1. **zusammenfallen** oder 2. **rechtwinklige Stellung zu einander einnehmen**.

Der Grund für diese Erscheinung ist der, dass der ordentliche Strahl in der Ebene des Hauptschnitts, der ausserordentliche Strahl in einer darauf **senkrechten Ebene polarisirt ist**. Fallen nun die Hauptschnitte der beiden Krystalle zusammen, so wird der ordentliche Strahl des unteren Krystalls, ohne weitere Zerlegung zu erfahren, als ordentlicher, der ausserordentliche Strahl als ausserordentlicher im oberen Krystall fortgepflanzt: zwei Bilder. Stehen die Hauptschnitte rechtwinklig zu einander, so wird der ordentliche Strahl des unteren Krystalls im oberen Krystall zum ausserordentlichen Strahl und umgekehrt: wiederum zwei Bilder. Sind aber die Hauptschnitte **schiefwinklig** gegen einander geneigt, so erfährt jeder der den unteren Krystall verlassenden Strahlen — da die Polarisationsebenen beider Krystalle (der Hauptschnitt und die darauf senkrechte Ebene) nicht zusammenfallen — eine abermalige Zerlegung in zwei Strahlen, die nach dem Hauptschnitt des oberen Krystalls und der darauf senkrechten Ebene polarisirt sind: vier Bilder.

Dass in einem nicht regulären Krystall überhaupt eine Zerlegung eines Lichtstrahls in zwei, also eine Doppelbrechung stattfindet, liegt daran, dass die optische Dichte eines solchen Krystalls in verschiedenen Richtungen verschieden ist. In einer Achsenebene (sowie jeder dazu parallelen Ebene), welche nur gleichwerthige (in erster Linie: gleich lange) Achsen enthält, ist — bei regulären und optisch einachsigen Krystallen — die optische Dichte nach allen Richtungen hin die gleiche, und ein Lichtstrahl, der senkrecht zu ihr verläuft, dessen Ätherschwingungen also in irgend einer Richtung in sie **hinein** erfolgen, geht unzerlegt oder einfach weiter.

Nach dem Gesagten ist die Brechung für den ordentlichen und den ausserordentlichen Strahl eine **verschiedenartige**; für jenen erfolgt sie bei den optisch einachsigen Krystallen nach dem auf S. 123 angeführten Snellius'schen Brechungsgesetz, für diesen nach einem weniger einfachen Gesetz; bei den optisch zweiachsigen Krystallen befolgt keiner der beiden Strahlen das Snelliussche Brechungsgesetz. Die Brechung des ausserordentlichen Strahls ist beim Kalkspath wie bei einer Reihe anderer optisch einachsiger Krystalle eine **schwächere** als die des ordentlichen Strahls; man nennt die Krystalle, bei denen dies der Fall ist, **negativ**. Dagegen heissen diejenigen optisch einachsigen Krystalle **positiv**, bei denen der ausserordentliche Strahl **stärker gebrochen** wird als der ordentliche (Beispiel: Bergkrystall).

**Polarisations-Apparate.** Um die Eigenschaften des polarisirten Lichtes genauer zu studiren, bedient man sich der **Polarisationsapparate**. Dieselben sind aus zwei Hauptheilen zusammengesetzt: der **polarisirenden** und der **analysirenden** Vorrichtung; durch jene wird der polarisirte Lichtstrahl hervorgebracht, mittels dieser wird seine nähere Beschaffenheit festgestellt.

Da das Vorhandensein **zweier** polarisirter Strahlen Verwirrung anrichten würde, so muss, wenn die Polarisation durch Brechung bewirkt wird, einer der Strahlen beseitigt werden.

Dies geschieht z. B. durch Anwendung zweier, der Säulenachse parallel geschnittener Turmalin-Platten, die gegen einander drehbar sind (**Turmalinzange**); der Turmalin absorbirt den ordentlichen Strahl fast vollständig, so dass nur der ausserordentliche Strahl hindurchgelassen wird. Hält man nun zwei gleichgeschnittene Turmalin-Platten über oder vor einander und dreht sie so lange, bis die Richtungen der Säulenachsen rechtwinklig zu einander stehen, so geht gar kein Licht hindurch: die Turmalin-Platten erscheinen schwarz.

Auf andere Weise wird der ordentliche Strahl im **Nicol'schen Prisma** (1828) beseitigt. Ein länglicher Kalkspathkrystall (Abb. 92), dessen Endflächen so zugeschliffen werden, dass sie mit den Seitenflächen Winkel von $68°$ bilden, wird rechtwinklig zu den neuen Endflächen (in der Richtung $SS$) durchschnitten, und die beiden Stücke des Krystalls werden längs der Schnittflächen durch eine Schicht von Kanadabalsam wieder zusammengekittet. Trifft nun ein Lichtstrahl ($AB$) parallel der Längsrichtung des so entstandenen vierseitigen Prismas auf eine der Endflächen so wird er durch Doppelbrechung in den ordentlichen Strahl $BC$ und den ausserordentlichen Strahl $BD$ zerlegt. In Folge der

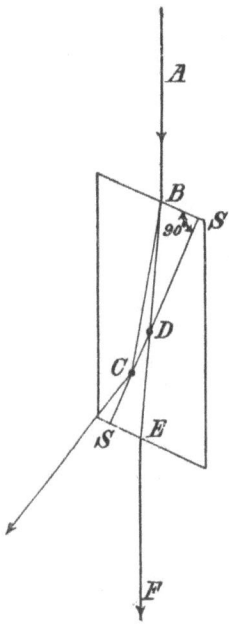

Abb. 92. Nicol'sches Prisma.

eigenartigen Wahl der Schnittfläche (SS) wird der erstere (BC) von der Balsamschicht total reflektirt und tritt aus dem Krystall bezw. Prisma seitlich aus, während der ausserordentliche Strahl (BD), der senkrecht zum Hauptschnitt polarisirt ist, durch die Balsamschicht hindurchgeht und in der Richtung EF, parallel zu AB, austritt. Der letztere Strahl wird als polarisirtes Licht benutzt.

Durch Verbindung zweier Nicol'scher Prismen (zweier „Nicols") erhält man einen Polarisationsapparat, der ähnlich einer Turmalinzange wirkt. Hat der zweite Nicol dieselbe Richtung wie der erste, so durchdringt das aus dem ersten kommende Licht den zweiten, und der letztere erscheint hell; wird aber der zweite Nicol um $90°$ gedreht, so dass die Hauptschnitte beider rechtwinklig zu einander stehen, so geht das Licht durch den zweiten Nicol nicht hindurch, und der letztere erscheint dunkel.

Der erste — vordere — Nicol heisst der Polarisator, der zweite — hintere — der Analysator.

**Polarisations-Erscheinungen.** Bringt man eine sehr dünne Platte eines optisch einachsigen oder auch zweiachsigen Krystalls, welche so geschnitten oder gespalten ist, dass die optische Achse, bezw. die beiden optischen Achsen in der Schnittebene liegen, zwischen Polarisator und Analysator eines Polarisationsapparats, so dass also polarisirtes Licht (vom Polarisator erzeugt) durch die Krystallplatte hindurchgeht und danach durch den Analysator betrachtet wird, so erscheint die Krystallplatte im Allgemeinen gefärbt. Die Farbe hängt von der Dicke der Platte ab und ändert sich, je nachdem die Krystallplatte selbst oder der Analysator gedreht wird. — Besonders geeignet zu dem genannten Versuche ist der Gips.

Wendet man eine keilförmig geschnittene Gipsplatte an, so treten parallele Streifen auf, die verschieden gefärbt sind — nach der Art der Farben dünner Blättchen (S. 148). Dieser Umstand deutet darauf hin, dass die Erscheinung auf Interferenz zurückzuführen ist, welche sich zwischen zwei Strahlen einstellt, in die der polarisirte Lichtstrahl beim Eintritt in den Krystall zerlegt wird. Ist das Licht, welches durch den Gipskeil geht, nicht das gewöhnliche weisse, sondern einfarbiges (homogenes) Licht, so zeigen die parallelen Streifen nur einen Unterschied zwischen hell und dunkel.

Wird aus einem optisch einachsigen Krystall, z. B. Kalkspath, eine Platte senkrecht zur optischen Achse (die zugleich krystallographische Hauptachse ist) geschnitten, so gehen parallel zu dieser Achse verlaufende Lichtstrahlen durch die Platte im Allgemeinen wie durch ein unkrystallisirtes (isotropes) Mittel hindurch.

Konvergent gemachte polarisirte Lichtstrahlen (z. B. solche, die durch eine Sammellinse hindurchgegangen sind) verhalten sich anders: sie erzeugen in der durch ein analysirendes Nicol'sches Prisma betrachteten Krystallplatte ein System koncentrischer Farbenringe, welche von einem hellen oder schwarzen Kreuz durchschnitten sind; von jenem, wenn die Polarisationsebenen von Polarisator und Analysator zusammenfallen, von diesem, wenn beide sich rechtwinklig schneiden. Dieses Kreuz entspricht den — in der Mitte des Lichtbündels — parallel verlaufenden Strahlen. Die Farbenringe entstehen durch Interferenz.

Wird der Analysator um 90° gedreht, so geht jede Farbe in ihre Komplementärfarbe über, und das Kreuz erscheint statt hell dunkel oder umgekehrt.

Bei Anwendung einfarbigen (homogenen) Lichtes fehlen die verschiedenartigen, von seiner Eigenfarbe abweichenden Farben; in dem Ringsystem nebst Kreuz treten bloss Unterschiede von hell und dunkel auf.

Optisch zweiachsige Krystalle liefern, senkrecht zur Halbirungslinie des von den optischen Achsen gebildeten Winkels zurechtgeschnitten, ein doppeltes, den beiden optischen Achsen entsprechendes Ringsystem.

**Drehung der Polarisations-Ebene.** Eine besondere Erscheinung beobachtet man am Bergkrystall, wenn man aus demselben eine Platte senkrecht zur optischen Achse geschnitten hat und durch dieselbe, nachdem man sie zwischen Polarisator und Analysator eines Polarisationsapparats gebracht hat, entweder parallele oder konvergente Lichtstrahlen hindurchgehen lässt.

Nehmen wir den Fall des konvergenten Lichtes. Die Polarisationsebenen von Polarisator und Analysator seien vor der Benutzung der Krystallplatte rechtwinklig gekreuzt. Dann bietet das Gesichtsfeld eine ähnliche Farbenerscheinung nebst schwarzem Kreuz wie beim Kalkspath dar. Schaltet man nun die Bergkrystall-Platte ein, so erscheint die Mitte des Gesichtsfeldes nicht völlig dunkel, sondern farbig.

Bei Anwendung einfarbigen Lichtes erscheint die Mitte des Gesichtsfeldes gleichfalls nicht völlig dunkel, sondern erst dann tritt gänzliche Auslöschung des Lichtes ein, wenn der Analysator um eine gewisse Winkelgrösse — nach rechts oder nach links — gedreht wird. Da jetzt erst die Polarisationsebenen von Polarisator und Analysator rechtwinklig gekreuzt sind, so waren sie es vor der Drehung nicht. Sie waren es aber ursprünglich, ehe die Krystallplatte sich zwischen beiden Nicols befand. Demnach ist die Polarisationsebene des vom Polarisator kommenden polarisirten Lichtes beim Durchgange desselben durch die Krystallplatte in ihrer Richtung verändert, aus ihrer ursprünglichen Richtung herausgedreht worden, oder kurz: der Bergkrystall hat die Polarisationsebene gedreht. Manche Bergkrystall-Sorten drehen die Polarisationsebenen nach rechts, manche nach links.

Die rechtsdrehenden erfordern bei Anwendung weissen Lichtes, dass der Analysator nach rechts — wie der Zeiger der Uhr — gedreht werde, wenn die farbige Mitte des Gesichtsfeldes aus Roth in Gelb, Gelb in Grün, Grün in Blau und Blau in Violett sich verändern soll; die linksdrehenden erfordern für den gleichen Zweck die entgegengesetzte Drehung.

Wie der Bergkrystall verhalten sich auch die Lösungen der weinsauren und traubensauren Salze. Die Weinsäure und ihre Salze sind rechtsdrehend, die Traubensäure und ihre Salze linksdrehend. Durch Zusammenkrystallisiren der Salze beider Säuren erhält man neutraltraubensaure Salze, deren Lösungen die Polarisationsebene nicht drehen. Ihre Krystalle haben keine hemiëdrische Beschaffenheit, während das bei den weinsauren und traubensauren Salzen und ebenso bei den verschiedenen Bergkrystall-Sorten der Fall ist. Die Hemiëdrie bei rechts- und linksdrehenden Krystallen (gleicher Zusammensetzung) ist eine unsymmetrische oder asymmetrische, d. h. ein rechtsdrehender und ein linksdrehender Krystall verhalten sich zu einander wie ein Gegenstand und sein Spiegelbild (enantiomorphe Formen). van't Hoff und Le Bel erklärten dementsprechend die Erscheinung des Rechts- und Linksdrehens der Polarisationsebene durch die Annahme, dass die betreffenden chemischen Verbindungen zwei

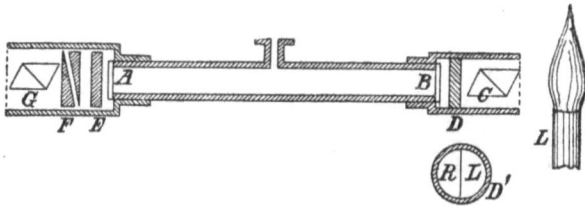

Abb. 93. Saccharimeter.

oder mehrere asymmetrische Kohlenstoffatome enthalten, d. h. Kohlenstoffatome von der Gestalt eines Tetraëders, an dessen vier Ecken vier verschiedene Radikale sich befinden, in welchem Falle es keine Symmetrieebene giebt. (1874.)

Die Polarisationsebene drehen ferner viele ätherischen Öle und die Lösungen der verschiedenen Arten des Zuckers; Rohrzucker ist rechts-, Traubenzucker linksdrehend.

**Saccharimeter.** Der Drehungswinkel (die Grösse der Drehung der Polarisationsebene) wächst mit der Dicke der drehenden Krystallplatte bezw. mit der Koncentration der drehenden Lösung. Daher giebt der Drehungswinkel einen Maassstab für die Koncentration einer Lösung ab. Man benutzt diesen Umstand zur Bestimmung des Gehalts von Zuckerlösungen; die dabei Verwendung findenden Apparate heissen Saccharimeter.

Das Saccharimeter von Soleil (1847) hat folgende Einrichtung (Abb. 93):

Die zu untersuchende Zuckerlösung wird in die an den Enden durch ebene Glasplatten geschlossene Röhre $AB$ gefüllt. Das Licht gelangt von der Lichtquelle $L$ aus durch das Nicol'sche Prisma $C$

und die Quarzplatte $D$ in die Röhre. Durch das Nicol'sche Prisma wird es polarisirt; die Quarzplatte $D$ besteht, wie $D'$ zeigt, aus zwei halbkreisförmigen Quarzstücken: einem rechtsdrehenden und einem linksdrehenden; die Dicke beider Quarzstücke ist eine derartige, dass jedes zwischen den gekreuzten Nicols $C$ und $G$ (bei Ausschluss der Zuckerlösung) genau die gleiche, dunkel-violett-röthliche Farbe, die sogenannte Übergangsfarbe, darbietet. Bei $A$ verlässt das Licht die Röhre und geht 1. durch die rechtsdrehende Quarzplatte $E$, 2. die aus zwei keilförmig geschliffenen Stücken zusammengesetzte linksdrehende Quarzplatte $F$ und 3. das als Analysator dienende Nicol'sche Prisma $G$ ins Auge. Die Dicke der Quarzplatte $F$ ist dadurch veränderlich, dass die beiden Quarzkeile, aus denen sie besteht, sich durch eine Mikrometerschraube an einander verschieben lassen. Stimmen die Platten $E$ und $F$ in der Dicke überein, so heben sich ihre drehenden Wirkungen gleichzeitig auf, und beide Hälften der Platte $D$ bieten, wenn $AB$ keine Flüssigkeit enthält, die Übergangsfarbe dar.

Wird nun die Flüssigkeit eingeschaltet, so giebt sich das geringste Drehungsvermögen derselben dadurch kund, dass die beiden Hälften der Platte $D$ ungleich gefärbt erscheinen: die eine blau, die andere roth. Durch Drehung an der Mikrometerschraube verändert man jetzt die Dicke der Quarzplatte $F$, bis die Übergangsfarbe (in beiden Hälften von $D$) wieder hergestellt ist. Die Grösse der Drehung ist dem Procentgehalt der Lösung proportional.

## 11. Wärmelehre.

**Natur der Wärme.** Wie Schall und Licht ist auch die Wärme, die wir durch den in der Haut verbreiteten Temperatursinn oder Wärme- und Kältesinn wahrnehmen, auf einen Bewegungsvorgang zurückzuführen. Man denkt sich denselben als eine Bewegung der Körpermoleküle, und zwar erfolgt diese bei festen Körpern in Form regelmässiger Schwingungen um eine feste Gleichgewichtslage; bei flüssigen Körpern fehlt diese Gleichgewichtslage, und die Moleküle gleiten alle durcheinander, aber sie entfernen sich doch nicht über eine gewisse Grenze hinaus, die durch das Flüssigkeitsvolum gegeben ist; bei allen luftförmigen Körpern endlich bewegen sich die Moleküle geradlinig fort oder führen kreisende Bewegungen aus, nur gehemmt durch den Zusammenstoss und die in Folge dessen stattfindende Zurückwerfung an anderen Molekülen oder an begrenzenden Wänden.

## 11. Wärmelehre.

Diese Vorstellungen gründen sich vor allem auf die Thatsache der Umwandlung von mechanischer Arbeit in Wärme und umgekehrt. (Vergl. den Abschnitt „Mechanisches Wärme-Äquivalent".)

Die verschiedene Grösse (Stärke oder Intensität) der Wärme, die uns als fertiger Wärmezustand entgegentritt, bezeichnet man als höheren oder niedrigeren Wärmegrad oder Temperatur.

Werden Körper von verschiedener Temperatur in Berührung gebracht, so gleichen sich ihre Temperaturen allmählich aus: es vollzieht sich ein Übergang von Wärme von dem wärmeren zu dem weniger warmen Körper.

Kälte ist, physikalisch betrachtet, nichts wesentlich anderes als Wärme, sondern nur ein niedriger Grad der letzteren. Wir bezeichnen einen Gegenstand oder Stoff als kalt, wenn er uns Wärme (in grösserer oder geringerer Menge) entzieht, bezw. zu entziehen im Stande ist.

**Ausdehnung durch die Wärme.** Eine Hauptwirkung der Wärme ist die, dass sie die Körper ausdehnt oder genauer: dass ein Körper, dem Wärme zugeführt wird, sein Volum vergrössert, ein Körper, dem Wärme entzogen wird, sein Volum verkleinert.

Von festen Körpern werden die Metalle besonders stark ausgedehnt. (Zwischen den hinter einander liegenden Eisenbahnschienen werden kleine Zwischenräume gelassen, damit sie bei der in Folge von starker Erwärmung im Sommer eintretenden Ausdehnung sich nicht verwerfen, d. h. sich krümmen und seitlich heraustreten, oder aber zersprengt werden; die Bolzen eines Plätteisens müssen kleiner sein als dessen Höhlung, damit sie im rothglühenden Zustande hineinpassen; Befestigung eines eisernen Reifens auf einem Rade mittels vorhergehenden Erwärmens u. s. w.).

Werden spröde Körper, z. B. Glas, einem schnellen Temperaturwechsel ausgesetzt, so zerspringen sie, was darin seinen Grund hat, dass die neue Temperatur, sei sie nun höher oder niedriger, nicht von allen Körpertheilen gleichmässig angenommen wird, so dass sie sich in verschiedenartiger Weise ausdehnen oder zusammenziehen. Je dünner ein Glas ist, desto geringer ist die Gefahr des Zerspringens in Folge von Temperaturwechsel.

Um einen festsitzenden Glasstöpsel zu lockern, erwärmt man den Flaschenhals, weil sich dadurch der Flaschenhals ausdehnt, während der noch kalt bleibende Stöpsel sein Volum beibehält.

Kompensationspendel der Uhren.

Flüssige Körper werden durch die Wärme stärker ausgedehnt als feste; besonders zeichnen sich in dieser Hinsicht Äther, Schwefelkohlenstoff, Benzin und Petroleum aus. Gefässe, die derartige Flüssigkeiten enthalten, dürfen daher nicht ganz gefüllt sein, da sonst bei einer Temperaturzunahme die Gefässe leicht zersprengt werden.

## 11. Wärmelehre.

Eine **Ausnahme** hinsichtlich der Ausdehnung durch die Wärme macht das **Wasser**. Es zieht sich bei Erwärmung von $0°$ auf $+4°$ C. zusammen, worauf es sich bei weiterer Temperaturzunahme wieder mit wachsender Geschwindigkeit ausdehnt. Setzt man das Volum des Wassers bei $+4°$ C. $= 1$, so ist es bei $0°$ $= 1{,}000123$ und bei $+100°$ C. $= 1{,}043116$.

Am stärksten werden die **Gase** durch die Wärme ausgedehnt. Lässt man eine Flasche mit langem dünnen Halse mit der Öffnung in Wasser eintauchen und erwärmt den Bauch der Flasche, so entweicht ein Theil der in der Flasche enthaltenen Luft und steigt in Blasenform im Wasser auf. Hält man mit der Erwärmung an, so zieht sich die Luft in der Flasche zusammen, und das Wasser steigt in Folge des äusseren Luftdrucks in dem Halse der Flasche empor, indem es den Raum der zuvor entwichenen Luft einnimmt.

**Ausdehnungskoefficient.** Die Grösse der Ausdehnung eines Körpers durch die Wärme giebt der sogenannte **Ausdehnungskoefficient** an. Bei festen Körpern unterscheidet man einen linearen und einen kubischen Ausdehnungskoefficienten, bei flüssigen und gasförmigen Körpern kann nur von einem kubischen Ausdehnungskoefficienten die Rede sein. — Der **lineare Ausdehnungskoefficient** ist das Verhältniss der **Längenzunahme** bei Temperaturerhöhung um $1°$ C. zur ursprünglichen Länge; der kubische Ausdehnungskoefficient ist das Verhältniss der **Volumzunahme** bei Temperaturerhöhung um $1°$ C. zum ursprünglichen Volum. — Der kubische Ausdehnungskoefficient fester Körper ist annähernd gleich dem dreifachen linearen.

Der lineare Ausdehnungskoefficient beträgt für

| | | | |
|---|---|---|---|
| Platin | 0,000 009 | Zinn | 0,000 022 |
| Eisen | 0,000 012 | Aluminium | 0,000 023 |
| Gold | 0,000 015 | Blei | 0,000 028 |
| Kupfer | 0,000 017 | Zink | 0,000 030 |
| Messing | 0,000 019 | Natrium | 0,000 072 |
| Silber | 0,000 019 | Kalium | 0,000 083 |
| Diamant | 0,000 001 | Eis | 0,000 064 |
| Gaskohle | 0,000 005 | Hartgummi | 0,000 060 bis 0,000 080 |
| Glas | 0,000 008 bis 0,000 009 | Paraffin | 0,000 278 |

Der kubische Ausdehnungskoefficient beträgt für

| | | | |
|---|---|---|---|
| Brom | 0,001 038 | Wasser | 0,000 429 |
| Olivenöl | 0,000 8 | Quecksilber | 0,000 181 |
| Alkohol | 0,000 622 | | |

## 11. Wärmelehre.

**Gay-Lussac'sches Gesetz.** Die Gase haben alle denselben Ausdehnungskoefficienten; oder mit anderen Worten: alle Gase werden durch die Wärme gleich stark ausgedehnt. (Gay-Lussac'sches Gesetz, 1802.)

Der Ausdehnungskoefficient ist $= 0{,}003665$ oder $\frac{1}{273}$; man bezeichnet ihn mit $a$.

Ist das Volum einer Gasmenge bei $0^0 = v_0$, so ist es bei $t^0$:
$$v_t = v_0 + v_0\, at = v_0\, (1 + at) \ldots (1).$$

Dies gilt aber nur, wenn der äussere Druck, unter dem das Gas steht, unverändert derselbe geblieben ist.

Bezeichnet man diesen äusseren Druck mit $p_0$ und bringt durch vermehrten Druck das Gas von dem Volum $v_t$ auf sein Volum bei $0^0$ ($= v_0$) zurück, so ist, wenn derjenige Druck, unter dem das Volum $v_0$ jetzt, bei der Temperatur $t^0$, steht, $p_t$ genannt wird, nach dem Mariotte'schen Gesetz (S. 85):
$$p_t : p_0 = v_t : v_0 = v_0\,(1 + at) : v_0 = 1 + at,$$
$$\text{oder: } p_t = p_0\,(1 + at) \ldots (2).$$

Hieraus und aus Formel (1) folgt, da die innere Spannung eines Gases gleich dem äusseren Druck ist, unter dem es steht: Wenn eine bestimmte Menge Gas bei gleichbleibendem Volum auf eine bestimmte Temperatur erhitzt wird, so nimmt die innere Spannung in demselben Verhältniss zu, wie bei gleichbleibendem äusseren Druck (bezw. innerer Spannung) das Volum zunehmen würde.

Der Ausdehnungskoefficient der Gase ist hiernach zugleich ihr Spannungskoefficient.

Es entsteht nun die Frage, welche Gesetzmässigkeit herrscht, wenn bei der Erwärmung einer Gasmenge weder der Druck noch das Volum sich gleichbleibt. Dieser Fall lässt sich auf die Weise erreichen, dass man eine Gasmenge mit dem Volum $v_0$, die unter dem Drucke $p_0$ steht, zunächst bei gleichbleibendem Druck von $0^0$ auf $t^0$ erwärmt. Wird das Volum dabei $= v'$, so ist nach Formel (1):
$$v' = v_0\,(1 + at).$$

Wenn man nun den Druck steigert, aber nicht so, dass wieder das ursprüngliche Volum $v_0$, sondern ein neues Volum $= v$ erreicht wird, was bei dem Drucke $p$ geschehen mag, so ist nach dem Mariotte'schen Gesetz (Formel 2, S. 85):
$$p \cdot v = p_0 \cdot v'$$

und, wenn man in diese Gleichung den obigen Werth für $v'$ einsetzt:
$$p \cdot v = p_0 \cdot v_0 (1 + at) \ \ldots \ (3).$$

Diese Gleichung wird das **Mariotte-Gay-Lussac'sche Gesetz** oder die **Zustandsgleichung der Gase** genannt. Mit ihrer Hilfe lässt sich immer eine der drei Grössen: Druck, Temperatur und Volum durch die beiden andern ausdrücken.

**Ungenauigkeit des Gay-Lussac'schen Gesetzes.** Ebensowenig wie das Mariotte-Boyle'sche Gesetz genaue Gültigkeit besitzt, ist das Gay-Lussac'sche Gesetz genau richtig. Das wirkliche Verhalten der Gase zeigt Abweichungen von dem Gesetz, so dass dieses nur als Annäherung an die Wirklichkeit bezeichnet werden kann. Die Abweichungen bestehen darin, dass der Ausdehnungskoefficient 1) nicht für alle Gase vollkommen gleich gross ist, 2) für ein und dasselbe Gas nicht bei allen Temperaturen konstant ist, und dass er 3) bei gleichbleibendem Drucke nicht genau derselbe ist wie bei gleichbleibendem Volum.

Nach Eugen und Ulrich Dühring gilt das Gay-Lussac'sche Gesetz, gleich dem Mariotte-Boyle'schen nicht für das Gesammtvolum, sondern das Zwischenvolum der Gase. (Vergl. S. 86.)

**Abnahme der Dichtigkeit bei Erwärmung.** Da mit Erhöhung der Temperatur das Volum der Körper sich vergrössert, ihre Masse und somit ihr absolutes Gewicht aber dasselbe bleibt, so muss ihr specifisches Gewicht oder ihre Dichtigkeit abnehmen.

Hiervon macht das Wasser (nach S. 158) zwischen $0°$ und $+4°$ C. eine Ausnahme. Da dasselbe, von $0°$ auf $4°$ erwärmt, sich zusammenzieht und erst danach wieder ausdehnt, so hat es bei $+4°$ C. seine grösste Dichtigkeit oder sein grösstes specifisches Gewicht. — Daher hat in allen tieferen Gewässern das unten (auf dem Boden) befindliche Wasser eine Temperatur von $+4°$ C.

**Thermometer.** Zur Messung der Temperaturen bedient man sich des **Thermometers**. Die Anwendung desselben gründet sich einerseits auf die Thatsache, dass die Temperaturzustände sich berührender Körper sich ausgleichen, andererseits auf die Erfahrung, dass die Körper durch die Wärme ausgedehnt werden.

Bei den gewöhnlich gebrauchten Thermometern wird der Grad der Erwärmung an der Ausdehnung einer in einer Glasröhre eingeschlossenen Flüssigkeit gemessen. Diese Flüssigkeit ist entweder Quecksilber oder blau oder roth gefärbter Weingeist (Alkohol) oder Toluol. Das Gefäss ist eine luftleer gemachte enge Glasröhre, welche unten in eine Kugel (oder ein Gefäss von anderer

## 11. Wärmelehre.

Form) ausläuft, oben verschlossen ist und überall dieselbe Weite besitzt.

Die Entfernung der Luft geschieht auf die Weise, dass man die Röhre, nachdem sie mit Quecksilber gefüllt worden ist, soweit erhitzt, dass der Inhalt überläuft, und sie dann schnell zuschmilzt. Ob die Röhre überall gleich weit ist, erkennt man daran, dass ein Quecksilbertropfen, den man (vor der Füllung des Thermometers) in die Röhre hineingebracht hat und in derselben hin- und herlaufen lässt, überall dieselbe Länge aufweist.

An der Glasröhre ist eine Gradeintheilung oder Skala angebracht, nach deren Einrichtung und Beschaffenheit drei Arten von Thermometern unterschieden werden: das Celsius'sche ($C$.), das Réaumur'sche ($R$.) und das Fahrenheit'sche ($F$.). (Celsius, Schwede, 1742; Réaumur, Franzose, 1730; Fahrenheit, Deutscher, 1714.) Das Celsius'sche Thermometer ist in der Wissenschaft allgemein in Gebrauch, in Frankreich auch im gewöhnlichen Leben; in Deutschland ist das Réaumur'sche Thermometer im gewöhnlichen Gebrauch, während die Engländer nach Fahrenheit zählen.

Jede Thermometer-Skala hat als feste Punkte oder Fundamentalpunkte den Gefrierpunkt und den Siedepunkt des Wassers. An jenem steht die obere Grenze der Flüssigkeit, wenn das Thermometer in schmelzenden Schnee oder schmelzendes Eis, an diesem, wenn das Thermometer in die Dämpfe siedenden Wassers gehalten wird. Sowohl schmelzender Schnee (bezw. Eis) wie die Dämpfe siedenden Wassers haben gleichbleibende oder konstante Temperaturen.

Der Abstand der beiden genannten Fundamentalpunkte, der Fundamentalabstand der Thermometerskala, wurde von Celsius in 100, von Réaumur in 80, von Fahrenheit in 180 gleiche Theile getheilt; jeder Theil heisst ein Grad. (Somit ist ein Grad des Celsius'schen Thermometers der hundertste Theil des Abstandes zwischen dem Gefrierpunkt und dem Siedepunkt des Wassers.)

Den Gefrierpunkt des Wassers (auch Eispunkt genannt) bezeichneten Celsius und Réaumur als Nullpunkt der Skala, während Fahrenheit den Nullpunkt 32° unter dem Gefrierpunkt des Wassers festsetzte; er glaubte, in diesem die tiefste überhaupt vorkommende Temperatur gefunden zu haben; es war diejenige, welche durch eine bestimmte Mischung von Schnee und Salmiak erzielt wird. — Das Sieden (oder Kochen) des Wassers erfolgt nach dem Gesagten nach Celsius bei 100°, nach Réaumur bei 80° und nach Fahrenheit bei 212° über Null. (Vergl. Abb. 94.)

Die Grade über dem Nullpunkt werden als Wärme- oder besser Plusgrade, die Grade unter dem Nullpunkt als Kälte- oder besser Minusgrade bezeichnet.

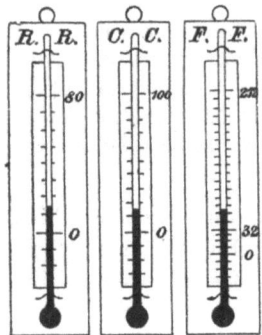

Abb. 94. Thermometer.

Da Quecksilber bei $-39^0$ C. fest wird oder gefriert, so muss zur Messung niedrigerer Temperaturen ein Weingeist-Thermometer benutzt werden, während für hohe Temperaturen ein Quecksilber-Thermometer anzuwenden ist, da Weingeist bei $+78^0$ C. siedet. Das neuerdings als Thermometerfüllung mehrfach angewandte Toluol siedet bei $+111^0$ C. und gefriert oder erstarrt erst unter $-20^0$ C. Temperaturen über dem Siedepunkt des Quecksilbers ($+360^0$ C.) misst man mit einem Pyrometer (Platinstange, deren lineare Ausdehnung durch ein Zeigerwerk angegeben wird) oder mit dem Luftthermometer (siehe unten).

Da $100^0$ C. $= 80^0$ R. und somit $5^0$ C. $= 4^0$ R. sind, so verwandelt man Réaumur'sche Grade in Celsius'sche, indem man erstere mit $\frac{5}{4}$ multiplicirt, und Celsius'sche in Réaumur'sche, indem man erstere mit $\frac{4}{5}$ multiplicirt.

Um Fahrenheit'sche Grade ($180^0$ F. $= 100^0$ C. $= 80^0$ R. oder $9^0$ F. $= 5^0$ C. $= 4^0$ R.) in Celsius'sche bezw. Réaumur'sche zu verwandeln, muss man, da der Nullpunkt des Fahrenheit'schen Thermometers $32^0$ F. unter dem der beiden anderen liegt, zuerst 32 subtrahiren und dann den Rest mit $\frac{5}{9}$ bezw. $\frac{4}{9}$ multipliciren. — Umgekehrt werden Celsius'sche bezw. Réaumur'sche Grade in Fahrenheit'sche verwandelt, indem man sie mit $\frac{9}{5}$ bezw. $\frac{9}{4}$ multiplicirt und zu der erhaltenen Zahl 32 addirt.

Das Luftthermometer besteht aus einem kugelförmigen, mit Luft gefüllten Gefäss, das mit einem U-förmig gebogenen, offenen Rohre in Verbindung steht. In letzteres ist Quecksilber gefüllt, durch welches die Luft in dem Gefässe abgesperrt wird. Man richtet durch einen unten an dem Rohre angebrachten Hahn den Stand des Quecksilbers so ein, dass bei $0^0$ das Quecksilber in beiden Schenkeln des Rohres gleich hoch steht. Dann ist die Spannung der Luft im Gefässe gleich dem äusseren Luftdruck, d. h. $= 1$ Atmosphäre (760 mm). Wird nun das Thermometer z. B. um $t^0$ erwärmt, so dehnt sich die Luft im Gefässe aus, und das Quecksilber steigt im offenen Schenkel des Rohres in die Höhe; durch Nachfüllen von Quecksilber wird die Luft auf ihr voriges Volum zusammengepresst. Steht das Quecksilber im offenen Schenkel um $h$ mm höher als in dem zum Gefässe führenden, so ist nach S. 159, Formel (2): $760 + h = 760 \cdot (1 + \alpha t)$, woraus $t$ leicht berechnet werden kann.

**Maximum- und Minimum-Thermometer.** Namentlich für Witterungsbeobachtungen ist es erwünscht, die höchste und niedrigste Temperatur innerhalb eines bestimmten Zeitabschnittes, z. B. eines Tages, kennen zu lernen. Zur Ermittlung derselben dient das Maximum- und Minimum-Thermometer, auch Thermometrograph genannt. Dasselbe besteht aus zwei horizontal liegenden Thermometern, deren eins mit Quecksilber und deren anderes mit Weingeist gefüllt ist. Die Röhre des Quecksilber-Thermometers enthält einen feinen Stahlstift, der seitens des Quecksilbers keine Benetzung erfährt und daher von diesem mit vorgeschoben wird, wenn es sich in Folge einer Temperaturzunahme ausdehnt, aber liegen bleibt, wenn es sich in Folge einer Temperaturabnahme zusammenzieht. Die Röhre des Weingeist-Thermometers enthält ein dünnes Glasstäbchen, mit dem das Umgekehrte geschieht: es wird von dem Weingeist, der es benetzt, in Folge von Adhäsion mit zurückgezogen, wenn sich der Weingeist zusammenzieht, dagegen bleibt es liegen, wenn der Weingeist sich ausdehnt, indem dieser dann darüber hinfliesst. Hieraus geht hervor, dass der Stahlstift die Stelle des stattgehabten Maximums der Temperatur, das Glasstäbchen die des Minimums anzeigen muss.

**Hohe Hitzegrade.** Einen Anhalt für ungefähre Schätzungen höherer Temperaturen giebt die Farbe, welche die Körper (vor allen das Eisen) bei denselben annehmen. Man unterscheidet die dunkle Rothglühhitze (Kirschrothglühhitze) — bei etwa 500° C., die helle Rothglühhitze — bei etwa 700° C. und die Weissglühhitze — bei etwa 1000° C.

**Absolute Temperatur.** Wenn in der S. 159 angegebenen Gleichung (2):

$$p_t = p_0 (1 + \alpha t),$$

worin $\alpha$ den Werth $\frac{1}{273}$ hat, $t = -273°$ C. ist, so wird $p_t = 0$, d. h. die Gase besitzen bei dieser Temperatur keine innere Spannung mehr, bezw. sie erleiden keinen äusseren Druck. Die Temperatur $-273°$ C. nennt man den absoluten Nullpunkt der Temperatur und die von ihm aus gerechnete Temperatur $T = 273 + t$ (worin $t$ Celsiusgrade bedeutet) die absolute Temperatur. Bei Anwendung derselben ist $t = T - 273$ zu setzen, und die obige Gleichung nimmt folgende Form an:

$$p_t = p_0 (1 + \frac{1}{273}[T - 273]) \text{ oder:}$$

$$p_t = \frac{p_0 \cdot T}{273} = p_0 \cdot \alpha \cdot T \quad \ldots \ldots \ldots \ldots \quad (4a).$$

Gleichung (1) S. 159 wird: $v_t = \frac{v_0 \cdot T}{273} = v_0 \cdot \alpha \cdot T \quad \ldots \ldots \quad (4b)$

und Gleichung (3) S. 160: $p \cdot v = p_0 \cdot v_0 \cdot \alpha \cdot T \ldots \ldots \ldots \quad (4c).$

Hierin ist $p_0 \cdot v_0$ eine konstante Grösse, die sogenannte Gaskonstante, deren Zahlenwert für ein bestimmtes Gas nur von der Wahl der Einheiten abhängt. Setzt man $p_0 \cdot v_0 = R$, so ergiebt sich als **allgemeinster Ausdruck der Zustandsgleichung der Gase**:

$$p \cdot v = R \cdot T \quad \ldots \ldots \ldots \ldots \quad (4\,\mathrm{d}).$$

Nach dem Vorstehenden — Gleichung (4a) und (4b) — lässt sich das Gay-Lussac'sche Gesetz folgendermaassen aussprechen: Bei gleichbleibendem Druck ist das Volum eines Gases (und bei gleichbleibendem Volum der Druck) proportional der absoluten Temperatur.

**Änderung des Aggregatzustandes.** Die zweite Hauptwirkung der Wärme — nächst der Ausdehnung der Körper — ist die Änderung des Aggregatzustandes.

Die meisten festen Körper gehen in Folge von fortschreitender Erwärmung, sofern sie dadurch keine chemische Veränderung erfahren, bei einer für jeden Körper bestimmten Temperatur in den flüssigen Aggregatzustand über. Dieser Vorgang wird als Schmelzen bezeichnet, und die Temperatur, bei welcher sich dasselbe vollzieht, heisst der Schmelzpunkt des Körpers.

Wird der verflüssigte Körper bis unter den Schmelzpunkt abgekühlt, so wird er wieder fest: er erstarrt oder gefriert.

Bei manchen festen Körpern findet, ehe sie schmelzen, ein Erweichen statt. (Eisen, Glas, Harz, Fette.)

Der Schmelzpunkt der Metall-Legirungen liegt meistens tiefer als der ihrer Bestandtheile. Die auffallendsten Beispiele bilden das Rose'sche Metall (Wismuth, Blei und Zinn) und das Wood'sche Metall (Wismuth, Blei, Zinn und Cadmium), deren Schmelzpunkte $+94^0$ C. und $+66$ bis $70^0$ C. sind, während Wismuth für sich bei $267^0$, Blei bei $335^0$, Zinn bei $228^0$ und Cadmium bei $315^0$ schmilzt.

Im Allgemeinen stellt sich beim Schmelzen eine Volum-Vergrösserung ein, so dass die Körper im flüssigen Zustande specifisch leichter sind als im festen. Ausnahmen hiervon machen das Wasser und das Wismuth. Die Zunahme des Volums beträgt beim Wasser, wenn es zu Eis erstarrt, ungefähr $1/_{10}$ des Volums im flüssigen Zustande. — Daher kommt es, dass Eis auf Wasser schwimmt und Gefässe, die vollständig mit Wasser gefüllt sind, beim Gefrieren desselben zersprengt werden.

Flüssige Körper gehen bei zunehmender Wärme in steigendem Maasse in den gasförmigen Zustand über; in diesem Zustand heissen sie Dämpfe. Erfolgt die Dampfbildung oder Verdampfung nur an der Oberfläche (und allmählich), was schon bei gewöhnlicher Temperatur geschieht, so heisst sie Verdunstung; erfolgt sie auch im

Innern, was für jeden Körper (unter der Herrschaft eines bestimmten äusseren Druckes) bei bestimmter, gleichbleibender Temperatur geschieht, so bezeichnet man sie als **Sieden** oder **Kochen**.

Der **Verdunstung**, d. h. der Verwandlung in den gasförmigen Zustand an der Oberfläche und bei beliebiger Temperatur, unterliegen auch in mehr oder minder hohem Grade die festen Körper.

Je gesättigter der über einer Flüssigkeit befindliche Raum mit dem Dampfe der Flüssigkeit ist, d. h. je mehr von diesem Dampfe er enthält, desto schwächer verdunstet die Flüssigkeit. · Durch Fortschaffung des Flüssigkeitsdampfes (z. B. durch Blasen, Fächeln oder Schwenken) wird die Verdunstung beschleunigt.

Die Zurückverwandlung eines Dampfes in eine Flüssigkeit heisst **Verdichtung** oder **Kondensation**.

Das Sieden einer Flüssigkeit ist vom äusseren Drucke abhängig, findet also unter **verschiedenem Drucke bei verschiedener Temperatur** statt; und zwar siedet eine Flüssigkeit unter irgend einem Drucke bei derjenigen Temperatur (Siedetemperatur), bei welcher die innere Spannung ihres Dampfes (die ja mit steigender Temperatur zunimmt — S. 159) dem auf ihr lastenden Drucke gleich ist. Je geringer also der äussere Druck — desto niedriger die Siedetemperatur; je grösser der Druck — desto höher die Siedetemperatur.

Auf hohen Gebirgen und unter der Luftpumpe tritt das Sieden des Wassers bei niedrigerer Temperatur als in der Ebene und im lufterfüllten Raume (100° C.) ein. In einem fest verschlossenen Gefässe siedet eine Flüssigkeit (wegen der zunehmenden Spannung der sich über ihr bildenden Dämpfe) erst bei höherer Temperatur als in einem offenen Gefäss. (Papin'scher Topf.)

Häufig treten **Siedeverzüge** ein, die ihren Grund hauptsächlich darin haben, dass zum Losreissen der Dampfmoleküle von den Wänden des Siedegefässes eine gewisse, von der Natur der Wände abhängige Kraft erforderlich ist. In einem glattwandigen, mit heisser konzentrirter Schwefelsäure gereinigten Glaskolben kann Wasser, ohne zu sieden, einige Grade über die Siedetemperatur sich erwärmen. Eine derartige Flüssigkeit heisst **überhitzt**. Kommt dieselbe schliesslich ins Sieden, so erfolgt dasselbe stossweise, explosionsartig. (Dampfkessel-Explosionen.) Auch völlig luftfreies (ausgekochtes) Wasser siedet in dieser Weise. Dasselbe ist im Übrigen specifisch schwerer als lufthaltiges Wasser und hat einen metallischen Klang.

Eine andere Art anormalen Siedens bietet das **Leidenfrost'sche Phänomen** dar, das darin besteht, dass eine geringe Menge einer Flüssigkeit (z. B.

Wasser), auf eine glühende Metallfläche gebracht, nicht ins Sieden kommt, sondern sich zu einem Tropfen abrundet, der in wirbelnde Bewegung geräth und allmählich durch Verdunsten verschwindet. (Leidenfrost, 1756.) Boutigny nannte diesen Zustand der Flüssigkeit den sphäroidalen. Er erklärt sich so, dass sich unter der Flüssigkeit eine Dampfschicht bildet, die den Tropfen trägt. Lässt man die Metallfläche sich abkühlen, so wird die Dampfspannung geringer, und die Dampfschicht vermag nicht mehr den Druck der Atmosphäre und das Gewicht des Tropfens zu tragen; sie verdichtet sich daher, die Flüssigkeit berührt das heisse Metall und verdampft explosionsartig. — Dem Wesen nach dem Leidenfrost'schen Phänomen gleich zu erachten ist die Erscheinung, dass Hüttenarbeiter die Hand ohne Gefahr rasch in geschmolzenes Eisen tauchen können; dieselbe wird dabei durch eine Dampfschicht des Schweisses und Fettes geschützt.

**Destillation.** Eine unreine Flüssigkeit, die z. B. irgend welche Stoffe (Salze u. s. w.) gelöst enthält, kann dadurch gereinigt werden, dass man sie ins Sieden bringt und die sich entwickelnden Dämpfe durch Abkühlung wieder zu Flüssigkeiten verdichtet. Dieses Verfahren heisst Destillation.

Von grosser praktischer Bedeutung ist die Herstellung destillirten Wassers. Dasselbe wird bei der Destillation nicht nur von gelösten Salzen, sondern auch von der in ihm gelöst enthaltenen Luft befreit. (Vor jedem Sieden von lufthaltigem Wasser sieht man zahlreiche Luftbläschen aufsteigen und an der Oberfläche zerplatzen; erst nach dem Entweichen der Luft tritt die Bildung von Dampfblasen ein. Dieselben werden anfänglich — wenn die oberen Schichten des Wassers noch nicht genügend erwärmt sind — von diesen wieder verdichtet, wobei ein eigenthümlich summendes Geräusch auftritt: das Singen des Wassers.)

Häufig vollzieht man die Destillation zur Trennung mehrerer Flüssigkeiten, die bei verschieden hohen Temperaturen sieden: verschiedene Flüchtigkeit besitzen. Die flüchtigere Flüssigkeit geht beim vorsichtigen Erwärmen über, die weniger flüchtige bleibt zurück. Lässt man mehrere Flüssigkeiten — bei verschiedenen Siedepunkten — übergehen und fängt sie gesondert auf, so heisst die Destillation eine fraktionirte.

Eine zweimal destillirte Flüssigkeit heisst rektificirt, die zweite, zur vollständigen Reinigung vorgenommene Destillation heisst Rektification.

Die Destillation wird entweder in einem metallenen (kupfernen oder zinnenen) Gefäss, der Destillirblase, vorgenommen, an die sich als Ableitungsrohr der zinnene Helm oder Hut ansetzt; oder man benutzt eine Retorte,

## 11. Wärmelehre.

die aus Glas besteht, ungefähr die Form einer Birne hat und ein seitlich abwärts gerichtetes Ableitungsrohr besitzt; ist die Retorte oben mit einer verschliessbaren Öffnung versehen, so heisst sie **tubulirt**. (Abb. 95.)

Die Verdichtung der übergehenden Dämpfe geschieht entweder ohne weiteres in der **Vorlage**, einem Gefäss, in welches das Ableitungsrohr hineinführt und das — z. B. durch darüber laufendes kaltes Wasser — gekühlt werden kann (Abb. 95), oder — wenn die Dämpfe weniger leicht verdichtbar sind — in einem besonderen **Kühlgefäss**, welches aus einem mit kaltem Wasser gefüllten Behälter, dem **Kühlfass**, und einem durch dasselbe verlaufenden Rohre, dem **Kühlrohr** oder der **Kühlschlange**, besteht.

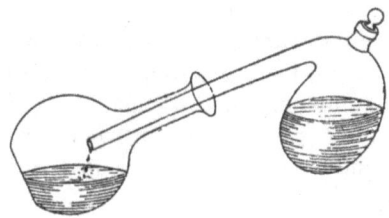

Abb. 95. Einfacher Destillationsapparat.

Eine besondere, sehr handliche Form des Kühlgefässes bildet der **Liebigsche Kühler** (Abb. 96). Derselbe besteht aus einem in geneigter Stellung befindlichen **engeren** Rohre $ab$, in welches die zu verdichtenden Dämpfe (aus der Retorte $R$) eintreten, und einem das erstere umgebenden **weiteren** Rohre $cd$, das fortdauernd von kaltem Wasser durchströmt wird. Das Wasser fliesst

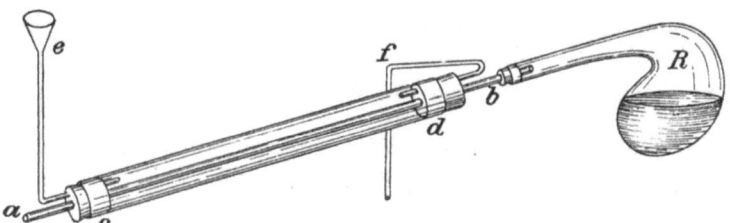

Abb. 96. Liebig'scher Kühler.

an dem tieferen Ende $c$ des Rohres durch das Trichterrohr $e$ zu und an dem oberen Ende $d$ durch das nach unten gebogene Rohr $f$ ab. Dadurch kann es bewirkt werden, dass das Rohr $cd$ stets vollständig mit Wasser gefüllt ist. Zu diesem Zwecke muss der Kühler so gestellt werden, dass der Trichter des Trichterrohres höher als das obere Ende ($d$) des weiten Rohres bezw. als das Abflussrohr $f$ liegt. (Gesetz der kommunicirenden Gefässe!)

**Sublimation.** Von der Destillation unterscheidet sich die **Sublimation** auf die Weise, dass sich bei ihr Dämpfe nicht zu Flüssigkeiten verdichten, sondern unmittelbar in den festen Zustand übergehen. Wird z. B. Schwefel in einem Kessel erhitzt und werden die sich entwickelnden Dämpfe in eine kalte Kammer geleitet, so schlägt sich an deren Wandungen der Schwefel als feiner Staub nieder, den man Schwefelblumen nennt. Wird Jod in einer Retorte erhitzt, die in eine Vorlage mündet, so setzen sich an den Wänden der letzteren dunkle Jodkrystalle ab, die aus den violetten Joddämpfen entstehen, welche in die Vorlage hinüberströmen.

Die Sublimation dient gleich der Destillation und gleich der Krystallisation zur Reindarstellung von Körpern.

**Schmelzungs- und Verdampfungswärme.** Während die Temperatur eines Körpers, dem fortdauernd neue Wärme zugeführt wird, im Allgemeinen stetig wächst, bleibt die Temperatur eines schmelzenden oder siedenden Körpers trotz zugeführter Wärme so lange unverändert dieselbe, bis der neue Aggregatzustand vollkommen hergestellt ist.

Es dient demnach beim Schmelzen und Verdampfen eine gewisse Wärmemenge nicht zur Temperaturerhöhung, sondern lediglich zur Änderung des Aggregatzustandes; dieselbe geht äusserlich — für das Gefühl und die Anzeigen des Thermometers — verloren und heisst daher latente oder gebundene Wärme. Die für die Schmelzung verbrauchte latente Wärme heisst Schmelzungswärme, die für die Verdampfung verbrauchte heisst Verdampfungswärme.

Die Schmelzungswärme des Eises ist so gross, dass sie genügen würde, eine gleich grosse Gewichtsmenge Wasser von $0°$ auf $79{,}25°$ C. zu erwärmen.

Die Verdampfungswärme des Wassers ist nahezu 7 mal so gross.

**Wärmeeinheit.** Diejenige Wärmemenge, welche nöthig ist, um die Temperatur eines Kilogramms Wasser um $1°$ C. zu erhöhen, nennt man Wärmeeinheit oder Kalorie.

Hiernach ist die Schmelzungswärme des Eises zu Folge der vorstehenden Angabe $= 79{,}25$ Kalorien. Die Verdampfungswärme des Wassers ist $= 537$ Kalorien.

**Freiwerden von Wärme.** Wie beim Übergang aus einem dichteren in einen dünneren Aggregatzustand Wärme verbraucht wird, wird umgekehrt beim Übergang aus einem dünneren in einen dichteren Aggregatzustand Wärme erzeugt oder — nach älterer Ausdrucksweise — frei.

Der Wärmeverbrauch beim Schmelzen und Verdampfen (und desgleichen die Wärmeerzeugung bei den umgekehrten Vorgängen) erklärt sich aus der Vorstellung, die man von der Natur der Wärme hat (S. 156). Fassen wir den Process der Schmelzung näher ins Auge! Bei demselben erfahren die Körpertheilchen (im Allgemeinen) eine Trennung von einander; damit diese eintrete, ist eine gewisse Arbeit erforderlich, welche die Wärme — als eine besondere Form der Bewegung — zu leisten im Stande ist. Da eine gewisse Wärmemenge diese Arbeit verrichtet, kann sie keine andere Wirkung ausüben, insbesondere keine Ausdehnung der umgebenden Körper (des Quecksilbers im Thermometer u. s. w.) herbeiführen. Sie wird vielmehr für die Schmelzung verbraucht.

**Lösungswärme.** Da die Auflösung eines festen Körpers in einer Flüssigkeit mit einer Vertheilung — gleichsam auch einer Verflüssigung — des ersteren verbunden ist, so wird bei derselben wie beim Schmelzen gleichfalls Wärme verbraucht. (Beispiele: Lösung von Salpeter oder Salmiak in Wasser.)

Salzlösungen gefrieren bei niedrigerer Temperatur als reines Wasser. Daher wird eine Mischung von Kochsalz und Schnee flüssig, und in Folge der Verflüssigung sinkt die Temperatur. Man bezeichnet aus diesem Grunde ein derartiges Gemenge als Kältemischung. (Die beste Kältemischung aus Kochsalz und Schnee geschieht im Verhältniss 1 : 3; andere Kältemischung: 5 Theile Salmiak, 5 Theile Salpeter, 19 Theile Wasser.)

**Verdunstungskälte; Eismaschine.** Diejenige Wärme, welche beim Verdunsten einer Flüssigkeit verbraucht wird, entnimmt die verdunstende Flüssigkeit der Umgebung, so dass letztere abgekühlt wird: Verdunstungskälte. (Beispiele: Das Besprengen der Strassen; Kältegefühl, wenn man geschwitzt ist, in Folge der Verdunstung des Schweisses; Abkühlung von heissen Flüssigkeiten durch Mittel, welche die Verdunstung befördern: Darüberblasen, Fächeln u. s. w.)

Auf der Benutzung der Verdunstungskälte beruht die Einrichtung der Eismaschinen.

Die Carré'sche Eismaschine besteht aus zwei Metallbehältern, die durch eine Röhre mit einander in Verbindung stehen. In dem einen Behälter befindet sich eine koncentrirte wässrige Ammoniaklösung, der andere ist leer und wird von aussen durch Wasser gekühlt. Durch Erhitzen des ersten Kessels wird das gasförmige Ammoniak aus der Lösung ausgetrieben (Steigerung des inneren Gasdrucks) und gelangt in den zweiten Behälter, wo es sich in Folge des hohen Druckes, der in dem aus beiden Gefässen gebildeten geschlossenen System herrschend wird, zu flüssigem Ammoniak verdichtet. Wird nun das Erhitzen eingestellt, so vermag das in dem ersten Behälter zurückgebliebene Wasser wieder Ammoniak zu absorbiren, und es tritt eine schnelle Verdunstung des Ammoniaks im zweiten Behälter ein, die solche Kälte erzeugt, dass in einem in diesen Behälter eingehängten Blechcylinder Wasser, welches er enthält, gefriert. —

Bei den Äther-Eismaschinen wird Äther durch eine Luftpumpe zum Verdampfen gebracht; durch Abkühlung werden die Ätherdämpfe verdichtet und flüssig in den Kälteerzeuger zurückgeleitet. Die bei der Verdunstung des Äthers entstehende Kälte wird zur Eiserzeugung benutzt.

**Kritische Temperatur.** Da eine Flüssigkeit um so schwerer siedet, je grösser der äussere Druck ist, unter dem sie steht (S. 165), so lässt sich ein Flüssigkeitsdampf bei einer bestimmten, gleichbleibenden Temperatur dadurch verdichten, dass man einen passenden Druck auf ihn ausübt. Das Gleiche gilt für solche Körper, die unter gewöhnlichen Umständen von vornherein als Gase (und nicht als Flüssigkeiten) bestehen.

Aber nicht bei jeder Temperatur lässt sich ein Gas durch gesteigerten Druck in den flüssigen Zustand überführen. Vielmehr giebt es (nach Andrews' Entdeckung, 1869) für jedes Gas eine bestimmte Temperatur, oberhalb welcher es sich durch keinen noch so hohen Druck verflüssigen lässt. Diese Temperatur heisst die kritische Temperatur oder der absolute Siedepunkt (da eben bei dieser Temperatur die Flüssigkeit durch keinen Druck verhindert werden kann, sich in Dampf aufzulösen). Für Kohlensäure ist die kritische Temperatur $= + 30{,}9°$ C.

Wird ein Gas bei seiner kritischen Temperatur steigenden äusseren Drucken ausgesetzt, so folgt es (im Allgemeinen) zuerst dem Mariotte'schen Gesetz (S. 85), bis es bei einem gewissen Druck (Kohlensäure bei 74 Atmosphären) in einen eigenthümlichen Zwischenzustand zwischen Gas und Flüssigkeit, den sogenannten kritischen Zustand, eintritt.

Da für die Elemente Sauerstoff, Wasserstoff und Stickstoff sowie einige chemisch zusammengesetzte Gase (Stickstoffoxyd, Kohlenoxyd und Grubengas) die kritische Temperatur sehr tief liegt (für Sauerstoff z. B. $= -113°$ C.) und man dieselben früher, weil man von dem Dasein der kritischen Temperatur nichts wusste, bei nicht genügend niedrigen Temperaturen komprimirte, so gelang es nicht, sie zu verflüssigen; man nannte sie daher permanente Gase. Cailletet und Pictet haben nachgewiesen (1877), dass auch sie sich verflüssigen lassen (koërcibel sind).

Die Verflüssigung der Luft ist in vollkommener Weise von Linde im Jahre 1896 bewerkstelligt worden. Er komprimirt die Luft in einer Kompressionspumpe, dem Kompressor, leitet sie von hier durch einen Kühler (erste Temperaturerniedrigung) in den sogenannten Gegenstromapparat, der aus zwei ineinander liegenden, spiralig aufgewundenen Röhren besteht, die nach aussen gut isolirt sind. Die komprimirte Luft durchströmt die innere Schlange, in der sie (wie gleich begründet werden soll) weiter abgekühlt wird (zweite Temperaturerniedrigung) und fliesst nach unten in ein Sammelgefäss ab, wo sie durch Ausdehnung eine dritte Temperaturerniedrigung erfährt. Von hier kehrt sie durch den ringförmigen Raum zwischen der äusseren und inneren Schlange zum Kompressor zurück und kühlt dabei ihrerseits die ihr in der inneren Schlange entgegenkommende neue Luft ab. Sie selbst wird durch den Kompressor weiter komprimirt und schlägt denselben Weg wie zuvor ein, wobei sie wieder einer dreimaligen Temperaturerniedrigung unterworfen wird. Allmählich sinkt auf diese Weise die Temperatur der Luft so tief, dass letztere unter der Wirkung des Kompressors flüssig wird und in diesem Zustande in das Sammelgefäss abfliesst.

**Dampfsättigung; Dalton'sches Gesetz.** Ein begrenzter Raum vermag bei einer jeden Temperatur nur eine gewisse Menge eines Flüssigkeitsdampfes aufzunehmen, welche die Sättigungsmenge des Raumes für die betreffende Temperatur genannt wird. Wird ihm mehr Dampf zugeführt, so verdichtet sich der Überschuss zur Flüssigkeit. Da die Sättigungsmenge mit der Temperatur wächst, so tritt in einem mit einem Flüssigkeitsdampfe gesättigten Raume auch dann eine Verflüssigung ein, wenn die Temperatur sinkt. Ebenso kondensirt sich der Dampf an einem kalten Körper, der in den gesättigten Raum gebracht wird. (Das „Schwitzen" der Fensterscheiben im Herbst und Winter.)

Wie Dalton festgestellt hat (1801), nimmt ein bestimmter Raum stets dieselbe Menge eines Dampfes auf, gleichgiltig, ob er leer oder mit irgend einem andern Dampfe oder Gase von beliebiger Dichtigkeit gefüllt ist, vorausgesetzt, dass keine chemische Wechselwirkung zwischen beiden Gasen oder Dämpfen stattfindet.. Mit anderen Worten: Die Sättigungskapacität eines Raumes für den Dampf einer Flüssigkeit ist unabhängig von dem Vorhandensein und der Natur eines andern Dampfes oder Gases.

Ferner gilt: Der Gesammtdruck des Gasgemisches ist gleich der Summe derjenigen Drucke, die die Gase einzeln ausüben würden, wenn sie jedes für sich den ihnen zu Gebote stehenden Raum erfüllen würden.

Nur den Unterschied weist ein leerer Raum gegenüber einem gaserfüllten auf, dass jener sich schneller mit Dampf sättigt als dieser.

Auch das Dalton'sche Gesetz stimmt (gleich dem Mariotte-Boyle'schen und dem Gay-Lussac'schen) nicht genau. Denn da jedem Gase eines Gasgemisches wegen der Moleküle des anderen Gases ein kleineres Zwischenvolum zukommt, als wenn das erste Gas den ganzen, dem Gemisch zur Verfügung stehenden Raum allein ausfüllte, so ist der Druck, den das Gasgemisch ausübt (nach dem Mariotte-Boyle'schen Gesetz in der Dühring'schen Fassung), grösser als nach Dalton's Annahme.

**van't Hoff'sche Lösungstheorie.** Dem Dalton'schen Gesetz wie den bereits früher besprochenen Gasgesetzen (dem Mariotte-Boyle'schen und dem Gay-Lussac'schen, vergl. S. 85, 159 und 171) entsprechen nach van't Hoff die bei der Osmose (S. 82) herrschenden Gesetzmässigkeiten. Er hat demgemäss eine Theorie der verdünnten Lösungen aufgestellt, nach welcher der gelöste Stoff auf die halbdurchlässige (das Lösungsmittel durchlassende, den gelösten Stoff zurückhaltende) Scheidewand einen Druck ausübt, als wenn er ein Gas wäre, welches den gleichen Raum bei gleicher Temperatur erfüllte. Dieser Druck heisst der osmotische Druck des gelösten Stoffes und stellt die Kraft dar, mit welcher der gelöste Stoff in das Lösungsmittel zu diffundiren strebt.

Der osmotische Druck wächst proportional der Koncentration (Mariotte-Boyle'sches Gesetz) und der absoluten Temperatur (Gay-Lussac's Gesetz) und ist unabhängig von dem osmotischen Druck eines anderen gelösten Stoffes (Dalton's Gesetz). —

Lösungen verschiedener Körper mit dem gleichen Lösungsmittel, welche in gleichen Volumen die gleiche Anzahl Moleküle gelösten Stoffes enthalten, haben bei gleicher Temperatur gleichen osmotischen Druck.

Derartige Lösungen heissen isotonische oder isomolekulare. Die genannte Gesetzmässigkeit entspricht dem für die Gase geltenden Avogadro'schen Gesetz (Avogadro, 1811), wonach gleiche Volume verschiedener Gase, welche die gleiche Anzahl Moleküle enthalten, bei gleicher Temperatur die gleiche Spannkraft besitzen; oder in anderer Fassung: In gleichen Volumen verschiedener Gase sind bei gleicher Spannkraft und gleicher Temperatur gleich viele Moleküle enthalten. Hiernach ist die Dichtigkeit bezw. das Volumgewicht der Gase proportional ihrem Molekulargewicht und die Dichtigkeit bezw. das Volumgewicht der gasförmigen Elemente im Allgemeinen auch proportional ihrem Atomgewicht. Eine Ausnahme machen in letzterer Hinsicht die Elemente Phosphor, Arsen, Quecksilber und Cadmium.

Auch das Avogadro'sche Gesetz stimmt (wie das Mariotte-Boyle'sche, Gay-Lussac'sche und Dalton'sche) nicht genau. Nach Eugen und Ulrich Dühring enthalten nicht gleiche Gesammtvolume aller Gase gleich viele Moleküle, sondern zu der gleichen Anzahl Moleküle eines jeden Gases gehört dasselbe Zwischenvolum.

Für isotonische oder isomolekulare Lösungen gilt die weitere Gesetzmässigkeit, dass sie gleichen Dampfdruck und gleichen Gefrierpunkt haben, und ferner, dass sie in gleichen Volumen ebensoviele Moleküle enthalten wie Gase von gleichem Gasdruck (oder gleicher Spannkraft) und von gleicher Temperatur.

Mengen beliebiger Stoffe, die im Verhältniss ihrer Molekulargewichte stehen, geben, wenn sie in gleichen Mengen desselben (beliebigen) Lösungsmittels gelöst werden, die gleiche Gefrierpunkts-Erniedrigung. (Raoult'sches Gesetz, 1884.)

Nicht alle Lösungen fügen sich der van't Hoff'schen Theorie. So zeigen die Lösungen von Säuren, Basen und Salzen in Wasser einen gegenüber der van't Hoff'schen Theorie zu grossen osmotischen Druck; sie enthalten daher in einem bestimmten Volum eine grössere Anzahl Moleküle, als der van't Hoff'schen Theorie entspricht. Diese Erscheinung hat Svante Arrhenius (1887) durch die Annahme erklärt, dass in derartigen Lösungen die Moleküle in gewisse Bestandtheile gespalten oder dissociirt sind. Diese Annahme der Dissociation wird dadurch bestätigt, dass die genannten Lösungen Elektrolyte sind, d. h. Körper, die den galvanischen Strom leiten, wobei sie in ihre Bestandtheile offen zerfallen und freie Dissociationsprodukte liefern. (Vgl. darüber des Genaueren Kap. 14, Abschnitt „Elektrolyse".)

**Feuchtigkeit.** Enthält ein Luftgebiet nahezu eine so grosse Menge Wasserdampf, als zu seiner Sättigung nöthig ist, so nennt man es feucht; enthält es nur wenig Wasserdampf, so nennt man es trocken. Bei demselben absoluten Gehalt an Wasserdampf erscheint eine Luftmenge (nach S. 171) um so feuchter, je niedriger ihre Temperatur ist. Tritt eine Temperaturerniedrigung ein und schreitet sie weit genug fort, so erfolgt schliesslich eine Verflüssigung eines Theiles des Wasserdampfs: ein Niederschlag. Die Temperatur, bei welcher dies geschieht, wird als Thaupunkt bezeichnet.

Unter dem absoluten Feuchtigkeitsgehalt der Atmosphäre versteht man diejenige Gewichtsmenge Wasserdampf, die in einer Volumeinheit Luft enthalten ist. Derselbe ist im Sommer grösser als im Winter, Nachmittags grösser als kurz vor Sonnenaufgang.

Umgekehrt verhält es sich mit dem mittleren Sättigungsverhältniss oder der relativen Feuchtigkeit. Mit diesem Namen bezeichnet man den in der Luft vorhandenen, in Procenten ausgedrückten Bruchtheil der ganzen zur Sättigung bei der herrschenden Temperatur nothwendigen Wasserdampfmenge.

Zur Bestimmung des Feuchtigkeitsgehaltes der Luft dienen die verschiedenen Arten der Hygrometer und das Psychrometer von August; am genauesten erfolgt sie auf dem Wege der Absorption und direkten Wägung.

Die Einrichtung der Hygrometer beruht zum Theil auf der Hygroskopicität der Körper (vergl. S. 20), indem hygroskopische Körper, wie Haare, Darmsaiten, die Fruchtgrannen des Geraniums u. s. w., bei feuchter Luft durch Aufnahme von Wasser sich verlängern resp. strecken, bei trockener Luft dagegen sich verkürzen resp. zusammenrollen.

**Dampfmaschine.** Die bedeutende Spannung, welche der sich aus dem flüssigen Wasser entwickelnde Wasserdampf, besonders bei hohen, über den Siedepunkt gesteigerten Temperaturen besitzt, wird als bewegende Kraft in den Dampfmaschinen benutzt.

Die Grösse der Spannung wird 1. daraus ersichtlich, dass derjenige Wasserdampf, der beim Sieden einer bestimmten Wassermenge bei 100° C. entsteht, einen 1700 mal so grossen Raum als die letztere einnimmt, und 2. daraus, dass Wasserdampf, dessen Spannkraft bei 100° C. gleich einer Atmosphäre ist, bei Erwärmung auf 121° die doppelte, auf 135° die dreifache, auf 145° die vierfache Spannkraft annimmt u. s. f.

Man unterscheidet hauptsächlich zwei Arten von Dampfmaschinen: die Niederdruckmaschinen, die mit Kondensation arbeiten und einen Balancier besitzen, und die Hochdruckmaschinen, die meist ohne Kondensation arbeiten und denen der Balancier fehlt, indem die Kolbenstange durch eine Führung unmittelbar mit der Pleuelstange des Schwungrades verbunden ist.

**Niederdruckmaschine.** Eine Niederdruckmaschine (Abb. 97) besteht aus folgenden Haupttheilen: Dampfkessel, Cylinder, Steuerung, Balancier, Schwungrad, Kondensator und Regulator.

Die Erzeugung der zur Verwendung kommenden Wasserdämpfe geschieht in dem Dampfkessel $DK$. Derselbe wird mit Wasser gespeist und dieses bis zum Sieden erhitzt. Da der Kessel vollständig geschlossen ist, so steigert sich die Spannkraft der Dämpfe, und das Sieden vollzieht sich bei einer höheren Temperatur als 100⁰ C.

Um Explosionen zu verhüten, die in Folge des hohen Dampfdrucks eintreten könnten, ist an dem Kessel ein (in der Abbildung nicht gezeichnetes) Sicherheitsventil angebracht, das sich nach aussen zu öffnen vermag, aber von einem einarmigen Hebel, an

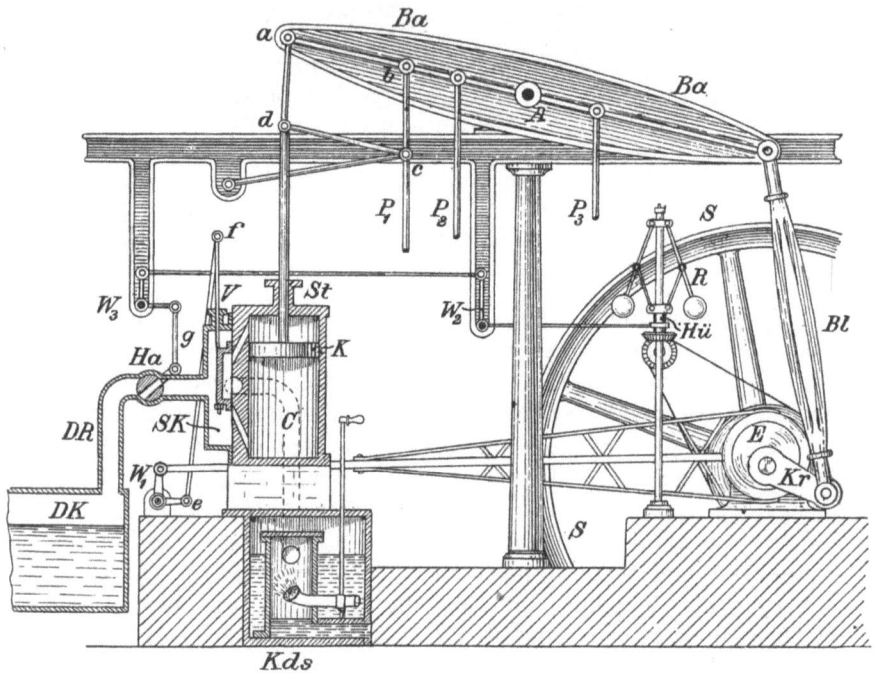

Abb. 97. Dampfmaschine (Niederdruckmaschine).

dessen freiem Ende ein Gewicht angebracht ist, so lange niedergehalten wird, als die Spannkraft der Dämpfe im Kessel den Druck des Gewichts nicht übersteigt; wenn letzteres sich ereignet, wird das Ventil gehoben, es strömt Dampf aus, und die Spannkraft der zurückbleibenden Dampfmenge wird verringert.

Ein am Kessel angebrachtes Manometer ermöglicht es, jederzeit die Grösse der Dampfspannung zu erkennen. Ein (aus Glas hergestelltes) Wasserstandsrohr zeigt den Stand des Wassers im Kessel an.

Die im Dampfkessel entwickelten Dämpfe werden durch das Dampfrohr DR nach dem Cylinder C geleitet, um in diesem den Kolben K auf- und niederzubewegen, der durch die Kolbenstange dK den um die feste Achse A drehbaren Balancier Ba bewegt, der seinerseits durch Vermittlung der Pleuelstange oder Bleuelstange Bl und der Kurbel Kr die Welle des grossen Schwungrades S in Umdrehung versetzt. (Verwandlung der gleitenden — geradlinigen — Bewegung des Kolbens in eine drehende.) Von der Achse des Schwungrades aus wird die Bewegung auf andere Maschinen übertragen, die durch die Dampfmaschine in Betrieb gesetzt werden sollen. —

Um das abwechselnde Auf- und Niedergehen des Kolbens zu Wege zu bringen, muss der Dampf bald oberhalb, bald unterhalb des Kolbens in den Cylinder eintreten. Dies wird durch die sogen. Steuerung bewirkt, die in unserer Abbildung eine Schiebersteuerung ist. Der Cylinder besitzt zwei Öffnungen, die eine nahe dem Boden, die andere nahe der Decke, durch welche der innere Cylinderraum mit dem sogenannten Schieberkasten ($SK$) in Verbindung steht, in dem sich der Vertheilungsschieber $V$ befindet, der seiner Form wegen auch Muschelschieber genannt wird. Dieser theilt den Raum des Schieberkastens in einen äusseren und einen inneren und wird durch ein Gestänge ($V-fe-W_1-E$) von der Achse des Schwungrades aus auf- und abbewegt. Geht der Vertheilungsschieber in die Höhe, so giebt er die untere Öffnung des Cylinders frei, und letzterer steht in seinem unteren Theile mit dem äusseren Schieberraum und in Folge dessen mit dem Dampfrohr DR in Verbindung: der Dampf strömt in den unteren Theil des Cylinders und treibt den Kolben empor. Zugleich steht aber der obere Theil des Cylinders (durch die obere Öffnung) mit dem inneren Schieberraum in Verbindung, und der über dem Kolben befindliche Dampf vermag — durch diesen Schieberraum und ein in der Abbildung punktirt gezeichnetes Rohr — nach dem Kondensator Kds zu entweichen, wo er zu Wasser verdichtet wird. Der Kondensator ist nämlich ein luftleeres, ringsum von kaltem Wasser umgebenes Gefäss, in das ausserdem bei jedem Kolbenstoss kaltes Wasser eingespritzt wird. — Nachdem der Kolben nahe am oberen Ende des Cylinders angelangt ist, bewirkt es das Schiebergestänge ($V-fe-W_1-E$), dass der Vertheilungsschieber abwärts bewegt wird. Dann tritt der Cylinder in seinem oberen Theile durch die frei werdende obere Öffnung mit dem äusseren Schieberraum in Verbindung; der Dampf strömt in den oberen Theil des Cylinders und treibt den Kolben hinab, während, wie zuvor, der unter dem Kolben befindliche Dampf nach dem Kondensator entweicht.

Das Schiebergestänge ($V-fe-W_1-E$) besteht aus der auf der Welle des Schwungrades befestigten **excentrischen Scheibe** oder dem **Excenter** ($E$), einer von $E$ nach $W_1$ verlaufenden Schubstange, dem Winkelhebel $W_1$, der Verbindungsstange $ef$ und der Schieberstange $fV$. In Folge der Drehung des Schwungrades befindet sich der grössere Theil der excentrischen Scheibe bald links, bald rechts von der Welle des Schwungrades, so dass die mit ihrem einen Ende auf die excentrische Scheibe aufgesetzte Schubstange eine wagerecht hin- und hergehende Bewegung erfährt, die durch den Winkelhebel $W_1$ in eine auf- und niedergehende Bewegung der Verbindungsstange $ef$ und damit des Vertheilungsschiebers $V$ verwandelt wird.

Auf dem Schieberkasten ($SK$) ist eine Stopfbüchse angebracht, durch welche die Schieberstange luft- oder dampfdicht hindurchgeht. Eine gleiche Stopfbüchse ($St$) befindet sich auf dem Cylinder, um den Dampfaustritt rings um die Kolbenstange ($dK$) zu verhindern.

Damit die Bewegung der Kolbenstange sich zu einer genau senkrechten gestalte, steht letztere nicht unmittelbar mit dem Balancier ($Ba$) in Verbindung, sondern wird von dem an dem Balancier befestigten sogenannten **Watt'schen Parallelogramm** $abcd$ getragen.

Das **Schwungrad**·($S$) hat den Zweck, den Gang der Maschine gleichförmig zu erhalten. Da nämlich seine Masse eine beträchtliche ist, so ändert es in Folge des Beharrungsvermögens oder der Trägheit seinen Bewegungszustand nicht plötzlich, wenn der Dampfzutritt zum Cylinder eingeleitet oder unterbrochen wird, und verhindert insbesondere ein Stillstehen der Maschine, wenn der Dampf vorübergehend abgesperrt ist. Auch ist es das Schwungrad, das der Kurbel über ihren höchsten und ihren tiefsten Punkt (die sogenannten „todten Punkte") hinweghilft.

Die Schnelligkeit des Ganges der Dampfmaschine wird durch den **Centrifugalregulator** $R$ geregelt. Derselbe besteht aus zwei von kurzen Stangen getragenen Metallkugeln, die sich um eine senkrechte Achse drehen. An den Stangen hängt, abermals von zwei Stangen getragen, eine lose über die Achse geschobene Hülse ($H\ddot{u}$). Die Achse wird durch Vermittlung von Zahnrädern und einer Treibschnur von der Maschine in Umdrehung versetzt. Geht nun die Maschine zu schnell, so treibt die Centrifugalkraft die beiden Kugeln des Regulators von der Umdrehungsachse fort; dadurch gehen sie selbst und die Hülse $Hü$ in die Höhe. An der Hülse ist aber eine Stange befestigt, welche den einen Arm eines Winkelhebels $(W_2)$ darstellt, dessen anderer Arm eine nach links gehende Bewegung ausführt und dadurch einen weiteren Winkelhebel $(W_3)$ bewegt, durch den eine Stange $(g)$ gehoben wird, die einen im Dampfrohr angebrachten Hahn $(Ha)$ schliesst, so dass der Dampfzutritt zum Schieberkasten und damit zum Cylinder gehemmt wird. Bei zu langsamem Gange der Maschine geschieht das Umgekehrte.

$P_1$, $P_2$ und $P_3$ sind Pumpenstangen, die am Balancier befestigt sind und durch ihn in Bewegung gesetzt werden. Sie führen zur Kondensator- oder Luftpumpe $(P_1)$, welche die Aufgabe hat, das warme Wasser und die eingedrungene Luft aus dem Kondensator zu entfernen; zur Speisepumpe $(P_2)$, die einen Theil dieses warmen Wassers nach dem Dampfkessel befördert und so für dessen Speisung sorgt; und zur Kaltwasserpumpe $(P_3)$, durch die das Einspritzen des kalten Wassers in den Kondensator bewirkt wird. —

Erfindung der Dampfmaschine durch Savari, 1688; Newcomen baute die erste sogenannte atmosphärische Maschine, 1705; ferner Papin, 1647—1714; James Watt, 1736—1819; er verbesserte 1763 die Newcomen'sche atmosphärische Maschine zur doppelt wirkenden oder Niederdruckmaschine.

**Hochdruckmaschine.** Die Hochdruckmaschinen unterscheiden sich, wie schon bemerkt, von den Niederdruckmaschinen durch den Umstand, dass sie mit höherer Dampfspannung arbeiten als die Niederdruckmaschinen (die Spannung beträgt gewöhnlich 5—8 Atmospären gegenüber höchstens 2 Atmosphären bei den Niederdruckmaschinen), und dass sie meist keinen Kondensator besitzen. Der Grund, warum bei Anwendung höherer Dampfspannung der Kondensator entbehrt werden kann, ist der, dass in diesem Falle der Dampf den Gegendruck der atmosphärischen Luft zu überwinden im Stande ist und daher in dieselbe frei austreten kann, ohne dass (durch jenen Gegendruck) die Gesammtwirkung der Maschine wesentlich vermindert würde. Schliesslich fehlt den Hochdruckmaschinen auch der Balancier. Infolge dieses Umstandes können sie bei weitem schnellere Leistungen vollbringen, während die Balanciermaschinen wegen der bedeutenden Masse und daher Trägheit des Balanciers nur zu solchen Zwecken verwendet werden können, wo eine langsame Umdrehung genügt, wie zur Inbetriebsetzung von Pumpwerken u. dergl. Ein besonderer Vorzug der Hochdruckmaschinen ist der, dass sie weniger Raum beanspruchen als die Niederdruckmaschinen.

## 11. Wärmelehre.

Abb. 98 stellt eine liegende Maschine oder Horizontalmaschine dar, d. h. eine Maschine, deren Cylinder eine horizontale Lage hat. Sie besteht aus Dampfkessel (in der Abbildung weggelassen), Rahmen, Cylinder, Steuerung, Geradführung, Schwungrad und Regulator.

Die ganze Maschine mit ihren Theilen wird, abgesehen vom Dampfkessel, von dem auf einem Fundament (F) ruhenden Rahmen (Ra) getragen, einem Gestell, das bei der in der Abbildung gewählten Form der Dampfmaschine aus zwei grösseren Stücken besteht und wegen der Gestalt des rechts befindlichen Stückes Bajonettrahmen heisst.

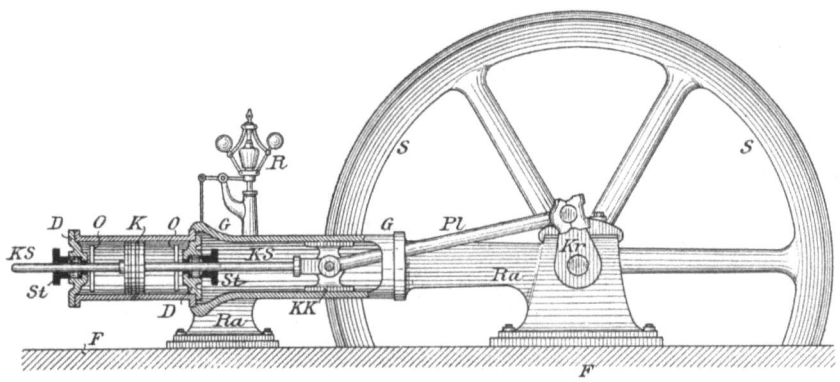

Abb. 98. Hochdruckmaschine.

In dem Cylinder C bewegt sich der Kolben K, der an der Kolbenstange KS befestigt ist. An seinen Enden wird der Cylinder von den Deckeln D verschlossen, in welche die Stopfbüchsen St eingesetzt sind, durch die die Kolbenstange hindurchgeht. OO sind die schlitzartigen Öffnungen für den seitlichen Eintritt des Dampfes in den Cylinder.

Die Steuerung, die im gewählten Beispiel eine Schiebersteuerung ist (es giebt ausserdem noch Ventil-, Hahn- und gemischte Steuerungen) befindet sich hinter dem Cylinder, ist also in der Abbildung nicht sichtbar.

Die Übertragung der Kolbenbewegung auf das Schwungrad geschieht durch die Geradführung (G), in der der sogenannte Kreuzkopf (KK) hin- und hergleitet, ein Eisenstück, das einerseits mit der Kolbenstange (KS), andererseits mit der Pleuelstange (Pl) verbunden ist, die durch die Kurbel Kr das Schwungrad S in Bewegung versetzt.

## 11. Wärmelehre.

Der Regulator ($R$) wird von der Achse des Schwungrades aus durch das Excenter und eine Treibschnur- oder Zahnradverbindung, die beide hinter dem Rahmen liegen und daher in der Abbildung nicht sichtbar sind, in Umdrehung versetzt und wirkt durch ein Gestänge derartig auf die Steuerung ein, dass die Dampfzufuhr ähnlich wie bei der Niederdruckmaschine regulirt wird. Der in den Cylinder eingetretene Dampf wird, nachdem er seine Arbeit geleistet, d. h. den Kolben in der einen oder anderen Richtung bewegt hat, nicht zur Kondensation gebracht, sondern man lässt ihn einfach durch eine besondere Öffnung in der Mitte des Cylinders in die atmosphärische Luft auspuffen.

Zu den Hochdruckmaschinen gehören die Lokomotiven. Da dieselben kein Schwungrad haben, wendet man, um die an der Pleuelstange befestigte Kurbel (und damit die Maschine überhaupt) über die todten Punkte hinweg zu bringen, zwei Cylinder mit verschiedener Dampf-Steuerung an, die derartig wirken, dass die von dem einen Cylinder aus bewegte Kurbel gerade ihre grösste Kraftleistung giebt, wenn die durch den andern Cylinder getriebene Kurbel an einem der todten Punkte angelangt ist. Dasselbe ist bei den Dampfschiffen der Fall.

Die erste Lokomotive baute George Stephenson; 1825 eröffnete er die erste Eisenbahn (Stockton—Darlington). —

Die Arbeitsleistung einer Dampfmaschine wird berechnet: nach dem Querschnitt des Kolbens, der Höhe des Cylinders (der Hubhöhe), dem Unterschiede des Dampfdrucks auf beiden Seiten des Kolbens, sowie der Anzahl der Auf- und Niedergänge des Kolbens in einer Zeiteinheit. Man giebt sie meist in Pferdekräften an. (S. 47.)

**Gasmotor und Heissluftmaschine.** In ähnlicher Weise wie die Dampfmaschinen wirken die Gasmotoren oder Gaskraftmaschinen und die Heissluftmaschinen oder kalorischen Maschinen. Doch ist es bei ihnen nicht der Wasserdampf, der die Kolbenbewegung hervorbringt, sondern die Spannkraft erhitzter Gase. Bei den Gasmotoren wird die Erwärmung durch die Entzündung eines Gemenges von Leuchtgas und Luft durch Gasflämmchen hervorgebracht, wobei entweder in stossweisen Zwischenräumen eine explosionsartige Vereinigung des Gasgemisches oder (bei den Otto'schen Gasmotoren) eine gleichmässigere und langsamere Verbrennung stattfindet. Die entstehenden Verbrennungsprodukte: Wasserdampf, Kohlensäure und Stickstoff werden durch die erzeugte grosse Hitze stark ausgedehnt und üben dadurch im Innern des Cylinders einen beträchtlichen Druck auf den Treibkolben aus. Bei den Heissluftmaschinen befindet sich der vertikal stehende Cylinder, in dem sich der Kolben auf- und abbewegt, auf einem Ofen, durch den die in den Cylinder eintretende Luft erhitzt wird, so dass sie sich ausdehnt und den Kolben hebt.

12*

## 11. Wärmelehre.

**Specifische Wärme.** Wenn man zwei gleich grosse Mengen desselben Körpers, welche verschiedene Temperaturen besitzen, mit einander mischt, so liegt die Temperatur, welche das Gemisch annimmt, genau in der Mitte zwischen den ursprünglichen Temperaturen (oder sie ist das arithmetische Mittel zwischen den ursprünglichen Temperaturen; Formel: $\frac{a^0 + b^0}{2}$).

Anders verhalten sich dagegen gleich grosse Mengen zweier verschiedener Körper. Es giebt also in diesem Falle der wärmere Körper nicht eben so viel Wärme ab, wie der kältere aufnimmt, was seinen Grund nur darin haben kann, dass die Wärmemengen, welche beiden Körpern vor der Mischung innewohnten, nicht im Verhältniss ihrer Temperaturen zu einander standen.

Aus dieser Thatsache folgt, dass gleiche Gewichtsmengen verschiedener Körper, denen gleiche Wärmemengen zugeführt werden, sich nicht in demselben Maasse erwärmen oder mit anderen Worten: nicht dieselbe Temperatur annehmen. Es gehören vielmehr verschiedene Wärmemengen dazu, um an gleichen Gewichtsmengen zweier verschiedener Körper dieselbe Temperatursteigerung zu bewirken. — Besondere Versuche bestätigen diese Folgerung.

Diejenige Wärmemenge, welche nöthig ist, um die Temperatur von 1 Kilogramm eines Körpers um $1^0$ C. zu erhöhen, heisst die **specifische Wärme** (oder **Wärmekapacität**) des Körpers.

Die specifische Wärme des Wassers ist nach S. 168 gleich einer Wärmeeinheit oder einer Kalorie oder kurz $= 1$.

Zur Bestimmung der specifischen Wärme eines Körpers bedient man sich vorzugsweise des **Kalorimeters**, eines Apparats von verschiedenartiger Einrichtung, der es gestattet: entweder festzustellen, welche Temperaturzunahme eine bestimmte Menge Wasser von bekannter Temperatur erfährt, wenn sie mit einer bestimmten Menge des auf eine bestimmte Temperatur erwärmten Körpers, der untersucht werden soll, gemischt wird; oder zu ermitteln, eine wie grosse Menge Eis durch eine bestimmte Menge des erwärmten Körpers zum Schmelzen gebracht wird.

Nachfolgend einige Angaben über die specifische Wärme einiger Stoffe:

| | |
|---|---|
| Wasser . . . . . . . . . 1,000 | Schwefel . . . . . . . 0,203 |
| | Glas . . . . . . . . . 0,177 |
| | Eisen . . . . . . . . . 0,114 |
| Alkohol . . . . . . . . 0,632 | Kupfer . . . . . . . . 0,095 |
| Äther . . . . . . . . 0,550 | Silber . . . . . . . . 0,057 |
| Olivenöl . . . . . . . . 0,504 | Gold . . . . . . . . . 0,032 |
| Terpentinöl . . . . . 0,440 | Blei . . . . . . . . . 0,031 |
| Quecksilber . . . . . 0,033 | |
| | Luft . . . . . . . . . 0,267 |

Hieraus ist ersichtlich, dass die specifische Wärme der Flüssigkeiten im Allgemeinen grösser als die der festen Körper ist. Das Wasser hat die grösste specifische Wärme.

Die specifische Wärme eines Körpers ist nicht für alle Temperaturen dieselbe, sie steigt im Allgemeinen mit der Temperatur; d. h. also: Je wärmer ein Körper ist, eine desto grössere Wärmemenge ist erforderlich, um seine Temperatur in demselben Maasse zu steigern.

Je grösser die specifische Wärme eines Körpers ist, desto langsamer, aber in desto reichlicherem Maasse giebt er die ihm zugeführte Wärme bei der Abkühlung ab.

Eine wichtige Beziehung besteht zwischen der specifischen Wärme der chemischen Grundstoffe im festen Aggregatzustande und ihrem Atomgewicht. Beide Grössen sind einander umgekehrt proportional, oder ihr Produkt ist stets dieselbe Zahl (6). Doch giebt es Ausnahmen (Kohlenstoff, Bor, Silicium).

Da das Produkt aus der specifischen Wärme und dem Atomgewicht eines chemischen Grundstoffs angiebt, wieviel Wärmeeinheiten erforderlich sind, um das Atomgewicht (bezw. das Atom) um $1^\circ$ C. zu erwärmen, so hat man es die Atomwärme genannt. Nach dem oben Gesagten haben somit die chemischen Grundstoffe im festen Aggregatzustande die gleiche Atomwärme. (Dulong-Petit'sches Gesetz; 1818.)

Die specifischen Wärmen der chemisch einfachen Gase (Sauerstoff, Stickstoff, Wasserstoff, Chlor) sind umgekehrt proportional ihren Dichtigkeiten. Und da die Dichtigkeit der gasförmigen Elemente proportional ihrem Molekulargewicht und im Allgemeinen auch proportional ihrem Atomgewicht ist (Avogadro'sches Gesetz, vergl. S. 172), so haben die chemisch einfachen Gase im Allgemeinen auch gleiche Atomwärmen.

Dies gilt von der specifischen Wärme bei konstantem Druck. Die specifische Wärme der Gase bei konstantem Volum ist eine andere als die bei konstantem Druck; dies gilt für alle Gase. Das Verhältniss beider specifischen Wärmen zu einander (konst. Druck : konst. Vol.) ist $= 1{,}41$, wenn der konstante Druck $= 1$ Atmosphäre ist.

**Verbreitung der Wärme.** Die Verbreitung der Wärme geschieht auf zweierlei Art: durch Leitung und durch Strahlung.

Die Wärmeleitung erfolgt von Körpermolekül zu Körpermolekül und findet daher entweder innerhalb eines Körpers oder zwischen zwei sich berührenden Körpern statt. Die Wärmestrahlung dagegen geht in derselben Weise vor sich wie die Fortpflanzung des Lichtes: auf beliebig grosse Entfernungen und ohne dass ein wägbarer Körper die Fortpflanzung vermittelte, wie es der Wärmeübergang von der Sonne zur Erde beweist. Es muss demnach die Wärmestrahlung — ebenso wie die Lichtstrahlung — durch den Äther (Welt- oder Lichtäther) bewerkstelligt werden.

## 11. Wärmelehre.

Nicht alle Körper leiten die Wärme gleich gut. Gute Wärmeleiter nehmen die Wärme schneller auf und verlieren sie schneller als schlechte Wärmeleiter. Gute Wärmeleiter sind in erster Linie die Metalle, schlechte Wärmeleiter Holz, Stroh, Pelzwerk, Wolle, Federn, auch Glas; ferner Flüssigkeiten und Gase. Die meisten Gesteine haben ein mittleres Wärmeleitungsvermögen. — Eisen fühlt sich kälter an als Holz, weil jenes die Wärme der berührenden Hand schneller und in höherem Maasse fortleitet als dieses. Ein an einem Ende erhitzter Eisendraht wird bald auch am andern Ende heiss; hat er an diesem Ende einen hölzernen Griff oder wird er daselbst mit Papier, Stroh u. dergl. umwickelt, so nehmen wir daselbst keine Erwärmung wahr. Schutz der Eiskeller durch Stroh gegen Erwärmung. Schutz des menschlichen Körpers durch wollene Bekleidung gegen Erkältung. Vorwärmen eines Glasgefässes, in welches eine heisse Flüssigkeit gefüllt werden soll; die Unterlage muss dabei ein schlechter Wärmeleiter sein (Holz u. dergl., nicht Metall oder Stein). Erhitzen gläserner Gefässe auf einem Drahtnetz oder einem Sandbade — behufs gleichmässiger Vertheilung der Wärme. Doppelfenster — die ruhige Luftschicht zwischen beiden Fenstern ist ein sehr schlechter Wärmeleiter.

Das Wärmeleitungsvermögen der nicht regulären Krystalle ist in verschiedenen Richtungen verschieden.

In einer Flüssigkeit, die von unten her erwärmt wird, erfolgt die Verbreitung der Wärme nicht durch Leitung, sondern durch Strömungen, welche in Folge des Leichterwerdens der erwärmten Flüssigkeit entstehen.

Ähnlich ist es bei den Gasen.

Wärmestrahlung erfolgt z. B. von einem geheizten Ofen. Ein Ofenschirm hebt sie auf. Die Wärmestrahlen werden also von gewissen Körpern nicht durchgelassen. Körper, welche die Wärmestrahlen durchlassen, ohne eine erhebliche Menge der Wärme aufzunehmen, heissen diatherman (z. B. Steinsalz); Körper, welche die Wärmestrahlen nicht durchlassen, heissen adiatherman oder atherman (z. B. Russ, Metalle).

Wie bereits im 10. Kapitel, Abschnitt „Wärmestrahlen und chemische Strahlen" bemerkt, giebt es Körper, welche die Lichtstrahlen durchlassen, die Wärmestrahlen aber nicht; so ist der Alaun (Kalialaun) farblos und durchsichtig, aber fast ganz adiatherman: eine Kalialaunlösung ist ein Strahlenfilter für Wärmestrahlen; eine Lösung von Jod in Schwefelkohlenstoff dagegen ist undurchsichtig, lässt aber die Wärmestrahlen hindurch: Strahlenfilter für Lichtstrahlen.

Über die Vertheilung der Wärmestrahlen im Spektrum vergl. ebenda, S. 144 und 145.

## 11. Wärmelehre.

Die Wärmestrahlen unterliegen gleich den Lichtstrahlen den Gesetzen der Brechbarkeit; und es kommt den verschiedenen Wärmestrahlen verschiedene Brechbarkeit zu. Je höher die Temperatur einer Wärmequelle ist, desto mannichfaltigere Wärmestrahlen sendet sie aus, und desto grösser ist unter ihnen die Zahl der brechbareren — und damit im sichtbaren Teil des Spektrums und mehr uud mehr nach seinem violetten Ende hin liegenden — Wärmestrahlen. Bei der Temperatur des Rothglühens treten neben den ausgesendeten Wärmestrahlen die ersten sichtbaren Strahlen, d. h. also die ersten Lichtstrahlen, auf (es sind dies die am wenigsten brechbaren derselben); ist volle Weissglühhitze erreicht, so sind in der Gesammtheit der ausgesendeten Strahlen alle Gattungen der Lichtstrahlen und die Wärmestrahlen in erhöhter Stärke vorhanden.

Dass die Wärmestrahlen auch, genau wie die Lichtstrahlen, reflektirt werden, zeigt folgender Versuch: Es werden zwei metallene Hohlspiegel einander gegenüber aufgestellt (Abb. 99), der Art, dass die Achsen beider in gegenseitiger Verlängerung von einander liegen. Bringt man dann in den Brennpunkt des einen Spiegels eine Flamme, in den Brennpunkt des andern Spiegels ein Thermometer, so beobachtet man an letzterem ein Steigen des Quecksilbers — ein Beweis dafür, dass die von der Flamme aus auf den ersten Spiegel fallenden Wärme-

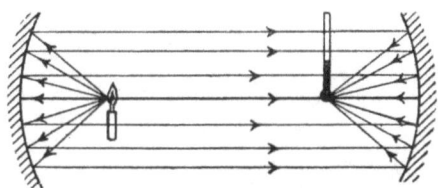

Abb. 99. Reflexion der Wärmestrahlen.

strahlen parallel der Achse des Spiegels reflektirt werden, in dieser Richtung auf den andern Spiegel fallen und von hier aus insgesammt nach dem Brennpunkt reflektirt werden. — Bringt man das Thermometer aus dem Brennpunkt heraus, so zeigt es keine Temperaturerhöhung an.

Das Wärmestrahlungsvermögen ist für verschiedene Körper ungleich; und zwar senden dunkle und rauhe Flächen mehr Strahlen aus als helle und glatte; umgekehrt nehmen jene auch mehr Strahlen in sich auf als diese. — In glatten Gefässen (polirten Theekesseln, Porzellankannen) bleiben daher Flüssigkeiten länger warm als in rauhen. Wir kleiden uns im Sommer hell, im Winter dunkel. Häuserwände, an denen Wein wächst, der der Wärme sehr bedarf, werden schwarz angestrichen; die oberen, der Sonne ausgesetzten Theile der Pferdebahnwagen dagegen weiss.

Von Wichtigkeit ist es, zu bemerken, dass die Wärmestrahlen an sich keine Wärmewirkungen hervorbringen, sondern erst in dem Moment, wo sie auf Körpermoleküle — auf wägbare Materie also — treffen und hier molekulare Körperbewegungen bewirken. Daher sind die hohen Schichten der Atmosphäre, weil sie verdünnte Luft, also eine verhältnissmässig geringe Anzahl von Körpermolekülen enthalten, kalt, trotzdem sie von den von der Sonne kommenden

Wärmestrahlen zuerst getroffen werden. (Übrigens ist ausser der Anzahl der Körpermoleküle auch ihre Anordnung und Lagerung von Bedeutung für die Wärme-Aufnahme.) Die feste Erdoberfläche wird ,von den Wärmestrahlen der Sonne am stärksten erwärmt, und von hier aus theilt sich die Wärme den Schichten der Atmosphäre von unten nach oben durch Berührung mit.

Ähnliches wie in dieser Hinsicht von den Wärmestrahlen gilt auch von den Lichtstrahlen. An sich sind sie dunkel; und erst, wenn sie ins Auge gelangen, erzeugen sie eine Lichtwirkung. Wenn man ein in ein Zimmer fallendes Bündel Sonnenstrahlen von der Seite sehen kann, so widerspricht das dem Gesagten nicht, denn es finden hier Reflexionen der Lichtstrahlen an den in der Zimmerluft schwebenden „Sonnenstäubchen" (Staubtheilchen aller Art) statt, und so gelangen reflektirte Lichtstrahlen seitwärts in unser Auge.

**Quellen der Wärme.** Als solche sind folgende zu nennen:]

1. Die Sonnenwärme. Die Sonnenstrahlen (genauer: die von der Sonne kommenden Wärmestrahlen) wirken um so stärker, je senkrechter sie auffallen,

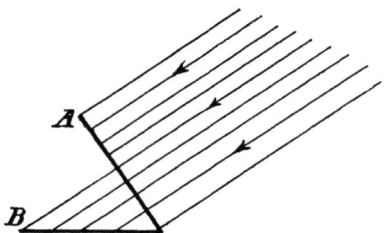

Abb. 100. Erwärmende Wirkung schräg und steil auffallender Sonnenstrahlen.

weil bei senkrechter Richtung mehr Sonnenstrahlen auf eine Fläche von bestimmter Grösse gelangen, als bei schräger Richtung. (Vergl. Abb. 100, Fläche A und Fläche B).

2. Die Erdwärme. (Sprudel, Geysire; Lava.)

3. Chemische Processe. Kalklöschen; Mischen von koncentrirter Schwefelsäure mit Wasser; Verbrennung. Bei der chemischen Vereinigung von Körpern findet im Allgemeinen eine Temperaturerhöhung statt; die Verbrennung ist ein Akt chemischer Vereinigung, genauer ein Oxydationsprocess, bei welchem sich die Erwärmung bis zur Lichtentwicklung steigert. Chemische Vorgänge, bei denen eine Wärme-Entwicklung erfolgt, heissen exothermische; endothermische Vorgänge sind solche, die zu ihrem Zustandekommen der Zufuhr von Wärme bedürfen; dahin gehört z. B. die Verwandlung von Kupferchlorid in Kupferchlorür.

Auch die Quelle der thierischen Wärme ist der chemische Process.

4. Die Elektricität. Bei der Vereinigung der beiden entgegengesetzten Elektricitäten (Blitz, elektrischer Funke) wird Wärme erzeugt (der Blitz ver-

mag zu zünden). Der galvanische Strom erwärmt die ihn leitenden Körper (das elektrische Glühlicht, das Bogenlicht).

5. **Mechanische Arbeit.** In zwei Formen ist dieselbe im Stande, Wärme zu erzeugen: als Druck und als Reibung, die übrigens häufig beide gleichzeitig wirksam sind. (Bei Stoss und Schlag wird in erster Linie ein Druck ausgeübt, in zweiter Linie kann Reibung mitwirken.) Beispiele: Gewinnung von Feuer durch Reiben zweier Stücke trockenen Holzes; Pinkfeuerzeug (Feuerstein und Stahl); Streichhölzer; pneumatisches Feuerzeug (hier wird Luft in einem geschlossenen Rohre durch Niederdrücken eines Stempels schnell zusammengepresst, sie entzündet dann ein unten am Stempel angebrachtes Stückchen Feuerschwamm, (Abb. 46). Heisswerden der Wagenachsen (Schmieren vermindert die Reibung und daher auch die Erwärmung). Erhitzen des Eisens beim Hämmern.

**Mechanisches Wärme-Äquivalent.** Robert Mayer (gest. 1878) und Joule wiesen nach, dass bei der Entstehung von Wärme aus mechanischer Arbeit ein bestimmtes und unabänderliches Verhältniss zwischen der erzeugten Wärmemenge und der zu ihrer Erzeugung aufgewendeten Arbeit besteht. Aus Joule's Versuchen über die Reibung von Gusseisen mit Wasser oder Quecksilber (1850) ergab sich, dass eine Arbeit von 423,55 Kilogrammmeter dazu gehört, die Temperatur von 1 kg Wasser um $1^0$ C. zu erhöhen. — Umgekehrt liefert die Erwärmung von 1 kg Wasser um $1^0$ C. jenes Maass mechanischer Arbeit, oder genauer: der Verbrauch einer Wärmemenge, die im Stande ist, die Temperatur von 1 kg Wasser um $1^0$ C. zu erhöhen, d. h. der Verbrauch einer Wärmeeinheit (vgl. S. 168) bietet die Quelle dar für eine mechanische Arbeit von 423,55 Kilogrammmeter, also beispielsweise für die Hebung eines Gewichtes von 423,55 kg um 1 m. (Vergl. S. 46 und 47.) Eine Umwandlung von Wärme in mechanische Arbeit findet z. B. bei der Dampfmaschine statt.

Die genannte Zahl (rund 425 Kilogrammmeter), welche das feste Umwandlungsverhältniss von Wärme und mechanischer Arbeit angiebt, wird als das mechanische Wärmeäquivalent bezeichnet.

Die Thatsache der Äquivalenz (Gleichwerthigkeit) von Wärme und mechanischer Arbeit findet ihre Erklärung in der Annahme, dass die Wärme ein Bewegungszustand der kleinsten Körpertheilchen — eine Molekularbewegung — ist. (Vergl. S. 156.) Zur Erzeugung dieses Bewegungszustandes ist ein gewisses Maass einer Massenbewegung — eine bestimmte mechanische Arbeit — von Nöthen.

**Kinetische Gastheorie.** Eine genauere und bestimmtere Vorstellung von der Wärmebewegung innerhalb gasförmiger Körper gewährt die (besonders von

Clausius ausgebaute) kinetische Theorie der Gase. Nach dieser Theorie wird die Gasspannung durch die Stösse hervorgebracht, welche die Gasmoleküle bei ihren Bewegungen auf die das Gas umschliessenden Gefässwände oder die es sonst umgebenden Körper ausüben, und die nur dann fehlen könnten, wenn das Gas den Nullpunkt der absoluten Temperatur (—273°) besässe, weil alsdann die Gasspannung = 0 sein muss. (Vergl. S. 163.) Die Grösse der Gasspannung hängt von der Zahl und der Stärke der Stösse ab, welche die Flächeneinheit der Wand in der Zeiteinheit seitens der Moleküle erfährt. Da nun aber die Zahl dieser Stösse sich entsprechend der Zahl der in der Volumeinheit enthaltenen Moleküle und deswegen entsprechend der Dichte und umgekehrt wie das Volum ändert, so erklärt sich das Mariotte-Boyle'sche Gesetz. Da andererseits die Stärke der von den Gasmolekülen ausgeübten Stösse sich nach Maassgabe der Temperatur (d. h. der Intensität der Wärme oder molekularen Bewegung innerhalb des Gases) ändert, so erklärt sich hiermit auch das Gay-Lussac'sche Gesetz.

**Erhaltung der Kraft.** Schon aus den in der Mechanik bei Besprechung der Verhältnisse der schiefen Ebene (S. 46), des Keils und der Schraube (S. 49), des Hebels (S. 53) und der hydraulischen Presse (S. 66) angestellten Betrachtungen geht hervor, dass eine in einer bestimmten Zeit geleistete Arbeit nicht verloren geht, sondern in jedem folgenden gleich grossen Zeitabschnitt in gleicher Grösse erhalten bleibt. Dieser Grundsatz gilt nach dem Vorhergehenden nicht nur für die mechanische Arbeit, sondern auch für die in der Form der Wärme auftretende Arbeit.

Mechanische Arbeit sowohl wie Wärme sind Bewegungsarten (Massen- und Molekularbewegung), und daher werden durch beide Kraftleistungen oder Arbeit repräsentirt.

Den Übergang aus einem mechanischen Bewegungsvorgange, z. B. dem Aufschlagen eines Hammers auf einen Amboss, in Wärme — der Amboss (oder ein darauf liegendes Stück Eisen) wird warm — hat man sich so zu denken, dass der Hammer, wenn seine Bewegung seitens des Amboss gehemmt wird, dieselbe an die Moleküle des Amboss mittheilt, sie gleichsam anstösst, so dass an Kraftleistung nichts verloren geht, sondern nur die Form der Bewegung eine andere wird.

Was für die mechanische Arbeit und die Wärme erwiesen ist, gilt auch für die übrigen Arten der Arbeit — die Leistungen sonstiger Kräfte —, und es lässt sich der allgemeine Grundsatz von der Erhaltung der Arbeit oder Kraftleistung in einem bestimmten Zeitabschnitt und damit das Gesetz von der Erhaltung der **Kraft** aussprechen (denn Kraft ist die in der Zeiteinheit geleistete Arbeit, was daraus hervorgeht, dass Arbeit =

Kraft mal Zeit ist, vergl. S. 47—48). Der Begründer dieses Gesetzes ist Robert Mayer (1842).

Kraft äussert sich übrigens nicht nur in dem Auftreten oder der Änderung von Bewegungen, sondern auch z. B. in einem **Druck**, den ein ruhender Körper auf seine Unterlage ausübt, in der elastischen Spannung einer aus ihrer Gleichgewichtsbeschaffenheit gebrachten Spiralfeder oder Gummischnur u. s. w. Beide Arten der Kraftäusserung unterscheidet man als: **bewegende Kraft** und **Spannkraft** oder: **Energie der Bewegung** und **Energie der Lage** oder: **kinetische Energie** und **potentielle Energie**. (Letzterer Ausdruck ist indessen zu verwerfen, da er in sich selbst einen Widerspruch enthält.)

## 12. Reibungselektricität.

**Elektrische Grunderscheinungen.** Wenn man ein Stück Bernstein oder Stangenschwefel, eine Stange Siegellack oder Hartgummi, einen Glasstab oder eine Glasröhre u. dergl. m. mit einem wollenen oder seidenen Lappen reibt, so nehmen jene Körper die Eigenschaft an, leichte Körper, wie Papierschnitzel, Flaumfedern u. s. w. **anzuziehen**. Nach kurzer Zeit der Berührung erfolgt **Abstossung**; aber wenn die zuerst angezogenen, dann abgestossenen Körperchen mit einem anderen Gegenstande in Berührung gekommen sind, werden sie von den geriebenen Körpern von neuem angezogen, darauf wieder abgestossen u. s. f.

Da diese Eigenschaft geriebener Körper, andere Körper anzuziehen, zuerst — und zwar schon von den alten Griechen — am Bernstein beobachtet wurde, ist sie **Elektricität** genannt worden (Bernstein = Elektron); die geriebenen Körper heissen **elektrisch**. Gilbert untersuchte die elektrischen Erscheinungen zum ersten Mal (im Jahre 1600) genauer.

Von den elektrischen Körpern unterschied man früher die anelektrischen; als aber Stephan Gray (1729) den Nachweis geführt hatte, dass auch diese elektrisirt werden können, den elektrischen Zustand aber leicht verlieren, weil sie ihn schnell auf grössere Entfernungen fortpflanzen, so ersetzte man jene Unterscheidung durch die zwischen **Leitern** und **Nichtleitern**. Zu den Nichtleitern gehören die zu Anfang genannten Körper; sie behalten ihre Elektricität, weil dieselbe an der Stelle, wo sie durch Reiben erzeugt worden ist, verbleibt; die Leiter geben ihre Elektricität von

Molekül zu Molekül weiter und übertragen sie leicht auch auf andere Körper; nur dann vermögen sie die Elektricität zu bewahren, wenn sie rings von Nichtleitern umgeben: durch dieselben isolirt sind. Die Nichtleiter heissen daher auch Isolatoren. In der Mitte zwischen Leitern und Nichtleitern stehen die sogenannten Halbleiter.

Leiter sind: alle Metalle, Graphit, Lösungen von Säuren, Basen und Salzen; Halbleiter: trockenes Holz, Gesteine, Wasser, Alkohol, Äther, der thierische Körper, die meisten organischen Gewebe, feuchte Luft; Nichtleiter oder Isolatoren: Harze, Schwefel, Glas, Seide, Haare (Wolle), fette Öle, trockene Luft, trockene Gase, der luftleere Raum. Gase in sehr verdünntem Zustande, wie sie in den Geissler'schen Röhren (vergl. S. 220) und desgl. in den Crookes'schen oder Hittorfschen Röhren (Kap. 16) enthalten sind, sowie glühende Gase und deswegen Flammen sind Leiter der Elektricität.

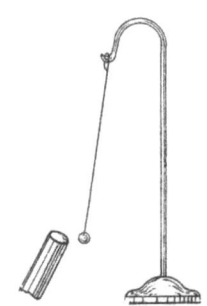

Abb. 101. Elektrisches Pendel.

Man hänge einen leichten Körper, etwa ein Holundermark-Kügelchen, isolirt auf, z. B. mittels eines Seidenfadens (Abb. 101), reibe einen Glasstab mit einem Stück wollenen Zeuges und nähere ihn der Kugel. Dann wird diese zunächst angezogen, bis sie den Glasstab berührt. Hierauf wird sie alsbald abgestossen.

Durch die Berührung mit dem (elektrisch gemachten) Glasstab ist die Kugel selbst elektrisch geworden. Zwei gleichartig elektrische Körper stossen sich also ab. Der Versuch verläuft in gleicher Weise, wenn statt des Glasstabes ein Hartgummistab benutzt wird: Die Kugel flieht vor demselben, wenn sie ihn zuvor, nachdem er elektrisch gemacht worden war, berührt hatte.

Wenn man aber der Kugel, nachdem sie durch Berührung mit dem Glasstab elektrisch geworden war, den Hartgummistab nähert, zieht dieser sie an. Umgekehrt zieht der Glasstab die Kugel an, wenn sie zuvor durch Berührung mit dem Hartgummistab elektrisch geworden war. Hieraus folgt, dass ungleichartig elektrische Körper einander anziehen. Und es ist die Annahme am Platze, dass es zwei Arten von Elektricität giebt: Glas-Elektricität und Harz-Elektricität oder positive und negative Elektricität ($+ E$ und $- E$).

Die ersten zusammenhängenden Versuche über die elektrische Abstossung rühren von Otto v. Guericke her (1672).

Würde man die Holundermarkkugel nicht isolirt aufhängen, z. B. an einem Leinenfaden, so würde die ihr mitgetheilte Elektricität sofort durch den Faden, da er zu den Leitern gehört, fortgeleitet werden, und die Kugel würde in allen Fällen bei Annäherung eines elektrischen Körpers angezogen werden wie jeder unelektrische Körper.

Der Apparat Abb. 101 heisst ein elektrisches Pendel und kann dazu verwendet werden, den elektrischen Zustand eines Körpers zu untersuchen. Man berührt mit dem zu untersuchenden Körper das Holundermarkkügelchen. Danach nähert man letzterem nach einander einen geriebenen Glasstab und einen geriebenen Hartgummistab. Wird die Kugel von beiden angezogen, so war der fragliche Körper unelektrisch; wird sie vom Glasstab angezogen, vom Hartgummistab abgestossen, so war der Körper negativ elektrisch; wird sie vom Glasstab abgestossen und vom Hartgummistab angezogen, so war der Körper positiv elektrisch.[1])

**Hypothesen über die Natur der Elektricität.** Eine bequeme, wenngleich sicher falsche Vorstellung über das Wesen der beiden Arten der Elektricität ist die von Symmer (1759) begründete, dass positive und negative Elektricität unwägbare und unsichtbare Flüssigkeiten (Fluida) seien, welche in allen unelektrischen Körpern in gleichen Mengen enthalten sind, so dass sie sich in ihren Wirkungen (wie zwei gleich grosse Zahlen mit entgegengesetztem algebraischen Vorzeichen) aufheben. Hiernach bezeichnet man die unelektrischen Körper als neutral elektrisch. Beim Reiben zweier Körper wird die neutrale Elektricität in positive und negative zerlegt, beide Körper werden elektrisch, und es geht auf den einen die gesammte $+E$, auf den andern die gesammte $-E$ über. (Dualistische Hypothese.)

Nachfolgende Reihe von Körpern (die sogenannte Spannungsreihe für Reibungselektricität) hat die Anordnung, dass jeder vorangehende Körper, mit irgend einem folgenden gerieben, positiv elektrisch wird, während jeder folgende Körper, mit irgend einem vorangehenden gerieben, negativ elektrisch wird: $(+)$ Pelz, Glas, Wolle, Seide, Holz, Metalle, Harze, Schwefel $(-)$.

Je weiter die geriebenen Stoffe in dieser Reihe auseinander stehen, desto günstiger ist der Erfolg, d. h. desto grösser ist die bei der Reibung erzeugte elektrische Spannung. (Vergl. über diese den folgenden Abschnitt.)

Der dualistischen Hypothese über das Wesen der Elektricität steht die von Benjamin Franklin (1750) begründete unitäre gegenüber, wonach der positiv elektrische Zustand eines Körpers in einem Überschuss, der negativ elektrische Zustand in einem Mangel an ein und demselben Fluidum besteht, während ein neutral-elektrischer Körper dieses Fluidum in einer gewissen normalen Menge enthält. Die in neuerer Zeit von Edlund vertretene Ansicht

---

[1]) „Anziehung" und „Abstossung" sind natürlich zunächst nur Worte, welche die Erscheinungen, um die es sich handelt, bildlich bezeichnen; in Wahrheit beobachtet man nichts weiter als eine Annäherung bezw. Entfernung der beweglichen (elektrischen oder unelektrischen) Körper.

schliesst sich der unitären Hypothese an, insofern als nach ihr der Lichtätner sowohl die positiv wie die negativ elektrischen Erscheinungen hervorrufen und die positiv elektrischen Körper einen Überschuss, die negativ elektrischen einen Mangel an freiem Äther haben sollen; in unelektrischen (oder neutral elektrischen) Körpern soll der Äther im normalen Zustande, an die Körpermoleküle gebunden, enthalten sein. —

Positive und negative Elektricität lassen sich durch die Lichtenbergschen Figuren unterscheiden. Man berühre eine isolirende Platte, z. B. eine Hartgummiplatte, an verschiedenen Stellen mit einem positiv, an anderen mit einem negativ elektrisch gemachten Körper. Dann haftet an diesen Stellen theils $+ E$, theils $- E$. Überstreut man hierauf die Platte mit einem leichten Pulver, z. B. Lycopodium- (Bärlapp-) Samen, so sammelt sich dasselbe an den elektrischen Stellen in eigenartigen Figuren an, und zwar an den positiv elektrischen Stellen in Form von Sternen, die baumförmig verzweigte Strahlen aussenden, an den negativ elektrischen Stellen in Form von rundlichen Flecken.

**Elektrische Spannung.** Ein Körper, in welchem durch Reiben Elektricität erzeugt worden oder auf den sie durch Berührung übertragen worden ist, heisst ein elektrisch geladener Körper. Er verliert seine Elektricität allmählich wieder, indem er sie an seine Umgebung abgibt, wenn diese auch aus ziemlich guten Isolatoren bestehen sollte. Aus Spitzen und vorspringenden Kanten eines elektrisch geladenen Körpers strömt die Elektricität leicht aus, aus stumpfen, abgerundeten Enden dagegen nur schwer. — Das Ausströmen geschieht im Dunkeln unter Lichterscheinung; die $+ E$ strömt in Gestalt grösserer leuchtender Büschel, die $- E$ in Gestalt leuchtender Punkte aus. (Büschelentladung.)

Steht ein elektrisch geladener Körper einem unelektrischen oder entgegengesetzt elektrischen Leiter gegenüber und sind beide durch einen isolirenden Körper — ein Dielektricum — getrennt, so findet ohne Weiteres kein Übergang von Elektricität statt; erst wenn die Menge der Elektricität im erstgenannten Körper (bezw. in dem entgegengesetzt geladenen Leiter) sehr gross geworden ist und sich eine erhebliche elektrische Spannung (oder ein hohes elektrisches Potential) eingestellt hat, erfolgt ein Übergang von Elektricität, und zwar unter Licht- und Wärmeerscheinung: in Gestalt eines elektrischen Funkens.

In Folge der Abstossung gleichartiger Elektricitäten sammelt sich die Elektricität, die einem isolirten Leiter mitgetheilt wird, auf seiner Oberfläche an (hier ist sie möglichst weit vertheilt). Dies zeigt z. B. folgender Versuch: Eine massive Metallkugel, die von einem isolirenden Glasstab getragen wird, umgebe man, nachdem sie elektrisch gemacht worden ist, mit zwei metallenen Halbkugeln, an denen isolirende Handgriffe angebracht sind. Nimmt man nach kurzer Berührung die Halbkugeln fort, so zeigt es sich, dass alle Elektricität der Vollkugel auf die Halbkugeln übergegangen ist, während die Vollkugel selbst unelektrisch zurückbleibt.

**Elektroskop.** Um geringe Mengen Elektricität nachzuweisen und ihrer Art nach zu erkennen, bedient man sich — statt des elektrischen Pendels — des Elektroskops (Abb. 102). Dasselbe besitzt als wesentlichen Bestandtheil einen Messingdraht ($D$), der oben einen kugelförmigen Messingknopf ($K$) trägt, während an seinem unteren Ende zwei neben einander hängende, leicht bewegliche Körper (gewöhnlich zwei Streifen Blattgold, $B$) befestigt sind. Um zu verhüten, dass die Blattgold-Streifen oder Goldblättchen beschädigt werden, um ferner Luftströmungen abzuhalten, durch die die Goldblättchen bewegt werden könnten, und um schliesslich einer schnellen Zerstreuung der den Goldblättchen mitgetheilten Elektricität vorzubeugen, umgiebt man den unteren Theil des Elektroskops mit einer (von einem Holzständer getragenen) Glaskugel, durch deren Hals der Messingdraht, auf irgend eine Weise isolirt, hindurchtritt.

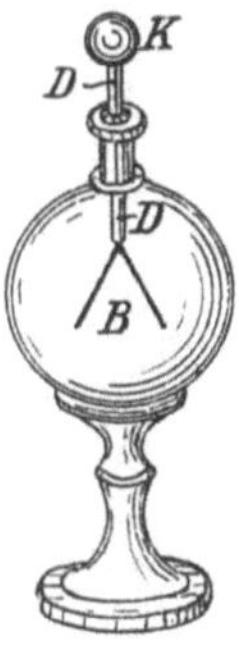

Wird der Messingknopf des Elektroskops mit einem elektrischen Körper berührt, so gehen die Goldblattstreifen, da sie mit gleichartiger Elektricität geladen werden, aus einander.

Aber diese Spreizung tritt bereits ein, wenn der elektrische Körper — z. B. ein geriebener Harzstab — sich noch in einiger Entfernung von dem Messingknopf befindet, und wird um so bedeutender, je mehr man den Stab dem Messingknopf nähert.

Abb. 102. Elektroskop.

Diese Erscheinung erklärt man auf die Weise, dass der elektrische Harzstab die in dem Messingknopf nebst Draht und Goldblättchen enthaltene neutrale Elektricität in positive und negative zerlegt. Die $+E$ wird von dem negativ elektrischen Harzstabe angezogen und geht nach oben, in den Messingknopf, während die $-E$ abgestossen wird und sich in die Goldblättchen begiebt, die nun, weil gleichartig elektrisch, sich gegenseitig abstossen und daher auseinandergehen. — Beim Entfernen des Harzstabes fallen die Goldblättchen wieder zusammen.

Berührt man, während der Harzstab über den Messingknopf gehalten wird, den Messingdraht mit dem Finger, so leitet man dadurch die von dem Harzstab abgestossene $-E$ nach der Erde ab. (Die erst gespreizten Goldblättchen fallen zusammen.) Zieht man alsdann den Finger weg und entfernt hierauf den Harzstab, so bleibt das Elektroskop mit $+E$ geladen, welche die Goldblättchen von neuem auseinandertreibt und sie in gespreizter Stellung erhält.

Nähert man jetzt dem Elektroskop einen **positiv elektrischen Körper** (z. B. eine geriebene Glasstange), so gehen die Goldblättchen noch weiter auseinander, weil die vorhandene $+E$ des Elektroskops und (durch Zerlegung) neu hervorgerufene $+E$ in die Goldblättchen hineingetrieben werden. Nähert man dagegen dem Elektroskop einen **negativ elektrischen Körper** (z. B. abermals einen geriebenen Harzstab), so nähern sich die Goldblättchen einander und fallen schliesslich ganz zusammen, weil ihnen einerseits ihre $+E$ durch Anziehung seitens des negativ elektrisch geladenen Körpers entzogen wird und sich in den Messingknopf begiebt und andererseits vielleicht $-E$ neu entsteht, die sich mit

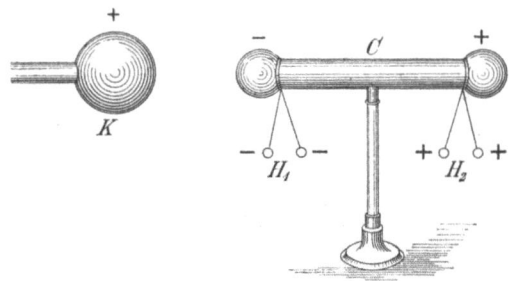

Abb. 103. Elektrische Influenz.

der $+E$ vereinigt und sie neutralisirt. Nähert man endlich dem Elektroskop einen **unelektrischen Körper**, so ändern die Goldblättchen ihre Stellung nicht.

Entsprechende Erscheinungen zeigen sich, wenn das Elektroskop anfangs mit $-E$ geladen wird.

Diese Erscheinungen ermöglichen es, die Elektricitätsart, die ein Körper besitzt, festzustellen.

**Influenz-Elektricität.** Wie wir gesehen haben, kann man einen Körper (im Vorstehenden das Elektroskop, insbesondere die Goldblättchen) mit Elektricität laden oder elektrisch machen, ohne ihm Elektricität durch Berührung mitzutheilen. Jene elektrische Einwirkung aus der Entfernung wird als **elektrische Vertheilung** oder **Influenz** bezeichnet.

Durch folgenden Versuch kann die elektrische Influenz klar dargethan werden. Einen Metallcylinder $C$ (Abb. 103), der an seinen Enden in zwei Kugeln

## 12. Reibungselektricität.

ausläuft und von einem — isolirenden — Glasstab getragen wird, stelle man einem positiv elektrisch geladenen Körper ($K$), z. B. dem Konduktor einer Reibungs-Elektrisirmaschine, gegenüber. Alsbald tritt eine Vertheilung der neutralen Elektricität in $C$ ein: die $- E$ geht in das dem Körper $K$ zugekehrte, die $+ E$ in das ihm abgekehrte Ende des Cylinders $C$. Man erkennt dies daran, dass sich je zwei Holundermarkkügelchen, die in der Nähe eines jeden Endes von $C$ an leitenden Fäden (z. B. Leinenfäden) aufgehängt sind, von einander entfernen, sobald der Cylinder $C$ dem elektrischen Körper $K$ genähert wird. (Vergl. die Abbildung.) Hieraus folgt zunächst, dass die Kügelchen $H_1$ unter einander und ebenso die Kügelchen $H_2$ unter einander die gleiche Elektricität besitzen. Nähert man nun den Kügelchen $H_1$ und $H_2$ einen geriebenen Glas- bezw. Hartgummistab, so lässt sich auf Grund der stattfindenden Anziehungen und Abstossungen feststellen, dass die Holundermarkkügelchen $H_1$ negativ, die Holundermarkkügelchen $H_2$ positiv elektrisch geworden sind. — Berührt man nun den Cylinder $C$ irgendwo mit dem Finger, so wird die (von $K$ abgestossene) $+ E$ abgeleitet, und es bleibt nach Entfernung des Cylinders $C$ von dem Körper $K$ freie $- E$ in $C$ zurück, was wieder durch einen genäherten elektrischen Glas- oder Hartgummistab entschieden werden kann.

Eine elektrische Vertheilung findet übrigens auch bei der elektrischen Ladung mittels Berührung statt, wie folgender Versuch lehrt: Man berühre den Messingknopf eines Elektroskops mit einem elektrischen Körper, z. B. einem geriebenen Harzstabe; dann gehen die Goldblättchen auseinander; sie fallen aber wieder zusammen, wenn man den Harzstab entfernt. Dies kann nur so erklärt werden, dass der Harzstab bei der Berührung, in gleicher Weise wie bei der blossen Annäherung, die neutrale Elektricität des Elektroskops in $+ E$ und $- E$ zerlegt, die $+ E$ anzieht und die $- E$ abstösst, so dass sich die letztere in die Goldblättchen begiebt und diese auseinandertreibt, während die $+ E$ in der Messingkugel festgehalten wird; wenn nun der Harzstab entfernt wird, vereinigen sich die beiden Elektricitäten im Elektroskop wieder zu neutraler Elektricität, so dass die Goldblättchen zusammenfallen.

Wenn man den negativ elektrischen Harzstab dem Elektroskop nähert und durch Berührung des Messingdrahts mit dem Finger die abgestossene $- E$ ableitet, so ist die im Elektroskop (Messingknopf) zurückbleibende $+ E$ so lange gebunden, d. h. sie kann sich nicht frei bewegen und nicht frei wirken, wie der Harzstab sich in der Nähe des Messingknopfes befindet. Erst mit der Entfernung des Harzstabes wird die $+ E$ frei, verbreitet sich über den ganzen (isolirten) Leiter und treibt die Goldblättchen auseinander (bringt sie zur Divergenz).

Dass man einen leicht beweglichen Leiter (Holundermarkkügelchen) oder einen Isolator durch Berührung mit einem elektrischen Körper mit (freier positiver oder negativer) Elektricität laden kann, beruht darauf, dass im ersten Falle — vorausgesetzt, dass der elektrische Körper negativ elektrisch ist — die durch Influenz erregte $+ E$ sich mit der $- E$ des elektrischen Körpers vereinigt und der Leiter wegen der in ihm verbleibenden $- E$ alsbald fortgestossen wird, und dass im zweiten Falle auch jene Vereinigung stattfindet, während die abgestossene $- E$ wegen der Isolation nicht zu der $+ E$ zurück- und sich mit ihr wieder vereinigen kann.

## 12. Reibungselektricität.

Ebenso wie die elektrische Ladung eines Leiters durch Berührung mit einem elektrischen Körper ist auch seine durch Überspringen eines Funkens erfolgende Ladung zu erklären. Wenn ein, z. B. negativ, elektrischer Körper einem Metallgegenstande gegenübergehalten wird, so tritt in letzterem eine Spaltung der neutralen Elektricität in $+E$ und $-E$ ein; befindet sich der elektrische Körper dem Metallgegenstande nahe genug, so erfolgt eine Vereinigung der $-E$ des Körpers mit der $+E$ des Metallgegenstandes unter Funkenerscheinung durch die trennende Luftschicht hindurch, und der Metallgegenstand bleibt negativ (also gleich dem ihm genäherten Körper) geladen.

**Reibungs-Elektrisirmaschine.** Zur Erzeugung grösserer Mengen von Elektricität dient die Elektrisirmaschine. Wir unterscheiden

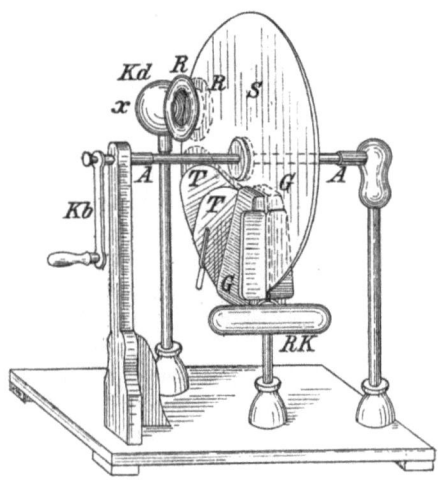

Abb. 104. Reibungs-Elektrisirmaschine.

die (1672 von Otto v. Guericke erfundene) Reibungs-Elektrisirmaschine und die Influenz-Elektrisirmaschine. Die wesentlichen Theile der Reibungs-Elektrisirmaschine (Abb. 104) sind: der geriebene Körper (eine Glasscheibe $S$, die von der isolirenden Achse $A$ getragen wird und mittels der Kurbel $Kb$ in Umdrehung versetzt werden kann); das Reibzeug (dasselbe besteht aus einer etwas federnden, hölzernen Gabel $GG$, welche innen zwei mit Kienmayer'schem Amalgam — 1 Theil Zinn, 1 Theil Zink und 2 Theile Quecksilber — bestrichene Reibkissen trägt und gegen die Glasscheibe drückt; die Gabel wird von einem isolirenden Glasstab getragen; die bei ihrer Umdrehung erzeugte Elektricität wird durch die Taffetlappen $TT$ vor Zerstreuung in die Luft geschützt); der Konduktor (oder Elektricitätssammler) $Kd$ nebst dem Saugapparat $RR$ (letzterer besteht aus zwei Holzringen, zwischen welchen die Glasscheibe läuft; an den der Scheibe zugekehrten Seiten sind Rinnen in die Ringe eingeschnitten, die mit Metallspitzen ausgekleidet sind; von diesen strömt die Elektricität nach dem Konduktor, den eine hohle Messingkugel darstellt und der von einem isolirenden Glasstab getragen wird).

Durch die Drehung der Glasscheibe wird nun die in Folge der Reibung am Reibzeug auf ihr erzeugte $+E$, durch die Taffetlappen $TT$ geschützt, bis vor den Saugapparat $RR$ befördert und zerlegt dessen neutrale Elektricität durch Influenz in $+E$ und $-E$. Die $-E$ wird angezogen und strömt aus den Metallspitzen auf die Glasscheibe über, wo sie sich mit der darauf befindlichen $+E$ vereinigt und so neutralisirt wird. Die im Saugapparat entstandene $+E$ wird von der $+E$ der Glasscheibe abgestossen und begiebt sich in den Konduktor, wodurch dieser geladen wird. Der Name „Saugapparat" erklärt sich daher, dass man früher annahm, die Spitzen desselben saugten direkt die $+E$ der Glasscheibe auf, um sie an den Konduktor abzugeben.

Bei der Reibung zwischen Glasscheibe und Reibzeug entsteht nicht nur in der Glasscheibe $+E$, sondern zugleich im Reibzeug $-E$, welche man ableiten muss, damit sie sich nicht alsbald wieder mit jener $+E$ vereinige. Diese Ableitung geschieht durch den Reibzeug-Konduktor $RK$, an dem man eine zum Tisch, zum Erdboden oder am besten zur Gasleitung führende Kette befestigen kann.

Bei $x$ trägt der Konduktor eine kleine (in der Abbildung nicht sichtbare) Messingkugel, welche wegen ihrer kleineren Oberfläche die Spannung der auf sie überströmenden Elektricität erhöht.

**Elektrophor.** Ehe wir die Influenz-Elektrisirmaschine besprechen, fassen wir einen anderen Apparat ins Auge, der ebenfalls auf den Gesetzen der elektrischen Influenz beruht und zur Erzeugung grösserer Elektricitätsmengen dient. Es ist das Elektrophor. (Volta, 1775.) Die wesentlichen Theile desselben sind eine Scheibe aus nichtleitendem Stoffe, gewöhnlich einer Harzmasse, Harzkuchen genannt (Abb. 105, $s$), und ein leitender Deckel ($D$), der von isolirenden Seidenschnüren getragen wird, bezw. mit einer isolirenden Handhabe versehen ist. Die Scheibe ruht entweder auf einer leitenden Unterlage oder sie ist in einer besonderen leitenden Form ($F$) enthalten. Will man den Apparat benutzen, so nimmt man den Deckel fort und macht die Scheibe ($s$) — am besten durch Schlagen mit einem Fuchsschwanz — negativ elektrisch. Hiernach setzt man den Deckel auf; alsbald wird durch Influenz von der Scheibe aus die neutrale Elektricität desselben in $+E$ und $-E$ zerlegt. Durch Berührung des Deckels mit dem Finger leitet man die abgestossene $-E$ ab, während die $+E$ in gebundenem Zustande (gebunden durch die $-E$ der Scheibe) zurückbleibt. Wird nun der Deckel von der Scheibe entfernt, so wird die $+E$ des ersteren frei, so dass sie an einen anderen Körper abgegeben werden kann. Es geschieht dies in Gestalt eines kleinen knisternden Funkens. Setzt man den Deckel nach erfolgter Entladung wieder auf die Scheibe auf, so tritt abermals eine Scheidung seiner neutralen Elektricität ein, und man kann von neuem eine gewisse Menge $+E$ vom Deckel auf einen anderen Körper übertragen. Dies Verfahren kann fortgesetzt wiederholt werden, weil die $-E$ der Scheibe erhalten

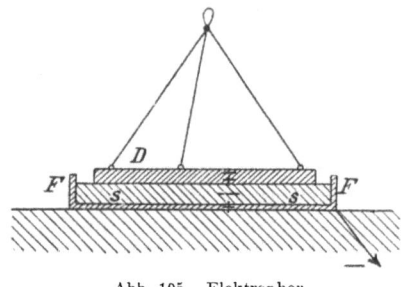

Abb. 105. Elektrophor.

bleibt, und zwar aus folgendem Grunde: Die Scheibe wirkt nicht nur nach oben auf den Deckel vertheilend, sondern auch nach unten auf die leitende Form, deren $-E$ abgestossen wird und durch den Tisch u. s. w. nach dem Erdboden entweicht, während die $+E$ der Form von der $-E$ der Scheibe zurückgehalten und diese ihrerseits von jener festgehalten wird.

**Influenz-Elektrisirmaschine.** Die Influenz-Elektrisirmaschine kommt in verschiedenen Konstruktionen vor. In der ältesten, ihr von Holtz (1865) gegebenen Form besteht sie aus zwei kreisförmigen, mit den Flächen einander zugekehrten und einander sehr nahe befindlichen (der besseren Isolirung halber gefirnissten) Glasscheiben von ungleicher Grösse. Die grössere, hintere Scheibe (Abb. 106, $S_1$) steht fest, während die kleinere, vordere Scheibe ($S_2$) durch eine Kurbel ($Kr$) und die Vermittlung einer Treibschnur in Umdrehung versetzt werden kann. Die grössere,

## 12. Reibungselektricität.

feststehende Scheibe besitzt an zwei einander diametral gegenüberliegenden Stellen ihres Umfanges Ausschnitte ($A$ und $B$), neben denen der Rückseite der Scheibe Papierbelegungen ($Pa$ und $Pb$) aufgeklebt sind, welche die vorspringenden Papierspitzen $c$ und $d$ in die Ausschnitte hineinsenden. Diesen Papierbelegungen stehen auf der Vorderseite der kleineren, drehbaren Scheibe die beiden mit einer Reihe von Metallspitzen versehenen Einsauger $Ea$ und $Eb$ gegenüber, die zu den beiden Konduktorkugeln oder Elektroden $K$ hinführen.

Bei Beginn des Versuchs muss die Maschine geladen werden. Dies geschieht auf die Weise, dass man der einen Papierbelegung, z. B. $Pa$,

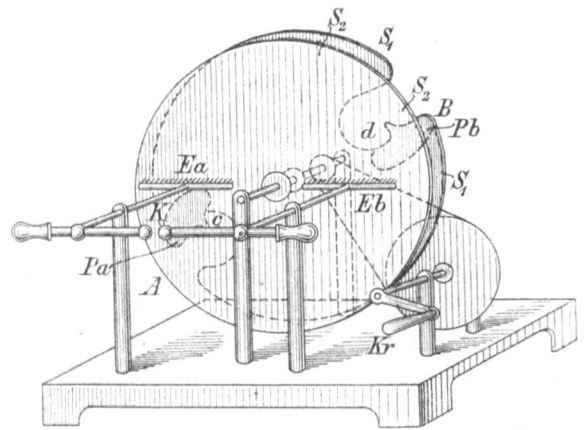

Abb. 106. Holtz'sche Influenz-Elektrisirmaschine.

eine geriebene Harzstange nähert und die Konduktoren bei $K$ in leitende Verbindung setzt. Dann wird $Pa$ negativ elektrisch; die $-E$ daselbst wirkt vertheilend auf die neutrale Elektricität des (metallischen und daher leitenden) Einsaugers $Ea$; die in demselben gebildete $+E$ strömt, von der $-E$ in $Pa$ angezogen, aus den Metallspitzen auf die bewegliche Scheibe über, die $-E$ dagegen begiebt sich, von der $-E$ in $Pa$ abgestossen, über $K$ nach $Eb$. Von hier aus strömt sie aus den Metallspitzen auf die bewegliche Scheibe über, so dass (vorausgesetzt, dass die Scheibe sich nach rechts dreht) die untere Hälfte derselben, da sie zuvor an dem Einsauger $Eb$ vorübergegangen ist, mit $-E$ geladen wird, während die obere Hälfte der Scheibe, da sie zuvor an dem Einsauger $Ea$ vorübergegangen ist, mit $+E$ geladen wird. Kommen nun die positiv elektrischen Theile der Scheibe vor die Papierspitze $d$, so machen sie diese und die Papierbelegung $Pb$ gleichfalls positiv elektrisch, was auf die Weise geschieht, dass zunächst die neutrale $E$ der Papierbelegung in $+E$ und $-E$ zerlegt wird und sodann die so entstandene $-E$ aus der Papierspitze $d$ auf die bewegliche Scheibe überströmt, wo sie durch deren $+E$ neutralisirt wird, während die $-E$ frei in der Papierbelegung zurückbleibt. Ist dies geschehen, so wirkt $Pb$ in umgekehrter Weise auf den Einsauger $Eb$ ein, wie anfangs $Pa$ auf $Ea$, d. h. es strömt von $Eb$ aus $-E$ auf die bewegliche Scheibe, wodurch die $-E$ der unteren Scheibenhälfte verstärkt wird, und $+E$ begiebt sich über $K$ nach $Ea$ und strömt von hier auf die Scheibe, wodurch die $+E$ der oberen Scheibenhälfte verstärkt wird.

Hieraus ist ersichtlich, dass — bei anfänglicher geringer Ladung der Maschine — die (positive und negative) Elektricität auf der beweglichen Scheibe fortgesetzt zunimmt — einfach in Folge der durch die Umdrehung, also durch eine mechanische Arbeit, bewirkten Influenz. (Vergl. das Gesetz von der Erhaltung der Kraft, S. 186.)

Wenn man nun die Konduktoren bei $K$ von einander entfernt, so kann die $-E$ von $Ea$ nach $Eb$ und die $+E$ von $Eb$ nach $Ea$ nicht mehr überströmen, sondern es sammelt sich jene (die $-E$) in der linken Konduktorkugel, diese (die $+E$) in der rechten Konduktorkugel an, und nur wenn die Spannung in den Konduktorkugeln zu gross geworden ist, erfolgt ein Ausgleich beider Elektricitäten in Gestalt eines die Luft zwischen den Konduktorkugeln (bei $K$) durchschlagenden Funkens.

Bei der selbsterregenden Influenz-Elektrisirmaschine wird die Elektricität gleich anfangs selbst erzeugt, indem bei der Drehung der Maschine Metallpuscheln über Metallknöpfe oder Stanniolbelege hinweggleiten. Sie wurde 1879 von Töpler erfunden. Abb. 107 zeigt eine selbsterregende Influenzmaschine nach dem verbesserten Wimshurst'schen System.

Dieselbe besitzt zwei Hartgummischeiben ($S$), von denen in der Abbildung nur die eine sichtbar ist; dieselben können mittels der Kurbel $Kr$ und der beiden Riemenscheiben $TT$ dadurch in entgegengesetzte Umdrehung versetzt werden, dass die Treibschnur, welche die eine Riemenscheibe mit der die eine Hartgummischeibe tragenden Achse verbindet, offen, die um die andere Riemenscheibe laufende Treibschnur, welche zur Achse der anderen Hartgummischeibe führt, gekreuzt ist. (Vergl. S. 6.) Auf den nach aussen gelegenen Seiten der beiden Hartgummischeiben befindet sich je eine bestimmte Anzahl von Stanniolbelegen, an denen bei der Drehung der Maschine die von je einem Ausgleichungskonduktor getragenen Metallpuscheln $PP$ vorübergleiten. Die Ausgleichungskonduktoren müssen, wenn die Maschine funktioniren soll, beiderseits so gestellt werden, dass sich, wie die Abbildung zeigt, das obere Ende links, das untere rechts befindet; beide Ausgleichungskonduktoren sind hiernach gegeneinander gekreuzt. Auf den beiden Glassäulen $GG$ ruhen die Hauptkonduktoren (oder Konduktoren schlechthin) $KK$, welche die mit isolirenden Griffen (Hartgummigriffen) versehenen Elektrodenstangen ($KE$) mit den Elektrodenkugeln $EE$ tragen. Ferner tragen die Konduktoren die die Hartgummischeiben umfassenden Einsauger $Ea$ und $Eb$: zwei mit Saugblechen versehene Metallbügel. Und schliesslich führen von den Konduktoren die Metallbügel $BB$ zu den Leydener Flaschen $LL$, durch welche die sich in den Konduktoren bezw. Elektroden ansammelnden Elektricitäten verstärkt werden. (Vergl. den folgenden Abschnitt.) Bei $HH$ befinden sich zwei von einem wagerecht stehenden, isolirenden (Hartgummi-) Stabe

## 12. Reibungselektricität.

getragene Metallkugeln, an denen metallene Haken angebracht sind. Sie haben den Zweck, behufs Anstellung besonderer Versuche die in den Elektroden angesammelten Elektricitäten durch an die Haken $HH$ gehängte Metallketten oder -Drähte fortzuleiten; es werden alsdann die Elektrodenstangen so nach unten gedreht, dass die Elektrodenkugeln die bei $HH$ befindlichen Metallkugeln berühren.

Die Wirksamkeit der Maschine erklärt sich nun auf folgende Weise. Durch das Reiben der Metallpuscheln an den Stanniolbelegen (in Folge der Umdrehung der Hartgummischeiben) sei einer der Belege der vorderen Scheibe etwas elektrisch

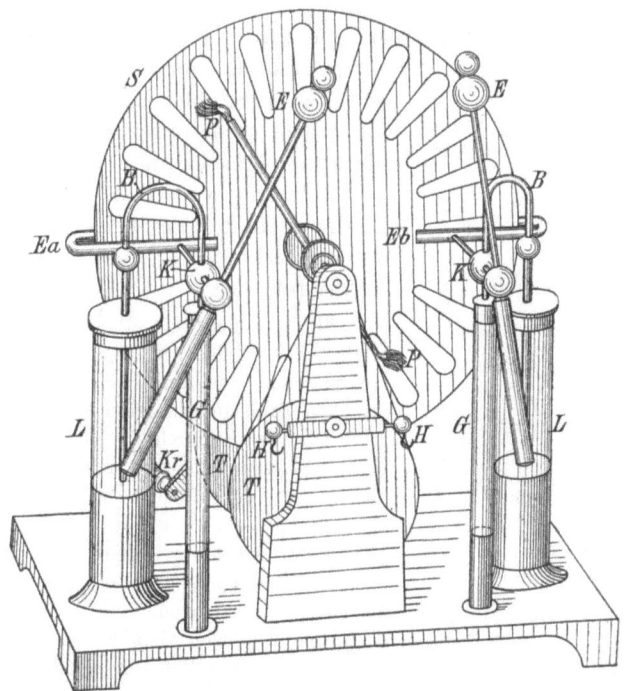

Abb. 107. Wimshurst'sche (selbsterregende) Influenz-Elektrisirmaschine.

geworden, und zwar z. B. positiv elektrisch. Wenn nun die Belege der hinteren Scheibe an ihm vorbeirotiren, übt er eine Influenzwirkung auf dieselben aus. Er wird daher in einem dieser Belege (der hinteren Scheibe), der gerade mit dem hinteren Ausgleichungskonduktor in Berührung ist, — $E$ erzeugen, während die zugleich erzeugte $+E$ durch den Ausgleichungskonduktor zum diametral gegenüberliegenden Beleg der hinteren Scheibe abgeleitet wird. Bei der weiteren Drehung bleibt diese Ladung der beiden Belege der hinteren Scheibe bestehen und wirkt wieder auf die gerade durch den Ausgleichungskonduktor verbundenen Belege der vorderen Scheibe durch Influenz elektricitätserregend ein. So verstärkt sich die Ladung der Belege und erzeugt beim Vorübergange der Belege an den Einsaugern in diesen auf dem Wege der Influenz Elektricität, und zwar jeder positiv elektrische Belag — $E$, die auf die Scheibe übergeht, und $+ E$, die in den mit dem betreffenden Einsauger verbundenen Konduktor abfliesst, jeder negativ elektrische Belag umgekehrt.

**Leydener Flasche; Entlader.** Zur Aufspeicherung grösserer Mengen von Elektricität dient die **Verstärkungsflasche**, auch **Leydener** oder **Kleist'sche Flasche** genannt. (Erfunden von v. Kleist zu Kammin in Pommern 1746 und fast gleichzeitig von Cuneus und Musschenbroek zu Leyden.) Dieselbe besteht im Wesentlichen aus zwei guten Leitern, die durch einen isolirenden Körper getrennt sind. Der letztere ist ein cylindrisches Glasgefäss (Abb. 108); dasselbe ist aussen und innen mit einer nicht bis zum oberen Rande reichenden Stanniol-Belegung versehen. Mit der inneren Belegung steht ein Messingdraht in leitender Verbindung, der oben eine Messingkugel trägt.

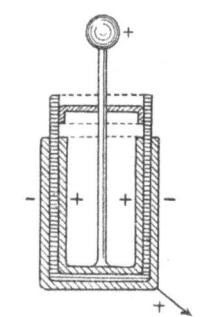

Abb. 108. Leydener Flasche.

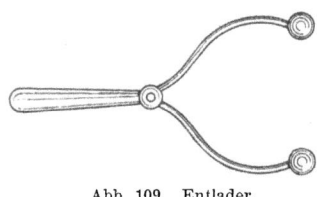

Abb. 109. Entlader.

Berührt man die Messingkugel mit dem z. B. positiv geladenen Konduktor einer Elektrisirmaschine, während die äussere Belegung mit dem Erdboden in leitende Verbindung gesetzt wird (etwa durch die Hand, mit welcher man die Flasche hält, durch den Körper hindurch nach den Füssen), so wird nächst der Messingkugel auch die innere Belegung positiv elektrisch, wirkt vertheilend auf die neutrale Elektricität der äusseren Belegung und **bindet** die daselbst entstehende $-E$, während die $+E$ nach dem Erdboden abfliesst. Da sich nun die $+E$ der inneren Belegung und die $-E$ der äusseren Belegung gegenseitig anziehen, so wird nicht nur die letztere ($-E$) durch die erstere ($+E$) gebunden, sondern auch umgekehrt die $+E$ der inneren Belegung durch die $-E$ der äusseren, und es kann sich keine der beiden Elektricitäten nach aussen entfernen.

Die Entladung der Flasche geschieht auf die Weise, dass man beide Belegungen (die Messingkugel und die äussere Belegung) in leitende Verbindung mit einander setzt. Man bedient sich dazu am besten eines **Entladers**, welcher an einer isolirenden Handhabe (Glasstab) zwei gegen einander drehbare, am Ende mit Metallknöpfen versehene Metallbügel besitzt. (Abb. 109.)

Legt man den unteren Metallknopf des Entladers an die äussere Belegung der Leydener Flasche und nähert den oberen Metallknopf der Messingkugel, so schlägt bei geeigneter Entfernung (entsprechend der Grösse der Ladung, welche der Flasche ertheilt war) von der Messingkugel der Flasche nach dem Metallknopf des Entladers ein Funke über: der **Entladungsfunke**, der beträchtliche Länge und Stärke erlangen kann. Er ist von einem mehr oder minder heftigen Knall begleitet, der von der entstandenen Lufterschütterung herrührt.

Mit der Wirkungsweise der Leydener Flasche im Wesen übereinstimmend ist diejenige der Franklin'schen Tafel.

Mehrere Leydener Flaschen, deren äussere Belegungen einerseits und deren innere Belegungen andererseits unter einander in leitende Verbindung gesetzt sind, bilden eine **elektrische Batterie**.

**Wirkungen der elektrischen Entladung.** Die hauptsächlichen Wirkungen der elektrischen Entladung sind folgende: Der schon erwähnte Funke nebst Knall bei Unterbrechung der Leitung (Einschaltung eines Dielektricums, d. h. eines isolirenden Mittels — S. 190); das Durchschlagen von Kartenblättern und Glasscheiben seitens des Entladungsfunkens (das in einem Kartenblatt entstehende Loch hat beiderseits aufgeworfene Ränder); die Entzündung brennbarer Stoffe (z. B. Alkohol und Äther); die Erwärmung eines dünnen Metalldrahtes, durch welchen eine hinreichend grosse Elektricitätsmenge entladen wird, desgl. die Erwärmung der Luft (elektrisches Luftthermometer von Riess, 1837); Ozonbildung in der Luft (eigenthümlicher Geruch, der auch von einer in Thätigkeit befindlichen Elektrisirmaschine ausgeht); die Einwirkung auf die Nerven (z. B. bei der Durchleitung eines mässigen Entladungsschlages durch beide Hände und Arme); Muskelzuckungen.

Ähnliche physiologische Erscheinungen wie beim Entladungsschlag zeigen sich, wenn man die Elektricität einer Elektrisirmaschine in den auf einem isolirenden Gegenstande (z. B. einem sog. Isolirschemel) stehenden menschlichen Körper einströmen lässt und diesem nun einen Leiter nähert, wobei es gelingt, elektrische Funken aus dem Körper des Elektrisirten zu ziehen. Das nicht unterbrochene Durchströmen der Elektricität durch den Körper äussert keine physiologische Wirkung. Nähert man dem Kopfe eines auf dem Isolirschemel Stehenden, während er elektrisirt wird, einen Leiter, z. B. die Hand, so sträuben sich die Haare des Elektrisirten — eine Folge elektrischer Anziehung.

Geschwindigkeit des elektrischen Entladungsschlages der Leydener Flasche = 464 000 km oder ca. 60 000 Meilen in der Sekunde.

**Blitz.** Als ein elektrischer Funke von ungeheurer Grösse ist der Zickzackblitz anzusehen. Der Donner entspricht dem den Funken begleitenden Knall. Er folgt dem Blitze, weil der Schall sich langsamer fortpflanzt als das Licht. Träger der atmosphärischen Elektricität sind in erster Linie die Gewitterwolken, sodann die Wolken überhaupt und schliesslich die Luft im Allgemeinen. Franklin wies zuerst die elektrische Natur des Gewitters nach (1749).

Ihre Entstehung verdankt die atmosphärische Elektricität nach der von mir begründeten Hypothese der Reibung des atmosphärischen Wassers 1) an den verschiedenen Körpern der Erdoberfläche, 2) an dem in der Luft befindlichen Staube u. s. w. und 3) — hauptsächlich — an der trockenen Luft selber; das atmosphärische Wasser (Wasserdampf und Wassertröpfchen) wird dabei positiv elektrisch. (K. F. Jordan, 1880.) — Starke elektrische Erscheinungen beim Ausströmen von

Wasserdampf, Wassertröpfchen und Asche aus Vulkanen. Die Sankt-Elmsfeuer bestehen in einer Ausströmung von Elektricität (besonders nach Schneegestöbern) aus spitzen Gegenständen: Baumzweigen, Schiffsmasten, Thürmen u. s. w. in Form von Lichtbüscheln (Büschelentladung — vergl. S. 190).

Der Blitzableiter (Franklin, 1749) besteht aus einer eisernen Auffangestange mit vergoldeter oder Platin-Spitze (Schutz gegen Oxydation) und aus der Ableitung, die von Kupfer sein und tief ins feuchte Erdreich geführt werden muss. Schwebt eine Gewitterwolke über einem mit Blitzableiter versehenen Gebäude, so wird sie allmählich entladen, indem im Blitzableiter Influenz-Elektricität entsteht und die der Elektricität der Wolke entgegengesetzte Elektricität aus der Spitze des Blitzableiters ausströmt und die Wolken-Elektricität neutralisirt. Schlägt der Blitz ein, so geht er durch den Blitzableiter, ohne Schaden anzurichten, in den Erdboden.

## 13. Magnetismus.

**Natürliche und künstliche Magnete.** Gewisse Eisenerze, vor allem der Magneteisenstein (Eisenoxyduloxyd), haben die Eigenschaft, Eisentheile anzuziehen. Derartige Erze heissen natürliche Magnete (nach der Stadt Magnesia in Kleinasien, in deren Nähe sie zuerst — und zwar bereits im Alterthum — gefunden wurden).

Die Anziehung der natürlichen Magnete ist nicht an allen Punkten derselben gleich gross; an einzelnen Stellen, die man Pole nennt, ist sie am stärksten, während sich dazwischen eine unwirksame Stelle (die Indifferenzzone) befindet. (Vergl. Abb. 111.)

Wenn man einen Stahlstab mit einem natürlichen Magnet bestreicht, so wird jener ebenfalls magnetisch; man nennt ihn einen künstlichen Magnet oder Stahlmagnet. Das Bestreichen muss in der Weise erfolgen, dass die beiden Hälften des Stahlstabes mit entgegengesetzten Polen des natürlichen Magnets berührt werden. (Einfacher Strich.)

Auch an einem Stahlmagnet lassen sich zwei Pole (an den beiden Enden des Stabes) erkennen, deren Verbindungslinie magnetische Achse genannt wird.

Hängt man einen Stahlmagnet in horizontaler Lage frei beweglich auf, so nimmt er nach einigen Schwankungen eine ganz bestimmte — annähernd von Norden nach Süden gerichtete — Lage ein. Hiernach nennt man den nach Norden zeigenden Magnetpol den Nordpol, den nach Süden zeigenden den Südpol des Magnets. — Bestreicht man mit einem Stahlmagnet wiederum einen Stahlstab, so erhält die mit dem Nordpol des Magnets bestrichene

## 13. Magnetismus.

Hälfte den magnetischen Südpol, die mit dem Südpol bestrichene Hälfte den magnetischen Nordpol.

Ein dünner, an den Enden spitz zulaufender Stahlmagnet, der (mittels eines Hütchens) wagerecht und frei beweglich auf einer Stahlspitze ruht, heisst eine **Magnetnadel**. (Gilbert, 1600.) (Abb. 110.)

**Magnetische Anziehung und Abstossung.** Wird der Nordpol eines Stahlmagnets nach einander den beiden Polen einer Magnetnadel genähert, so zeigt es sich, dass er nur den Südpol anzieht, den Nordpol aber abstösst; umgekehrt verhält sich der Südpol des Magnets; so dass sich das Gesetz ergiebt:

**Gleichnamige Pole stossen sich ab, ungleichnamige Pole ziehen sich an.**

Auf Grund dieses Gesetzes lässt sich feststellen, ob ein Eisenstab magnetisch ist und wie seine Pole angeordnet sind. **Unmagnetisch** ist er, wenn jedes seiner Enden beide Pole einer Magnetnadel gleichmässig anzieht; **magnetisch**, wenn eines der Enden den einen Pol anzieht, den anderen abstösst; stösst es z. B. den Nordpol ab, so ist es selbst ein Nordpol.

**Magnetische Influenz.** Wenn man einem unmagnetischen Eisenstück den einen Pol, z. B. den Nordpol, eines Magnets nähert, so wird es ebenfalls magnetisch, und zwar wird dasjenige Ende des Eisenstücks, welches dem Nordpol des Magnets zugekehrt ist, zum Südpol, während das entgegengesetzte zum Nord-

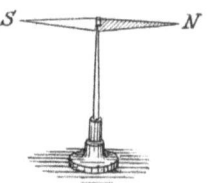

Abb. 110. Magnetnadel.

Abb. 111. Natürlicher und künstlicher (Stahl-)Magnet.

pol wird. — Das magnetisch gewordene Eisenstück ist nunmehr im Stande, seinerseits ein zweites Eisenstück zu magnetisiren u. s. f.

Diese Erscheinung erinnert vollkommen an die elektrische Influenz (S. 192 u. 193); sie wird als **magnetische Influenz** bezeichnet.

Auf ihr beruht es, dass ein in Eisenfeilspähne eingesenkter Pol eines Magnetstabes sich mit einem **Büschel** oder **Barte** reihenweis an einander hängender Spähne bedeckt (Abb. 111).

## 13. Magnetismus.

**Besondere Erscheinungen des Magnetismus.** Der magnetischen Influenz gegenüber verhalten sich weiches Eisen und Stahl verschieden. Jenes nimmt den Magnetismus (die magnetische Eigenschaft und Kraft) alsbald in vollem Maasse an, verliert sie aber sofort wieder nach Entfernung des Magnets. Ähnlich verhält sich das weiche Eisen bei der Magnetisirung durch Bestreichen mit einem Magnet. Der Stahl dagegen ist schwerer magnetisirbar, behält aber seinen Magnetismus länger und vollständiger bei. — Dies lässt sich so erklären, dass der Stahl im Gegensatz zum weichen Eisen sowohl der Trennung wie der Wiedervereinigung der beiden Magnetismen — Nord- und Südmagnetismus, die man (ähnlich wie in der Elektricitätslehre zwei Arten der Elektricität) annehmen kann — einen gewissen, beträchtlichen Widerstand entgegensetzt, den man als Koërcitivkraft bezeichnet, während dieser Widerstand im weichen Eisen gering ist.

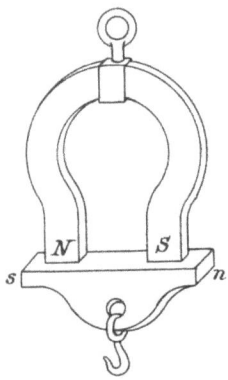

Abb. 112. Hufeisenmagnet.

Stärkere Wirkungen als ein gerader Magnetstab äussern die Hufeisenmagnete (Abb. 112) und die aus mehreren hufeisenförmigen Blättern oder Lamellen zusammengesetzten magnetischen Magazine.

Das vor die beiden Pole ($N$ und $S$) des Hufeisenmagnets (Abb. 112) gelegte Stück weichen Eisens ($sn$) wird Anker genannt; auf dasselbe wirken $N$ und $S$ durch Influenz, sich gegenseitig unterstützend; dadurch erhält der — auf diese Weise armirte — Magnet eine grössere Tragkraft.

Wird ein Stahlstab mittels eines Hufeisenmagnets magnetisirt, so geschieht dies durch den sogenannten Doppelstrich, d. h. in der Weise, dass man beide Pole des Hufeisenmagnets auf die Mitte des Stahlstabes aufsetzt und nach dem einen Ende desselben — doch nicht darüber hinaus — bewegt, desgleichen zurück nach dem andern Ende u. s. f.; das letzte Mal wird nur bis zur Mitte gestrichen und dann abgehoben. Die im Stahlstab entstehenden Pole liegen auch hier — wie beim einfachen Strich (S. 202) — denen des Hufeisenmagnets entgegengesetzt.

Bricht man einen Magnetstab (z. B. eine magnetisch gemachte Stricknadel) entzwei, so ist jedes Stück ein vollständiger Magnet mit zwei Polen. Somit ist nicht etwa die ganze eine Hälfte eines Magnetstabes nordmagnetisch und die ganze andere Hälfte südmagnetisch, sondern in jedem Massentheilchen des Magnetstabes sind beide Magnetismen enthalten; dieselben sind nur in der Mitte des Stabes nach aussen unwirksam, weil sich daselbst die Wirkungen der (bei einander liegenden) Massentheilchen aufheben. Auch in einem unmagnetischen Eisenstabe sind alle Massentheilchen mit beiden Magnetismen versehen; nur sind sie nicht allesammt gleichgerichtet, sondern liegen ungeordnet durch einander, so dass ihre Wirkung nach aussen = 0 ist. Das Magnetisiren ist hiernach als eine die Massentheilchen ordnende oder richtende Kraft aufzufassen, und die

Koërcitivkraft stellt sich demgemäss als ein Widerstand gegen diese richtende Kraft dar. (Vergl. S. 204).

Zu dieser Anschauung stimmt die Thatsache, dass Magnete durch plötzliche, starke Erschütterungen, sowie durch raschen Temperaturwechsel geschwächt werden (denn beiderlei Einflüsse wirken störend auf die Anordnung der kleinsten Theilchen). Glühhitze hebt den Magnetismus dauernd auf.

Ein Magnet wirkt auf Eisen nicht nur durch die Luft, sondern auch durch beliebige andere Körper (Papier, Glas u. s. w.) hindurch; dagegen wird die magnetische Wirkung durch eine dünne Eisenplatte, wenn sie dem Magnetpol ihre breite Fläche zukehrt, aufgehoben.

Wenn man auf ein über einen Magnet gelegtes Blatt Papier Eisenfeilspähne streut, so ordnen sich dieselben in den sogenannten magnetischen Kurven (Faraday's magnetischen Kraftlinien) an, welche von Pol zu Pol verlaufen und in jedem ihrer Punkte die Richtung der magnetischen Kraft darstellen. (Abb. 113.)

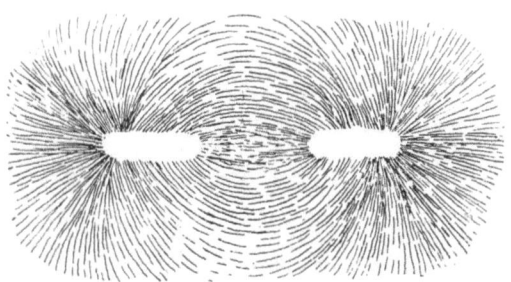

Abb. 113. Magnetische Kurven.

Dies wird am besten durch die schematische Darstellung in Abb. 114 veranschaulicht, in der die Pfeile die Richtung angeben, in welche der Nordpol einer dem Magnetstabe $NS$ genäherten Magnetnadel gezogen wird. Eine solche Magnetnadel stellt sich hiernach, wenn sie sich den Polen des Magnetstabes ($N$ oder $S$) gegenüber befindet, so, dass ihr Nordende nach links zeigt, und wenn sie sich seitlich vom Magnetstabe befindet, so, dass ihr Nordende nach rechts zeigt. Führt man sie vom einen Pole des Magnetstabes aus längs desselben hin bis zum andern Pole, so schlägt sie zweimal (seitlich vom Magnetstabe in der Nähe der Pole desselben) um.

Die Stärke der magnetischen Anziehung und Abstossung hängt ausser von der Grösse der wirksamen magnetischen Kraft auch von der Entfernung ab, und zwar gilt nach Coulomb (1784) das Gesetz, dass die Stärke oder Intensität, mit der zwei Magnetpole sich anziehen oder abstossen, den Mengen der auf einander wirkenden Magnetismen direkt, dem Quadrat ihrer Entfernung aber umgekehrt proportional ist. — Das gleiche Gesetz gilt auch für die elektrische Anziehung und Abstossung. (Vergl. Newton's Gravitationsgesetz, S. 12.)

## 13. Magnetismus.

**Magnetische und diamagnetische Körper.** Die Eigenthümlichkeit, vom Magnet angezogen zu werden, besitzen ausser dem Eisen auch einige chemische Verbindungen desselben (Magneteisenstein und Titaneisen), sowie die chemischen Elemente Nickel und Kobalt.

Sehr starke magnetische Kräfte (wie sie die Pole eines Elektromagnets entwickeln — siehe Kapitel 15, Abschnitt „Elektromagnetismus") üben auf alle Körper eine magnetische Einwirkung aus; hierbei aber zeigt sich folgender Unterschied im Verhalten der Körper: Die einen werden, zwischen die Pole eines Elektromagnets gebracht, von denselben angezogen und stellen sich in die Verbindungslinie beider Pole — magnetische Körper; die andern werden von den Polen abgestossen und stellen sich senkrecht zur Verbindungslinie derselben — diamagnetische Körper. (Faraday, 1845.) Magnetisch sind: Eisen, Nickel, Kobalt, Mangan, Platin u. s. w.; diamagnetisch: Wismuth, Antimon, Zink, Zinn, Blei, Silber, Kupfer, Gold u. s. w., ferner: Wasser, Alkohol, Schwefelsäure u. s. w.

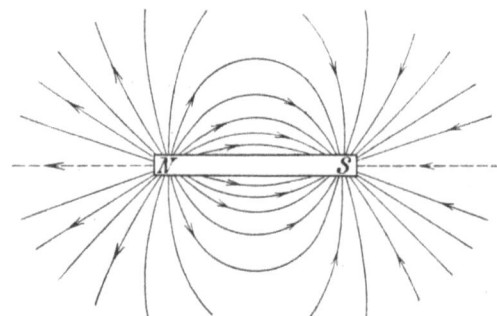

Abb. 114. Schematische Darstellung der magnetischen Kraftlinien.

**Erdmagnetismus; Deklination und Inklination.** Die auf S. 202 beschriebene Erscheinung, wonach ein frei aufgehängter Magnetstab oder eine frei schwebende Magnetnadel eine von Norden nach Süden gerichtete Lage einnimmt, erklärt man durch die Annahme, dass der Erdkörper magnetisch ist. Nach dem auf S. 203 angeführten Gesetz über die magnetische Anziehung und Abstossung muss alsdann die nördliche Halbkugel Magnetismus von der Art des Südmagnetismus, die südliche Halbkugel Magnetismus von der Art des Nordmagnetismus besitzen.

Die geographischen Pole der Erde sind annähernd auch die magnetischen Pole. Genaue Beobachtungen zeigen indessen, dass die magnetische Achse einer Magnetnadel von der Meridianrichtung abweicht, und zwar so, dass das Nordende nach einem für unsere Gegenden westlich vom Nordpol gelegenen Punkte (auf der Insel Boothia Felix im hohen Norden von Amerika) hinzeigt. Dieser Punkt ist der magnetische Nordpol, der vom Kapitän John Ross thatsächlich

## 13. Magnetismus. 207

(1831) erreicht worden ist. Der magnetische Südpol liegt südlich von der Ostküste Australiens auf Viktorialand, zwischen den Vulkanen Erebus und Terror. (James Ross, 1841.)

Die Abweichung der Magnetnadel vom geographischen (oder astronomischen) Meridian eines Ortes, in Winkelgraden ausgedrückt, heisst die **magnetische Deklination** des Ortes.

Verbindet man alle Orte gleicher Deklination auf der Erdoberfläche durch Linien mit einander, so erhält man ein System von Kurven, welche **Isogonen** genannt werden. Den Namen Agone trägt eine vom magnetischen Nordpol zum magnetischen Südpol verlaufende Linie, längs welcher die Magnetnadel keine Deklination besitzt, sondern genau nach dem geographischen Norden zeigt.

Als **magnetische Meridiane** bezeichnet man die die magnetischen Pole verbindenden Linien, welche an jedem Orte die Richtung der Magnetnadel angeben.

Hängt man eine Magnetnadel längs eines magnetischen Meridians in ihrem **Schwerpunkte** so auf, dass sie sich in vertikaler Richtung frei bewegen kann, so neigt sich auf der nördlichen Halbkugel das Nordende der Nadel dem Erdboden zu — eine Folge der stärkeren Anziehung des (auf der nördlichen Halbkugel **näheren**) magnetischen Nordpols. Die Abweichung der Nadel von der Horizontalrichtung heisst **magnetische Inklination**, eine in der angegebenen Weise aufgehängte Magnetnadel: **Inklinationsnadel** (wogegen eine auf die gewöhnliche Art aufgehängte oder frei schwebende Magnetnadel als **Deklinationsnadel** bezeichnet wird).

Am magnetischen Nordpol beträgt die Inklination 90°, d. h. das Nordende der Nadel zeigt senkrecht nach unten.

Auf der südlichen Halbkugel ist das **Südende** der Inklinationsnadel abwärts geneigt, und am magnetischen Südpol zeigt es senkrecht nach unten.

Linien gleicher Inklination heissen **Isoklinen**. Die Verbindungslinie sämmtlicher Punkte der Erdoberfläche, an denen die magnetische Inklination $= 0$ ist, heisst der **magnetische Äquator**. Derselbe durchschneidet den geographischen Äquator in zwei Punkten, läuft also zum Theil nördlich, zum Theil südlich von diesem um die Erde.

Sowohl die Grösse der magnetischen Deklination wie die der magnetischen Inklination und desgleichen die der **Stärke** oder **Intensität** der erdmagnetischen Anziehung erfahren für die einzelnen, bestimmten Orte der Erdoberfläche gewisse Änderungen, die theils **periodische** sind (hauptsächlich tägliche), theils **säkulare** (durch Jahrhunderte in gleichem Sinne fortschreitende, nicht übersehbare), theils **unregelmässige**, welche plötzlich eintreten, schnell vorübergehen und u. a. mit den Nordlichtern im Zusammenhang stehen. — **Die tägliche Periode der Deklination** besteht darin, dass die Magnetnadel während der Nacht (von ungefähr 9 Uhr abends bis Sonnenaufgang) nahezu still steht; mit dem Erscheinen der Sonne über dem Horizont geht ihr Nordende nach Westen, um gegen 1 oder 2 Uhr nachmittags seine westlichste Lage zu erreichen (der Nordpol der Nadel flieht vor der Sonne); danach nimmt das Nordende der Nadel eine rückläufige Bewegung an und kommt gegen 9 Uhr abends zur Ruhe. Diese tägliche Variation ist im **Sommer** grösser als im Winter; desgleichen ist sie in den nördlichen Gegenden der Erde im Allgemeinen grösser, aber weniger regelmässig.

**Anwendungen des Magnetismus.** Die Magnetnadel wird als Bussole zu Winkelmessungen, im Kompass zur Orientirung in unbekannten Gegenden, hauptsächlich seitens der Schiffer auf offener See, benutzt. Der Kompass ist eine mit einer Windrose verbundene und von einer Dose umschlossene Magnetnadel. (Seit dem 12. Jahrhundert in Europa, früher schon bei den Chinesen bekannt.)

Sonstige Anwendungen des Magnets sind: die Aussonderung von Eisentheilchen aus Pulvern (z. B. von Gesteinen); die Entfernung von Eisenstäubchen oder -Splittern aus dem Auge; die Verwendung beim Bau magnetoelektrischer Maschinen (siehe Kapitel 15, Abschnitt „Magnetoelektricität oder magnetische Induktion").

## 14. Galvanismus.

**Ruhende und strömende galvanische Elektricität.** Wenn man in ein mit verdünnter Schwefelsäure gefülltes Gefäss zwei Platten verschiedener (heterogener) Metalle, z. B. eine Zink- und eine Kupferplatte eintaucht, so werden die oberen, aus der Flüssigkeit hervorragenden Enden der Metallplatten **elektrisch**, und zwar sammelt sich in der Zinkplatte **negative**, in der Kupferplatte **positive** Elektricität an.

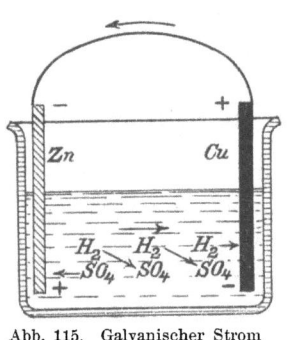

Abb. 115. Galvanischer Strom (Galvanisches Element).

Die Entstehung dieser Elektricität ist eine Folge der chemischen Vorgänge, die sich zwischen den Metallen und der verdünnten Säure abspielen.

Bringt man nun die aus der Flüssigkeit hervorragenden Enden der Metallplatten in leitende Verbindung, z. B. durch einen Kupferdraht (Abb. 115), so findet eine Vereinigung der Elektricitäten statt, indem die $+E$ des Kupfers (im Sinne des Pfeils) zum Zink und die $-E$ des Zinks (dem Pfeil entgegen) zum Kupfer hinüberströmt. Aber da die chemischen Vorgänge in der Flüssigkeit sich weiter abspielen, sammeln sich neue Mengen Elektricität im Zink und im Kupfer an, welche sich abermals — durch den verbindenden Kupferdraht hindurch — ausgleichen u. s. f. Auf diese Weise entsteht ein **andauernder elektrischer Strom** von $+E$ vom Kupfer zum Zink und von $-E$ vom Zink zum Kupfer.

Ein ähnlicher Strom oder genauer gesprochen: zwei Ströme (ein positiv und ein negativ elektrischer) durchlaufen auch die Flüssigkeit im Gefässe; beides aber nur unter der Voraussetzung, dass die dualistische Hypothese der Elektricität richtig ist oder, sagen wir: vorausgesetzt, dass wir uns auf der Grundlage dieser Hypothese bewegen. Die Richtung der Ströme in der Flüssigkeit ist die umgekehrte wie im Kupferdraht; die $+E$ geht vom Zink zum Kupfer (im Sinne des Pfeils), die $-E$ vom Kupfer zum Zink (entgegengesetzt der Richtung des Pfeils).

Diese elektrischen Ströme in der Flüssigkeit bewirken eine chemische Zersetzung derselben: die Schwefelsäure $H_2SO_4$ wird in die beiden Bestandtheile $H_2$ und $SO_4$ gespalten; es wird also durch die elektrischen Ströme Wasserstoff aus der Schwefelsäure ausgeschieden. Eine derartige Entwicklung von Wasserstoff bewirkt nun freilich auch eine Zinkplatte an sich, wenn sie in verdünnte Schwefelsäure eingetaucht wird. Aber die elektrischen Ströme verstärken diese Wirkung, was man leicht daran erkennen kann, dass bei Entfernung des zwischen der Kupfer- und Zinkplatte angebrachten Kupferdrahtes die Gasentwicklung in dem Gefäss erheblich schwächer wird, während sie sogleich wieder lebhaft einsetzt, wenn aufs neue die Verbindung zwischen den beiden Metallplatten durch den Kupferdraht hergestellt wird.

Das Auftreten der elektrischen Ströme in dem System Zink / verdünnte Schwefelsäure / Kupfer lässt sich so erklären, dass die neutrale Elektricität, welche anfänglich in den Metallen und der Flüssigkeit vorhanden war, in Folge der chemischen Vorgänge sich in $+E$ und $-E$ trennte und dass an der Berührungsstelle zwischen Flüssigkeit und Zink sich die $+E$ in die Flüssigkeit, die $-E$ nach oben in die Zinkplatte begab, während die Vertheilung an der Berührungsstelle zwischen Flüssigkeit und Kupfer umgekehrt stattfand.

Im Ganzen entwickelt sich nach dem Gesagten in dem System Zink / verdünnte Schwefelsäure / Kupfer nebst Verbindungs- oder Leitungsdraht ein zusammenhängender Strom positiver Elektricität vom Zink durch die Flüssigkeit zum Kupfer und weiter durch den Leitungsdraht zum Zink und ein zusammenhängender Strom negativer Elektricität vom Kupfer durch die Flüssigkeit zum Zink und weiter durch den Leitungsdraht zum Kupfer.

Von beiden Strömen wird allgemein nur der positive näher betrachtet, da der negative ihm allemal entgegengesetzt gerichtet ist. Um die Richtung des ersteren zu behalten, merkt man sich zweckmässig die kurze Regel: Der positive Strom geht vom Zink durch die Flüssigkeit zum Kupfer.

Man nennt diesen (elektrischen) Strom einen **galvanischen** und die Elektricität, welche er fortführt, **galvanische Elektricität** oder **Galvanismus**.

Dieser Name rührt von dem Entdecker des Galvanismus her: dem Professor der Medicin Luigi Galvani in Bologna (1737—1798). Derselbe hatte enthäutete Froschschenkel mittels kupferner Haken an einem eisernen Gitter aufgehängt; kamen nun die Froschschenkel mit letzterem in Berührung, so stellten sich heftige Muskelzuckungen in ihnen ein. Hier lieferte das System Eisen / Froschschenkel / Kupfer einen elektrischen (galvanischen) Strom, dessen **physiologische Wirkung** in den Zuckungen der Froschschenkel bestand.

Alessandro Volta (1745—1827), der sich mit dieser Entdeckung beschäftigte, suchte die Erscheinung auf die Weise zu erklären, dass er annahm, es entstehe bei der blossen **Berührung** zweier verschiedener Metalle (Eisen und Kupfer) Elektricität, und die Froschschenkel seien nur ein Mittel zum **Nachweis** dieser Elektricität (durch ihre Zuckungen), ohne zu der **Entstehung** der Elektricität selbst erforderlich zu sein. Nach seiner Anschauung heisst die in Frage stehende Art der Elektricität daher **Berührungs-** oder **Kontakt-Elektricität**.

**Volta'scher Fundamentalversuch.** In der That gelingt es auch mit Hilfe des von Volta erfundenen **Kondensators** (der im **Princip der Einrichtung** einer Leydener Flasche gleichkommt, in der äusseren Form einem Elektroskop ähnlich sieht), das Auftreten von Elektricität bei der blossen Berührung zweier mit isolirenden Handhaben versehener Metallplatten (z. B. Kupfer und Zink) nachzuweisen (**Volta's Fundamentalversuch**). Doch ist es (auf Grund neuerer Versuche) wahrscheinlich, dass auf solchen Platten dünne Oxydschichten oder Überzüge von Feuchtigkeit sich gebildet haben, die dann bei der Berührung zur Abspielung chemischer Vorgänge den Anlass geben, auf Grund deren die galvanische Elektricität gebildet wird.

**Volta'sche Spannungsreihe.** Die bei der Berührung zweier verschiedener (heterogener) Metalle entstehende Elektricität ist auf dem einen positiv, auf dem andern negativ; und es lassen sich die Metalle in eine Reihe ordnen, derart, dass jedes voranstehende, mit einem folgenden berührt, positiv, jedes folgende, mit einem vorhergehenden berührt, negativ elektrisch wird. Diese Reihe heisst Volta'sche Spannungsreihe; sie lautet:

(+) Zink, Blei, Zinn; Wismuth, Antimon; Eisen, Kupfer, Silber; Gold und Platin (—). An das negative Ende dieser Reihe schliesst sich von Nichtmetallen die Kohle (Gas- oder Retortenkohle) an.

Bei der Berührung zweier Körper der Spannungsreihe entsteht eine bestimmte elektrische **Spannungsdifferenz** (Potentialdifferenz), die ausschliesslich von der Natur der Körper, nicht aber von der Grösse und Form ihrer Berührungsfläche abhängig ist. Je weiter die sich berührenden Körper in der Spannungsreihe von einander entfernt sind, desto grösser ist die gebildete Spannungsdifferenz. Folgen die in Berührung gebrachten Körper nicht unmittelbar in der Spannungsreihe auf einander, so ist ihre **Spannungsdifferenz gleich der Summe der Spannungsdifferenzen der zwischenliegenden Körper**.

Werden daher zwei Metalle durch ein Zwischenglied der Reihe in leitende Verbindung gesetzt, so ist die sich in beiden entwickelnde Spannungsdifferenz dieselbe, als ob sie sich unmittelbar berührten.

**Leiter erster und zweiter Klasse.** Diesem Gesetz der Spannungsreihe folgen nicht die Säuren, die Salzlösungen, die geschmolzenen Salze, überhaupt die chemisch zusammengesetzten Flüssigkeiten. Sie nannte Volta Leiter zweiter Klasse im Gegensatz zu den Körpern der Spannungsreihe als Leitern erster Klasse. In einem geschlossenen Kreise, welcher mehrere Leiter erster Klasse und auch nur einen Leiter zweiter Klasse enthält, ist die Spannungsdifferenz von Null verschieden, wogegen ein geschlossener Kreis, der nur aus Leitern erster Klasse besteht, dem Gesetz der Spannungsreihe zufolge die Spannungsdifferenz Null besitzt, d. h. keinen elektrischen Strom aufweist.

Die Leiter zweiter Klasse besitzen die Eigenthümlichkeit, den elektrischen Strom nur zu leiten, indem sie eine chemische Zersetzung erleiden, wie es bereits in dem Abschnitt „Ruhende und strömende galvanische Elektricität" erwähnt worden ist und in dem Abschnitt „Elektrolyse" noch des Näheren zur Erörterung kommen soll.

**Elektromotorische Kraft.** Die Thatsache, dass bei der Berührung zweier verschiedener leitender Stoffe nicht allein getrennte positive und negative Elektricität auftritt, sondern auch eine Wiedervereinigung beider Elektricitäten unterbleibt, findet ihre Erklärung in der Annahme einer besonderen Kraft, die an der Berührungsstelle wirksam wird und die Ursache der auftretenden elektrischen Spannungsdifferenz ist. Sie heisst elektromotorische Kraft. Man wird sie auf die stattfindenden chemischen Vorgänge zurückzuführen oder doch mit ihnen in innigem Zusammenhange stehend anzusehen haben.

**Galvanisches Element und galvanische Batterie.** Das auf S. 208 bis 210 beschriebene, einen galvanischen Strom liefernde System Zink / verdünnte Schwefelsäure / Kupfer (nebst Verbindungs- oder Leitungsdraht) heisst eine einfache galvanische Kette oder ein galvanisches Element. Lässt man den Verbindungs- oder Leitungsdraht fort, so ist der Strom unterbrochen, und es sammeln sich — wie schon auf S. 208 erwähnt — die entstehenden Elektricitäten in den oberen Enden der Metallplatten an. Eine solche Kette heisst eine offene. Durch den Verbindungs- oder Leitungsdraht wird sie — und damit der galvanische Strom — geschlossen; daher heisst der Draht auch Schliessungsdraht. Die Enden der Metalle in einer offenen Kette heissen die Pole oder Elektroden und werden als Anode oder positiver Pol und Kathode oder negativer Pol unterschieden.

## 14. Galvanismus.

Wenngleich die galvanische Elektricität sich dadurch von der mittels Reibung erzeugten Elektricität vortheilhaft unterscheidet, dass sie einen andauernden Strom liefert, so steht sie doch insofern hinter letzterer zurück, als ihre Spannung geringer ist.

Einen stärkeren elektrischen Strom erzielt man durch Vereinigung mehrerer einfacher Ketten zu einer zusammengesetzten Kette oder einer galvanischen Batterie (Abb. 116).

Die äusserste Zink- und die äusserste Kupferplatte einer Batterie bilden deren Pole, sie sind in der Abbildung durch einen Schliessungsdraht mit einander verbunden.

Ein anderes als das erwähnte Zink-Kupfer-Element ist das sogenannte Flaschenelement oder Chromsäureelement, das aus Zink und Kohle besteht, welche in eine mit Schwefelsäure gemischte Lösung von doppelt-chromsaurem Kali getaucht werden können.

Aus denselben Körpern sind die vielfach angewendeten Tauchbatterien zusammengesetzt.

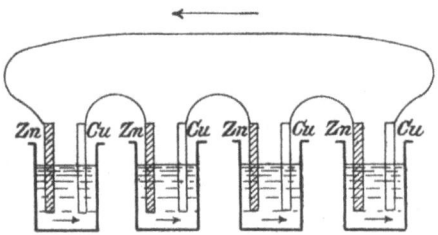

Abb. 116. Galvanische Batterie (von 4 Elementen).

Die Volta'sche Säule (1800) ist eine Batterie, welche aus über einander gelegten Zink- und Kupferplatten und damit abwechselnden, mit Kochsalzlösung getränkten Tuch- oder Pappscheiben aufgebaut ist; Reihenfolge z. B.: Kupfer, feuchter Leiter; Zink, Kupfer, feuchter Leiter; Zink, Kupfer, feuchter Leiter u. s. w., zuletzt: Zink, Kupfer, feuchter Leiter; Zink. Bei dieser Anordnung stellt ein unten (am Kupfer) befestigter Draht den positiven Pol dar, ein oben (am Zink) befestigter Draht den negativen Pol.

**Konstante Ketten.** Die Wirkung der angeführten galvanischen Ketten (und Batterien) nimmt nach einiger Zeit an Stärke ab, und der elektrische Strom hört zuletzt ganz auf. Der Grund für diese Erscheinung liegt in der chemischen Zersetzung, welche der Strom in der Flüssigkeit hervorruft; das in derselben enthaltene Wasser wird in seine Grundstoffe Wasserstoff und Sauerstoff zerlegt. Der Wasserstoff wandert mit dem positiven Strom (siehe S. 208, Abb. 115, sowie S. 221) und legt sich der Kupferplatte an, während der Sauerstoff sich in entgegengesetzter Richtung zur Zinkplatte begiebt und Oxydation und in Folge davon

## 14. Galvanismus.

Auflösung des Zinks und Bildung von Zinkvitriol an Stelle der Schwefelsäure bewirkt. Die Umhüllung des Kupfers mit Wasserstoff verhindert die unmittelbare Einwirkung der Flüssigkeit auf das Kupfer und bewirkt sogar die Entstehung eines Gegenstromes (Berührung von Kupfer und Wasserstoffgas) — eine Erscheinung, die als elektrische Polarisation bezeichnet wird.

Um dem gedachten Übelstande abzuhelfen, wendet man statt einer: **zwei Flüssigkeiten** an, von denen die eine den entwickelten Wasserstoff verbraucht (Kupfervitriollösung, Salpetersäure u. a.). Beide Flüssigkeiten werden durch einen porösen, den Durchtritt des elektrischen Stromes nicht hindernden Thoncylinder (eine Thonzelle) von einander getrennt. Derartige Ketten, welche aus zwei Metallen und zwei Flüssigkeiten bestehen, heissen **konstante Ketten**.

Solche sind: 1. **Die Daniell'sche Kette** (1836). — Ihre Bestandtheile sind **Kupfer** in koncentrirter **Kupfervitriol-Lösung** und **Zink** in verdünnter **Schwefelsäure**. Das Glasgefäss $G$ (Abb. 117) enthält die verdünnte Schwefelsäure, in welche der an beiden Enden offene Zinkcylinder $Zn$ eingestellt ist; er umgiebt die unten geschlossene Thonzelle $Th$, welche zur Aufnahme der Kupfervitriol-Lösung und des Kupferblechcylinders $Cu$ bestimmt ist. In Folge von Zersetzung des Kupfervitriols lagert sich auf dem Kupferblechcylinder metallisches Kupfer (statt des Wasserstoffs) ab. — Die Klemmschrauben $K$ dienen zur Aufnahme des Schliessungsdrahtes, bezw. eines Drahtes, der das Element mit einem zweiten, benachbarten zu einer Batterie verbindet. — Eine Zink-Kupfer-Kette ohne Thonzelle ist die Meidinger'sche (1859).

2. **Die Bunsen'sche Kette** (1842). — Ihre Bestandtheile sind **Kohle** in koncentrirter **Salpetersäure** und **Zink** in verdünnter **Schwefelsäure**.

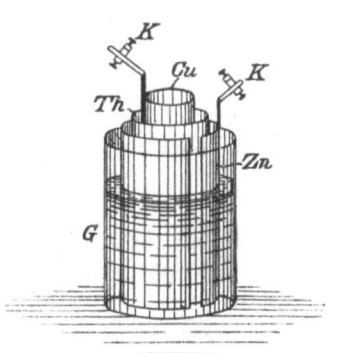

Abb. 117. Daniell'sche Kette.

3. **Das Leclanché- oder Braunstein-Element.** — Dessen Bestandtheile: **Kohle**, welche zwischen zwei Platten eingeklemmt ist, die aus einer Mischung von Braunstein, Kohle, Gummiharz und doppelt schwefelsaurem Kali bestehen, und **Zink**; nur eine Flüssigkeit: Salmiaklösung, die andere wird durch den sauerstoffreichen Braunstein ersetzt.

**Akkumulatoren.** Von besonderer Bedeutung in der modernen Elektrotechnik sind die Polarisations- oder Sekundär-Elemente (Planté, 1859), auch Akkumulatoren genannt. Zwei Bleiplatten werden unter Zwischenlagerung eines isolirenden Stoffes (Kautschukbänder) spiralförmig zusammengerollt und in verdünnte Schwefelsäure getaucht. Der Anfang der inneren und das Ende der äusseren Bleiplatte sind mit Ansätzen versehen, die aus dem die Schwefelsäure enthaltenden Gefässe hervorragen und als Pole dienen. Zunächst wird nun vermittelst dieser Pole ein galvanischer Strom durch das Element hindurchgeleitet. Derselbe zersetzt das Wasser in Wasserstoff und Sauerstoff.

Letzterer begiebt sich an den einen Pol und oxydirt die betreffende Bleiplatte zu Bleisuperoxyd ($PbO_2$), während der Wasserstoff an den andern Pol wandert und die dazugehörige Bleiplatte entweder unverändert lässt oder — wenn sie die Schwefelsäure chemisch verändert haben sollte — zu metallischem Blei reducirt. Auf diese Weise ist das Element **geladen** und giebt nun — nach Ausschaltung der zum Laden benutzten Batterie — selbst einen Strom, und zwar von entgegengesetzter Richtung wie der Ladungsstrom: Sekundärstrom.

Die Ladung des Elements bleibt längere Zeit unverändert. Erst nach ausserordentlich langem (unbenutztem) Stehenlassen nimmt die Ladung in erheblicherem Maasse ab, und erst nach tagelangem Gebrauch **entladet** sich das Element vollständig (durch allmählich fortschreitende Reduktion der oxydirten Bleiplatte).

Zu erneutem Gebrauch ist eine abermalige Ladung vonnöthen.

Die Ladung eines Planté'schen Elementes geht leichter und ausgiebiger vor sich, wenn die Bleiplatten (nach Faure) mit einem Überzug von Mennige versehen werden.

**Wirkungen des elektrischen Stromes.** Die Wirkungen des elektrischen Stromes sondern sich in: Wärme- und Lichterscheinungen, chemische Wirkungen, magnetische Wirkungen, physiologische Wirkungen und Induktionswirkungen.

**Wärme- und Lichtwirkungen des elektrischen Stromes.** Wenn zwischen die Pole eines galvanischen Elements bezw. einer Batterie ein Metalldraht gespannt wird, so dass der elektrische Strom ihn durchfliesst, so findet eine **Erwärmung** des Drahtes statt, die sich bis zum **Glühen und Schmelzen** steigern kann, wenn der Draht dünn genug ist. Ferner erscheint in dem Augenblicke, in welchem die metallische Leitung des elektrischen Stromes an einer Stelle unterbrochen wird, so dass eine Öffnung des Schliessungskreises der Kette eintritt, ein Funke: der Öffnungsfunke. Auch wenn man eine offene galvanische Kette durch gegenseitige Annäherung und Berührung der Poldrähte, d. h. der an den Polen befestigten Leitungsdrähte, **schliesst**, tritt in dem Falle ein Funke auf, dass die Stärke des Stromes, die Leitungsfähigkeit der Drähte und der Widerstand des Dielektricums im geeigneten Verhältniss zu einander stehen.

Von diesen Erscheinungen wird im **elektrischen Licht** Anwendung gemacht. Es sind zwei Arten desselben zu unterscheiden: das Glühlicht, das darin besteht, dass in einem luftleer gemachten Glasgefäss, der sogen. Glasbirne (Abb. 119), ein Kohlenfaden zum Glühen gebracht wird; und das Bogenlicht, bei dem zwei Kohlenstäbe in die metallische Leitung eingeschaltet werden, zwischen

## 14. Galvanismus.

denen ein bogenförmig gekrümmter Lichtstreifen, der **galvanische oder Davy'sche Lichtbogen**, übergeht. (Abb. 118.)

**Die elektrischen Lampen.** Abb. 119 zeigt eine elektrische Glühlampe, Abb. 120 die Einrichtung einer elektrischen Bogenlampe. Der in der Glühlampe befindliche Kohlenfaden wird auf die Weise hergestellt, dass man Bambus- oder Hanffasern in eisernen Formen, die in einen Ofen eingesetzt werden, erhitzt. Der so entstandene Kohlenfaden wird alsdann mit seinen Enden an Platindrähten befestigt, die in die Glasbirne eingeschmolzen werden. Letztere muss luftleer gepumpt werden, weil in Luft bald eine Verbrennung des glühenden Kohlenfadens stattfinden würde.

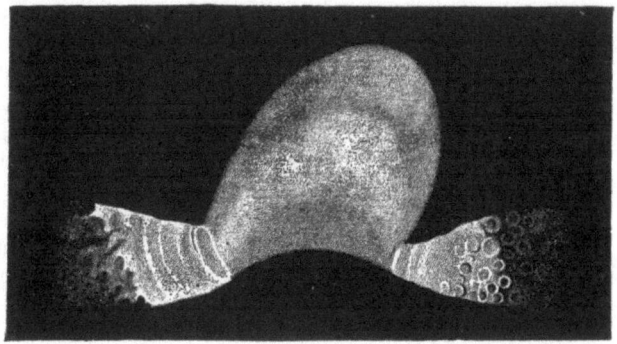

Positiver Pol         Negativer Pol
Abb. 118. Davy'scher Lichtbogen.

Bei der Bogenlampe erfolgt das Übergehen des Lichtbogens zwischen den beiden aus Gas- oder Retortenkohle hergestellten Kohlenstäben in Luft. Daher findet eine fortgesetzte Verbrennung der Kohlenstäbe an den Spitzen derselben statt, und es muss, da hiermit die gegenseitige Entfernung der Spitzen zunehmen und in Folge dessen der Lichtbogen erlöschen würde, dafür gesorgt werden, dass die Kohlenstäbe in dem Maasse, wie sie sich abnutzen, fortdauernd einander genähert werden. Dies geschieht durch den sogenannten Regulirungsmechanismus, der von verschiedener Art sein kann. Hier sei nur ein System besprochen: das in der Differentiallampe von Siemens & Halske (konstruirt von Hefner von Alteneck, Abb. 120) zur Anwendung gelangte.

Abb. 119. Elektrische Glühlampe.

Bemerkt sei zuvor die beachtenswerthe Thatsache, dass der galvanische (oder Davy'sche) Lichtbogen von beiden Kohlenstäben den positiven oder die Anode stärker angreift als den negativen oder die Kathode, so dass jener eine kraterähnliche Vertiefung erhält, während die durch den Lichtbogen von der Anode fortgeführten Kohlentheilchen sich zum Theil an der Kathode in Form von kleinen Höckern wieder ansetzen. (Vergl. Abb. 118.)

In der Abb. 120 sind $K_1$ und $K_2$ die beiden Kohlenstäbe, und zwar $K_1$ der positive, $K_2$ der negative. Ehe der auf der linken Seite der Abbildung in der Richtung des Pfeils eintretende positive Strom zum ersteren Kohlenstabe ($K_1$) gelangt, wird er (bei $A$) in zwei Theile zerlegt, deren jeder eine Drahtspule ($B$ und $C$) spiralförmig umkreist. Zwischen beiden Spulen befindet sich ein Zwischenraum; und in die Höhlungen der Spulen ragt ein Stab aus weichem Eisen ($DD'$) mit je einem seiner Enden hinein. In der Mitte des Eisenstabes ist ein um $F$ drehbarer Hebel $EG$ befestigt, der bei $G$ eine Hülse trägt, durch welche — auf- und abschiebbar — ein mit einem Hemmungsstift $H$ versehener Stab geht, der seinerseits durch Vermittelung eines weiteren Stabes bezw. Gestäbes die obere (positive) Kohle $K_1$ hält. Die untere (negative) Kohle $K_2$ steht fest. — Der elektrische Strom kann nun von $A$ aus zwei Wege einschlagen: 1. um die untere Spule $C$ nach $F$, $G$, durch das dort hängende Gestäbe bis $K_1$ und, von hier durch die Luft (im Lichtbogen) zu $K_2$ übergehend, durch die Drahtleitung $pqrs$ zur Stromquelle zurück oder zu einer folgenden Bogenlampe; 2. um die obere Spule $B$, von hier herunter nach $p$ und auf dem Wege $pqrs$ ebenfalls zur Stromquelle zurück oder zu einer folgenden Lampe. Der erste Weg wird als Hauptschliessung, der zweite als Nebenschliessung bezeichnet. Da die Drahtwicklung der oberen Spule ($B$) mehr Windungen besitzt als die der unteren Spule ($C$), so bietet die Nebenschliessung dem Strome einen grösseren Widerstand dar als die Hauptschliessung. (Vergl. über elektrische Widerstände den Abschnitt „Magnetische Wirkungen des elektrischen Stromes".) Da nun (wie in Kapitel 15 besprochen werden wird) eine von einem elektrischen Strom durchflossene Drahtspirale die Eigenschaften eines Magnets annimmt sowie einen in ihrem Innern befindlichen Eisenstab magnetisch macht, so werden (bei geeigneter Anordnung der Drahtwindungen von $B$ und $C$) die beiden Hälften des Eisenstabes $DD'$ von den beiden Spulen in entgegengesetzten Richtungen angezogen werden, so dass in der That die Differenz der anziehenden Kräfte der Spulen wirksam ist (daher der Name „Differentiallampe").

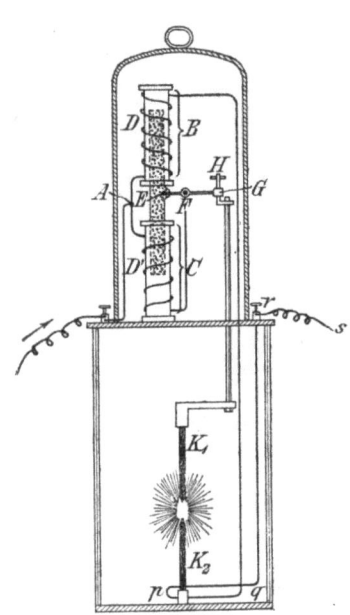

Abb. 120. Elektrische Bogenlampe.

Denken wir uns nun, dass die Kohlenspitzen von einander getrennt sind, so durchläuft der elektrische Strom nicht die Hauptschliessung, sondern er schlägt den Weg von $A$ durch die Spirale $B$ und über $pqrs$ u. s. w. ein. Da nun $B$ vom Strom durchflossen wird, erfährt der Eisenstab $DD'$ eine Anziehung und geht in die Höhe. In Folge dessen bewegt sich das rechte Ende $G$ des Hebels $EG$ nach unten, und da somit das die obere Kohle $K_1$ tragende Gestäbe nicht mehr durch den Hemmungsstift $H$ gehalten wird, senkt sich dasselbe, und die Kohle $K_1$ kommt mit $K_2$ in Berührung. Jetzt ist die Leitung in der Hauptschliessung geschlossen (von $A$ aus durch $C$, $FG$, $K_1$—$K_2$, $pqrs$ u. s. f.), und der Strom geht nun, da der Widerstand in der Hauptschliessung geringer als in der Nebenschliessung ist, durch die Hauptschliessung. Die Folge davon ist, dass die Kohlenspitzen sich entzünden. Gleichzeitig aber wird der Eisenstab $DD'$ seitens der Spirale $C$ nach unten gezogen, der Hebel geht in Folge dessen bei $G$ in die Höhe und hebt die Kohle $K_1$. Durch die eintretende Entfernung der beiden Kohlenstäbe wird der Widerstand des Lichtbogens vermehrt; hierdurch wiederum nimmt die Anziehung der Spirale $B$ auf den Eisenstab $DD'$ zu u. s. w., bis sich bei einem bestimmten Widerstande des Lichtbogens die von $B$ und $C$ (auf $DD'$) ausgeübten Anziehungskräfte das Gleichgewicht halten. Wenn nun auch die Kohlenstäbe langsam abbrennen, so stellt sich doch immer wieder von selbst die gleiche Länge des Lichtbogens her; denn sowie diese Länge zu gross werden sollte, wird der Strom in $C$ geschwächt, in $B$ verstärkt, $DD'$ geht in die Höhe, $G$ nach unten, und der Kohlenstab $K_1$ senkt sich und nähert sich $K_2$. Wird umgekehrt die Lichtbogenlänge zu gering, so geht $DD'$ nach unten, $G$ in die Höhe, und die Kohle $K_1$ wird (durch Vermittlung des Hemmungsstiftes $H$) emporgehoben. Wird endlich im Stromkreise ausserhalb der Lampe die Stromstärke verändert, so bringt dies in der Lampe keine Veränderung hervor, weil sich alsdann in beiden Drahtspiralen $B$ und $C$ die Stromstärke im gleichen Verhältniss ändert. —

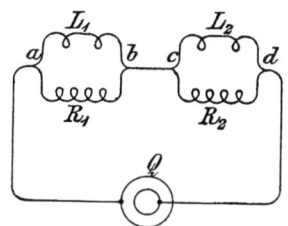

Abb. 121. Theilung des elektr. Stromes.

Eine grosse Schwierigkeit, die der Einführung des elektrischen Lichtes in den praktischen Gebrauch lange Zeit hinderlich im Wege stand, bildete die Theilung des elektrischen Stromes. Eine solche ist nothwendig, da, wenn mehrere Lampen von einer Licht-Maschine (elektrisches Licht erzeugenden Maschine, z. B. einer galvanischen Batterie oder einer Dynamomaschine — siehe Kap. 15) gespeist werden, die verschiedenen Lampen sich gegenseitig beeinflussen und stören. Um dies zu vermeiden, ist eben ein Regulirungsmechanismus von Nöthen — wie er bei der Bogenlampe beschrieben wurde — von der Art, dass die in dem System Lampe-Regulirungsmechanismus herrschende Stromstärke unabhängig ist von den Vorgängen in den übrigen Lampen. Dies geschieht, wie im beschriebenen Beispiel, auf die Weise, dass man den Strom an einer Stelle ($a$ in Abb. 121) in zwei Theile zerlegt, die sich in $b$ wieder zu einem Strome vereinigen, und in den einen dieser Theile ($L_1$) die elektrische Lampe, in den andern ($R_1$) den zugehörigen Regulirungsmechanismus einschaltet. Die gleiche Theilung findet vor einer zweiten Lampe (bei $c$) statt u. s. f.

Nach den Kirchhoff'schen Gesetzen der Stromverzweigung ist dann die Summe der Stromstärken in $L_1$ und $R_1$ gleich der Gesammt-Stromstärke in der ungetheilten Leitung von der Elektricitätsquelle $Q$ bis $a$, und die Stromstärke in dem Stück der Leitung von $b$ bis $c$ ist wiederum dieser Summe gleich. Somit tritt der Strom aus dem Endpunkte der Verzweigung $b$ **unverändert** heraus, und die in $L_2$ eingeschaltete Lampe steht nicht unter dem Einfluss der Vorgänge in der Lampe in $L_1$ bezw. im Verzweigungsgebiete von $a$ bis $b$. In gleicher Weise erscheint der elektrische Strom am Endpunkte der zweiten Verzweigung $d$ unverändert u. s. f. $R_1$ und $L_1$ stehen nun — wie es im Beispiel der Bogenlampe erörtert wurde — in der Beziehung zu einander, dass, wenn die Lampe in $L_1$ in ihrer Thätigkeit nachlässt, durch den Regulirungsmechanismus in $R_1$ diese Thätigkeit gehoben wird und umgekehrt, so dass eine möglichst gleichmässige Funktionirung der Lampe gesichert ist.

**Die elektrische Entladung in atmosphärischer Luft und verdünnten Gasen.** Eigenartige Erscheinungen bietet der Durchgang der Elektricität durch verdünnte Luft oder andere im verdünnten Zustande befindliche Gase dar. Um diese Erscheinungen zu verstehen, ist es nothwendig, zuvor die Art der elektrischen Entladung in gewöhnlicher atmosphärischer Luft genauer ins Auge zu fassen. Da atmosphärische Luft im trockenen Zustande ein Isolator ist, so geht innerhalb derselben die Elektricität zwischen zwei entgegengesetzt elektrischen Metallkugeln nicht einfach über, sondern die Elektricitäten sammeln sich in (bezw. auf) den Metallkugeln — den **Konduktorkugeln oder Elektroden** — an, bis ihre Spannung so gross geworden ist, dass das Dielektricum Luft gewaltsam durchschlagen wird: es tritt ein elektrischer Funke auf. Je nach der Grösse der elektrischen Spannung und der Entfernung der Elektroden folgen die elektrischen Entladungsfunken schneller oder langsamer auf einander und sind schwächer oder stärker. Der in der Luft befindliche, von elektrischen Funken durchschlagene Raum zwischen den beiden Elektroden wird **Funkenstrecke** genannt. Diese Funkenstrecke tritt bei geeigneter kleiner Entfernung der Elektroden auch auf, wenn dieselben nicht kugelförmig, sondern spitz endigen. Die Speisung der Elektroden mit Elektricität kann sowohl durch den galvanischen Strom wie durch eine Influenzmaschine oder auch durch eine Reibungsmaschine erfolgen.

Ist nun die Entfernung der Elektroden eine verhältnissmässig geringe und somit der elektrische Funke klein, so beobachtet man — statt der sonst auftretenden, baumzweigähnlich hin- und hergebogenen Gestalt des Funkens — dass der letztere, wie Abb. 122a zeigt, gerade verläuft, aber nach der Mitte zu, jedoch näher der negativen Elektrode oder Kathode, zusammengezogen ist, und dass die Mitte schwächer leuchtet, also gleichsam eine dunkle Unterbrechungsstelle des eigentlichen, hellen Funkens darstellt. Nach dieser Stelle hin erstrecken sich von den Elektroden aus zwei kräftiger leuchtende Lichtstiele, von denen der von der positiven Elektrode oder Anode ausgehende länger ist. In diesen Lichtstielen bewegen sich die beiden Elektricitäten. Die $+E$ kommt somit der $-E$ weiter entgegen, was nach Eugen Dreher (1894) dadurch zu erklären ist, dass die Anode auf die durch Berührung mit ihr gleichfalls $+$ elektrisch gewordenen **Luftmoleküle kräftiger abstossend wirkt** als die Kathode, so dass vor der Anode im Vergleich mit der Kathode ein luftverdünnter Raum entsteht. Da nun verdünnte Luft die Elektricität leitet, kann die von der Anode ausgehende $+E$ das Dielektricum Luft besser durcheilen als die von der Kathode

## 14. Galvanismus.

ausgehende — $E$; daher der längere Lichtstiel der Anode. An der dunklen Unterbrechungsstelle des Funkens findet der Ausgleich, die Neutralisirung der beiden Elektricitäten statt. Worin hat nun die stärkere Abstossung der $+E$ ihren Grund? — Nach der unitären Hypothese über das Wesen der Elektricität (vergl. S. 189) darin, dass die $+E$ in einem Überschuss, die $-E$ in einem Mangel an elektrischem Fluidum oder freiem Äther besteht. Diese Anschauung liefert auch für die Lichtenberg'schen Figuren (S. 190) eine Erklärung von derselben Art.

Sehr schön lässt sich die stärkere Abstossung auf der Seite der Anode beobachten, wenn man zwischen beide Elektroden eine Kerzenflamme hält; es wird dann die Flamme (bezw. die in derselben glühenden Gase) nach der Kathode hinübergeweht.

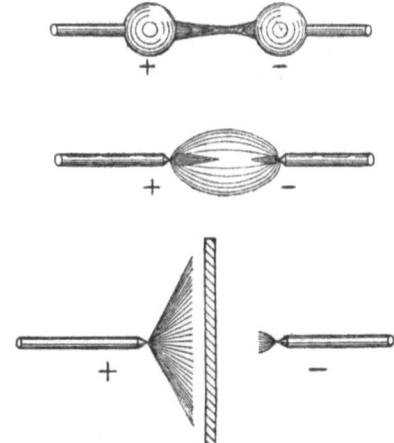

Abb. 122 a—c. Verschiedene Formen der elektrischen Entladung.

Laufen die Elektroden, statt in Kugeln, in Spitzen aus, so findet wegen der Spitzenwirkung (vergl. S. 190) bei genügend kleinem Abstand der Elektroden keine grössere Ansammlung der Elektricitäten und daher keine (unterbrochene) Funkenentladung statt, sondern es erfolgt ein fortdauerndes, allmähliches Überströmen der Elektricitäten zwischen den Elektroden in Gestalt einer nur schwach leuchtenden, eiförmigen Lichtmasse: des „elektrischen Eies" (Abb. 122 b), in das abermals von den Elektroden aus etwas hellere Lichtstiele hineinragen, und zwar wiederum von der Anode aus der längere.

Die schon S. 190 erwähnte Büschelentladung wird aufs beste sichtbar, wenn man zwischen beide Elektroden eine Metallplatte hält (Abb. 122 c); von der Anode geht dann ein grosser, weit ausgebreiteter, schwach leuchtender Lichtbüschel aus, von der Kathode dagegen nur ein sehr kurzer, eng zusammengezogener, als leuchtender Punkt oder Stern bezeichneter Lichtbüschel.

Wie bereits erwähnt, ist verdünnte Luft (und verdünnte Gase allgemein) leitend. Der elektrische Funke sucht sich daher bei grösserem Abstande der

Elektroden, in welchem Falle die Luft zwischen denselben verschiedene Beschaffenheit der Dichtigkeit und desgl. der Feuchtigkeit besitzt (und auch feuchte Luft leitet besser als trockene), diejenigen Stellen des Dielektricums aus, die am besten leiten, die er also am schnellsten durcheilen kann; daher seine alsdann baumzweigähnlich hin- und hergebogene Gestalt, die sich auch beim Blitz, der ungenauer Weise als Zickzackblitz bezeichnet wird, wiederfindet.

Pumpt man nun aus Glasröhren die Luft aus, so dass eine nicht zu weit gehende Luftverdünnung darin hergestellt wird oder stellt man Glasröhren mit anderen verdünnten Gasen her und lässt zwischen zwei in die Enden solcher Glasröhren eingeschmolzenen Platindrähten eine elektrische Entladung (sei es die einer Influenzmaschine oder einer galvanischen Batterie) übergehen, so zeigt sich wegen der Leitungsfähigkeit des Röhreninhalts keine Funkenbildung — ebenso wenig wie beim elektrischen Ei; sondern es findet der Ausgleich der entgegengesetzten Elektricitäten in Gestalt einer nahezu das ganze Innere der Entladungsröhre erfüllenden, mässig hellen Lichtmasse statt, die (im Falle der Röhreninhalt verdünnte Luft ist) auf der Kathodenseite bläulich-violett, auf der Anodenseite röthlich-gelb aussieht.

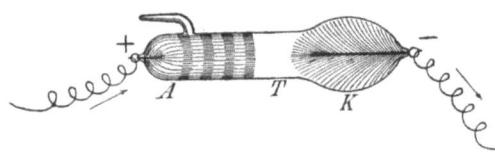

Abb. 123. Geissler'sche Röhre.

Derartige Röhren heissen Geissler'sche Röhren. Sie sind von den später (Kap. 16) zu besprechenden Crookes'schen oder Hittorf'schen Röhren zu unterscheiden, in denen die Luftverdünnung beträchtlich weiter, nämlich unter 1 mm Spannung oder Druck getrieben ist und wo eigenartige, neue Phänomene sich geltend machen.

Den bei der elektrischen Entladung in Geissler'schen Röhren sich darbietenden Erscheinungen aber soll nunmehr näher getreten werden. In Abb. 123 ist der bei $A$ eingeschmolzene Platindraht die Anode, der bei $K$ die Kathode. Das in der Nähe von $A$ befindliche Ansatzrohr dient zum Auspumpen der Luft. Nach erfolgtem Auspumpen wird es zugeschmolzen. Die Pfeile geben die Richtung an, welche die positive Elektricität einschlägt.

Das Anodenlicht besteht aus abwechselnd helleren und dunkleren, querliegenden Schichten, die der Kathode zugewölbt sind und nach derselben hinwogen. Von besonderer Wichtigkeit ist es, dass das Anodenlicht bedeutend weiter ausgedehnt ist als das Kathodenlicht und dass sich dazwischen (bei $T$) ein dunkler Trennungsraum befindet. Damit tritt die Entladung in Geissler'schen Röhren durchaus der zuvor beschriebenen elektrischen Entladung in atmosphärischer Luft an die Seite. Der dunkle Raum ist die Vereinigungsstelle der positiven und negativen Elektricität; und wiederum eilt die $+E$ der $-E$ mit grösserer Geschwindigkeit entgegen, als es umgekehrt geschieht, und der Treffpunkt beider liegt näher der Kathode.

## 14. Galvanismus.

Wählt man als Inhalt der Geissler'schen Röhren andere Gase als die Luft, so sind die Lichterscheinungen, die ihren wesentlichen Charakter beibehalten, von anderer Farbe. Und wieder andere, mannichfaltigere und ausserordentlich schöne Farbenwirkungen werden bei Anwendung **fluorescirender** Glassorten erzielt, durch die man die elektrische Entladung gehen lässt.

**Elektrolyse.** Die chemischen Wirkungen des Stromes sind bereits auf S. 209 und 212 erwähnt worden. Die dort beschriebene Zersetzung des Wassers in einem Leiter zweiter Klasse, sowie jede elektrische Zersetzung eines solchen Leiters selbst wird Elektrolyse genannt; der zersetzte Körper heisst Elektrolyt, die Bestandtheile, in die er zerfällt, die Jonen (oder Jonten). Diese **wandern** — das eine Jon mit dem positiven, das andere mit dem negativen Strom und kommen an den Stellen, wo der (posisive) Strom in den Elektrolyt ein- bezw. aus ihm austritt, d. h.

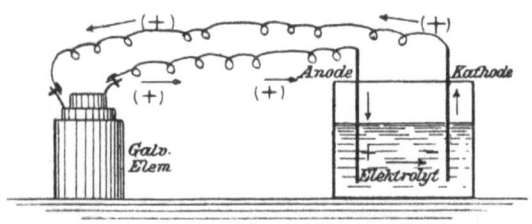

Abb. 124. Elektrolyse.

also an den Polen, zur Ausscheidung, wie dies Abb. 124 an der Schwefelsäure veranschaulicht (die Jonen sind $H_2$ und $SO_4$).

Das mit dem positiven Strom wandernde Jon nennt man den elektropositiven Bestandtheil oder das Kation, das ihm entgegen (also mit dem negativen Strom) wandernde Jon den elektronegativen Bestandtheil oder das Anion.

Da der positive Strom am positiven Pol oder an der Anode heraustritt und innerhalb des Elektrolyts von der Anode zur Kathode wandert, so scheidet sich hiermit das Kation an der Kathode und dem entsprechend das Anion an der Anode ab (der elektropositive Bestandtheil am negativen Pol, der elektronegative Bestandtheil am positiven Pol).

Im Wasser ist der Wasserstoff elektropositiv (das Kation), der Sauerstoff elektronegativ (das Anion). Jener wandert also bei der Zersetzung des Wassers mit dem positiven Strom und scheidet sich an der Kathode (dem negativen Pol) ab, dieser wird an der Anode (dem positiven Pol) frei.

Das Volumverhältniss der frei werdenden Gase (Wasserstoff und Sauerstoff) ist dabei 2:1. Erste Zerlegung des Wassers durch die Volta'sche Säule durch Nicholson und Carlisle (1800).

Da die Menge der in einer bestimmten Zeit abgeschiedenen Gase der Stärke oder Intensität des galvanischen Stroms — der Stromstärke — proportional ist, so kann sie zur Messung der letzteren benutzt werden. (Voltameter; Jacobi, 1839. Vergl. Genaueres im folgenden Abschnitt: „Magnetische Wirkungen des elektrischen Stromes".)

Die Hypothese von der Wanderung der Jonen (Grothuss, 1805) besagt, dass in jedem Wassermolekül der positiv elektrische Wasserstoff und der negativ elektrische Sauerstoff sich trennen, sobald der elektrische Strom hindurchgeht (nach Arrhenius' neuerer Ansicht herrscht von vornherein in jedem Elektrolyt eine solche Trennung, Dissociation genannt), und dass der Wasserstoff eines Wassermoleküls an der Anode von dieser abgestossen wird (beide positiv elektrisch!) und sich mit dem (negativ elektrischen) Sauerstoff des nächsten Wassermoleküls verbindet u. s. f., bis der Wasserstoff des letzten Wassermoleküls — an der Kathode — übrig bleibt und frei wird. Umgekehrt verhält es sich mit dem Sauerstoff. (Vergl. auch Abb. 115.)

Nach Faraday (1834) verhalten sich die Gewichtsmengen der durch den gleichen Strom aus verschiedenen Elektrolyten ausgeschiedenen Bestandtheile wie ihre chemischen Äquivalentgewichte. (Äquivalentgewicht = Atomgewicht, dividirt durch die Werthigkeit oder Valenz, also 1 g Wasserstoff = $1\ H$, 35,5 g Chlor = $1\ Cl$, 8 g Sauerstoff = $\frac{O}{2}$, $\frac{14}{3}$ g Stickstoff = $\frac{N}{3}$ u. s. w.)

Wie aus Wasser und Schwefelsäure der Wasserstoff an der negativen Elektrode (oder Kathode) frei wird, so werden aus Lösungen von Metallsalzen, z. B. Kupfervitriol, Cyansilber + Cyankalium, Cyangold, Goldchlorid, die Metalle, die gleich dem Wasserstoff elektropositiv sind, an der negativen Elektrode abgeschieden. Werden Gegenstände mit dieser verbunden oder bilden die Gegenstände selbst die Kathode, so schlägt sich auf ihnen das Metall (Kupfer, Silber, Gold) nieder; es lassen sich so Kupferabdrücke der Gegenstände herstellen (Galvanoplastik; Jacobi, 1838, St. Petersburg), oder sie werden galvanisch versilbert oder vergoldet, desgl. vernickelt u. s. w. (Galvanisation oder Galvanostegie.)

**Magnetische Wirkungen des elektrischen Stromes.** Es giebt zwei Arten der magnetischen Wirkung eines elektrischen oder galvanischen Stromes. Die eine derselben ist die Ablenkung der Magnetnadel aus ihrer durch den Einfluss der Erde bestimmten Lage. (Entdeckt durch Örsted, 1777—1851, zu Kopenhagen im Jahre 1820.) In welcher Weise die Ablenkung erfolgt, wird am besten durch die Ampère'sche Regel bestimmt, und zwar für alle Fälle, mag die Nadel über, unter oder neben dem den galvanischen Strom leitenden Drahte sich befinden. Die Regel lautet: Denkt man sich in dem positiven Strome mit demselben schwimmend, so dass das Gesicht der Magnetnadel zugewendet ist, so wird das Nordende der Nadel nach links abgelenkt.

Die Nadel kehrt in ihre ursprüngliche, normale Lage erst zurück, wenn der Strom unterbrochen wird.

Wird der Strom umgewendet, d. h. nimmt er — durch Vertauschung der Pole der Batterie oder mittels Anwendung eines sogenannten Kommutators oder Stromwenders — die entgegengesetzte Richtung im Drahte an, so schlägt das Nordende der Nadel nach der entgegengesetzten Seite aus wie zuvor.

Da eine jede Magnetnadel unter dem richtenden Einfluss des Erdmagnetismus steht, so vermag ein elektrischer Strom, der durch eine mit der Richtung der erdmagnetischen Kraft, d. i. mit dem magnetischen Meridian, zusammenfallende Drahtleitung fliesst, die Nadel nicht völlig senkrecht zu seiner eigenen Richtung (der Stromrichtung) zu stellen, sondern aus beiden Kräften: der Kraft des Stromes und der des Erdmagnetismus ergiebt sich eine Resultirende, welche die Nadel so stellt, dass sie einen spitzen Winkel mit der Drahtleitung bildet.

Um den Einfluss des Erdmagnetismus möglichst auszuschliessen, kann man die einfache Magnetnadel durch eine sogenannte astatische Nadel ersetzen. (Abb. 125.) Dieselbe besteht aus zwei Magnetnadeln von nahezu gleicher magnetischer Kraft, die durch einen senkrechten Querstab derartig mit einander verbunden sind, dass sie parallel stehen, aber ihre gleichnamigen Pole entgegengesetzte Lage haben. Bei dieser Beschaffenheit der beiden Nadeln heben sich ihre Magnetismen nahezu auf, und die richtende Wirkung der Erde auf das Nadelpaar ist äusserst gering, so dass ein elektrischer Strom, der an dem System, parallel der Längsrichtung der Nadeln, vorbeifliesst, um so leichter und energischer richtend darauf wirken kann; der Einfluss des Stromes erstreckt sich dann auf diejenige Nadel, deren Magnetismus den der andern um ein Weniges überwiegt.

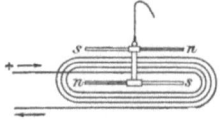

Abb. 125. Astatische Nadel.

Die Grösse der Ablenkung der Magnetnadel durch den elektrischen Strom hängt nach einem bestimmten Gesetz von der Stromstärke ab, so dass sie zur Messung der letzteren benutzt werden kann. (Tangentenbussole; Pouillet, 1837.)

Der Einfluss schwacher elektrischer Ströme auf die Magnetnadel wird verstärkt, indem man den den Strom leitenden Draht in mehrfachen (möglichst zahlreichen) Windungen um die Nadel herumführt. Dies geschieht im Multiplikator (Schweigger, 1820 und Poggendorff, 1821; vergl. Abb. 125.) Die verschiedenen Drahtwindungen sind der Isolirung halber mit Seide umsponnen. Der Multiplikator wird als Strommesser auch Galvanometer genannt.

14. Galvanismus.

Jeder galvanische Strom erleidet eine gewisse Schwächung, wenn er eine Leitung — die die Pole verbindenden Drähte — durchläuft: **Leitungswiderstand**. Bei gleichem Querschnitt der leitenden Drähte ist dieser Widerstand der Länge proportional, bei gleicher Länge der Grösse des Querschnitts umgekehrt proportional. Von der Gestalt des Querschnitts ist er unabhängig, dagegen noch abhängig von der Temperatur sowie der Substanz der leitenden Drähte. Bezüglich der Temperatur gilt, dass die elektrische Leitungsfähigkeit der Metalle mit steigender Temperatur abnimmt. Hinsichtlich der specifischen Leitungsfähigkeit der Metalle seien folgende Angaben gemacht: Setzt man die Leitungsfähigkeit des Quecksilbers = 1, so ist die des Neusilbers = 4, die des Eisens = 8, die des Kupfers = 55. Kupfer leitet also die Elektricität ausserordentlich gut, sein Leitungswiderstand ist sehr gering.

Eine besondere Schwächung erfährt der Strom beim Durchgang durch Flüssigkeiten, so innerhalb der Elemente, die den Strom erzeugen, selbst: **innerer Widerstand**.

**Ohm'sches Gesetz.** Über die Beziehung der Stromstärke zu der elektromotorischen Kraft und dem Widerstande giebt das Ohm'sche Gesetz (1826) Auskunft. Nach demselben ist die Stromstärke der Summe aller in der Kette wirksamen elektromotorischen Kräfte direkt, der Summe aller Leitungswiderstände umgekehrt proportional:

$$J = \frac{E}{W} \qquad (1).$$

**Magnetische und elektrische Maasse.** Da die elektrischen Maasse sich zum Theil auf die magnetischen stützen, so möge an dieser Stelle, ehe die ersteren besprochen werden, kurz auf die magnetischen Maasse hingewiesen werden. Zwei magnetische Theilchen ziehen sich mit einer Kraft an, die gleich ist dem Produkt der Mengen ihres Magnetismus, dividirt durch das Quadrat ihrer Entfernung. (Coulomb, 1785.) Nach dem C. G. S.-System ist die Einheit des Magnetismus diejenige Menge desselben, die auf eine gleich grosse, in der Entfernung 1 cm befindliche Menge eine Kraft von 1 Dyn ausübt. Sie wird 1 Gauss genannt. Als das magnetische Moment eines Magnets bezeichnet man das Produkt aus der Menge seines Nordmagnetismus und dem Abstand seiner Pole. Hiernach kommt die Einheit des magnetischen Moments einem Magnet zu, dessen Pole 1 cm von einander entfernt sind und bei dem die Menge des Magnetismus in jedem Pol 1 Gauss beträgt.

Die elektrischen Maasse scheidet man in die elektrostatischen und die elektromagnetischen. Erstere dienen zur Messung statischer oder ruhender Elektricität, letztere zur Messung strömender Elektricität (elektrischer Ströme).

Als elektrostatische Einheit (oder Einheit der elektrischen Menge) bezeichnet man diejenige Elektricitäts-Menge oder -Ladung, die auf eine gleich grosse, in der Entfernung 1 cm befindliche Menge eine Kraft von 1 Dyn ausübt.

## 14. Galvanismus.

Hiernach übt die Elektricitätsmenge $q$ auf die Einheit der Elektricitätsmenge in 1 cm Entfernung eine Kraft $= q$ Dyn aus; die Elektricitätsmengen $q$ und $q'$ üben in $r$ cm Entfernung die Kraft

$$f = \frac{q \cdot q'}{r^2} \text{ Dyn} \qquad (1)$$

auf einander aus, da nach Coulomb auch die elektrische Kraft proportional dem Quadrat der Entfernung abnimmt (1788). Sind beide Elektricitätsmengen $q$ und $q'$ gleichartig, so ist $f$ positiv und bedeutet die abstossende Kraft; sind die Elektricitäten ungleichartig, so ist $f$ negativ und bedeutet die anziehende Kraft. Wird $q = q'$, so ist

$$f = \frac{q_2}{r^2}$$

und $$q = r\sqrt{f} \qquad (2).$$

Da die vorstehend definirte elektrostatische Einheit sehr klein ist, wird statt ihrer meist eine andere gebraucht, die $3 \cdot 10^9$ oder 3000 Millionen mal so gross ist. Eine derartige Elektricitätsmenge heisst 1 **Coulomb**; dieselbe muss in der Sekunde durch den Querschnitt eines elektrischen Stromleiters gehen, um $^1/_{10}$ der **absoluten elektromagnetischen Einheit** (= 1 Ampère) zu erzeugen.

Unter der **absoluten elektromagnetischen Einheit** (E. M. E.) versteht man diejenige Stromstärke, welche, einen Stromleiter von 1 cm Länge durchfliessend, auf eine 1 cm entfernte magnetische Einheit eine ablenkende Kraft von 1 Dyn ausübt. (W. Weber, 1842.) Der zehnte Theil dieser Einheit, dessen man sich bei der praktischen Anwendung gewöhnlich bedient, da die volle Einheit zu gross ist, heisst, wie bereits erwähnt, 1 **Ampère**.

Als **elektrochemische Einheit der Stromstärke** oder **Jacobi'sche Einheit** wird derjenige Strom bezeichnet, der beim Durchgange durch angesäuertes Wasser in 1 Minute 1 ccm Knallgas von 0° C. und 760 mm Quecksilberdruck liefert.

Da 1 Ampère in 1 Minute 10,54 ccm Knallgas liefert, so beträgt 1 Ampère rund 10 Jacobi'sche Einheiten.

**Einheit des Widerstandes** ist das **Ohm**. Man versteht darunter den Widerstand eines Quecksilberfadens von 1 qmm Querschnitt und 106 cm oder rund 1 m Länge bei 0° C. 1 Million Ohm = 1 Megohm; 1 Milliontel Ohm = 1 Mikrohm.

Als **Einheit der elektromotorischen Kraft** wird hiernach diejenige angesehen, die in einem Stromkreise von 1 Ohm Gesammtwiderstand die Stromstärke von 1 Ampère erzeugt. Man nennt diese elektromotorische Kraft 1 **Volt**. Sie ist sehr nahe gleich derjenigen eines Daniell'schen Elements: 1 Daniell = 1,1 Volt.

Da nach dem Ohm'schen Gesetz (Formel [1] S. 224) die Stromstärke der Summe der elektromotorischen Kräfte direkt, der Summe der Widerstände (Leitungswiderstände) umgekehrt proportional ist, so folgt:

$$1 \text{ Ampère} = \frac{1 \text{ Volt}}{1 \text{ Ohm}}.$$

Wenn man sich den elektrischen Strom unter dem Bilde einer in einem schräg abwärts gerichteten Flussbett sich fortbewegenden wirklichen Flüssigkeit vorstellt, so hat man 1 Ampère als die **Menge** der sich fortbewegenden Flüssigkeit, 1 Volt als die **Gefällhöhe** der Flüssigkeit anzusehen.

**Elektrische Arbeit.** Denken wir uns einen von einem elektrischen Strome durchflossenen Leitungsdraht, innerhalb dessen die Stromstärke $J$ (in Ampère gemessen) und an dessen Enden die von den elektromotorischen Kräften des Stromerzeugers (der Batterie) gelieferten elektrischen Spannungen oder Potentiale $V_1$ und $V_2$ (in Volt gemessen) herrschen, so giebt $J$ die Zahl der Electricitäts-Einheiten an, welche in der Sekunde von $V_1$ nach $V_2$ übergehen, und es ist $J\,(V_1 - V_2)\,.\,t$ die hierbei in der Zeit $t$ von der Electricität geleistete **Arbeit**, was sich auf folgende Weise ergiebt:

Ebenso wie die elektrischen Kräfte Arbeit zu **leisten** vermögen, weswegen sie als eine Form der Energie anzusehen sind, ist umgekehrt eine gewisse Arbeit erforderlich, um einen Körper elektrisch zu laden oder mit anderen Worten: um ihm Energie in der Form der Electricität zuzuführen. Unter dem Potential eines Leiters, allgemein: eines Punktes, ist diejenige Arbeit zu verstehen, welche nöthig ist, um — allen wirkenden Kräften entgegen — 1 Coulomb an den betreffenden Punkt zu bringen, und zwar von einer Stelle her, wo das Potential Null ist, d. h. aus dem Unendlichen. Um statt eines Coulomb 2, 3, 4 u. s. w. auf den Leiter zu bringen, muss die 2-, 3-, 4-fache Arbeit geleistet werden. Hat also ein Punkt ein gewisses Potential und wird eine bestimmte Electricitätsmenge an ihn gebracht, so ist die dazu erforderliche Arbeit proportional dem Produkt aus dem Potential und der zugeführten Electricitätsmenge, und es ist alsdann der Punkt der **Träger** einer derartigen Energie. Da nun die Electricitätsmengen in Coulomb, die Potentiale in Volt gemessen werden, so ist die Arbeit, die ein elektrisch gemachter Leiter leisten kann, bezw. die in ihm steckende Energie durch die Maassgrösse Volt $\times$ Coulomb oder kurz Volt-Coulomb auszudrücken. Um diese Maassgrösse in Harmonie mit der Einheit der **mechanischen** Arbeit: 1 Kilogrammmeter (vergl. S. 46) zu bringen, hat man 1 Volt ($=$ 1 Ampère $\times$ 1 Ohm, vergl. S. 225) so gewählt, dass

$$1\text{ Volt-Coulomb} = \frac{1}{g}\text{ Kilogammmeter}$$

ist, worin $g$ die Maasszahl der Erdschwere $=$ 9,81 bedeutet.

Geht nun durch einen Leiter ein elektrischer Strom und besitzt der Leiter an seinen Enden **verschiedene** Potentiale, so dass eine gewisse Anzahl Coulomb im Verlaufe des Stromes von einem höheren auf ein niedrigeres Potential fällt, so ist die dabei frei werdende Arbeit gleich der Anzahl der Coulomb mal der Differenz der Volt (das Produkt gemessen in Volt-Coulomb).

Da in einem dauernd fliessenden Strome in **jedem Zeittheilchen**, z. B. in jeder **Sekunde**, eine gewisse Anzahl Coulomb abfliesst, so ist die **innerhalb einer bestimmten Zeit** frei werdende Arbeit der Anzahl der Sekunden proportional; und da die **in einer Sekunde** abfliessende Anzahl Coulomb nach den obigen Definitionen nichts anderes als die in **Ampère**

## 14. Galvanismus.

gemessene Stromstärke ist, so ergiebt sich die in $t$ Sekunden seitens des elektrischen Stromes geleistete Arbeit gleich der Stromstärke in Ampère mal der Differenz der Volt mal $t = J(V_1 - V_2)\,t$.

Der Arbeits-Effekt, d. h. die in der Zeiteinheit = 1 Sekunde geleistete Arbeit (vergl. S. 47) ist hiernach $= J(V_1 - V_2)$, gemessen in Volt-Ampère; und es ist, wie die Definitionen gewählt sind, 1 Volt-Ampère gerade = 1 Watt (S. 47).

**Joule'sches Gesetz.** Wenn die durch den Ausdruck $J(V_1 - V_2)\,t$ dargestellte Arbeit eines Stromleiters ganz in demselben verbleibt, ohne nach aussen in Wirksamkeit zu treten, so wird sie in Wärme verwandelt, die der Arbeit äquivalent ist (vergl. Kapitel 11, Abschnitt „Mechanisches Wärme-Äquivalent" u. f.). Bezeichnet man die so erzeugte Wärmemenge mit $W$ und wählt als Einheit für dieselbe eine der Arbeitseinheit äquivalente Menge, so gilt:

$$J(V_1 - V_2) \cdot t = W \qquad (1).$$

Bezeichnet man ferner den elektrischen Widerstand des Stromleiters mit $R$, so ist nach dem Ohm'schen Gesetz (S. 224):

$$J = \frac{V_1 - V_2}{R} \quad \text{und} \quad V_1 - V_2 = J \cdot R.$$

Setzt man den vorstehenden Werth von $J$ in die Gleichung (1) ein, so folgt:

$$\frac{(V_1 - V_2)^2}{R} \cdot t = W \qquad (2).$$

Substituirt man dagegen den Werth von $V_1 - V_2$ durch $J \cdot R$, so ergiebt sich:

$$J^2 \cdot R \cdot t = W \qquad (3).$$

Diese Gleichung wird als das Joule'sche Gesetz bezeichnet. Die Gleichungen (1) und (2) sind gleichbedeutende Ausdrücke desselben. Joule fand das Gesetz in der Form (3) auf experimentellem Wege (1841). In Worten lautet es, gemäss der Gleichung (3):

Die durch einen elektrischen Strom in einem Stromleiter erzeugte Wärme ist dem Quadrate der Stromstärke, dem Widerstande des Leiters und der Zeitdauer des Stromes proportional.

**Kurzschluss.** Unter Kurzschluss versteht man die unmittelbare Vereinigung der Pole einer galvanischen Batterie oder sonstigen elektrischen Kraftquelle (Akkumulator, Induktor, Dynamomaschine — vergl. den zweitnächsten Abschnitt sowie das folgende Kapitel), ohne dass zwischen die Pole eine genügenden Widerstand darbietende Stromleitung eingeschaltet wird. Ist die Kraftquelle eine bedeutende, so besitzt der entstehende Strom grosse Stärke und kann in verschiedener Hinsicht gefährlich werden; so, wenn er durch den menschlichen Körper geht, oder wenn der zwischen den Pol-Enden auftretende Funke entzündliche Gegenstände trifft. Andererseits kann die elektrische Kraftquelle selbst zerstört werden, da sich der Strom mit voller Stärke auf sie wirft, die bei Kurzschluss den vollen Stromkreis darstellt.

Die zweite Art der magnetischen Wirkung eines galvanischen Stromes wird im nächsten Kapitel besprochen werden.

**Physiologische Wirkungen des Galvanismus.** Die physiologischen Wirkungen des Galvanismus bestehen in Muskelzuckungen (beim Anfassen und Loslassen der beiden Pol-Enden mit angefeuchteten Fingern), sowie in Lichterscheinungen vor den Augen (wenn eine Stelle der Stirn mit der einen Pol-Platte, die Lippen mit der andern berührt werden) und in Geschmacksempfindungen (wenn der Strom die Zungennerven durchströmt).

**Elektrische Induktion.** Der galvanische Strom vermag ähnlich wie die Reibungselektricität Fernwirkungen auszuüben, welche man als Induktion bezeichnet.

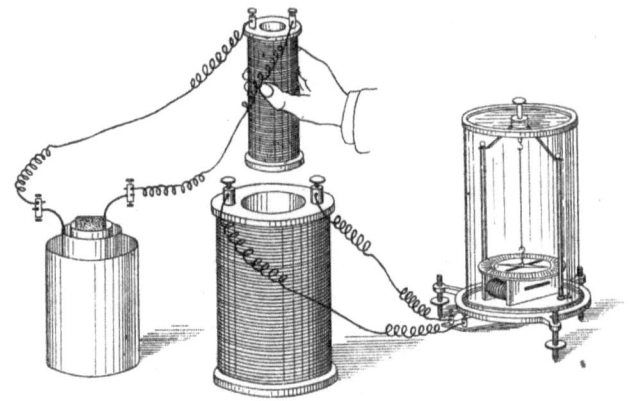

Abb. 126. Elektrische Induktion.

Wenn ein auf eine Holzspule gewickelter, isolirter Kupferdraht — eine Drahtspirale —, welche ein galvanischer Strom durchfliesst, einer anderen Drahtspirale, welche mit einem Galvanometer verbunden ist und die kein Strom durchfliesst, genähert wird, so entsteht in der zweiten Spirale ein elektrischer Strom, wie man an dem Ausschlag der Galvanometernadel erkennt. Dieser Strom heisst Induktionsstrom; seine Richtung ist der des erzeugenden Stroms oder Hauptstroms entgegengesetzt. Er ist nur von kurzer Dauer; aber beim Entfernen der ersten Spirale entsteht in der zweiten Spirale abermals ein Induktionsstrom, der dem ersten Induktionsstrom entgegen-, dem Hauptstrom also gleichgerichtet ist. (Abb. 126.)

Die erste Spirale, welche der erzeugende Strom durchfliesst, heisst Hauptspirale oder primäre Spirale, die zweite, in welcher der inducirte Strom auftritt, heisst Nebenspirale oder sekundäre Spirale.

Die gleichen Induktionsströme, wie beschrieben, werden auch erzeugt, wenn man die Hauptspirale, bevor sie von einem galvanischen Strom durchflossen wird, in die (grössere) Nebenspirale hineinsteckt und dann in jener einen Strom entstehen und verschwinden lässt, was durch Schliessen und Öffnen der mit der Hauptspirale verbundenen galvanischen Kette geschieht. Der durch Schliessen der Kette erzeugte Induktionsstrom heisst Schliessungsstrom (er ist dem inducirenden Strom entgegengesetzt), der durch Öffnen der Kette erzeugte Induktionsstrom heisst Öffnungsstrom (er ist dem inducirenden Strom gleichgerichtet).

Entdeckung der Induktionsströme durch Faraday, 1831.

**Induktionsapparate und Transformatoren.** Um mittels der Induktionsströme starke physiologische Wirkungen zu erzielen, ist in den Induktionsapparaten ein selbstthätiger Stromunterbrecher angebracht, welcher ein

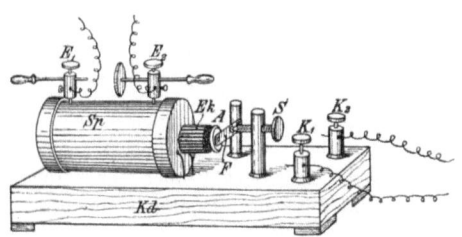

Abb. 127. Ruhmkorff'scher Induktor.

fortgesetztes schnelles, abwechselndes Öffnen und Schliessen des Hauptstroms bewirkt. Dadurch erhält man in der Nebenspirale eine Reihe schnell auf einander folgender, entgegengesetzt gerichteter Induktionsströme, die von grosser Stärke sein können. Derartige hin- und hergehende, nicht dauernd im gleichen Sinne fliessende Ströme nennt man Wechselströme; der bisher besprochene, dauernd in gleicher Richtung fliessende galvanische Strom heisst Gleichstrom.

Der in Abb. 127 dargestellte, vom Mechaniker Ruhmkorff konstruirte, besonders zur Erzeugung kräftiger Funken dienende Induktionsapparat, Ruhmkorff'scher Induktor oder Funkeninduktor genannt, zeigt bei $K_1$ und $K_2$ zwei Klemmschrauben, an denen die den primären Strom (irgend einer Batterie) zu- bezw. ableitenden Drähte befestigt werden. Von ihnen aus geht der Strom durch unterseits verlaufende Drähte nach Passirung des Stromunterbrechers zu der primären der beiden bei $Sp$ befindlichen Spiralen, die zwecks Isolirung nach aussen mit einer Hartgummischale umgeben sind. Aus dieser ragen die Klemmschrauben $E_1$ und $E_2$ heraus, zu denen von innen her die Drahtenden der sekundären Spirale führen. $E_1$ und $E_2$ stellen die Elektroden dar und können 1. wenn es sich um die Erzeugung kräftiger Funken handelt, zwei Messingstäbe aufnehmen, die mit isolirenden Handgriffen versehen sind und deren einer spitz zuläuft, während der andere mit einer angeschraubten Metallplatte endigt (vergl. die Abbildung), und es können 2. an ihnen, wenn der Strom weitergeführt werden und zu irgend welchen sonstigen Zwecken Verwendung finden soll, isolirte Leitungsdrähte befestigt werden, wie sie gleichfalls die Abbildung aufweist.

In der primären Spirale, welche die innere von beiden ist und aus **wenig Windungen eines dicken Drahtes** besteht, während die sekundäre Spirale jene umgiebt und aus **zahlreichen Windungen eines dünnen Drahtes** hergestellt ist (**beide Drähte wohl isolirt**), befindet sich der Eisenkern $Ek$, der von einer Anzahl dünner Eisenstäbe gebildet wird und die Induktionswirkung, wie es aus den Erörterungen des nächsten Kapitels hervorgehen wird, erhöht. Vor diesem Eisenkern ist der Stromunterbrecher angebracht, der bei der in der Abbildung dargestellten Form des Induktors ein sogenannter **Neef'scher Hammer** ist. Derselbe besteht aus dem Anker $A$ — einer Eisenplatte, die von einem federnden Metallstreifen (der Feder $F$) getragen wird — und dem mittels Schraubengewindes in einen als Stativ dienenden Metallstab eingesetzten Metallstift $S$; letzterer berührt mit seinem spitzen Ende die Feder, die an der betreffenden Stelle der besseren Haltbarkeit wegen ein Platinplättchen trägt, und kann mittels des Schraubengewindes der Feder genähert oder von ihr entfernt werden.

Der primäre Strom geht nun von $K_1$ zunächst nach $S$ und von hier, bei stattfindender Berührung zwischen $S$ und $F$, über $F$ nach der primären Spirale in $Sp$ und von dieser nach $K_2$. Sobald aber der Strom den Eisenkern $Ek$ umkreist, wird dieser, wie im folgenden Kapitel besprochen werden wird, magnetisch und zieht den Anker $A$ an. In Folge dessen wird die Berührung zwischen $F$ und $S$ aufgehoben, und der primäre Strom ist unterbrochen. Damit wird aber der Eisenkern unmagnetisch und zieht den Anker nicht mehr an, den nun die Feder $F$ zurückschnellen macht, so dass abermals eine Berührung zwischen $F$ und $S$ stattfindet, der Strom geschlossen ist, $Ek$ magnetisch wird u. s. f.

Die bei Öffnung und Schliessung des primären Stromkreises durch den Stromunterbrecher in der sekundären Spirale entstehenden, entgegengesetzt gerichteten Induktionsströme sind von **ungleicher Dauer und Stärke**; und zwar ist der **Öffnungsstrom kürzer, aber intensiver** als der Schliessungsstrom. Dies erklärt sich folgendermaassen:

Der primäre Strom wirkt nicht nur inducirend auf die **sekundäre Spirale**, sondern auch von jeder Windung aus auf die übrigen Windungen der **primären Spirale**, so dass auch innerhalb der primären Spirale Induktionsströme entstehen, die man **Extraströme** nennt. Der Schliessungs-Extrastrom ist nun nach dem im vorigen Abschnitt Erörterten dem primären Strom entgegengesetzt, schwächt ihn daher und lässt ihn nicht plötzlich in der grössten, von ihm erreichbaren Stärke auftreten. Der Öffnungs-Extrastrom ist dem primären Strom gleichgerichtet, verlängert also seine Dauer und lässt ihn nicht plötzlich auf Null herabsinken. Da nun die Intensität der in der sekundären Spirale auftretenden Induktionsströme wesentlich von der Geschwindigkeit des Entstehens und Verschwindens des inducirenden Stromes bedingt wird, so sind beide Extraströme der Entwicklung des Induktionsstromes in der sekundären Spirale schädlich; aber der Schliessungs-Extrastrom in höherem Maasse, weil er erstens, wie gesagt, den in der sekundären Spirale entstehenden Schliessungsstrom direkt schwächt und zweitens vollständig zur Entwicklung kommen kann, da er in der primären Spirale eine vollkommen geschlossene Leitung findet, während der Öffnungs-Extrastrom nur so lange andauern kann, als der Öffnungsfunke besteht, der an der Unterbrechungsstelle des primären Stromes auftritt. Somit muss von beiden Induktionsströmen in der sekundären Spirale der Schliessungsstrom schwächer, der Öffnungsstrom intensiver sein, letzterer aber wegen der geringeren Dauer des Öffnungs-Extrastromes zugleich kürzer.

Um die Intensität des Öffnungsstromes noch mehr zu verstärken, sucht man die Dauer des Öffnungsfunkens im primären Strom möglichst zu verringern, was durch die Einschaltung des Fizeau'schen Kondensators (1853) in den primären Strom geschieht. Derselbe besteht aus einem grossen, zusammengefalteten Stück Wachstaffet, dessen beide Seiten mit Stanniol beklebt sind. Er ist in einem unter dem eigentlichen Induktionsapparat befindlichen Kasten (Abb. 127, $Kd$) eingeschlossen. Indem sich die beiden entgegengesetzten Elektricitäten des Extrastromes, die sich im Öffnungsfunken auszugleichen streben, auf den Stanniolbelegungen des Kondensators gegenseitig binden, wird ihre Spannung an der Unterbrechungsstelle vermindert und damit die Dauer des Funkens verkürzt.

Wegen der abwechselnd entgegengesetzten Richtung der bei Schliessung und Unterbrechung des primären Stromes auftretenden Induktionsströme müssten die beiden Enden der sekundären Spirale und damit die beiden Elektroden ($E_1$ und $E_2$) abwechselnd entgegengesetzte Pole werden. Da aber nach der vorstehenden Erörterung der Öffnungsstrom intensiver als der Schliessungsstrom ist, gehen durch die Luft zwischen den Elektroden immer nur Öffnungsströme hindurch, und es ist daher die eine Elektrode dauernd der positive, die andere dauernd der negative Pol.

Durch Induktionsapparate von der vorstehend beschriebenen Einrichtung (dicker primärer Draht mit wenig Windungen und dünner sekundärer Draht mit zahlreichen Windungen) erhält man mittels eines Batteriestromes von geringer Spannung (und elektromotorischer Kraft), aber grosser Stromstärke (wegen des geringen Widerstandes, den der primäre Draht in Folge seiner Dicke und Kürze darbietet), einen Induktionsstrom von geringer Stromstärke (wegen des grossen Widerstandes, den der dünne, lange sekundäre Draht darbietet) und hoher Spannung. In Folge der hohen Spannung kann man mittels des Ruhmkorff'schen Induktors alle (auf hohen Potentialen beruhenden) Erscheinungen der Reibungs- und der Influenz-Elektricität hervorbringen.

Von ähnlicher Art wie die Induktionsapparate, aber mit einer der beschriebenen entgegengesetzten Wirkungsweise ausgestattet sind die Transformatoren. (Gaulard und Gibbs, 1883.) Da nämlich bei ihnen die primäre Spirale aus zahlreichen Windungen eines dünnen Drahtes und die sekundäre Spirale aus wenigen Windungen eines starken Drahtes besteht, so wird durch einen schwachen primären Strom von hoher Spannung ein Induktionsstrom von geringer Spannung, aber grosser Stromstärke hervorgerufen. Man kann daher mit Hülfe eines Transformators, ohne die Stromenergie zu ändern, einen Strom von hoher Spannung und geringer Stärke in einen solchen von niedriger Spannung, aber grosser Stärke überführen. Der besseren Isolirung halber befinden sich die Transformatoren in Gefässen, die mit Öl gefüllt sind.

**Anziehung und Abstossung von Stromleitern.** Sind zwei bewegliche Stromleiter (Drähte) parallel neben einander aufgehängt, so ziehen sie sich nach der Entdeckung Ampère's (1820) gegenseitig an, wenn sie von gleichgerichteten Strömen durchflossen werden, und stossen einander ab, wenn sie von entgegengesetzt gerichteten Strömen durchflossen werden.

Stehen zwei von galvanischen Strömen durchflossene Stromleiter zu einander gekreuzt, so suchen sie sich gegenseitig so zu stellen, dass sie parallel werden und die Ströme in beiden gleichgerichtet sind.

Die durch die beiden vorstehenden Gesetze ausgedrückte Wechselwirkung der Stromleiter hat Ampère die **elektrodynamische** genannt.

## 15. Elektromagnetismus und Magnetoelektricität; Elektrodynamik und Dynamoelektricität; Thermo- und Pyroelektricität.

**Elektromagnetismus.** Die zweite Art der magnetischen Wirkung eines elektrischen Stroms nächst der Ablenkung der Magnetnadel (S. 222) besteht darin, dass er Eisen, welches unmagnetisch ist, magnetisch macht. Wird in eine Drahtspirale ein Stück weiches Eisen gesteckt, so wird dasselbe von dem Augenblicke an zu einem Magnet, wo ein galvanischer Strom die Spirale durchfliesst. Erst mit dem Aufhören des Stromes verliert auch das Eisen seine magnetischen Eigenschaften.

Ein derartiger Magnet heisst ein **Elektromagnet**, sein Magnetismus **Elektromagnetismus**.

Ein Stahlstab wird gleichfalls unter dem Einfluss eines elektrischen Stromes magnetisch, unterscheidet sich aber vom weichen Eisen dadurch, dass er seinen Magnetismus beibehält, wenn der Strom unterbrochen ist.

## 15. Elektromagnetismus und Magnetoelektricität etc.

Auch wenn man ein Stück weiches Eisen einer von einem elektrischen Strome durchflossenen Drahtspirale nur nähert, wird es magnetisch; beim Entfernen wird es wieder unmagnetisch.

Die Polarität eines in einer Drahtspirale befindlichen Elektromagnets richtet sich einerseits nach der Art, wie die Spirale gewunden ist — nach dem Sinn der Windungen — und andererseits nach der Richtung des die Spirale durchfliessenden Stromes.

Was den Sinn der Windungen betrifft, so unterscheidet man rechts gewundene und links gewundene Spiralen. Rechts gewunden nennt man eine Spirale — wie wir es bereits in der Mechanik für die Schrauben angegeben haben (S. 50) — wenn beim Aufsteigen auf den Windungen mit nach innen, d. h. der Achse der Spirale zu, gerichtetem Gesicht die rechte Schulter vorangeht. Geht dagegen im gleichen Falle die linke Schulter voran, so heisst

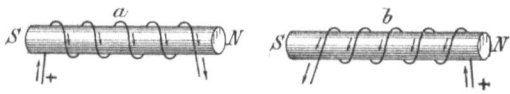

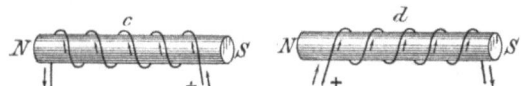

Abb. 128. Verschiedene Formen von Elektromagneten.

die Spirale links gewunden. Die Abbildungen 128, a und c zeigen rechts gewundene, b und d links gewundene Spiralen. In den Abbildungen 128, a und d fliesst der positive elektrische Strom von links nach rechts, in b und c von rechts nach links, wie es durch die Pfeile angedeutet ist. Die Buchstaben $N$ und $S$ (Nordpol und Südpol) lassen erkennen, wie in den verschiedenen Fällen die Pole des in der Spirale steckenden, zum Magnet werdenden Eisenstabes angeordnet sind. Hierüber lassen sich folgende Regeln aufstellen:

1. Bei rechts gewundener Spirale entsteht an demjenigen Ende, wo der positive Strom eintritt, der Südpol, bei links gewundener Spirale wird das gleiche Ende zum Nordpol.

2. Denkt man sich im positiven Strome mit demselben schwimmend und hält das Gesicht dabei nach innen gekehrt, so entsteht in allen Fällen links der Nordpol. (Vergl. die Ampère'sche

Regel über die Ablenkung der Magnetnadel durch den elektrischen Strom, S. 222).

**Ampère's Theorie des Magnetismus.** Aus diesen Thatsachen des Elektromagnetismus, zusammengehalten mit der Erfahrung, die über Anziehung und Abstossung beweglicher Stromleiter gemacht worden war (S. 232), leitete Ampère seine elektrische Theorie des Magnetismus ab (1826). Nach derselben ist ein Magnet als ein von einem elektrischen Strome spiralförmig umflossener Eisenstab aufzufassen, dessen Richtung derart ist, dass, wenn man sich im Strome mit demselben schwimmend denkt und den Magnet dabei anblickt, der Nordpol desselben sich links befindet. Unentschieden bleibt dabei der Sinn des spiralförmigen Stromverlaufes.

Werden nun zwei Magnete einander mit ungleichnamigen Polen genähert (z. B. Abb. 128, *a* und *b* oder *c* und *d* oder auch zwei Magnete von einer der vier Formen *a, b, c* oder *d*), so sind die elektrischen Ströme der Magnete jedesmal gleich gerichtet, und es muss Anziehung der Pole stattfinden. Werden aber zwei Magnete einander mit gleichnamigen Polen genähert (z. B. mit den beiden Nordpolen — Abb. 128, *a* und *d*), so sind die elektrischen Ströme der Magnete entgegengesetzt gerichtet, und die Pole müssen sich abstossen.

**Solenoid.** Eine besondere experimentelle Bestätigung erhält die Ampère'sche Theorie durch das Solenoid. Man versteht darunter eine frei beweglich aufgehängte Drahtspirale, die von einem elektrischen Strom durchflossen wird — ohne Eisenkern. Ein Solenoid verhält sich äusserst ähnlich einem frei aufgehängten Magnetstabe, insofern, als seine Enden zu Nord- und Südpol werden und das ganze Solenoid sich mit seiner Achse in die Nord-Südrichtung (die Richtung des — magnetischen — Meridians) einstellt, so dass das eine Ende nach Norden, das andere nach Süden zeigt.

Ein Unterschied, der zwischen einem Solenoid und einem Magnetstab zu Tage tritt, besteht darin, dass der Magnetstab fast ausschliesslich an den Polen und so gut wie gar nicht in seiner Mitte Eisenfeilspähne anzieht, während bei einem in Eisenfeilspähne eingetauchten Solenoid alle Windungen eine gleich starke Anziehung auf die Eisenfeilspähne ausüben.

Hierbei sei erwähnt, dass jeder irgendwie, z. B. geradlinig verlaufende Leitungsdraht, der von einem elektrischen Strome durchflossen wird, seiner ganzen Länge nach anziehend auf Eisentheilchen wirkt, mit denen er in Berührung kommt.

Hier entsteht die Frage, ob sich im Umfange eines solchen Drahtes irgend welche Art von Polarität offenbart. Dies ist nicht der Fall, wie folgender Versuch lehrt:

Um einen senkrecht verlaufenden Metalldraht oder noch besser einen senkrecht gestellten Metallcylinder, den ein elektrischer Strom durchfliesst, wird eine Magnetnadel (am besten von kleinen Dimensionen) geführt. Dieselbe richtet sich niemals mit einem ihrer Enden nach der Achse des Cylinders oder, was dasselbe besagt, senkrecht zur Cylinderoberfläche, sondern stets tangential zur letzteren.

Abb. 129, welche dies Experiment zur Anschauung bringt, zeigt den Metallcylinder im Querschnitt; der positive Strom tritt von oben ein, fliesst also von oben nach unten durch den Cylinder hindurch; die Anordnung der Pole ist in drei verschiedenen Lagen der Magnetnadel dargestellt. Sie entspricht der Ampère'schen Regel über die Ablenkung der Magnetnadel durch den elektrischen Strom (vergl. S. 222).

**Magnetische Theorie des elektrischen Stromes.** Diese Thatsachen brachten mich zur Aufstellung einer Theorie des elektrischen Stromes, wonach dieser auf den Magnetismus, genauer auf

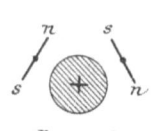

Abb. 129. Richtung einer Magnetnadel durch einen senkrecht dazu verlaufenden elektrischen Strom.

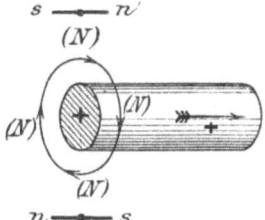

Abb. 130. Zurückführung des elektrischen Stromes auf strömenden Magnetismus.

magnetische Ströme zurückgeführt wird, während Ampère gerade umgekehrt den Magnetismus durch elektrische Ströme erklärt. Beide Theorien werden der innigen Wechselbeziehung zwischen Elektricität und Magnetismus gerecht, während die von mir begründete und sogleich näher zu besprechende Theorie mehr sonstige Thatsachen erklärt als die Ampère'sche.

Ich sehe einen Magnet als einen Eisenstab an, der seiner Länge nach von zwei magnetischen Strömen — einem nordmagnetischen und einem südmagnetischen — durchflossen wird. Der nordmagnetische Strom fliesst vom Südpol zum Nordpol und tritt am Nordpol nach aussen in die umgebenden Medien ein; der südmagnetische Strom fliesst vom Nordpol zum Südpol und tritt am Südpol in die umgebenden Medien ein. Innerhalb der umgebenden Medien, z. B. der atmosphärischen Luft, verlaufen die magnetischen Ströme längs der magnetischen Kraftlinien. Der nordmagnetische Strom verfolgt dabei die durch die Abb. 114, S. 206, zur Darstellung gebrachte Richtung.

**Regel über die Einwirkung der magnetischen Ströme auf Magnetpole:** Der nordmagnetische Strom führt einen magnetischen Nordpol, der ihm nahekommt, in der vom Strom verfolgten Richtung mit sich fort; einen magnetischen Südpol treibt er in der entgegengesetzten Richtung zurück. Umgekehrt führt der Südstrom einen Südpol mit sich fort und treibt einen Nordpol zurück. (K. F. Jordan, 1898.)

Dieses Mitgehen der magnetischen Pole bezw. der in ihnen enthaltenen Magnetismen mit den gleichnamigen Magnetströmen entspricht vollkommen der Thatsache der Wanderung der Jonen, z. B. des elektropositiven Jons (des elektropositiven Bestandtheils eines Elektrolyts) mit dem positiv elektrischen Strom. (Vergl. S. 222.)

Erblicken wir nun in einem Magnet nicht einen Eisenstab, der von elektrischen Strömen (Solenoidströmen — vergl. den vorigen Abschnitt) umflossen wird, sondern fassen wir umgekehrt einen in einem beliebigen Leitungsdrahte fliessenden elektrischen Strom so auf, als würde der Draht von magnetischen Strömen umkreist, so gilt als

**Hauptregel für das Phänomen des elektrischen Stromes:** Der nordmagnetische Strom fliesst so, dass, wenn man sich in dem Strome mit demselben schwimmend denkt und dabei den elektrischen Leitungsdraht ansieht, der positiv elektrische Strom von rechts nach links verläuft oder: nach links abfliesst. (K. F. Jordan, 1898.)

Dies wird durch Abb. 130 veranschaulicht. In den der Deutlichkeit halber sehr dick gezeichneten Leitungsdraht (man kann statt desselben auch einen beliebigen Metallcylinder wählen) tritt der positiv elektrische Strom am linken Ende ein und fliesst, wie der gefiederte Pfeil angiebt, nach rechts. Dann hat der den Draht umkreisende, mit dem Buchstaben (*N*) bezeichnete nordmagnetische Strom die durch die ungefiederten Pfeile angegebene Richtung.

Dieser nordmagnetische Strom muss nach der obigen Regel über die Einwirkung der magnetischen Ströme auf Magnetpole eine Magnetnadel so richten, wie es die Abb. 130 in zwei Lagen einer solchen veranschaulicht; dies entspricht vollkommen den durch die Ampère'sche Regel (S. 222) gekennzeichneten Thatsachen der Ablenkung einer Magnetnadel durch den elektrischen Strom.

Bringt man einen Magnet so in der Nähe eines elektrischen Stromleiters frei beweglich an, dass nur der eine der beiden Pole, z. B. der Nordpol, unter dem Einfluss des elektrischen Stromes steht, so müssen die nach meiner Theorie den Stromleiter umkreisenden magnetischen Ströme diesen Pol im Kreise um den Stromleiter herumführen. Befinden sich beide Pole des Magnets unter dem Einfluss des Stromes, so wird der eine Pol ebenso sehr nach der einen Richtung (senkrecht zum Verlaufe des Stromleiters) gezogen bezw. getrieben wie

## 15. Elektromagnetismus und Magnetoelektricität etc.

der andere Pol nach der entgegengesetzten, und eine Bewegung des ganzen Magnets um den Stromleiter kann nicht stattfinden.

Die erstere Schlussfolgerung aber (die Bewegung eines Magnetpols um einen elektrischen Stromleiter) lässt sich durch das Experiment bestätigen: Der Metallstab $AB$ (Abb. 131), der an seinem oberen Ende $B$ ein Quecksilbernäpfchen trägt, wird in der Richtung des gefiederten Pfeiles (also von unten nach oben) von einem positiv elektrischen Strome durchflossen. In das Quecksilber des Gefässes taucht das an dem Faden $F$ hängende Metallstück $M$ mit einer unten an ihm befestigten Spitze ein, so dass der elektrische Strom von dem Quecksilber aus in $M$ eintritt, um von hier aus durch einen in der Zeichnung nicht dargestellten Draht seitlich weitergeleitet zu werden. Das Metallstück trägt ferner zwei horizontale Querarme, an deren Enden zwei Magnete ($ns$, $ns$), beide mit dem Nordpol nach unten, angebracht sind. Da der elektrische Strom nur bis zu dem Metall-

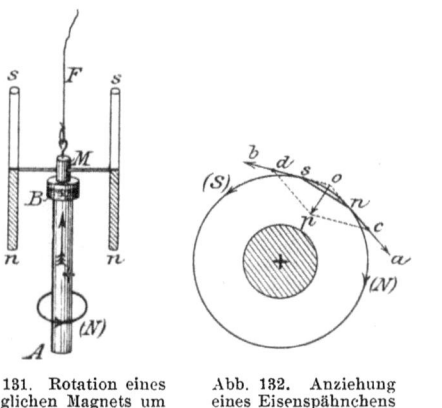

Abb. 131. Rotation eines beweglichen Magnets um einen elektrischen Strom.

Abb. 132. Anziehung eines Eisenspähnchens ($ns$) durch den elektrischen Strom.

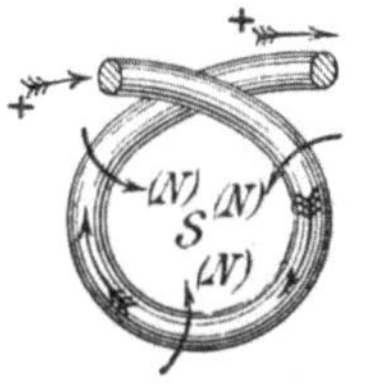

Abb. 133. Einzelne Drahtwindung eines Solenoids.

stück $M$, d. h. nur bis zur Mitte der Magnete, zwischen diesen verläuft, so stehen (wesentlich) nur die Nordpole der Magnete unter dem Einfluss des Stromes. Die Folge ist daher, dass das von $F$, $M$ und den beiden Magneten gebildete System von dem nach meiner Theorie den Metallstab $AB$ umfliessenden nordmagnetischen Strom ($N$) im Sinne desselben (von oben gesehen, entgegengesetzt wie der Zeiger einer Uhr) bewegt wird.

Nach der magnetischen Theorie des elektrischen Stromes wird nun auch die bereits oben erwähnte Erscheinung klar, dass jeder von einem elektrischen Strom durchflossene Leitungsdraht — gleichgiltig aus was für Metall er besteht: Eisen, Kupfer, Aluminium u. s. w. — seiner ganzen Länge nach magnetische Anziehung auf Eisenfeilspähne ausübt. Denken wir uns nämlich nach der Theorie, dass der in Abb. 132 im Querschnitt dargestellte, schraffirt gezeichnete Leitungsdraht, durch den von oben nach unten ein positiv elektrischer Strom fliessen soll, von Magnetströmen umkreist wird, und zwar von dem Nordstrom im Sinne des Pfeiles ($N$), von dem Südstrom im Sinne des Pfeiles ($S$) — vergl. Abb. 130, S. 235 — so müssen diese Magnetströme auf das Eisenspähnchen *ns* derartig (magnetisirend) wirken, dass es in der Richtung des Nordstromes, also bei *n*, einen Nordpol, in der Richtung des Südstromes, also bei *s*, einen Südpol erhält und sich zugleich tangential zu den magnetischen Kreisströmen stellt. Im Punkte *n* greift nun die im Nordstrom enthaltene magnetische Kraft tangential zu der Kreisbahn des Stromes an (= *na*), im Punkte *s* die im Südstrom enthaltene magnetische Kraft ebenfalls tangential zur Kreisbahn des Stromes (= *sb*). Beide Kräfte sind zu einander unter einem stumpfen Winkel geneigt. Verlängern wir sie rückwärts über *n* und *s* hinaus und tragen sie vom Schnittpunkte *o* aus ab, so werden sie durch die Strecken *oc* und *od* dargestellt, die sich nach dem Parallelogramm der Kräfte (S. 42—43) zu der Resultirenden *op* zusammensetzen, welche das Eisenspähnchen auf den Leitungsdraht zutreibt.

Bei einem Solenoid, von dem Abb. 133 eine Windung darstellt, die in der Richtung des gefiederten Pfeiles von einem positiv elektrischen Strom durch-

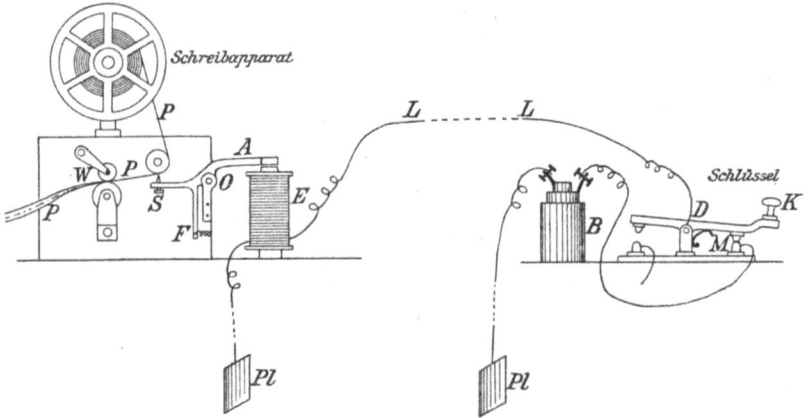

Abb. 134. Morse'scher Schreibtelegraph.

flossen wird, umkreist nach der Hauptregel meiner Theorie der magnetische Nordstrom den Draht in der Weise, wie es die nicht gefiederten, mit (*N*) bezeichneten Pfeile veranschaulichen. Danach muss der Nordpol des Solenoids — ebenso wie bei einem **Magnet** — an dem Ende entstehen, wo der nordmagnetische Strom austritt, d. h. in der Abbildung hinten oder unten, und der Südpol vorn oder oben = *S*. Alle am Solenoid zu beobachtenden Erscheinungen lassen sich auf Grund dieser Feststellung erklären.

**Telegraphie; Morse'scher Schreibtelegraph.** Eine ausserordentlich wichtige Anwendung wird vom Elektromagnetismus in der Telegraphie gemacht, und zwar auf die Weise, dass die Fortpflanzung der Elektricität in Metalldrähten zur Mittheilung von Signalen oder Schriftzeichen auf grössere Entfernungen benutzt wird.

## 15. Elektromagnetismus und Magnetoelektricität etc.

Der in Preussen im öffentlichen Gebrauch befindliche Morse'sche Schreibtelegraph (1844; der erste Telegraph von Gauss und Weber, 1833) besteht aus dem Schreibapparat und dem Schlüssel; jener befindet sich an der Empfangs-Station, dieser an der Aufgabe-Station (zeichengebenden Station). Der Schreibapparat (Abb. 134) besteht aus einem hufeisenförmigen Elektromagnet ($E$), vor dessen Polen sich ein Anker ($A$) befindet, der den einen Arm eines zweiarmigen, um die Achse $O$ drehbaren Hebels darstellt, dessen anderer Arm den Schreibstift $S$ trägt; vor diesem bewegt sich der Papierstreifen $PPP$ vorbei, den ein Uhrwerk mit gleichförmiger Geschwindigkeit zwischen den Walzen $W$ hindurchzieht. Auf diesem Papierstreifen bringt der Schreibstift einen Eindruck, bezw. einen farbigen Strich hervor, wenn und solange der Anker $A$ von den Polen des Elektromagnets angezogen wird. Eine Spiralfeder ($F$) bringt den Anker in seine Ruhelage zurück, wenn keine Anziehung seitens des Elektromagnets stattfindet. Diese Anziehung nun tritt ein, sobald der elektrische Stromkreis vom Elektromagnet bis zu dem Schlüssel der Aufgabe-Station geschlossen ist. Die Schliessung erfolgt, wenn der Schlüssel mittels des Knopfes $K$ niedergedrückt wird. Die Leitung $LL$ geht nämlich — vom Elektromagnet herkommend — nach $D$, dem Drehpunkt des hebelförmigen, metallenen Schlüssels und von diesem durch den unter ihm befindlichen Metallknopf $M$ nach der Batterie $B$ (die Figur giebt der Einfachheit wegen nur ein Element wieder). Lässt man den Schlüssel los oder locker, so wird er durch eine elastische Feder (unterhalb des Hebelarmes $DK$) nach oben gedrückt, und der Stromkreis ist geöffnet.

Der am Schlüssel arbeitende Telegraphist kann hiernach durch längeres oder kürzeres Niederdrücken des Knopfes $K$ und Einhalten gewisser Pausenlängen auf dem Papierstreifen $PPP$ in der Empfangsstation längere oder kürzere Striche (Striche oder Punkte) hervorbringen; durch verschiedene Zusammenstellung solcher Striche und Punkte hat man ein Alphabet gebildet, dessen man sich statt des Buchstaben-Alphabets zur Mittheilung von Gedanken (Wörtern und Sätzen) bedient.

Die Drahtleitung $LL$ muss gut isolirt sein. Sie befindet sich entweder in der Luft und wird dann von Telegraphenstangen getragen, an denen sie durch glockenförmige Träger von Porzellan befestigt ist, oder sie ist eine unterirdische oder unterseeische Leitung und besitzt in diesem Falle eine Guttapercha-Umhüllung (Kabel).

Zur völligen Schliessung der Drahtleitung sollten eigentlich zwei Drähte zwischen beiden Stationen vonnöthen sein. Indessen kann der eine entbehrt werden, weil der leitende Erdkörper die Rückleitung des Stromes besorgt, wenn man die Enden des Leitungsdrahtes mit zwei Metallplatten ($Pl, Pl$) in Verbindung setzt, die in die feuchte Erde (das Grundwasser) versenkt werden.

Die Geschwindigkeit des elektrischen Stromes hat sich je nach dem Material und der Länge des leitenden Drahtes sehr verschieden herausgestellt. In oberirdischen Leitungen ist die Fortpflanzungsgeschwindigkeit des Telegraphenstromes ungefähr $= 12\,000$ km oder $= 1600$ Meilen in der Sekunde.

**Relais.** Da bei langen Telegraphenleitungen der elektrische Strom zu sehr geschwächt wird, um den Schreibhebel (*S*) mit der nöthigen Kraft zu bewegen, so benutzt man gewöhnlich den die Leitung vom Schlüssel zum Schreibapparat (oder: vvm Geber zum Empfänger) durchlaufenden Strom, den sogen. Linienstrom, gar nicht zur Erregung des den Schreibhebel bewegenden Elektromagnets (*E*), sondern nur dazu, einen anderen Elektromagnet, das sogenannte Relais, zu erregen, der mit seinem sehr leicht beweglichen Anker eine an der Empfangsstation aufgestellte Lokalbatterie schliesst, die nun erst ihrerseits den zuerst genannten Elektromagnet (*E*) erregt.

**Elektrische Klingel.** Die elektrische Klingel (auch als elektrischer Haustelegraph zu bezeichnen) besitzt als wesentlichsten Bestandtheil ebenfalls einen Elektromagnet, dessen Anker mit einem Klöppel versehen ist, der gegen eine Glocke schlägt, wenn der Anker angezogen wird. Nun ist der Strom durch den Stiel des Anker-Klöppels geführt, doch so, dass an der Eintrittsstelle des Stroms in diesen Stiel eine Unterbrechung des Stroms eintritt, sobald der Anker angezogen wird. Geschieht das letztere, so verliert der Eisenkern des Elektromagnets seinen Magnetismus, der Anker wird nicht mehr angezogen und schnellt — in Folge des Drucks einer elastischen Feder — zurück. Dadurch tritt aber wieder eine Schliessung des Stromkreises ein, und der Elektromagnet zieht den Anker von Neuem an, der Klöppel schlägt abermals an die Glocke u. s. f. — Die erste Schliessung des Stromes erfolgt durch Drücken auf einen Knopf, der einen — nicht selbstthätigen — Stromunterbrecher darstellt; solange gegen diesen Knopf gedrückt wird, dauern die Glockenschläge an.

**Magnetoelektricität oder magnetische Induktion.** Wie der elektrische Strom Magnetismus hervorrufen kann, so ist umgekehrt die magnetische Kraft im Stande, einen elektrischen Strom zu erzeugen. Ein solcher magnetoelektrischer Strom entsteht, wenn einer Drahtspirale ein Magnet genähert wird, und ein zweiter, dem ersten entgegengesetzt gerichteter Strom, wenn der Magnet wieder entfernt wird. Dasselbe findet statt, wenn in die Drahtspirale ein Stab aus weichem Eisen gesteckt und dieser nun (durch Annäherung eines Magnets oder durch einen galvanischen Strom) magnetisirt und wieder entmagnetisirt wird. (Abb. 135.)

Die geschilderte Erscheinung wird auch als magnetische Induktion bezeichnet.

Die Richtung der entstehenden Ströme lässt sich mit Hilfe der von mir aufgestellten magnetischen Theorie des elektrischen Stromes oder bei Zugrundelegung der Ampère'schen Theorie des Magnetismus vermittelst der Thatsachen der rein elektrischen Induktion (S. 228) feststellen.

Der magnetoelektrische Rotationsapparat (Stöhrer, 1844) liefert Ströme von ähnlicher Art wie ein Induktionsapparat.

**Lenz'sche Regel.** Eine noch allgemeinere elektrische Wirkung kommt dem Magnetismus nach der von Lenz (1834) aufgestellten

### 15. Elektromagnetismus und Magnetoelektricität etc.

Regel zu: Durch gegenseitige Bewegung von Stromleitern und Magnetpolen werden Induktionsströme erzeugt, deren Richtung stets eine derartige ist, dass die durch den Induktionsstrom wirksam werdenden elektromagnetischen Anziehungs- oder Abstossungskräfte auf die Bewegung **hemmend** einwirken.

**Telephon.** Die Magnetoelektricität findet eine besondere Anwendung beim **Telephon** oder **Fernsprecher**, mit Hilfe dessen gesprochene oder gesungene Worte sowie Töne von Instrumenten auf grössere Entfernungen übertragen werden können. (Philipp Reis, 1861; Graham Bell, 1877.)

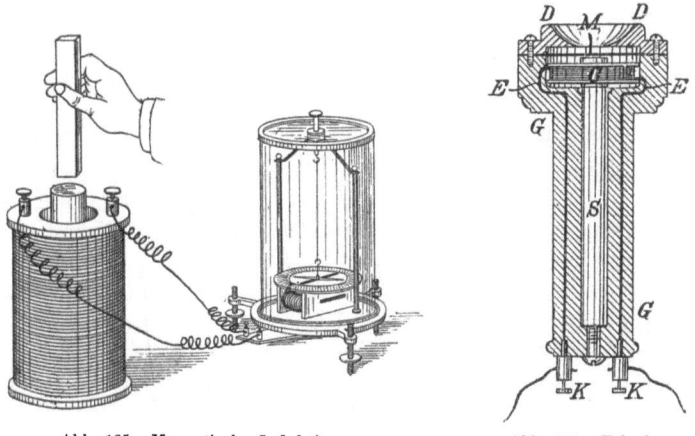

Abb. 135. Magnetische Induktion.     Abb. 136. Telephon.

Das Bell'sche Telephon (Durchschnitt desselben Abb. 136) besteht aus drei wesentlichen Bestandtheilen: einem **Stahlmagnet** $S$, der sich in einem hölzernen Gehäuse ($G$) befindet; einem sich an das vordere Ende des Magnets ansetzenden kurzen **Cylinder** ($C$) aus weichem Eisen, der den Kern einer **Drahtspirale** (Induktionsrolle) bildet; und einer davor ausgespannten dünnen **Eisenplatte** oder **Eisenmembran** ($M$), die zwischen das Holzgehäuse $G$ und den darauf geschraubten Deckel $D$ eingespannt ist. Der Deckel $D$ ist mit einer runden Schallöffnung versehen, in welche man hineinspricht. Die Enden der Drahtspirale ($EE$) führen (nach unten) zu zwei Klemmschrauben ($KK$), von denen Leitungsdrähte nach der Empfangs-Station angelegt sind, an welcher ein ähnlicher Apparat wie der eben beschriebene zur Aufnahme und Wiedergabe des Gesprochenen dient. Das erstgenannte, an der Aufgabestation befindliche Telephon wird **Tonsender** oder **Transmitter** genannt, der an der Empfangsstation befindliche Apparat **Tonempfänger** oder kurz **Empfänger**.

Wird in die Schallöffnung des Telephons hineingesprochen, gesungen u. s. w., so theilen sich die erzeugten Schallwellen der Eisenplatte $M$ mit; diese beginnt zu schwingen und geräth in Folge dessen in eine abwechselnd nähere oder weitere Entfernung von dem Eisenkern C. Da nun der letztere auf Grund der Einwirkung des Stahlmagnets S selbst magnetisch ist und die Eisenplatte bei ihrer Annäherung oder Entfernung gegenüber C und S auch ihrerseits eine grössere oder geringere, zu- oder abnehmende Magnetisirung erfährt, so greift deswegen eine Änderung im Magnetismus des Eisenkerns Platz. Diese Änderung ruft magnetoelektrische Induktionsströme in der Drahtspirale hervor, die nach Richtung und Stärke verschieden sind. Durch die Drähte EE begeben sich diese Induktionsströme nach den Klemmschrauben KK und werden von hier durch die Leitungsdrähte nach dem Empfänger fortgeleitet, in welchem sich nunmehr die umgekehrten Vorgänge wie die eben beschriebenen abspielen: Durch die Induktionsströme, welche daselbst die Drahtspirale durchfliessen, wird der Magnetismus des Eisenkerns verändert und die Eisenplatte in wechselndem Maasse angezogen bezw. abgestossen, so dass sie in Schwingungen geräth, die sich auf die Luft übertragen und einem an die Schallöffnung gehaltenen Ohr als die gleichen Worte u. s. w. erscheinen wie diejenigen, die in den gebenden Apparat hineinerschallten.

(Verbessertes Telephon von Siemens, im Princip dem Bell'schen gleich.)

Die in die Stromleitung der meisten Telephone eingeschaltete galvanische Batterie (von Leclanché-Elementen) ist für die Wirksamkeit des Telephons nicht unbedingt nothwendig; sie dient hauptsächlich dazu, den Weckruf einer elektrischen Klingel erschallen zu lassen.

**Mikrophon.** Das Mikrophon (Hughes, 1878) ist ein Apparat, der frei im Zimmer gesprochene Worte, sowie überhaupt leise Geräusche auf grössere Entfernungen überträgt. Als Empfänger dient ein Telephon. Das Mikrophon besteht aus drei Stäben eines Leiters, z. B. Gaskohle, von denen zwei auf einem Resonanzkästchen liegen, während der dritte quer über jenen liegt. Die beiden erstgenannten Stäbe — und damit auch das dritte Stäbchen — werden in eine Telephonleitung eingeschaltet, die zugleich mit einer galvanischen Batterie verbunden ist. Wird nun das obere Stäbchen durch Schallwellen erschüttert, so wird der Widerstand der Leitung an der Berührungsstelle zwischen ihm und den unteren Stäben geändert — in einem Wechsel von Zeitdauer und Stärke, der dem der Schallwellen entspricht und daher aus dem als Empfänger dienenden Telephon die gleichen oder ähnliche Schallwellen heraustreten lässt.

Diese Art der Verwendung des Mikrophons nennt man die direkte Einschaltung des Mikrophons in den Telephonverkehr. Behufs besserer Überwindung des Leitungswiderstandes bei weiteren Entfernungen gebraucht man die indirekte Einschaltung. Dieselbe besteht darin, dass man den veränderlichen Batteriestrom an der Aufgabestation, nachdem er das Mikrophon passirt hat, durch die primäre Spirale einer Induktionsrolle gehen lässt und hierauf zur Batterie zurückführt, während nur die solchergestalt in der sekundären Spirale erregten Induktionsströme nach dem an der Empfangsstation befindlichen Telephon geleitet werden.

Auf diese Weise kann man die Sprache Hunderte von Kilometern weit übertragen. In Europa ist die längste Linie die von London über Paris nach Marseille, mit einer Länge von 1250 km.

**Elektrodynamik.** Da nach S. 232 zwei galvanische Ströme anziehende oder abstossende Kräfte auf einander ausüben, ist es möglich, mittels des Galvanismus auch in ausgedehnterem Maasse Bewegungen zu erzeugen.

Die Lehre von derartigen, durch Elektricität erzielten Bewegungen und damit auch Kraftleistungen heisst Elektrodynamik.

Auf Grund der im vorigen Kapitel, Abschnitt „Anziehung und Abstossung von Stromleitern" erwähnten elektrodynamischen Wechselwirkung, wonach zwei gekreuzte Stromleiter, die von galvanischen Strömen durchflossen werden, in parallele Stellung und zu gleicher Stromrichtung zu gelangen suchen, lässt sich ein elektrodynamischer Rotationsapparat herstellen, in welchem ein Stromleiter um einen andern, feststehenden von kreisförmiger Gestalt eine kreisende Bewegung ausführt.

Statt des feststehenden Kreisstroms lässt sich auch wegen der engen Beziehung zwischen elektrischen Strömen und Magnetismus ein Magnetpol verwenden, um den sich der Stromleiter dreht. Umgekehrt kann, wie es schon in dem Abschnitt über die „magnetische Theorie des elektrischen Stromes" (S. 235 u. ff. und Abb. 131) beschrieben wurde, ein beweglicher Magnet um einen feststehenden Stromleiter in Bewegung gebracht werden.

Praktische Anwendung zur Erzeugung mechanischer Arbeitsleistungen finden die elektrodynamischen Motoren oder Elektromotoren, die als umgekehrt wirkende Dynamomaschinen (vergl. den folgenden Abschnitt) aufgefasst werden können.

**Dynamoelektricität; Dynamomaschine.** Von der umgekehrten Beschaffenheit wie die elektrodynamischen Erscheinungen sind die dynamoelektrischen: mechanische Arbeit dient bei ihnen zur Erzeugung elektrischer Ströme.

Eine dynamoelektrische Maschine oder kurz Dynamomaschine', auch schlechtweg Dynamo genannt, ähnelt in ihrer Einrichtung sehr einer magnetoelektrischen; der Unterschied zwischen beiden liegt darin, dass die dynamoelektrische Maschine nicht wie die magnetoelektrische einen im voraus vorhandenen Magnet, z. B. einen durch einen besonderen elektrischen Strom hergestellten Elektromagnet enthält, sondern dass der von der Maschine gelieferte Strom selbst zur Erzeugung eines Magnets benutzt wird.

Denken wir uns, dass in Abb. 137, welche eine Form der Dynamomaschinen schematisirt darstellt, $NS$ und $N_1 S_1$ zwei Elektromagnete sind, an deren Polen eiserne Armaturen $M$ und $M_1$ angebracht sind, zwischen denen ein starker Eisenring $R$ oder besser ein ringförmiges Bündel zahlreicher dünner Eisendrähte in Umdrehung (um die Achse $A$) versetzt werden kann. Der Ring ist von einem Drahtgewinde umgeben. — Er heisst der Gramme'sche Ring (1871). — Sobald man denselben — im Sinne des grossen Pfeiles — dreht, werden die einzelnen Drahtwindungen gegen die Pole $N$ und $S_1$ und die durch dieselben im Eisenkern des Ringes erzeugten entgegengesetzten Magnetpole verschoben; die Folge ist, dass die Windungen von einem elektrischen Strom durchflossen werden

(Lenz'sche Regel, S. 240), dessen Richtung durch die kleinen Pfeile angedeutet ist; dieselbe ist auf der linken Hälfte des Ringes derjenigen auf der rechten entgegengesetzt.

Suchen wir diese Richtung für die obere Hälfte des Ringes festzustellen! — Den ganzen Eisenkern des Ringes können wir uns aus zwei Magneten — einem oberen und einem unteren — zusammengesetzt denken; beide haben ihren Nordpol auf der rechten Seite (gegenüber $S_1$), ihren Südpol auf der linken (gegenüber $N$). Die Lage beider Pole an sich (im Raume) bleibt bei der Drehung des Ringes unverrückbar dieselbe, weil sie den festliegenden Polen $N$ und $S_1$ der Elektromagnete $NS$ und $N_1S_1$ ihre Entstehung verdanken; den sich drehenden

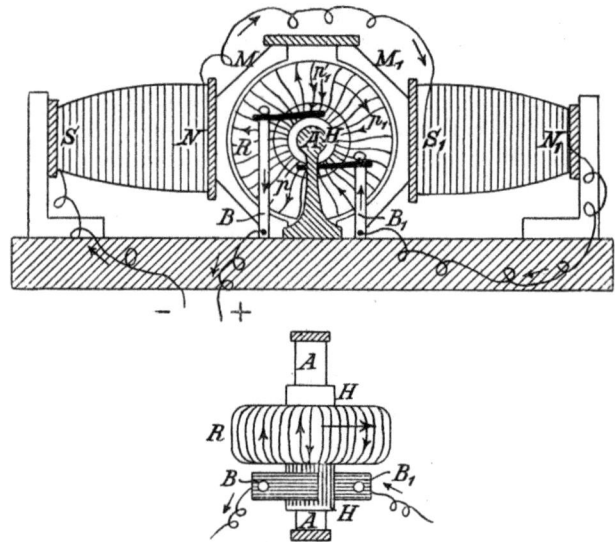

Abb. 137a u. b. Dynamoelektrische Maschine.

Ring dagegen durchwandern die Pole, oder sagen wir: der Ring dreht sich über die Pole hinweg.

Nach der Ampère'schen Vorstellung von der Natur des Magnetismus können wir uns einen Magnet als einen Eisenstab vorstellen, den ein elektrischer Strom von solcher Richtung umfliesst, dass — wenn wir in dem Strome mit demselben schwimmen und den Stab ansehen — der Nordpol sich linker Hand befindet; diese Richtung würde für den unteren Magnet durch den Pfeil $p$ angegeben werden. Dem Nordpol dieses Magnets nähert sich nun die rechte Hälfte des den oberen Magnet umgebenden Drahtgewindes fortdauernd; nach der Lenz'schen Regel muss daher in den Windungen derselben ein Strom von solcher Richtung erzeugt werden, dass er den den Magnetismus des unteren Magnets darstellenden Strom von der Richtung $p$ abstossen würde. Da aber

## 15. Elektromagnetismus und Magnetoelektricität etc. 245

entgegengesetzt gerichtete Ströme einander abstossen, so muss die Richtung des in dem rechten oberen Viertel des Drahtgewindes erzeugten Stromes die entgegengesetzte von $p$ sein; sie wird durch die Pfeile $p_1$ angeben.

Die die linke Hälfte des oberen Magnets umgebenden Windungen **entfernen** sich von dem Südpol des unteren Magnets; daher muss der sie durchfliessende Strom dem den Magnetismus darstellenden Strom von der Richtung $p$ gleichgerichtet sein, d. h. so, wie es die Pfeile angeben.

In gleicher Weise, wie hier entwickelt, findet man die Richtung des Stromes in der unteren Hälfte des Ringes. —

An den beiden oben und unten befindlichen Punkten des Ringes, welche um 90° von den links und rechts befindlichen Polen entfernt liegen, also Indifferenzpunkte sind, fliessen die Ströme der linken und rechten Hälfte des Drahtgewindes zusammen bezw. auseinander. Oben gehen sie auf die Speichen, welche sich zwischen dem Ringe und einem die Achse umgebenden Holzcylinder $H$ ausspannen, über und von hier auf Metallstreifen des Holzcylinders selbst (siehe Abb. 137 b, welche den Ring mit den zunächst daran sitzenden Theilen von oben gesehen zeigt). Mit den Metallstreifen des Holzcylinders steht ein bürstenartig geformter Stromsammler $B$ in Berührung, von welchem ein Leitungsdraht den (positiven) Strom fortführt. In den rechts befindlichen Stromsammler $B_1$ tritt der Strom **ein** und geht auf die Windungen der unteren Hälfte des Ringes über und nach beiden Seiten auseinander, wie die Pfeile zeigen.

Hätten wir es nun mit einer **magnetoelektrischen** Maschine zu thun, so würde der an $B_1$ befindliche Leitungsdraht gleich dem an $B$ befindlichen frei endigen. Bei der **dynamoelektrischen** Maschine sind aber die beiden Eisenkerne $NS$ und $N_1 S_1$ von diesem Drahte umwickelt, so dass der Strom des letzteren ihren Elektromagnetismus erzeugt. Die freien Enden des Drahtes sind durch $+$ und $-$ bezeichnet.

Nach dem Gesagten entsteht durch die blosse Umdrehung des Ringes: **erstens** in den Windungen des Ringes der bei $+$ austretende und bei $-$ eintretende positiv elektrische Strom, und dieser Strom ist es zugleich **zweitens**, welcher $NS$ und $N_1 S_1$ zu Elektromagneten macht.

Gegen diese Erklärung könnte der Einwand erhoben werden, dass die Magnete $NS$ und $N_1 S_1$ **vorher** vorhanden sein müssen, damit dann der das Drahtgewinde durchfliessende Strom entstehe, **dass man daher nicht erst mittels des letzteren Stromes die Magnete erzeugen könne**. Allein es ist anzunehmen, dass in $NS$ und $N_1 S_1$ eine gewisse Menge von Magnetismus zurückgeblieben ist (**remanenter Magnetismus**); in Folge dessen entsteht beim Drehen des Ringes in dem Stromleiter, sobald er geschlossen ist, zunächst ein schwacher Strom. Dieser verstärkt nun den Magnetismus der Pole $N$ und $S_1$ und wird dadurch selbst wiederum stärker. So steigern sich gegenseitig Strom und Magnetismus bis zu einer Grenze hinauf, welche eintritt, wenn $NS$ und $N_1 S_1$ bis zur Sättigung magnetisirt sind. —

Während die dynamoelektrische Maschine, wenn sie auf die beschriebene Art in Betrieb gesetzt wird, auf Kosten mechanischer Arbeit einen elektrischen

Strom liefert, der zu verschiedenen Zwecken, z. B. zur Speisung elektrischer Lampen, benutzt werden kann, kann sie auch die umgekehrte Thätigkeit entfalten, d. h. auf Kosten eines elektrischen Stromes mechanische Arbeit leisten. Wird nämlich durch den bei + und — endigenden Draht ein elektrischer Strom geschickt, so bewirkt derselbe eine Umdrehung des Ringes, und zwar dreht sich der Ring, wenn der positive Strom die in der Abbildung angegebene Richtung einschlägt, in umgekehrter Richtung, als es der grosse Pfeil anzeigt. Von der Achse des Ringes aus kann durch einen Treibriemen die drehende Bewegung auf die Achse eines Schwungrades etc. übertragen werden.

Eine derartig wirkende elektrische Maschine ist nichts anderes als der bereits im vorigen Abschnitt erwähnte **elektrodynamische Motor** oder **Elektromotor**.

Wendet man **zwei** dynamoelektrische Maschinen an, so kann man eine **Übertragung von Kraft auf weite Strecken** ins Werk setzen. Es liefert dann die eine Maschine (der Dynamo) den Strom, der zu der anderen Maschine, die als Elektromotor wirkt, durch eine Drahtleitung hingeführt wird und dieselbe in Thätigkeit versetzt. (Elektrische Eisenbahn.)

**Drehströme.** Der Gramme'sche Ring liefert in der oben beschriebenen Beschaffenheit einen elektrischen Gleichstrom. Doch kann man ihm auch bei einer geeigneten Änderung, die mit ihm vorgenommen wird, Wechselströme entnehmen. Diese Änderung besteht darin, dass man an mehreren, z. B. (wie es gewöhnlich geschieht) **drei** gleich weit, also 120°, von einander entfernten Stellen Drahtzweige an die Wicklung des Ringes anschliesst und die Enden derselben mit drei auf der Achse isolirt befestigten Metallringen verbindet, an denen drei gesonderte Metallstreifen entlang schleifen. Durch diese treten dann Wechselströme aus, die in den zu gleicher Zeit vorhandenen Stromphasen (die durch die Stromstärke und das Vorzeichen des Stromes — positiv oder negativ — bestimmt sind) fortwährend verschieden, im übrigen aber gleich sind. Wenn diese drei Wechselströme in dreifacher Leitung neben einander fliessen, so stellen sie zusammen einen sogenannten **Dreiphasenstrom** oder **Drehstrom** dar, der in neuester Zeit mehrfache praktische Wichtigkeit erlangt hat.

**Thermo- und Pyroelektricität.** Es seien am Schlusse dieses Kapitels noch zwei besondere Arten der Entstehung von Elektricität angeführt. Erstens entsteht ein elektrischer Strom in einer aus lauter Leitern erster Klasse (Metallen) zusammengesetzten geschlossenen Kette, wenn eine der Berührungsstellen (Löthstellen) erwärmt wird: **Thermoelektricität** (Seebeck, 1821). Beim Abkühlen der gleichen Löthstelle entsteht ein umgekehrt gerichteter Strom. Wird durch zwei zusammengelöthete Metalle ein elektrischer Strom geleitet, so erzeugt derselbe an der Löthstelle — je nach seiner Richtung — Erwärmung oder Abkühlung, und zwar nach dem Gesetz, dass die thermische Wirkung derartig ist, dass sie selbst einen entgegengesetzt gerichteten Strom hervorrufen würde, also schwächend auf den erzeugenden

Strom zurückwirkt. — Verbindung mehrerer aus Wismut und Antimon bestehender Thermoelemente zu einer thermoelektrischen Säule, Thermosäule oder Thermobatterie durch Nobili und Melloni (1830) und Verwendung derselben, verbunden mit einem Galvanometer, zu empfindlichen Wärmemessungen.

Die zweite, hier zu nennende Art der Entstehung von Elektricität zeigt sich an einer Anzahl von Krystallen, welche erwärmt oder abgekühlt, gedrückt, zerbrochen oder gespalten werden. Man bezeichnet sie als Pyroelektricität; besser ist indessen der Name „Krystallelektricität", da, wie gesagt, nicht nur die Wärme, sondern auch der Druck etc. die elektrischen Erscheinungen an Krystallen hervorruft.

Hauptsächlich haben Krystalle mit hemiëdrischen Flächen (z. B. Boracit, Quarz, Turmalin) die Eigenschaft, wenn sie gedrückt werden, an gewissen Flächen, Kanten oder Ecken positive, an anderen negative elektrische Ladung anzunehmen. Bei Abnahme des Druckes tritt da, wo vorher positive Ladung geherrscht hatte, negative Ladung auf.

Beim Erwärmen der gekennzeichneten Krystalle ist die auftretende Elektricität gleicher Art wie bei der Druckabnahme, beim Abkühlen gleicher Art wie bei der Druckzunahme.

Zucker leuchtet elektrisch auf, wenn er zerbrochen oder zerstossen wird.

## 16. Elektrische Wellen und Strahlen.

**Kathodenstrahlen.** Wenn eine Geissler'sche Röhre (vergl. S. 220) derartig geformt ist, dass innerhalb derselben zwischen Anode und Kathode kein geradliniger Übergang möglich ist, so biegt sich beim Durchgange der elektrischen Entladung durch die Röhre das von der Kathode ausgehende Licht nach der Anode hinüber. Dies zeigt Abb. 138, wo der bei $K$ befindliche metallene Hohlspiegel die Kathode und einer der drei bei $A_1$, $A_2$ oder $A_3$ eingeschmolzenen Platindrähte die Anode ist.

Wird nun die Luftverdünnung in der Röhre noch weiter getrieben, als es nach Geissler'schem Verfahren geschieht, und zwar noch unter 1 mm Spannung oder Druck, so gehen schliesslich von der Kathode Strahlen aus, die sich, wie Abb. 139 zeigt, nicht mehr krümmen und daher nicht mehr behufs des elektrischen Ausgleichs die Anode aufsuchen, sondern geradlinig verlaufen. Diese Strahlen heissen Kathodenstrahlen; Röhren mit solcher Luftverdünnung, dass Kathodenstrahlen darin auftreten, werden Crookes'sche oder Hittorf'sche Röhren genannt. (Hittorf, 1869; Crookes, 1879.)

Die Kathodenstrahlen sind an sich dunkel, was daran liegt, dass sie die Luft in der Crookes'schen Röhre in keiner Weise so beeinflussen, dass — wie bei einem Lichtstrahl — von den Theilchen der Luft seitliche Lichtwirkungen ausgehen. Wo sie aber die Glaswand der Röhre treffen, erzeugen sie einen hellleuchtenden (gelbgrünen) **Fluorescenzfleck**.

Ein der Röhre genäherter Magnet bewirkt eine Ablenkung der Kathodenstrahlen aus ihrer Richtung und damit eine Ortsveränderung des Fluorescenzflecks. Bei geeigneter Versuchsanordnung tritt dabei zugleich eine Verbreiterung des Fluorescenzflecks sowie eine Zerlegung desselben in mehrere verwaschene Bestandtheile auf, die in ihrer Gesammtheit gewissermaassen ein Spektrum vorstellen. Hiernach giebt es **verschiedene Arten von Kathodenstrahlen**, auf die der Magnet in verschieden hohem Grade ablenkend wirkt. (Birkeland, 1896.) Nach Goldstein besitzt **eine** Art der Kathodenstrahlen überhaupt keine magnetische Ablenkbarkeit.

Setzt man in die Glaswand einer Crookes'schen Entladungsröhre ein kleines, dünnes Plättchen aus Aluminium, ein sogenanntes **Aluminiumfenster**, ein, so

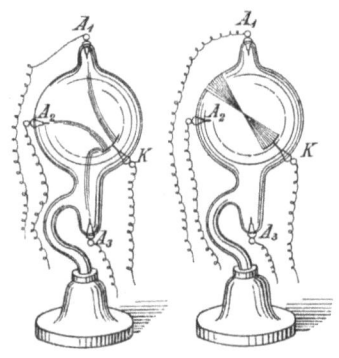

Abb. 138.     Abb. 139.
Geissler'sche Röhre.   Crookes'sche Röhre.

treten die Kathodenstrahlen aus dem luftverdünnten Raume der Röhre in die Atmosphäre aus und zeigen hier neue Eigenschaften, die Philipp Lenard genauer untersucht hat. Man hielt sie in Folge dessen für eine besondere Art von Strahlen und hat sie als **Lenard'sche Strahlen** bezeichnet. Dieselben erregen nicht nur aufs neue Fluorescenz, sobald sie auf fluorescenzfähige Körper treffen, unter denen sich vor allem das Bariumplatincyanür auszeichnet, sondern sie vermögen auch auf eine photographisch empfindliche Silberplatte einzuwirken.

**Röntgen'sche oder X-Strahlen.** Aber nicht nur durch ein Aluminiumfenster, sondern auch direkt durch die Glaswand der Crookes'schen Röhre kann ein Theil der Kathodenstrahlen in die freie Atmosphäre gelangen, wenn die Luftverdünnung in der Röhre weit genug getrieben und die in ihr sich vollziehende elektrische Entladung stark genug ist. Es treten dann an den in die Atmosphäre eindringenden Strahlen die schon an den Lenard'schen Strahlen beobachteten Eigenschaften noch deutlicher und ausgeprägter hervor, Eigenschaften, die Röntgen (1895) nicht nur genauer studirt und weiter verfolgt, sondern auch praktisch ausgenutzt hat. Er bediente sich zur Erzeugung der Strahlen, die er selbst X-Strahlen genannt und die andere als Röntgen'sche Strahlen bezeichnet haben, eines Ruhmkorff'schen Induktors, dessen Entladungen er durch eine Crookes'sche Röhre gehen liess. Doch entstehen die X-Strahlen auch bei Anwendung einer Influenz-Elektrisirmaschine.

Die Haupteigenschaften der X-Strahlen sind: ihre geradlinige Ausbreitung; ihre Fähigkeit, in fluorescenzfähigen Körpern Fluorescenz zu erregen; ihre starke Einwirkung auf photographisch empfindliche Platten und Papiere; ihre Nichtablenkbarkeit durch den Magnet (innerhalb der unverdünnten Atmosphäre); ihre Eigenthümlichkeit, einen Körper um so besser zu durchdringen, je specifisch leichter oder mit anderen Worten: je weniger dicht derselbe ist (also z. B. Holz, Leder, die Fleischtheile des menschlichen Körpers leichter als Glas, Knochen und Metalle).

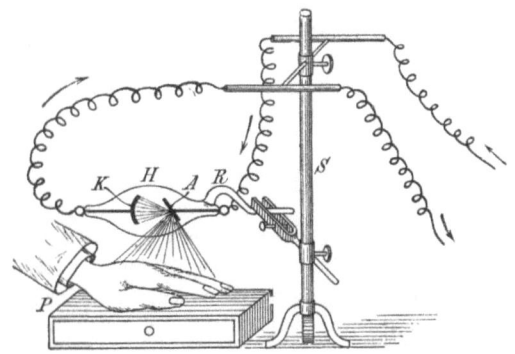

Abb. 140. Photographie mit X-Strahlen.

In Folge der letztgenannten Eigenschaft der X-Strahlen, in Verbindung mit ihrer photographischen Wirksamkeit, gelang es Röntgen, eigenartige Bilder von Gegenständen herzustellen, die das Innere der letzteren erkennen lassen. Man hat diese Bilder Röntgen'sche Photographien, das Darstellungsverfahren derselben Radiographie genannt.

Die Röntgen'schen Photographien sind keine Photographien im gewöhnlichen Sinne, d. h. sie bieten keine Oberflächen-Ansichten der Gegenstände dar, sondern es sind Schattenbilder (Silhouetten) der letzteren, die auf Grund der Durchstrahlung der Gegenstände durch die X-Strahlen die inneren Dichtigkeits-Verhältnisse der Gegenstände zur Anschauung bringen. Ein Beispiel möge dies klar machen. Abb. 140 zeigt die Versuchsanordnung, wie sie bei der Radiographie üblich ist.

Das Stativ $S$ trägt einestheils die Crookes'sche oder Hittorf'sche Röhre $H$, anderentheils (oben) die zu den Elektroden der Röhre ($K$ und $A$) führenden elektrischen Leitungsdrähte. Die Richtung des positiven Stromes deuten die Pfeile an. Die Röhre ist eine sogenannte Focusröhre; in einer solchen stellt die Kathode ($K$) einen kleinen Hohlspiegel dar, der die von ihm ausgehenden Kathodenstrahlen in einen Focus oder Brennpunkt sammelt; letzterer fällt auf die als Anode dienende ebene Platinplatte $A$, die unter einem Winkel von 45° zur Längsachse der Röhre geneigt ist, so dass sie das auf sie fallende Bündel von Kathodenstrahlen (im Mittel) senkrecht nach unten reflektirt. Das Ansatzrohr $R$ dient beim Auspumpen der Luft aus der Röhre zur Verbindung mit dem Recipienten der Luftpumpe, späterhin zur Befestigung der Röhre, wie die Abbildung zeigt. Unter die Crookes'sche Röhre wird ein die photographisch empfindliche Platte enthaltender Kasten ($P$) gestellt und zwischen diesen und die Crookessche Röhre wird der zu radiographirende Gegenstand — in der Abbildung eine menschliche Hand — gebracht.

Geht nun die elektrische Entladung in der Röhre vor sich, so durchsetzen die nach unten austretenden X-Strahlen die Fleischtheile der Hand leichter als die Knochen, und es entsteht, nachdem sie auch durch das Holz des Kastens $P$ leicht hindurchgegangen sind, auf der photographischen Platte in $P$ ein Bild (Negativ), welches die Knochen hell, die Fleischtheile dunkel wiedergibt. Stellt man mittels dieses Negativs nach gewöhnlichem photographischen Verfahren ein Positiv her, so zeigt dies umgekehrt die Knochen dunkel, die Fleischtheile hell — also gewissermaassen eine Schatten-Photographie des Skeletts.

Mittels der Radiographie lassen sich Knochenverletzungen, sowie metallene Fremdkörper (Geschosse, Nadeln u. s. w.), die in den menschlichen Körper eingedrungen sind, erkennen. Sie ist daher von Bedeutung für die Medicin, insbesondere die Chirurgie. Man ist ferner im Stande, mit Hilfe der Radiographie gewisse Verfälschungen von Nahrungsmitteln nachzuweisen, manche Edelsteine von ihren Imitationen zu unterscheiden, sowie den Inhalt von Koffern u. dergl. zu prüfen.

Bezüglich der Natur der X-Strahlen hatte Röntgen anfänglich die Ansicht vertreten, dass sie nicht als Kathodenstrahlen oder Theile derselben zu betrachten seien, sondern erst beim Auftreffen der Kathodenstrahlen auf die Glaswand der Crookes'schen Röhre in dem dabei auftretenden Fluorescenzfleck neu entständen. Er begründete diese Ansicht besonders damit, dass die X-Strahlen sich nicht, gleich den Kathodenstrahlen, durch den Magnet aus ihrer Richtung ablenken liessen. Diese magnetische Ablenkbarkeit der X-Strahlen findet nun aber doch statt, wenn man die von einer Crookes'schen Entladungsröhre ausgehenden X-Strahlen in eine luftverdünnte Röhre, die an die Crookes'sche Röhre angeschmolzen ist, eintreten lässt (G. de Metz, 1897).

Da den X-Strahlen ferner, gleich den Kathoden- und Lenard'schen Strahlen, die ihnen von Röntgen ebenfalls zuerst abgesprochenen oder nur theilweise zugesprochenen Eigenschaften der Reflexion, Brechung, Beugung und Polarisation zukommen, so ist damit die gemeinsame Natur der Kathoden-, Lenard'schen und Röntgen-Strahlen festgestellt, und alle drei sind als echte Strahlen anzusehen, die — wie die Lichtstrahlen, Wärmestrahlen und chemischen Strahlen — durch Transversalschwingungen des Äthers zu Stande kommen.

Sind nun die X-Strahlen echte Strahlen, so können sie als solche schwerlich

## 16. Elektrische Wellen und Strahlen.

eine besondere Gattung neben den zuletzt genannten drei Strahlensorten bilden, sondern, da sie fluorescenzerregend und photographisch wirksam sind, dürften sie — zusammen mit Kathoden- und Lenard'schen Strahlen — entweder selbst als chemische Strahlen oder doch zu diesen in inniger Beziehung und Verwandtschaft stehend anzusehen sein.

**Strahlen elektrischer Kraft.** Besondere elektrische Strahlen sind aber die von Heinrich Hertz i. J. 1888 entdeckten Strahlen, die auf folgende Art ihre Wirksamkeit entfalten.

In Abb. 141 bedeuten $MM$ zwei mit kugelförmigen Enden versehene Messingcylinder, zwischen denen sich eine Funkenstrecke ($F_1$) von ungefähr 3 mm Länge befindet. Letztere wird durch einen Ruhmkorff'schen Induktor ($J$) hervorgerufen, den eine galvanische Batterie ($B$) speist. Die Leitungsdrähte ($ll$) des Induktors durchsetzen einen metallenen Hohlspiegel ($H$) mit parabolischem Querschnitt, in dessen Brennlinie die erwähnte Funkenstrecke ($F_1$) gebracht wird.

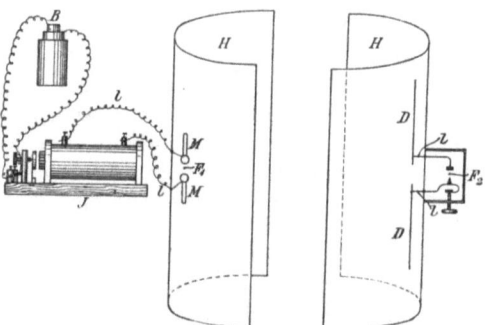

Abb. 141. Strahlen elektrischer Kraft. (Hertz'sches Hauptexperiment.)

Diesem Hohlspiegel steht ein zweiter, völlig gleicher gegenüber, in dessen Brennlinie sich zwei Drahtstücke ($DD$) mit ca. 5 cm Abstand befinden, von denen aus, ebenfalls den Hohlspiegel durchsetzend, zwei Leitungsdrähte ($ll$) zu einer zweiten oder sekundären Funkenstrecke ($F_2$) führen.

Wird nun die primäre Funkenstrecke ($F_1$) durch den Induktor in Thätigkeit versetzt, so werden auch in der sekundären Funkenstrecke ($F_2$) Funken hervorgerufen. Der Übergang der Entladungen innerhalb der primären Funkenstrecke auf die Drahtstücke $DD$ kann nach der gesammten Anordnung des Versuchs nicht anders erfolgen als durch eine Wellenbewegung, die von der primären Funkenstrecke ausgeht und deren Strahlen auf den linken Hohlspiegel fallen, von diesem in paralleler Richtung (weil sie von der Brennlinie ausgehen — vergl. S. 122) reflektirt werden, nun auf den rechten Hohlspiegel fallen und von diesem nach der Brennlinie reflektirt werden, wo sie die Drahtstücke $DD$ elektrisch erregen und damit zur Funkenbildung innerhalb der sekundären Funkenstrecke ($F_2$) Veranlassung geben.

## 16. Elektrische Wellen und Strahlen.

Die Wirksamkeit der zwischen den beiden Hohlspiegeln übergehenden Strahlen erstreckt sich bis zu einer Entfernung von 16 bis 20 m, welche man den Hohlspiegeln von einander geben kann.

Metalle sowie der menschliche Körper sind für die elektrischen Strahlen undurchlässig; durchlässig dagegen sind Holz, Glas, Paraffin, Schwefel, kurz: Isolatoren.

Ausser der Reflexion der elektrischen Strahlen (an Metallflächen) wurde auch ihre Brechbarkeit (in Prismen aus Pech), ihre Interferenz- und Beugungsfähigkeit sowie ihre Polarisirbarkeit (mit Hilfe von Drahtgittern) festgestellt.

Die Fortpflanzungsgeschwindigkeit der elektrischen Wellen beträgt ca. 300 000 km = 40 000 Meilen pro Sekunde; sie ist somit gleich der des Lichtes.

**Tesla's Licht.** Während Hertz mit ausserordentlich raschen Oscillationen experimentirte, stellte Tesla Versuche mit elektrischen Schwingungen an, bei denen die Schwingungsdauer etwas kleiner, aber immer noch bedeutend, die elektrische Spannung jedoch viel höher war.

Es geschah das auf die Weise, dass durch eine starke Elektricitätsquelle, z. B. einen grossen Ruhmkorff'schen Induktor, zwei grosse Leydener Flaschen geladen wurden, deren in raschen Oscillationen (in 1 Sekunde bis zu 1 Million) bestehende Entladungen durch eine primäre Induktionsspirale von sehr geringem Widerstande geschickt wurden. Dadurch entstanden in dieser Wechselströme von grosser Frequenz (oder Schwingungszahl) und verhältnissmässig grosser Stromstärke. Um die primäre Spirale war eine sekundäre Spirale gewickelt, die aus äusserst zahlreichen Windungen eines dünnen (gut isolirten) Drahtes bestand. Die in dieser Spirale erzeugten Induktionsströme besassen eine grosse Frequenz und vor Allem eine ausserordentlich hohe Spannung (weil eben der primäre Strom in so kurzer Zeit seine Stärke und Richtung änderte).

Die auffallendsten Erscheinungen, die diese hochgespannte Elektricität darbietet, sind Lichterscheinungen. Nähert man z. B. die Pole der sekundären Spirale einander und bläst einen Luftstrom gegen den Zwischenraum, so bildet sich in diesem ein Flammenstrom, der aus dünnen und dicken, silberglänzenden Fäden besteht und gewissermaassen ein Netzwerk von elektrischen Funken darstellt. Befestigt man an einem Pole einen langen Draht, der am Ende isolirt ist, so schiessen aus ihm seiner ganzen Länge nach senkrecht zu ihm gerichtete bläuliche Strahlen hervor. Nähert man einem Pole eine Geissler'sche Röhre, ohne beide mit einander in Berührung zu bringen, so leuchtet die Röhre hell auf. Die physiologische Wirkung der Teslaströme ist gering, weil der Wechsel der Stromrichtung zu rasch erfolgt und jeder einzelne Induktionsstoss von zu kurzer Dauer ist.

Wahrscheinlich dringen die raschen Schwingungen gar nicht in das Innere der Leiter ein, sondern umfliessen sie nur. Ja, die Annahme liegt nahe, dass die Elektricität überhaupt nicht in den Leitern strömt, sondern an ihnen entlang, in den Isolatoren; lässt doch nach den Hertz'schen Versuchen (vergl. den vorigen Abschnitt) ein Metallschirm die elektrischen Strahlen bezw. Wellen nicht hindurch, wohl aber ein Gegenstand aus Holz, Glas u. s. w. Ein leitender Metall-

## 16. Elektrische Wellen und Strahlen. 253

draht leitet hiernach die Elektricität nur insofern, als er sie zwingt, an seiner Oberfläche zu bleiben und sich nicht zu zerstreuen. Die Elektricität staut sich längs des Drahtes und fliesst an ihm dahin, vielleicht, indem sie kreisende Bewegungen um ihn ausführt. (Vergl. meine im vorigen Kapitel dargelegte magnetische Theorie des elektrischen Stromes!)

**Telegraphie ohne Draht.** Durch geeignete Verwendung der elektrischen Wellen gelingt es, ohne Anwendung eines Leitungsdrahtes bestimmte Zeichen von Ort zu Ort zu übertragen: zu telegraphiren. (Marconi, 1897.) Der hierbei zur Verwendung kommende Apparat besteht aus einem Absender und einem Empfänger (vergl. Abb. 142). Ersterer enthält als wichtigsten Bestandtheil den Radiator ($Rd$), von dem die elektrischen Strahlen bezw. Wellen ihren Ausgang nehmen. Der Radiator besteht aus zwei zum Theil in einem Vaselinbade steckenden Metallkugeln ($KK$), denen zwei kleinere Metallkugeln ($K'K'$) gegenüber-

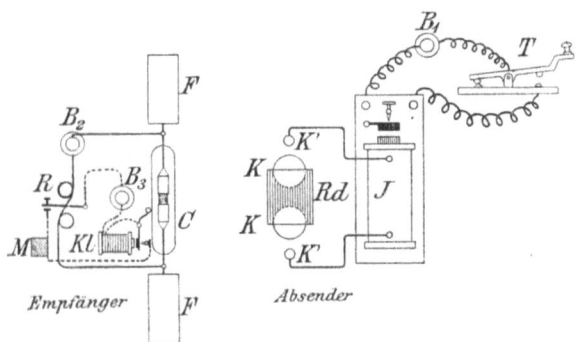

Abb. 142. Telegraphie ohne Draht.

stehen. Die letzteren sind mit den Polen eines Induktors ($J$) verbunden, der durch die Batterie $B_1$ in Thätigkeit versetzt wird, sobald der in die Batterieleitung eingeschaltete Taster $T$ niedergedrückt und dadurch der Strom geschlossen wird. Wenn dies geschieht, verbreiten sich die vom Radiator ausgehenden Wellen durch die Luft und treffen auf den sogenannten Kohärer ($C$), einen eigenartigen Bestandtheil des Empfängers. Derselbe ist eine Glasröhre, in die von beiden Enden her sogenannte Polschuhe (kleine Silbercylinder) eingesetzt sind, zwischen denen sich ein Gemisch aus Nickel- und Silberfeilspähnen nebst einer Spur Quecksilber befindet. Aussen tragen die Poldrähte des Kohärers zwei Kupferblechstreifen, die Flügel ($FF$), welche ein besseres Auffangen der vom Absender kommenden elektrischen Wellen bewirken. Die Poldrähte des Kohärers führen nun zu einer galvanischen Batterie ($B_2$), in deren Stromkreis ein Relais ($R$ — vergl. S. 240) eingeschaltet ist. Für gewöhnlich ist dieser Stromkreis nicht geschlossen, da das Metallfeilicht des Kohärers eine Unterbrechung herstellt. Sobald aber elektrische Wellen auf den Kohärer treffen, ordnen sich die Feilspähne derartig, dass der Strom geschlossen wird. Alsdann wird vermittelst des Relais ein zweiter Stromkreis des Empfängers, der von der Batterie $B_3$ ausgeht und in den ein Morse'scher Schreibapparat ($M$) eingeschaltet ist, geschlossen, so dass dieser in entsprechender Weise, wie der Taster $T$ niedergedrückt und losgelassen wird, die bekannten telegraphischen Schriftzeichen producirt. Da nun die Metallfeilspähne des Kohärers, nachdem sie sich durch den Einfluss der vom Radiator kommenden elektrischen Wellen geordnet haben, nicht von selbst wieder durch einander fallen, wird dies durch den sogenannten Klopfer ($Kl$) bewerkstelligt, einen kleinen, in die Strombahn der Batterie $B_3$ eingeschalteten Elektromagnet, dessen Anker mit einem Hämmerchen versehen ist, welches bei jedem Stromschluss an den Kohärer schlägt.

Die Entfernung, bis zu welcher es gelang, mittels des Marconi'schen Apparates zu telegraphiren, betrug nahezu zwei Meilen.

# Sachregister.

(Die beigesetzten Ziffern bedeuten die Seitenzahlen.)

Abdampfen 23.
Absorption 20.
Absorptionsspektrum 142.
Abstossende Kraft 14.
Abstossung, elektrische 187. 188; magnetische 203; von elektrischen Stromleitern 232.
Achromatische (Doppel-)Linse 130. 139.
Achse, Krystall- 25; magnetische 202; optische 30. 150.
Adhäsion 13. 16. 18; A. und spec. Gew. 79.
Adiatherman 182.
Äquivalent, mechanisches, der Wärme 185.
Äther, Welt- oder Licht- 9. 114; -Druck, -Stösse 9. 12.
Aggregatzustände 14; Änderung derselben 164.
Agone 207.
Akkomodation des Auges 134. 135.
Akkumulator 213.
Aktion und Reaktion, Princip der Gleichheit beider 47.
Akustik 108.
Alkoholometer 79.
Aluminiumfenster 248.
Amalgam, Kienmayer'sches 194.
Amalgamiren 20.
Amorph 21.
Ampère (Maasseinheit) 225.
Ampère'sche Regel 222.
Ampère's Theorie des Magnetismus 234.
Amplitude der Oscillation 63. 105.
Analysator 153.
Analysirende Vorrichtung 152.
Anelektrisch 187.
Aneroïdbarometer 91.
Anion 221.
Anisotrop 22. 32. 150.
Anode 211.

Anziehung, elektrische 187. 188; magnetische 203; von Eisenspähnchen durch einen elektrischen Strom 237; von elektrischen Stromleitern 232.
Anziehungskraft (der Erde) 9.
Aräometer 73. 76. 78.
Arbeit 46. 47; elektrische 226; Erhaltung der Arbeit 186; Maass der Arbeit 46. 47; Maass der elektrischen Arbeit 226.
Arbeitseffekt 46. 47. 48. 227.
Arbeitsstärke 47. 48.
Archimedisches Princip 70. 101.
Armatur, Armirung, magnetische 204. 243.
Artesischer Brunnen 67.
Astatische Nadel 223.
Asymmetrisches Kohlenstoffatom 155.
Asymmetrisches System 29.
Atherman 182.
Atmosphärendruck 89.
Atmosphärische Dampfmaschine 177; atm. Elektricität 201.
Atom · 8; Massen-Atom 8; chemisches Atom 9.
Atomgewicht 10.
Atomwärme 181.
Attraktion 10.
Atwood'sche Fallmaschine 36.
Auflösung 19.
Aufschwemmen 20.
Auftrieb in Flüssigkeiten 69; in Luft 102.
Auge 131.
Ausdehnung 1. 7. 157; unregelmässige, des Wassers 158.
Ausdehnungskoefficient 158.
Ausfallswinkel 103. 119.
Ausflussgeschwindigkeit der Flüssigkeiten 67.
Ausscheiden, Ausscheidung 21.

## Sachregister.

Ausserordentlicher Strahl 151.
Avogadro'sches Gesetz 172.

**B**alancier 173. 175.
Barometer 89.
Batterie, elektrische 201; galvanische 211. 212.
Beharrungsgesetz, -vermögen 2. 4.
Benetzung 17. 80.
Berührungs-Elektricität 210.
Beschleunigung, Beschleunigungswiderstand 3.
Beugung 108; des Lichtes 147.
Bewegung, Arten derselben 3; Erlöschen derselben 5.
Bewegungen, Übereinanderlagerung kleiner 107.
Bewegungsfähigkeit 1.
Bewegungsgrösse 40.
Bild, optisches 119; reelles 119; scheinbares oder virtuelles 119.
Bildpunkt 119. 122.
Binokulares Sehen 135.
Bleiloth 32.
Bleuelstange 175. 178.
Blitz 201.
Blitzableiter 202.
Bodendruck in Flüssigkeiten 66.
Bogenlampe, elektrische 215.
Bogenlicht, elektrisches 214.
Boyle'sches, Mariotte-, Gesetz 84. 85.
Brachymetropie 134.
Brahma'sche Presse 66.
Braunstein-Element 213.
Brechung des Lichtes 123.
Brechungsexponent 123.
Brechungsgesetz, Snellius'sches 123.
Brechungswinkel 123.
Brennfläche eines Hohlspiegels 122; einer Konvexlinse 126.
Brennkurve 122.
Brennlinie 122.
Brennpunkt eines sphär. Spiegels 121; einer Linse 126.
Brennweite eines sphär. Spiegels 121; einer Linse 126.
Brille 134.
Brückenwage 61.
Bürette 68.
Büschelentladung, elektrische 190. 219.
Bunsen'sche Kette 213.
Bussole 208; Tangenten- 223.

Camera obscura 115. 117.
Cartesianischer Taucher 71.
Centesimalwage 61. 62.
Centralbewegung 50.

Centrifugal-Kraft 50; -Regulator 51. 176; -Trockenmaschine 51.
Centrifuge 51.
Centripetalkraft 50.
C. G. S.-System 11.
Chemische Strahlen 144 u. f. 251.
Chemische Wirkung des „Lichtes" 145.
Chladni'sche Klangfiguren 112.
Chromatische Abweichung 140.
Corti'sche Fasern 113.
Coulomb (Maasseinheit) 225.
Coulomb's Gesetz der magnet. und der elektr. Anziehung und Abstossung 205.
Crookes'sche Röhren 247.

**D**alton'sches Gesetz 19. 171.
Dampfcylinder 175.
Dampfkessel 173.
Dampfmaschine 173; atmosphärische 177; mit Kondensation 173; ohne Kondensation 173.
Dampfsättigung 171.
Dampfschiff 179.
Dampfsteuerung (bei der Dampfmaschine) 175.
Daniell'sche Kette 213.
Davy'scher Lichtbogen 215.
Decimalwage 61.
Dekantiren 20.
Deklination, magnetische 206. 207.
Deklinationsnadel 207.
Densimeter 76.
Destillation 166; fraktionirte 166.
Diakaustische Fläche 126.
Dialysator 83.
Dialyse 82.
Diamagnetische Körper 206.
Diatherman 182.
Dichtigkeit 45. 72; Abnahme derselben bei Erwärmung 160.
Dichtigkeits-Wage 75.
Dielektricum 190.
Differentialhebelpresse 54.
Differentiallampe, elektrische 215.
Diffraktion des Lichtes 147.
Diffusion 19.
Dihexaëder 30.
Dimorph 30.
Dioptrik 123.
Diosmose 82.
Dispersion des Lichtes 136; anomale 141.
Dissociation, elektrolytische 172. 222.
Dissonanz 114.
Döbereiner'sches Feuerzeug 20.
Donner 201.
Doppelbrechung 150.
Doppelstrich, magnetischer 204.

Drehstrom 246.
Dreiphasenstrom 246.
Druck, Ausbreitung desselben in einer Flüssigkeit 65; innerer Druck bei Gasen 71.
Druckpumpe 96.
Dühring's Gesetze über das Zwischenvolum der Gase 86. 160. 171. 172.
Dulong-Petit'sches Gesetz 181.
Dunkelkammer 117.
Durchscheinende Körper 118.
Durchsichtige Körper 118.
Dyn, Dyne 40.
Dynamik 15.
Dynamisch 15.
Dynamoelektricität 243.
Dynamoelektrische Maschine, Dynamomaschine 243.

Echo 109.
Ecke, krystallographische 24.
Effekt 46. 47. 48. 227.
Einfallsloth 103. 122.
Einfallswinkel 103. 118.
Eismaschine, Äther- 170; Carré'sche 169.
Elasticität 15; der Gase 83.
Elektricität 187; atmosphärische 201; Ausbreitung derselben 190; Ausströmen derselben 190; Berührungs- oder Kontakt-210; Fortpflanzungsgeschwindigkeit derselben 201. 239; freie, gebundene 193; galvanische 208. 210; Glas- 188; Halbleiter derselben 188; Harz- 188; Influenz- 192; Isolatoren derselben 188; Leiter derselben 187. 188. 211; Natur derselben 189; negative 188; neutrale 189; Nichtleiter derselben 187. 188; positive 188; Reibungs- 187.
Elektrische Abstossung 187. 188; Anziehung 187. 188; Batterie 201. 211; Büschelentladung 190. 219; Eisenbahn 246; Entladung 190. 200. 218; in Geissler'schen Röhren 220; in Crookes'schen oder Hittorf'schen Röhren 247; Klingel 240; Ladung 190. 194; Lampe 215; Polarisation 213; Spannung 190; Strahlen 251; Vertheilung 192; Wellen 247.
Elektrischer Funke 190. 201. 214; Haustelegraph 240; Strom 208. 210; Fortpflanzungsgeschwindigkeit desselben 239; negativer, positiver elektrischer Strom 208. 209; Theilung desselben 217; Theorie desselben 235; Wirkungen des elektr. Stromes 214. 222. 228.

Elektrisches Licht 214; Luftthermometer 201; Pendel 189; Potential 190.
Elektrisirmaschine, Influenz- 196; Reibungs- 194.
Elektrochemische Einheit 225.
Elektroden 211.
Elektrodynamik 243.
Elektrodynamische Wechselwirkung von Stromleitern 232.
Elektrodynamischer Motor 243. 246; Rotationsapparat 243.
Elektrolyse 221.
Elektrolyt 221; Dissociation der Elektrolyte 172. 222.
Elektromagnet, Elektromagnetismus 232.
Elektromagnetische Einheit 225.
Elektromotor 243. 246.
Elektromotorische Kraft 211; Einheit derselben 225.
Elektrophor 195.
Elektroskop 191.
Elektrostatische Einheit 224.
Element, galvanisches 211.
Elmsfeuer, Skt.- 202.
Emanationstheorie, Emissionstheorie des Lichtes 115.
Emissionsspektrum 142.
Emulsion 19.
Enantiomorphie 155.
Endosmose 82.
Endothermisch 184.
Energie 40; der Bewegung 187; der Lage 187; kinetische 187; potentielle 187.
Entlader 200.
Entladung, elektrische 190. 200. 218; Wirkungen derselben 201.
Entladungsfunke 190. 201.
Entladungsschlag, elektrischer, Geschwindigkeit desselben 201.
Erdmagnetismus 206.
Erg 46.
Erhaltung der Kraft 186.
Erstarren, Erstarrung 22. 164.
Erweichen 164.
Excenter, excentrische Scheibe 176.
Exosmose 82.
Exothermisch 184.
Expansionskraft 14.
Expansivkraft der Gase 83.
Extractpresse, Real'sche 66.
Extraordinärer Strahl 151.
Extrastrom 230.

Fall, freier 9. 32; im leeren Raum 37; auf der schiefen Ebene 44; -Beschleunigung 37; -Gesetze 33 u. f.; -Ma-

17

schine, Atwood'sche 36; -Richtung 32; -Röhre 37.
Farben, Komplementär- 138; dünner Blättchen 148; natürliche 138; Spektral- 138.
Farbenkreisel, Newton's 137.
Farbenzerstreuungsvermögen 139.
Farbige Säume 140.
Fernrohr 131.
Fernsprecher 241.
Feste Körper 14.
Festigkeit 14.
Feuchtigkeit 172; absolute 173; relative 173.
Feuerspritze 96.
Flächenmaasse 7.
Flächenwinkel 24.
Flaschenzug 54.
Flüchtigkeit der Flüssigkeiten 166.
Flüssige Körper, Flüssigkeiten 14. 16.
Flüssigkeitsoberfläche 64.
Fluidum, elektrisches 189.
Fluorescenz 140. 146. 248.
Focus einer Linse 126; eines sphärischen Spiegels 121.
Focusröhre 250.
Fortpflanzungsgeschwindigkeit bei Wellenbewegungen 105. 106; der elektr. Wellen 252; des elektrischen Entladungsschlages 201; des elektrischen Stromes 239; des Lichtes 115; des Schalls 109.
Franklin'sche Tafel 201.
Fraunhofer'sche Linien 142.
Fresnel'sche Linse 129.
Fundamentalabstand des Thermometers 161.
Fundamentalpunkte des Thermometers 161.
Funke, elektrischer 190. 214. 218; Entladungs- 201.
Funkeninduktor 229.
Funkenstrecke 218. 251.

Galactometer 79.
Galvanisation 222.
Galvanische Batterie 211. 212; Elektricität, ruhende und strömende 208; Kette, offene und geschlossene 211; Vergoldung usw. 222.
Galvanischer Lichtbogen 215; Strom 208. 210.
Galvanisches Element 211.
Galvanismus 208. 210; physiologische Wirkungen desselben 228.
Galvanometer 223
Galvanoplastik 222.

Galvanostegie 222.
Gase, gasförmige Körper 14. 16.
Gaskonstante 163.
Gaskraftmaschine 179.
Gasmotor 179.
Gastheorie, kinetische 185.
Gauss (Maasseinheit) 224.
Gay-Lussac'sches Gesetz 159.
Gefässbarometer 89.
Gefrieren 164.
Gefrierpunkt 161. 164.
Gefrierpunkts-Erniedrigung 172.
Geissler'sche Röhren 220.
Geradführung 178.
Geräusch 110.
Geschwindigkeit 3.
Gewicht, Gewichtsmaasse 9. 10. 41; absolutes 72; specifisches 71. 73. 75. 79. 88.
Gewichts-Aräometer 73; -Verlust, scheinbarer 69.
Gewitter 201.
Gitter, Nobert'sche 131. 148.
Gitterspektrum 148.
Glas-Elektricität 188.
Glashahn 67.
Gleichgewicht, Arten desselben 56; indifferentes 56; labiles 56; stabiles 56.
Gleichstrom 229.
Glühlampe, elektrische 215.
Glühlicht, elektrisches 214.
Goldene Regel der Mechanik 46.
Goniometer 24.
Grad (Wärmegrad) 161.
Gramme'scher Ring 243.
Grammophon 114.
Granatoëder 27.
Grassmann'scher Hahn 98.
Gravitation 10.
Gravitationsgesetz 11. 12.
Gravitationskonstante 13.

Haarrohr 81.
Härte 15.
Härteskala 15.
Hahnluftpumpe 98.
Halbflächner 24. 27.
Halbleiter der Elektricität 188.
Handwage 58.
Harz-Elektricität 188.
Hauchfiguren 19.
Hauptschnitt 151.
Hauptspirale 228.
Haustelegraph, elektrischer 240.
Hebel 51.
Hebelarm 51.
Hebelgesetz 52.

Heber-Apparate 93.
Heberbarometer 91.
Heissluftmaschine 179.
Heliostat 120.
Hemiëdrisch 27.
Hertz'sche Strahlen elektrischer Kraft 251.
Heterogen 210.
Heteromorph 30.
Heterotrop 32.
Hexaëder 27.
Hexagonales System 29.
Hittorf'sche Röhren 247.
Hitzegrade, hohe 163.
Hochdruckmaschine 173. 177.
Höhenmessung 92.
Hohlspiegel 121.
Holoëdrisch 27.
Holosteric (Aneroïdbarometer von Vidi) 91. 92.
Homogen 22.
Homogenes Licht 138.
Horizontal 33.
Hörrohr 110.
Hydraulische Presse 66.
Hydrostatische Wage 70. 73.
Hygrometer 173.
Hygroskopisch 20. 173.
Hypothese 9.

Jacobi'sche Einheit 225.
Immersion 131.
Imponderabler Stoff 115.
Indifferenzzone, magnetische 202.
Induktion, elektrische 228; magnetische 240.
Induktionsapparat 229.
Induktionsstrom 228.
Induktor, Funken-, Ruhmkorff'scher 229.
Influenz-Elektricität 192.
Influenz, magnetische 203.
Inhalationsapparat 94.
Inklination, magnetische 206. 207.
Inklinationsnadel 207.
Insolation 117.
Intensität der elektrischen Anziehung und Abstossung 205; der magnetischen Anziehung und Abstossung 205; des elektrischen Stromes 224; des Lichtes 116. 118. 121. 142; des Schalles 109.
Interferenz 108; des Lichtes 147.
Interferenzfransen oder -streifen 147.
Interferenzringe 148.
Intervall, musikalisches 111.
Ion, Ionen (Ionten) 221; Wanderung derselben 222.

Joule (Maasseinheit) 47; Joule'sches Gesetz 227.
Isochronismus der Schwingungen 64.
Isogon 30. 31.
Isogonen 207.
Isoklinen 207.
Isolatoren der Elektricität 188.
Isolirschemel 201.
Isomolekulare Lösung 172.
Isomorph 30. 31.
Isotonische Lösung 172.
Isotrop 30. 31. 150.

Kabel, elektrisches 239.
Kälte 157.
Kältemischung 169.
Kaleidoskop 121.
Kalorie 168.
Kalorimeter 180.
Kalorische Maschine 179.
Kanalwage 67.
Kante, krystallographische 24.
Kantenwinkel 24.
Kapillaranalyse 81.
Kapillarität 80.
Kapillarrohr 81.
Katakaustische Fläche 122; katakaust. Linie 122.
Kathode 211.
Kathodenstrahlen 247.
Kation 221.
Katoptrik 118.
Keil 49.
Kette, galvanische 211; konstante 212.
Kienmayer'sches Amalgam 194.
Kilogramm-Meter 46.
Kinematograph, Kinetograph, Kinetoskop 136.
Kinetische Energie 187.
Kinetische Gastheorie 185.
Kirchhoff'scher Satz über Absorption und Emission des Lichtes 142.
Kirchhoff's Gesetze der elektr. Stromverzweigung 217.
Klären 20.
Klangfarbe 112.
Klangfiguren, Chladni'sche 112.
Kleist'sche Flasche 200.
Klinorhombisches System 29.
Klinorhomboidisches System 29.
Knallbüchse 84.
Kochen 165.
Koërcible Gase 170.
Koërcitivkraft 204. 205.
Körper 1.
Körpermaasse 7.

17*

Körpervolum, Veränderlichkeit desselben 20.
Kohärer 253.
Kohäsion 13.
Kollektivlinse 130.
Kolloidsubstanzen 82.
Kommunicirende Gefässe 66.
Kommunikationsrohr 110.
Kommutator 223.
Kompass 208.
Kompensationspendel 157.
Komplementärfarben 138.
Komponente (Kraft-) 43.
Kompression 96.
Kompressionspumpe 102.
Kondensation 165.
Kondensator, Dampf- 175; elektr. 210. 231.
Konduktor 194.
Konkavlinse 128.
Konkavspiegel 121.
Konsonanz 114.
Kontakt-Elektricität 210.
Konvexlinse 126.
Konvexspiegel 122.
Kraft 1; Arten derselben 39; bewegende 187; Erhaltung der Kraft 186; lebendige 46; momentan und dauernd wirkende 5. 39; Pferde- 47; Spann- 187.
Kraftimpuls 40.
Kraftleistung 21. 41. 46.
Kraftlinien, magnetische 205. 235.
Kräfte, Parallelogramm derselben 42; Zusammensetzung derselben 42.
Kreuzkopf 178.
Krimstecher 131.
Kritische Temperatur 170.
Kritischer Zustand 170.
Krystall 21; negativer 152; positiver 152.
Krystallachsen 25.
Krystallelektricität 247.
Krystallform 21. 23; ideale 26.
Krystallinisch 22.
Krystallmehl 22.
Krystallographie 21.
Krystalloidsubstanzen 82.
Krystallsystem 25.
Krystallwasser 23.
Kubus 27.
Kühler, Liebig'scher 167.
Kugelbarometer 90.
Kurzschluss, elektrischer 227.
Kurzsichtigkeit 134.

Labil 56.
Ladung, elektrische 190. 194.
Längenmaasse 7.
Lampe, elektrische 215.
Latente Wärme 168.
Laterna magica 128.
Laugenspindel 79.
Lebende Photographien 136.
Lebensrad 136.
Leclanché-Element 213.
Legirung 20.
Leidenfrost's Phänomen 165.
Leistungsfähigkeit einer Maschine 47. 48.
Leiter der Elektricität 187. 188; des elektr. Stromes 210; erster und zweiter Klasse 210.
Leitungsdraht 208. 209.
Leitungsfähigkeit, elektrische, der Metalle 224.
Leitungswiderstand, elektrischer 224.
Lenard'sche Strahlen 248.
Lenz'sche Regel 240.
Leuchten 115.
Leuchtmaterie 117.
Leuchtthurm-Linsen 129.
Leydener Flasche 200.
Libelle 64.
Licht 114; Ausbreitung desselben 115; Beugung oder Diffraktion desselben 147; Brechung desselben 123; Fortpflanzungsgeschwindigkeit desselben 115; homogenes 138; Interferenz desselben 147; Natur desselben 114; Polarisation desselben 149; Reflexion desselben 118; Zerstreuung oder Dispersion desselben 136.
Lichtäther 114.
Lichtbogen, Davy'scher oder galvanischer 215.
Lichtenberg'sche Figuren 190.
Lichtspektrum 137. 141.
Liebig'scher Kühler 167.
Linienstrom 240.
Linsen, Lichtbrechung in denselben 125.
Lochsirene 110.
Löslichkeit 23.
Lösung 19. 21.
Lösungstheorie, van't Hoff'sche 171.
Lösungswärme 169.
Lokalbatterie 240.
Lokomotive 179.
Longitudinalschwingungen 108. 109. 149.
Loth 32.
Lothrecht 32.
Luft, Schwere derselben 87.
Luftballon 102.
Luftdruck 88.

## Sachregister. 261

Luftförmige Körper 14. 16.
Luftleerer Raum 88.
Luftpumpe 98; Versuche mit derselben 101.
Luftthermometer 162; elektrisches 201.
Luftwiderstand 5.
Luminescenz 141.
Lupe 128.

Maassanalyse, chemische 68. 93.
Maasse 7; Längen-M., Flächen-M., Körper-M. 7; Gewichts-M. 10; M. für die Arbeit 46; für den Effekt 47; für die Kraft 40; magnetische und elektrische 224.
Maasssystem, absolutes 11.
Magdeburger Halbkugeln 101.
Magnet, Hufeisen- 204; künstlicher 202; natürlicher 202; Stahl- 202.
Magnetische Achse 202; Anziehung und Abstossung 203; Gesetz derselben 205; Armirung 204; Induktion 240; Influenz 203; Kraftlinien oder Kurven 205; magnetische und diamagnetische Körper 206.
Magnetische Theorie des elektrischen Stromes 235.
Magnetischer Äquator 207; Meridian 207; Pol 202; Strom 235.
Magnetisches Magazin 204.
Magnetismus 202; Anwendungen desselben 208; Erd- 206; Nord- und Süd- 204; remanenter 245; Ampère's Theorie desselben 234.
Magnetnadel 203.
Magnetoelektricität 240.
Magnetoelektrischer Rotationsapparat 240.
Magnetpole 202; der Erde 206. 207;
Magnetstrom 235.
Manometer 96. 174.
Mariotte-Boyle'sches Gesetz 84. 85.
Mariotte-Gay-Lussac'sches Gesetz 160.
Masse 10.
Materie 1.
Mechanik, allgemeine 32; der festen Körper 51; der flüssigen Körper 64; der luftförmigen Körper 83; goldene Regel der Mech. 46.
Mechanischer Nachtheil 46; Vortheil 46.
Mechanisches Wärmeäquivalent 185.
Medicinalgewichte 11.
Megerg 46.
Megohm 225.
Meniskus, konkaver und konvexer 81.
Messpipette 94.

Metallic (Aneroïdbarometer v. Bourdon) 91.
Mikrohm 225.
Mikrometerschraube 49.
Mikron 7.
Mikrophon 242.
Mikroskop 129.
Mischung 19.
Mitschwingen 113.
Mittönen 113.
M. K. S.-System 11.
Mohr'sche Wage 75.
Molare Bewegung 42.
Molekel, Molekül 9.
Molekular-Aggregat 22. 31.
Molekularkräfte 13.
Moment, magnetisches 224; statisches 52.
Monoklines System 29.
Monosymmetrisches System 29.
Montgolfiere 102.
Morse'scher Schreibtelegraph 238.
Multiplikator 223.
Musik-Instrumente 112.
Mutterlauge 23.
Myopie 134.

Nachbild 135. 138.
Nachhall 109. 110.
Nebenspirale 229.
Neef'scher Hammer 230.
Newton'sches Gravitationsgesetz 11. 12.
Nicholson'sche Senkwage 73.
Nichtleiter der Elektricität 187. 188.
Nicol'sches Prisma 152.
Niederdruckmaschine 173.
Niederschlag 173.
Nivellirwage 67.
Nobert'sche Gitter 131. 148.
Nordlicht 207.
Nullpunkt des Thermometers 161; absoluter Nullpunkt der Temperatur 163.

Oberflächenfarben 139.
Oberflächenspannung 82.
Obertöne 112.
Öffnungsfunke 214. 231.
Öffnungsstrom, elektrischer 229. 230.
Ohm (Maasseinheit) 225.
Ohm'sches Gesetz 224.
Oktaëder 26; Quadrat-O. 28.
Opernglas 131.
Optik 114.
Optisch einachsige Krystalle 150; zweiachsige Krystalle 150.
Optische Achse 30. 150.
Optischer Mittelpunkt (einer Linse) 126.
Optische Sensibilisatoren 146.

Ordentlicher (ordinärer) Strahl 151.
Oscillations-Amplitude 63. 105.
Oscillationsgeschwindigkeit 105.
Osmose 82.
Osmotischer Druck 171.

Papin'scher Topf 165.
Parallelogramm, der Kräfte 42; Watt-sches 176.
Pendel 62; elektrisches 189.
Pendelgesetze 63.
Permanente Gase 170.
Pfeife, gedeckte 112; offene 112.
Pferdekraft 47.
Phasendifferenz 105.
Phenakistoskop 136.
Phiolenbarometer 90.
Phonograph 114.
Phosphorescenz 117. 141.
Photographie 145; farbige 146; lebende Photographien 136.
Photometer, Photometrie 118.
Pinkfeuerzeug 185.
Pipette 93. 94.
Planté'sches Element 213. 214.
Platten, planparallele 124.
Pleuelstange 175. 178.
Pneumatisches Feuerzeug 83. 185.
Pol, elektrischer 211; magnetischer 202.
Polarisation, des Lichtes 148; elektrische 213.
Polarisations-Apparate 152.
Polarisations-Ebene 149; Drehung derselben 154; -Element 213; -Winkel 150.
Polarisator 153.
Polarisirende Vorrichtung 152.
Poren, porös, Porosität 8.
Potential, elektrisches 190. 226.
Potentialdifferenz 210.
Presbyopie 134.
Pressen 49. 54. 66.
Primäre Spirale 228.
Prisma 25. 125; Nicol'sches 152.
Psychrometer, August's 173.
Pumpe 93. 95. 96; Luft- 98.
Pykno-Aräometer 78.
Pyknometer 76.
Pyroelektricität 246. 247.
Pyrometer 162.

Quadratisches System 28.
Quadratoktaëder 28.
Quecksilberbarometer 89.
Quecksilberluftpumpe 99.
Quellbarkeit 8.
Quetschhahn 67.

Radiator 253.
Radiographie 249.
Raoult'sches Gesetz 172.
Rahmen (einer Dampfmaschine) 178.
Reaktion und Aktion, Princip der Gleichheit beider 47.
Real'sche Extraktpresse 66.
Reelles Bild 119.
Reflektor 131.
Reflexion, elastischer Körper 103; der Wellen im Allgemeinen 105; der Schallwellen 109; des Lichtes 117. 118; der Wärmestrahlen 183; der elektrischen Wellen 251. 252; totale 124; zerstreute, des Lichtes 118.
Reflexionswinkel 119.
Refraktion des Lichtes 123.
Refraktor 131.
Regulator (einer Dampfmaschine) 176.
Regenbogenfarben 138.
Reguläres System 26.
Reibung 5. 6.
Reibungselektricität 187.
Reibungskoëfficient 5.
Reiter 75.
Relais 240.
Repulsivkraft 14.
Resonanz 113.
Resonator 113.
Resultirende (Kraft) 43.
Rhombendodekaëder 27.
Rhombisches System 29.
Rhomboëder 30.
Riemen ohne Ende 6.
Riemenscheibe 6.
Röntgen'sche Strahlen 248.
Rohrpost 102.
Rolle 54.
Rose'sches Metall 164.
Rotation eines Magnets um einen elektr. Strom 237; eines Stromleiters um einen Magnetpol 243.
Rotationsapparat, elektrodynamischer 243; magnetoelektrischer 240.
Ruhmkorff'scher Induktor 229.

Saccharimeter 155.
Saccharometer 79.
Sättigung, Dampf- 171. 173; einer Lösung 23.
Sättigungskapacität 171.
Sättigungsmenge eines Dampfes 171.
Säule, quadratische 28; sechsseitige 30; Volta'sche 212.
Säurenspindel 79.
Sammellinse 125.
Saiten-Instrumente 112.

Saugen 93.
Saugheber 94.
Saugpumpe 95.
Schädlicher Raum 99.
Schall, Entstehung und Natur desselben 108; Fortpflanzungsgeschwindigkeit desselben 109; zusammengesetzter 110.
Schallintensität 109.
Schallrohr 110.
Schallstärke 109.
Schallverstärkung 109.
Schallwellen 109.
Schatten 115.
Schaumköpfe der Wellen 105.
Schieber (Muschel-, Verteilungs-) 175.
Schieberkasten 175.
Schiefe Ebene, Fall auf derselben 44; Gesetz derselben 45. 46; Gleichgewicht auf derselben 45.
Schlämmen 20.
Schliessungsdraht, elektrischer 211.
Schliessungsstrom, elektrischer 229. 230.
Schlüssel, telegraphischer 239.
Schmelzen 164.
Schmelzpunkt 164.
Schmelzungswärme 168; des Eises 168.
Schnellwage 61.
Schnur ohne Ende 6.
Schönen 20.
Schraube 49.
Schrauben-Mutter 49; -Pressen 49; -Spindel 49.
Schreibtelegraph, Morse'scher 238.
Schweben 71.
Schwebungen, akustische 113.
Schwere 9; der Luft 87.
Schwerkraft 9.
Schwerpunkt 54.
Schwimmen 71.
Schwingungen 63; Isochronismus derselben 64.
Schwingungs-Arten 108; -Bäuche 107; -Bogen 63; -Dauer 63. 105; -Knoten 107; -Phase 105; -Weite 63. 105; -Zahl 63. 105; Schwingungszahlen der Töne 111; der Farben 137.
Schwungkraft 50.
Schwungrad 175. 176.
Scioptikon 128.
Segner'sches Wasserrad 69.
Sehen 131; binokulares 135; stereoskopisches 135.
Sehpurpur, Sehroth 133.
Sehweite 134.
Sehwinkel 135.
Seitendruck der Flüssigkeiten 68.
Sekundär-Element 213.

Sekundär-Strom 214.
Sekundäre Spirale 229.
Sekundenpendel 64.
Selbstleuchtende Körper 117.
Senkblei 32.
Senkrecht 32.
Senkwage, Nicholson'sche 73.
Sensibilisatoren, optische 146.
Setzwage 33.
Sicherheitsventil 54. 174.
Sieden 165.
Siedepunkt 161. 165; absoluter 170.
Siedetemperatur 161. 165.
Siedeverzüge 165.
Singen des Wassers 166.
Sinnestäuschungen, optische 135.
Sirene 110.
Skalen-Aräometer 76.
Snellius'sches Brechungsgesetz 123.
Solenoid 234. 238.
Spaltbarkeit 15. 24.
Spaltungsfläche 24.
Spannkraft 187; der Gase 83.
Spannung, elektrische 190. 231. 232.
Spannungsdifferenz, elektrische 210.
Spannungskoëfficient der Gase 159.
Spannungsreihe, für Reibungselektricität 189; Volta'sche 210.
Specifische Wärme 180.
Specifisches Gewicht 71; fester Körper 73; flüssiger Körper 75; luftförmiger Körper 88; sp. Gew. und Adhäsion 79; Flüssigkeiten von verschied. sp. Gew. in komm. Röhren 79.
Spektralanalyse 142.
Spektralapparat 143.
Spektralfarben 138.
Spektroskop 142. 143.
Spektrum, des Lichtes 137; der Wärme 145; Arten der Lichtspektren 141.
Sphäroidaler Zustand einer Flüssigkeit 166.
Spiegel, ebener oder Plan- 118. 119; Hohl- oder Konkav- 121; Konvex- 122; parabolischer 122; sphärischer 118.
Spiegelablesung 120.
Spiegelsextant 120.
Spiegelteleskop 131.
Spiegelung 118.
Spirale 228; Haupt-, Neben-, primäre, sekundäre 229; rechts gewundene, links gewundene 233.
Sprachrohr 110.
Spritzflasche 84.
Stabil 56. 57.
Standmesser 67. 174.

Statik 15.
Statisch 15.
Statisches Moment 52.
Stechheber 93.
Stereometer 74. 96.
Stereoskop 135.
Steuerung (bei der Dampfmaschine) 175.
Stopfbüchse 176.
Stoss, centraler 103.
Stoss elastischer Körper 103.
Stösse, akustische 114.
Strahlen, chemische 144 u. f. 251; elektrischer Kraft 251; Kathoden- 247; Lenard'sche 248; Licht- 115; Röntgen'sche oder X-Strahlen 248; Wärme- 144.
Strahlenfilter für chemische Strahlen 146; für Lichtstrahlen 145. 182; für Wärmestrahlen 145. 182.
Strahlenpunkt 119.
Stroboskop 136.
Strom, elektrischer oder galvanischer 208. 210; magnetische Theorie desselben 235; magnetischer Strom 235; Regel über die Einwirkung desselben auf Magnetpole 236.
Stromleiter, Anziehung und Abstossung derselben 232.
Stromphase 246.
Stromstärke 224. 225.
Stromunterbrecher 229. 230.
Stromverzweigung, elektrische 217.
Stromwender 223.
Sublimation 22. 167.
Summationswirkung der Zeit 21.
Suspendiren, Suspension 20.

Tangentenbussole 223.
Tangentialkraft 50.
Tarirwage 59.
Taster, Morse- 239. 253.
Taucher, Cartesianischer 71.
Taucherglocke 84.
Telegraphie 238; ohne Draht 253.
Telephon 241.
Teleskop 131.
Temperatur 157; absolute 163; kritische 170.
Tension der Gase 83.
Tesla's Licht 252.
Tesserales System 26.
Testobjekt 131.
Tetraëder 27.
Tetragonales System 28.
Teufelchen, Cartesianisches 71.
Thaumatrop 136.
Thaupunkt 173.

Theilbarkeit 8.
Theodolit 131.
Thermobatterie 247.
Thermoelektricität 246.
Thermoelektrische Säule 247.
Thermoelement 247.
Thermometer 160; Maximum- und Minimum- 163.
Thermometrograph 163.
Thonzelle 213.
Tinkturenpresse 49.
Todte Punkte 176. 179.
Ton 110.
Tonhöhe 110. 112.
Tonleiter 111. 112.
Tonstärke 112.
Torricelli'sche Leere (Vacuum) 88. 89.
Torsionsschwingungen 108.
Trägheit 2.
Trägheitsgesetz 2.
Transformator 229. 231.
Transmitter 241.
Transversalschwingungen 108. 114. 149.
Treibriemen 6.
Treibschnur 6.
Treppenlinse 129.
Triklines System 29.
Turbine 69.
Turmalinzange 152.

Uebereinanderlagerung kleiner Bewegungen 107.
Übergangsfarbe 155.
Überhitzte Flüssigkeit 165.
Übersichtigkeit 134.
Umkrystallisiren 31.
Undulationstheorie des Lichtes 115.
Undurchdringlichkeit 1.
Undurchsichtige Körper 118.
Untersinken 71.

Vacuum, Torricelli'sches 88.
Ventil 95.
Ventilluftpumpe 98.
Verdampfung 164.
Verdampfungswärme 168; des Wassers 168.
Verdichtung 165.
Verdunstung 164.
Verdunstungskälte 169.
Verflüssigung der Gase 170; der atmosph. Luft 170.
Verstärkungsflasche 200.
Vertheilung, elektrische 192.
Vertikal 32.
Verwittern 23.
Verzögerung 3.

Vierwegehahn 98.
Virtuelles Bild 119.
Vollfächer 26.
Vollpipette 94.
Volt (Maasseinheit) 225.
Voltameter 222.
Volta'sche Säule 212.
Volta'sche Spannungsreihe 210.
Volta'scher Fundamentalversuch 210.
Volum 7.
Volum-Aräometer 76.
Volumeter, Volumenometer 74. 96.
Volumgewicht 72.

**Wärme** 156; -Äquivalent, mechanisches 185; Ausdehnung durch dieselbe 157; -Einheit 168; freiwerdende 168; gebundene 168; -Grad 157. 161; -Kapacität 180; latente 168; -Leitung 181; Natur derselben 156; Quellen derselben 184; specifische 180; -Spektrum 145; -Strahlen 144; Brechbarkeit derselben 183; Reflexion derselben 183; -Strahlung 182; -Strahlungsvermögen 183; Verbreitung der Wärme 181; Verbreitung derselben durch Strömungen 182; -Zustand 157.
Wage 58; hydrostatische 70; Mohr'sche 75; Westphal'sche 76.
Wagerecht 33.
Wasserluftpumpe 100.
Wasserräder 69.
Wasserstandsanzeiger, Wasserstandsrohr 67. 174.
Wasserwage 64. 67.
Watt (Maasseinheit) 47.
Watt'sches Parallelogramm 176.
Wechselströme 229.
Weitsichtigkeit 134.
Wellen, elektrische 247; fortschreitende 107; kombinirte 106; stehende 107.

Wellenberg 103.
Wellenbewegung 103; des Lichtes 115.
Wellenform 107. 113.
Wellenkopf 105.
Wellenkurve 107.
Wellenlänge 105; des Lichtes 137. 142.
Wellenthal 103.
Wellrad 6. 54.
Weltäther 9. 114.
Westphal'sche Wage 76.
Wettervorhersage 92.
Wiederhall 109.
Windbüchse 84.
Winde 54.
Windkessel 96.
Widerstand, elektrischer Leitungs- 224; innerer, eines elektr. Elements (oder Batterie) 224.
Winkelspiegel 120.
Wood'sches Metall 164.
Würfel 27.
Wurf, senkrechter 39; wagerechter 39; -Bahnen 43.
Wurzelschneidemaschine 54.

**X**-Strahlen 248.

**Z**ahnrad 54.
Zahnsirene 110.
Zahnstange 54.
Zauberlaterne 128.
Zeit 9; Summationswirkung derselben 18.
Zerstäuber 94.
Zerstreuung des Lichtes 136.
Zerstreuungslinse 125.
Zone, Krystall- 25.
Zonenachse 25.
Zootrop 136.
Zustandsgleichung der Gase 160. 164.
Zwischenvolum d. Gase 86. 160. 171. 172.

Verlag von Julius Springer in Berlin N.

## Kommentar
zum
# Arzneibuch für das Deutsche Reich.
Dritte Ausgabe. (Pharmacopoea Germanica, editio III.)
Unter Zugrundelegung des den
Nachtrag vom 20. December 1894 berücksichtigenden „Neudrucks" des Arzneibuches.
Unter Mitwirkung zahlreicher Fachgenossen
herausgegeben von
**H. Hager, B. Fischer** und **C. Hartwich.**
*Zweite Auflage. — Mit zahlreichen in den Text gedruckten Holzschnitten.*
Zwei Bände.
Preis M. 26,—; in Halbfranz gebunden M. 30,—.
(Auch zu beziehen in 4 Halbbänden à M. 6,50, oder in 26 Lieferungen à M. 1.—.)

## Anleitung zur Erkennung und Prüfung
aller im
# Arzneibuche für das Deutsche Reich
(dritte Ausgabe)
aufgenommenen Arzneimittel.
Zugleich ein Leitfaden bei Apotheken-Visitationen für Gerichtsärzte, Aerzte und Apotheker.
Von **Dr. Max Biechele.**
Neunte, vielfach vermehrte Auflage.
*In Leinwand geb. Preis M. 4,—.*

## Anleitung zur Erkennung
Prüfung und Werthbestimmung der gebräuchlichsten Chemikalien
für den
technischen, analytischen und pharmaceutischen Gebrauch
von
**Dr. Max Biechele.**
*In Leinwand gebunden Preis M. 5,—.*

## Pharmaceutische Uebungspräparate.
Anleitung zur Darstellung, Erkennung, Prüfung und stöchiometrischen Berechnung
von
officinellen chemisch-pharmaceutischen Präparaten.
Von
**Dr. Max Biechele.**
*In Leinwand gebunden Preis M. 6,—.*

## Die Preussischen Apothekengesetze
mit
Einschluss der reichsgesetzlichen Bestimmungen
über den
Betrieb des Apothekergewerbes.
Herausgegeben und erläutert
von **Dr. H. Böttger.**
*Zweite neubearbeitete und vervollständigte Auflage.*
In Leinwand gebunden Preis M. 7,—.

═══ Zu beziehen durch jede Buchhandlung. ═══

Verlag von Julius Springer in Berlin N.

## Neues pharmaceutisches Manual.
Herausgegeben von
**Eugen Dieterich.**
*Mit in den Text gedruckten Holzschnitten.*
Siebente vermehrte Auflage.
In Moleskin gebunden Preis M. 16,—.
Mit Schreibpapier durchschossen und in Moleskin gebunden Preis M. 18,—.

## Waarenprüfungsbuch für Apotheker.
Nach dem Arzneibuche für das Deutsche Reich, dritte Ausgabe
bearbeitet von
**P. Janzen**, Apotheker.
*In Leinwand gebunden Preis M. 5,—.*

## Das Mikroskop und seine Anwendung.
Ein Leitfaden bei mikroskopischen Untersuchungen
für
Apotheker, Aerzte, Medicinalbeamte, Kaufleute, Techniker, Schullehrer, Fleischbeschauer etc.
von
**Dr. Hermann Hager.**
*Mit zahlreichen Abbildungen im Text.*
Achte, von Prof. Dr. C. Mez bearbeitete Auflage unter der Presse.

## Volksthümliche Arzneimittelnamen.
Eine Sammlung
der
im Volksmunde gebräuchlichen Benennungen der Apothekerwaaren.
Nebst einem Anhang: Pfarrer Kneipp's Heilmittel.
Unter Berücksichtigung sämmtlicher Sprachgebiete Deutschlands
zusammengestellt von
**Dr. J. Holfert.**
*Zweite, sehr vermehrte Auflage.*
Preis M. 3,—; in Leinwand geb. Preis M. 4,—.

## Die Arzneimittel der organischen Chemie.
Für Aerzte, Apotheker und Chemiker
bearbeitet von
**Dr. Hermann Thoms.**
Zweite vermehrte Auflage.
*In Leinwand gebunden Preis M. 6,—.*

===== Zu beziehen durch jede Buchhandlung. =====

Verlag von Julius Springer in Berlin N.

# LEHRBUCH DER PHYSIK.
Von **J. Violle**,
Professor an der École Normale zu Paris.
Deutsche Ausgabe von E. Gumlich, W. Jaeger, St. Lindeck.
**Erster Theil: Mechanik.**

I. Band: **Allgemeine Mechanik und Mechanik der festen Körper.**
*Mit 257 in den Text gedruckten Figuren.*
Preis M. 10,—; geb. M. 11,20.

II. Band: **Mechanik der flüssigen und gasförmigen Körper.**
*Mit 309 in den Text gedruckten Figuren.*
Preis M. 10,—; geb. M. 11,20.

**Zweiter Theil: Akustik und Optik.**

I. Band: **Akustik.**
*Mit 163 Textfiguren.*
Preis M. 8,—; geb. M. 9,20.

II. Band: **Geometrische Optik.**
*Mit 270 Textfiguren.*
Preis M. 8,—; geb. M. 9,20.

Band III: „**Physikalische Optik**" sowie der dritte Theil: „**Wärme**" und der vierte Theil: „**Elektricität und Magnetismus**" werden alsbald nach Erscheinen des französischen Originals zur Ausgabe gelangen.

# PHYSIK UND CHEMIE.
Gemeinfassliche Darstellung ihrer Erscheinungen und Lehren.
Von
**Dr. B. Weinstein.**
*Mit 34 in den Text gedruckten Figuren.*
Preis M. 4,—; in Leinwand gebunden M. 5,—.

# PHYSIKALISCHE AUFGABEN
für die
oberen Klassen höherer Lehranstalten und für den Selbstunterricht.
Von
**Dr. W. Müller-Erzbach,**
Professor am Gymnasium zu Bremen.
*Zweite, umgearbeitete und vermehrte Auflage. Preis M. 2,40.*

# PRAKTISCHE PHYSIK
für Schulen und jüngere Studierende
von
**Balfour Stewart & Haldane Gee.**
Autorisirte Uebersetzung von Karl Noack.
**Erster Theil: Elektricität und Magnetismus.**
*Mit 123 in den Text gedruckten Abbildungen.* In Leinwand geb. Preis M. 2,50.

# EINFUEHRUNG IN DIE ELEKTRICITAETSLEHRE.
Vorträge
von
**Bruno Kolbe,**
Oberlehrer der Physik an der St. Annenschule in St. Petersburg.

**I. Statische Elektricität.**
*Mit 75 in den Text gedruckten Holzschnitten.*
Preis M. 2,40; in Leinwand geb. M. 3,20.

**II. Dynamische Elektricität.**
*Mit 75 in den Text gedruckten Holzschnitten.*
Preis M. 3,—; in Leinwand geb. M. 3,80.

===== Zu beziehen durch jede Buchhandlung. =====

MIX
Papier aus verantwortungsvollen Quellen
Paper from responsible sources
**FSC® C105338**

If you have any concerns about our products,
you can contact us on
**ProductSafety@springernature.com**

In case Publisher is established outside the EU,
the EU authorized representative is:
**Springer Nature Customer Service Center GmbH
Europaplatz 3, 69115 Heidelberg, Germany**

Printed by Libri Plureos GmbH
in Hamburg, Germany